U0385607

“十三五”国家重点图书出版规划项目

智能制造
系|列|丛|书

智能制造装备及系统

主编 **王立平**
副主编 **张根保 张开富 王伟**

INTELLIGENT MANUFACTURING EQUIPMENT AND SYSTEM

清華大學出版社
北京

本书封面贴有清华大学出版社防伪标签，无标签者不得销售。
版权所有，侵权必究。举报：010-62782989，beiqinquan@tup.tsinghua.edu.cn。

图书在版编目(CIP)数据

智能制造装备及系统/王立平主编.—北京：清华大学出版社，2020.7(2024.8重印)
(智能制造系列丛书)
ISBN 978-7-302-55889-7

Ⅰ.①智… Ⅱ.①王… Ⅲ.①智能制造系统—装备—研究 Ⅳ.①TH166

中国版本图书馆CIP数据核字(2020)第109131号

责任编辑：冯 昕
封面设计：李召霞
责任校对：赵丽敏
责任印制：丛怀宇

出版发行：清华大学出版社
网 址：https://www.tup.com.cn，https://www.wqxuetang.com
地 址：北京清华大学学研大厦A座 邮 编：100084
社 总 机：010-83470000 邮 购：010-62786544
投稿与读者服务：010-62776969，c-service@tup.tsinghua.edu.cn
质量反馈：010-62772015，zhiliang@tup.tsinghua.edu.cn
印 装 者：涿州市般润文化传播有限公司
经 销：全国新华书店
开 本：170mm×240mm 印 张：21.25 字 数：426千字
版 次：2020年9月第1版 印 次：2024年8月第5次印刷
定 价：108.00元

产品编号：078616-01

智能制造系列丛书编委会名单

主　任：

周　济

副主任：

谭建荣　李培根

委　员（按姓氏笔画排序）：

王　雪　王飞跃　王立平　王建民
尤　政　尹周平　田　锋　史玉升
冯毅雄　朱海平　庄红权　刘　宏
刘志峰　刘洪伟　齐二石　江平宇
江志斌　李　晖　李伯虎　李德群
宋天虎　张　洁　张代理　张秋玲
张彦敏　陆大明　陈立平　陈吉红
陈超志　邵新宇　周华民　周彦东
郑　力　宗俊峰　赵　波　赵　罡
钟诗胜　袁　勇　高　亮　郭　楠
陶　飞　霍艳芳　戴　红

丛书编委会办公室

主　任：

陈超志　张秋玲

成　员：

郭英玲　冯　昕　罗丹青　赵范心
权淑静　袁　琦　许　龙　钟永刚
刘　杨

编者名单

主　编：

王立平

副主编：

张根保　张开富　王　伟

参编人员（按姓氏笔画排序）：

王　冬　王建军　白玉庆　刘　雁
关立文　杜　丽　李　海　李　强
李学崑　杨　语　吴　军　张　云
张志刚　邵珠峰　程　晖

Foreword | 丛书序 1

制造业是国民经济的主体，是立国之本、兴国之器、强国之基。习近平总书记在党的十九大报告中号召："加快建设制造强国，加快发展先进制造业。"他指出："要以智能制造为主攻方向推动产业技术变革和优化升级，推动制造业产业模式和企业形态根本性转变，以'鼎新'带动'革故'，以增量带动存量，促进我国产业迈向全球价值链中高端。"

智能制造——制造业数字化、网络化、智能化，是我国制造业创新发展的主要抓手，是我国制造业转型升级的主要路径，是加快建设制造强国的主攻方向。

当前，新一轮工业革命方兴未艾，其根本动力在于新一轮科技革命。21 世纪以来，互联网、云计算、大数据等新一代信息技术飞速发展。这些历史性的技术进步，集中汇聚在新一代人工智能技术的战略性突破，新一代人工智能已经成为新一轮科技革命的核心技术。

新一代人工智能技术与先进制造技术的深度融合，形成了新一代智能制造技术，成为新一轮工业革命的核心驱动力。新一代智能制造的突破和广泛应用将重塑制造业的技术体系、生产模式、产业形态，实现第四次工业革命。

新一轮科技革命和产业变革与我国加快转变经济发展方式形成历史性交汇，智能制造是一个关键的交汇点。中国制造业要抓住这个历史机遇，创新引领高质量发展，实现向世界产业链中高端的跨越发展。

智能制造是一个"大系统"，贯穿于产品、制造、服务全生命周期的各个环节，由智能产品、智能生产及智能服务三大功能系统以及工业智联网和智能制造云两大支撑系统集合而成。其中，智能产品是主体，智能生产是主线，以智能服务为中心的产业模式变革是主题，工业智联网和智能制造云是支撑，系统集成将智能制造各功能系统和支撑系统集成为新一代智能制造系统。

智能制造是一个"大概念"，是信息技术与制造技术的深度融合。从 20 世纪中叶到 90 年代中期，以计算、感知、通信和控制为主要特征的信息化催生了数字化制造；从 90 年代中期开始，以互联网为主要特征的信息化催生了"互联网＋制造"；当前，以新一代人工智能为主要特征的信息化开创了新一代智能制造的新阶段。

这就形成了智能制造的三种基本范式，即：数字化制造(digital manufacturing)——第一代智能制造；数字化网络化制造(smart manufacturing)——“互联网＋制造”或第二代智能制造，本质上是“互联网＋数字化制造”；数字化网络化智能化制造(intelligent manufacturing)——新一代智能制造，本质上是“智能＋互联网＋数字化制造”。这三个基本范式次第展开又相互交织，体现了智能制造的“大概念”特征。

对中国而言，不必走西方发达国家顺序发展的老路，应发挥后发优势，采取三个基本范式“并行推进、融合发展”的技术路线。一方面，我们必须实事求是，因企制宜、循序渐进地推进企业的技术改造、智能升级，我国制造企业特别是广大中小企业还远远没有实现“数字化制造”，必须扎扎实实完成数字化“补课”，打好数字化基础；另一方面，我们必须坚持“创新引领”，可直接利用互联网、大数据、人工智能等先进技术，“以高打低”，走出一条并行推进智能制造的新路。企业是推进智能制造的主体，每个企业要根据自身实际，总体规划、分步实施、重点突破、全面推进，产学研协调创新，实现企业的技术改造、智能升级。

未来20年，我国智能制造的发展总体将分成两个阶段。第一阶段：到2025年，“互联网＋制造”——数字化网络化制造在全国得到大规模推广应用；同时，新一代智能制造试点示范取得显著成果。第二阶段：到2035年，新一代智能制造在全国制造业实现大规模推广应用，实现中国制造业的智能升级。

推进智能制造，最根本的要靠“人”，动员千军万马、组织精兵强将，必须以人为本。智能制造技术的教育和培训，已经成为推进智能制造的当务之急，也是实现智能制造的最重要的保证。

为推动我国智能制造人才培养，中国机械工程学会和清华大学出版社组织国内知名专家，经过三年的扎实工作，编著了“智能制造系列丛书”。这套丛书是编著者多年研究成果与工作经验的总结，具有很高的学术前瞻性与工程实践性。丛书主要面向从事智能制造的工程技术人员，亦可作为研究生或本科生的教材。

在智能制造急需人才的关键时刻，及时出版这样一套丛书具有重要意义，为推动我国智能制造发展作出了突出贡献。我们衷心感谢各位作者付出的心血和劳动，感谢编委会全体同志的不懈努力，感谢中国机械工程学会与清华大学出版社的精心策划和鼎力投入。

衷心希望这套丛书在工程实践中不断进步、更精更好，衷心希望广大读者喜欢这套丛书、支持这套丛书。

让我们大家共同努力，为实现建设制造强国的中国梦而奋斗。

周济

2019年3月

Foreword | 丛书序 2

技术进展之快，市场竞争之烈，大国较劲之剧，在今天这个时代体现得淋漓尽致。

世界各国都在积极采取行动，美国的“先进制造伙伴计划”、德国的“工业 4.0 战略计划”、英国的“工业 2050 战略”、法国的“新工业法国计划”、日本的“超智能社会 5.0 战略”、韩国的“制造业创新 3.0 计划”，都将发展智能制造作为本国构建制造业竞争优势的关键举措。

中国自然不能成为这个时代的旁观者，我们无意较劲，只想通过合作竞争实现国家崛起。大国崛起离不开制造业的强大，所以中国希望建成制造强国、以制造而强国，实乃情理之中。制造强国战略之主攻方向和关键举措是智能制造，这一点已经成为中国政府、工业界和学术界的共识。

制造企业普遍面临着提高质量、增加效率、降低成本和敏捷适应广大用户不断增长的个性化消费需求，同时还需要应对进一步加大的资源、能源和环境等约束之挑战。然而，现有制造体系和制造水平已经难以满足高端化、个性化、智能化产品与服务的需求，制造业进一步发展所面临的瓶颈和困难迫切需要制造业的技术创新和智能升级。

作为先进信息技术与先进制造技术的深度融合，智能制造的理念和技术贯穿于产品设计、制造、服务等全生命周期的各个环节及相应系统，旨在不断提升企业的产品质量、效益、服务水平，减少资源消耗，推动制造业创新、绿色、协调、开放、共享发展。总之，面临新一轮工业革命，中国要以信息技术与制造业深度融合为主线，以智能制造为主攻方向，推进制造业的高质量发展。

尽管智能制造的大潮在中国滚滚而来，尽管政府、工业界和学术界都认识到智能制造的重要性，但是不得不承认，关注智能制造的大多数人（本人自然也在其中）对智能制造的认识还是片面的、肤浅的。政府勾画的蓝图虽气势磅礴、宏伟壮观，但仍有很多实施者感到无从下手；学者们高谈阔论的宏观理念或基本概念虽至关重要，但如何见诸实践，许多人依然不得要领；企业的实践者们侃侃而谈的多是当年制造业信息化时代的陈年酒酿，尽管依旧散发清香，却还是少了一点智能制造的气息。有些人看到“百万工业企业上云，实施百万工业 APP 培育工程”时劲头十足，可真准备大干一场的时候，又仿佛云里雾里。常常听学者们言，CPS(cyber-physical systems，信息-物理系统)是工业 4.0 和智能制造的核心要素，CPS 万不能离开数字孪生体(digital twin)。可数字孪生体到底如何构建？学者也好，工程师也好，少有人能够清晰道来。又如，大数据之重要性日渐为人们所知，可有了数据后，又如何分析？如何从中提炼知识？企业人士鲜有知其个中究竟的。至于关键词“智能”，什么样的制造真正是“智能”制造？未来制造将“智能”到何种程度？解读纷纷，莫衷一是。我的一位老师，也是真正的智者，他说：“智能制造有几分能说清楚？还有几分是糊里又糊涂。”

所以，今天中国散见的学者高论和专家见解还远不能满足智能制造相关的研究者和实践者们之所需。人们既需要微观的深刻认识，也需要宏观的系统把握；既需要实实在在的智能传感器、控制器，也需要看起来虚无缥缈的“云”；既需要对理念和本质的体悟，也需要对可操作性的明晰；既需要互联的快捷，也需要互联的标准；既需要数据的通达，也需要数据的安全；既需要对未来的前瞻和追求，也需要对当下的实事求是……如此等等。满足多方位的需求，从多视角看智能制造，正是这套丛书的初衷。

为助力中国制造业高质量发展，推动我国走向新一代智能制造，中国机械工程学会和清华大学出版社组织国内知名的院士和专家编写了“智能制造系列丛书”。本丛书以智能制造为主线，考虑智能制造“新四基”[即“一硬”(自动控制和感知硬件)、“一软”(工业核心软件)、“一网”(工业互联网)、“一台”(工业云和智能服务平台)]的要求，由 30 个分册组成。除《智能制造：技术前沿与探索应用》《智能制造标准化》和《智能制造实践》3 个分册外，其余包含了以下五大板块：智能制造模式、智能设计、智能传感与装备、智能制造使能技术以及智能制造管理技术。

本丛书编写者包括高校、工业界拔尖的带头人和奋战在一线的科研人员，有着丰富的智能制造相关技术的科研和实践经验。虽然每一位作者未必对智能制造有全面认识，但这个作者群体的知识对于试图全面认识智能制造或深刻理解某方面技术的人而言，无疑能有莫大的帮助。丛书面向从事智能制造工作的工程师、科研人员、教师和研究生，兼顾学术前瞻性和对企业的指导意义，既有对理论和方法的描述，也有实际应用案例。编写者经过反复研讨、修订和论证，终于完成了本丛书的编写工作。必须指出，这套丛书肯定不是完美的，或许完美本身就不存在，更何况智能制造大潮中学界和业界的急迫需求也不能等待对完美的寻求。当然，这也不能成为掩盖丛书存在缺陷的理由。我们深知，疏漏和错误在所难免，在这里也希望同行专家和读者对本丛书批评指正，不吝赐教。

在“智能制造系列丛书”编写的基础上，我们还开发了智能制造资源库及知识服务平台，该平台以用户需求为中心，以专业知识内容和互联网信息搜索查询为基础，为用户提供有用的信息和知识，打造智能制造领域“共创、共享、共赢”的学术生态圈和教育教学系统。

我非常荣幸为本丛书写序，更乐意向全国广大读者推荐这套丛书。相信这套丛书的出版能够促进中国制造业高质量发展，对中国的制造强国战略能有特别的意义。丛书编写过程中，我有幸认识了很多朋友，向他们学到很多东西，在此向他们表示衷心感谢。

需要特别指出，智能制造技术是不断发展的。因此，“智能制造系列丛书”今后还需要不断更新。衷心希望，此丛书的作者们及其他的智能制造研究者和实践者们贡献他们的才智，不断丰富这套丛书的内容，使其始终贴近智能制造实践的需求，始终跟随智能制造的发展趋势。

2019年3月

Foreword | 序

社会生产力的进步离不开制造装备的发展，当前制造装备已完成从机械装备到数控装备的转变，而随着智能技术的推广应用，智能制造装备已成为制造装备发展的必然趋势，也是构建智能制造体系的核心单元。

智能制造装备是装备先进设计制造技术与新一代人工智能技术的深度融合。典型的智能制造装备包括智能机床、智能机器人、智能单元与生产线等。与普通制造装备相比，这些智能制造装备具有自感知、自适应、自诊断、自决策等智能特征，能够有效提高工业生产的质量与效率，并降低能源与资源的消耗。当前我国正处于产业升级转型的关键时期，航空、航天、汽车、能源等国民经济重点制造领域均对智能制造装备有着迫切的需求，因此，大力发展智能制造装备是加速我国从制造大国向制造强国转变的重要保证。

《智能制造装备及系统》一书系统地阐述了智能制造装备的内涵、关键技术与发展现状，书中汇聚了陕西宝鸡机床集团有限公司、四川普什宁江机床有限公司和济南二机床集团有限公司等三家国内智能制造装备骨干企业多年的技术研究和生产实践成果，系统地论述了智能数控车床、智能车削生产线、智能精密卧式加工中心、机床箱体类零件智能制造系统、智能伺服压力机及智能冲压生产线等典型智能制造装备及系统。本书的内容系统全面，描述方式上深入浅出，具有重大的工程实际意义，也体现了作者对我国智能制造装备的深刻理解。希望以本书出版为契机，加强国内相关高校、研究机构与企业间的交流，共同推动我国智能制造装备产业的快速发展。

2020年6月

Preface | 前言

智能制造的概念最早是由美国学者赖特教授(P. K. Wright)和布恩教授(D. A. Bourne)于20世纪80年代提出的,主要目标是实现无人干预的小批量自动化生产。进入21世纪之后,随着机器学习、大数据、物联网、云计算等智能技术的不断发展,智能制造的研究与实践均取得了长足的进步,特别是在2008年全球金融危机之后,世界各国意识到"去工业化"发展的弊端,均重新制定了振兴制造业的发展战略,将智能制造作为现代制造业的主要发展方向。

智能制造涉及的范围十分广泛,而智能制造装备是实现智能制造的核心载体。与传统的数控装备不同,智能制造装备不仅是精密、复杂的机电一体化系统,还需要具有自感知、自适应、自诊断、自决策等智能特征,才能满足航空、航天、汽车、能源等不同制造领域的多样化需求。以智能机床为例,作为典型的智能制造装备,其本体为高性能的数控机床,在此基础上,通过采用智能传感技术实现对加工环境变化的自主感知;通过机器学习、云计算、大数据等技术实现故障自诊断并给出智能决策。可以看到,智能制造装备是装备先进设计制造技术与人工智能技术的深度融合。

近年来,我国政府出台了一系列支持智能制造发展的政策,希望通过大力发展智能制造实现我国制造业的转型升级,推动我国由制造大国向制造强国迈进。近几年,我国智能制造装备产业取得了快速发展,在核心技术方面有了一定的积累,部分典型产品已在多个重点制造领域得到了规模化应用,并初步建立起了智能制造装备的产业体系。在我国智能制造装备快速发展的关键阶段,依托智能制造系列丛书,我们希望通过出版《智能制造装备及系统》分册,帮助读者深入了解我国智能制造装备技术及其发展趋势。

本书第1章介绍了智能制造装备的基本概念、主要分类及国内外发展现状;第2章介绍了智能制造的基础理论与关键技术,涵盖物联网、大数据、云计算、机器学习、智能传感、互联互通与远程运维等多个方面;第3、4章主要介绍陕西宝鸡机床集团有限公司的智能数控车床与智能车削生产线;第5、6章介绍四川普什宁江机床有限公司的智能精密卧式加工中心与机床箱体类零件智能制造系统;第7、8

章介绍济南二机床集团有限公司的智能伺服压力机与智能冲压生产线。这些成果凝聚了我国智能制造装备领域相关研发人员多年的心血,已在多个重点制造领域获得示范应用。从本书的整体安排上看,在介绍智能制造装备及系统基本理论和知识的基础上,我们以量大面广的车床、加工中心和冲压机床三种加工装备为例,深入浅出地介绍了国内三家骨干机床企业的典型智能制造装备,充分体现了当前我国智能制造装备的发展水平,具有较强的工程实践价值,这也是本书的最大特色。希望本书的出版能为我国智能制造装备领域的研究人员与工程技术人员提供相关参考,共同促进我国智能制造装备产业的发展。

本书在编写过程中得到了国内众多专家学者与兄弟单位的支持,其中:浙江大学谭建荣院士多次参与了本书整体架构的讨论,帮助作者制定了总体思路;南京航空航天大学李迎光教授、刘长青副教授,南京工业大学刘旭老师,成飞集团宋智勇高工、李杰工程师,清华大学许华旸博士、于广博士、侣昊博士、张彬彬博士也多次参与了本书的编写讨论会,为书稿内容提出建议;陕西宝鸡机床集团有限公司、四川普什宁江机床有限公司与济南二机床集团有限公司三家企业为本书提供了大量珍贵的素材资料。在本书的资料调研和整理阶段,得到了张兆坤、李伟涛、葛姝翌、孔祥昱、李梦宇、罗勇、汤子汉等同学的帮助。此外,书中所介绍的研究成果还得到"高档数控机床与基础制造装备"国家科技重大专项办公室的大力支持。本书的审稿人为南方科技大学融亦鸣教授,他非常认真地审阅了本书的初稿和终稿,并提出了很好的意见和建议。作者在此一并表示感谢。

限于作者水平,书中难免有不足之处,敬请各位读者批评指正。

作　者

2020 年 4 月

Contents | 目录

第7章 智能伺服压力机 221

第8章 智能冲压生产线 274

第1章

绪论

1.1 智能制造装备的基本概念

1.1.1 智能制造装备的定义

18世纪60年代至19世纪中期，随着蒸汽机的出现，手工劳动开始被机器生产逐步替代，世界工业经历了第一次革命，人类发展进入“蒸汽机时代”；19世纪70年代至20世纪初期，伴随电磁学理论的发展，电力技术得到广泛应用，机器的功能开始变得多样化，世界工业经历了第二次革命，人类发展进入“电气化时代”；自20世纪50年代开始，随着信息技术的不断发展，社会生产不再局限于单台机器，互联网的出现使得机器间可以互联互通，计算机、机器人、航天、生物工程等高新技术得到了快速发展，世界工业经历了第三次革命，人类发展进入“信息化时代”。回顾每一次工业革命，人类社会的发展都离不开科学技术的进步，而在智能制造技术不断发展的今天，世界工业正面临着一场新的产业升级与变革，智能制造技术也将成为第四次工业革命的核心推动力量。

智能制造将人工智能技术、网络技术、检测传感技术和制造技术在产品生产、管理和服务过程中进行融合与交叉，使制造过程具备分析、推理、感知等功能。美国纽约大学的赖特教授和卡内基梅隆大学的布恩教授(D. A. Bourne)在1988年出版了*Manufacturing Intelligence*(《制造智能》)一书，首次提出了智能制造的概念，认为智能制造通过集成知识工程、制造软件系统、机器人视觉和控制系统，实现对制造技能和专家知识的建模，使机器在没有人工干预的情况下可以进行小批量自动化生产。进入20世纪90年代后，随着信息化技术和人工智能技术的不断发展，智能制造开始引起发达国家的关注，美国、日本等国纷纷启动了智能制造研究专项并建立了实验基地，使智能制造的研究和实践取得了长足进步。在2008年全球金融危机之后，发达国家认识到“去工业化”发展的弊端，制定了“重返制造业”的发展战略[1]，同时深度学习、大数据、云计算、物联网等前沿技术引领制造业加速向智能化转型，智能制造已成为未来制造业的主要发展方向，各国政府均给予了有力的支持，以抢占竞争的制高点。

智能制造的产业链十分广泛,包括智能制造装备、工业互联网、物联网、工业软件等,其中智能制造装备是实现智能制造的核心载体。智能制造装备是指具有感知、分析、推理、决策、执行功能的制造装备(主要是指数控机床)的总称,是先进制造技术、信息技术和人工智能技术的高度集成,在航空、航天、汽车、能源、海洋等国民经济重点制造领域占据着重要地位并发挥着关键作用。大力发展智能制造装备能够加快制造业的转型升级,提升制造装备的研发水平和产品质量,还能降低能源与资源的消耗,同时智能制造装备的发展水平也是衡量一个国家工业现代化程度的重要标志。[2]

1.1.2 智能制造装备的特征

智能制造装备是机电系统与人工智能系统的高度融合,充分体现了制造业向智能化、数字化和网络化发展的需求。与传统的制造装备相比,智能制造装备的主要特征包括以下几个方面。

1. 自我感知能力

自我感知能力是指智能制造装备通过传感器获取所需信息,并对自身状态与环境变化进行感知,而自动识别与数据通信是实现自我感知的重要基础。与传统的制造装备相比,智能制造装备需要获取数据量庞大的信息,且信息种类繁多,获取环境复杂,因此,研发新型高性能传感器成为智能制造装备实现自我感知的关键。目前,常见的传感器类型包括视觉传感器、位置传感器、射频识别传感器、音频传感器与力/触觉传感器等。

2. 自适应和优化能力

自适应和优化能力是指智能制造装备根据感知的信息对自身运行模式进行调节,使系统处于最优或较优的状态,实现对复杂任务不同工况的智能适应。智能制造装备在运行过程中不断采集过程信息,以确定加工制造对象与环境的实际状态,当加工制造对象或环境发生动态变化后,基于系统性能优化准则,产生相应的调控指令,及时地对系统结构或参数进行调整,保证智能制造装备始终工作在最优或较优的运行状态。

3. 自我诊断和维护能力

自我诊断和维护能力是指智能制造装备在运行过程中,对自身故障和失效问题能够做出自我诊断,并通过优化调整保证系统可以正常运行。智能制造装备通常是高度集成的复杂机电一体化设备,当外部环境发生变化后,会引起系统发生故障甚至是失效,因此,自我诊断与维护能力对于智能制造装备十分重要。此外,通过自我诊断和维护,还能建立准确的智能制造装备故障与失效数据库,这对于进一步提高装备的性能与寿命具有重要的意义。

4. 自主规划和决策能力

自主规划和决策能力是指智能制造装备在无人干预的条件下，基于所感知的信息，进行自主的规划计算，给出合理的决策指令，并控制执行机构完成相应的动作，实现复杂的智能行为。自主规划和决策能力以人工智能技术为基础，结合系统科学、管理科学和信息科学等其他先进技术，是智能制造装备的核心功能。通过对有限资源的优化配置及对工艺过程的智能决策，智能制造装备可以满足实际生产中不同的需求。

1.1.3 制造装备智能化的意义

1. 智能制造装备是未来制造装备发展的必然趋势

制造装备经历了机械装备到数控装备的转变，而智能制造装备是制造装备未来发展的必然趋势。智能制造装备自感知、自适应、自诊断、自决策的特点与优势，将在航空、航天、汽车、能源等重点制造领域得到充分体现，例如传统面向航空大型结构件加工的制造装备[3]，当加工环境(如温度)发生变化后，无法自动感知并进行相应调整，影响加工精度，而发展相应的智能制造装备，通过实时感知工况并进行状态检测，给出合理的决策指令，调整系统运行状态，可以有效降低加工过程中的静/动态误差，并提高对切削力干扰的抵抗能力，使得加工精度与稳定性得到大幅度提升，满足现代航空制造的需求。此外，相比传统制造装备，智能制造装备可以实现低污染、节能加工，对推动可持续性发展具有重要的战略意义。

2. 智能制造装备是全面发展社会生产力的重要基础

通过三次工业革命可以看到，只有当制造装备的自动化程度得到大幅度提升，脑力劳动逐步替代体力劳动后，社会生产力才能得到快速发展。但现有制造装备在面临各种复杂场景与问题时，加工制造的结果很大程度上仍然依赖于决策者的水平，随着信息量与复杂程度的增加，决策难度不断上升，通过人进行决策的生产模式难以满足制造领域的新需求。通过发展具有自决策能力的智能制造装备，可以有效弥补“人主观决策”的缺点，在产业发展的过程中释放出巨大的能量，满足各个领域对智能化发展的需求，在生产、分配、交换、消费等各个环节建立起新的模式，成为推动社会生产力全面发展的重要基础。

3. 智能制造装备是推动我国制造业转型升级的核心力量

智能制造装备是智能化、信息化与自动化深度融合的体现，大力发展智能制造装备对加快我国制造业向“高端智造”转型升级，提升制造效率、技术水平与产品质量，降低能源与资源消耗，推动制造过程智能化和可持续发展具有十分重要的战略意义。在《中华人民共和国国民经济和社会发展第十二个五年规划纲要(2011—2015年)》(简称“十二五”规划)中，国家已将“高端装备制造”确定为战略性新兴产业重点发展方向，并指出需要在航空航天装备、轨道交通装备、海洋工程装备与智能装备等领域实现突破[4]，而智能制造装备是实现高端装备的主要技术手段，涉及智能仪器仪表、智能数控系统、智能机床与成套装备等方面。因此，加强智能制造装备的发展，能够满足关键领域向高端制造转型的需求。此外，在2016年12月，工业和信息化部与财政部联合发布了《智能制造发展规划(2016—2020年)》[5]，明确指出要将“加快智能装备发展”作为“十三五”时期我国智能制造发展的首要任务，明确了智能制造装备的重要地位，同时也对智能制造装备的发展提出了更高的要求。我国目前正处于制造业转型升级的关键时期，站在新的历史节点，我们必须大力培育和发展智能制造装备，形成相应的产业，提高国家制造业核心竞争力，带动产业升级和其他新兴领域的发展，推动“中国制造”向“中国智造”转变。

1.2 智能制造装备的主要分类

智能制造装备是人工智能技术与装备先进设计制造技术的深度融合，覆盖了庞大的业务领域，典型的智能制造装备包括智能机床(金属切削机床、木工机床与锻压机床)、智能数控系统、智能机器人、智能传感器、智能装配装备及智能单元与生产线等。

1. 智能机床

传统数控机床不具有“自感知”“自适应”“自诊断”与“自决策”的特征，无法满足智能制造的发展需求。智能机床可以认为是数控机床发展的高级形态，它融合了先进制造技术、信息技术和智能技术，具有自我感知和预估自身状态的能力，其主要技术特征包括：利用历史数据估算设备及关键零部件的使用寿命；能够感知自身加工状态和环境的变化，诊断出故障并给出修正指令；对所加工工件的质量进行智能化评估；基于各种功能模块，实现多种加工工艺，提高加工效能，并降低对资源和能源的消耗。以智能数控车床为例，通过在车床的关键位置安装力、变形、振动、噪声、温度、位置、视觉、速度、加速度等多源传感器，采集车床的实时运行数据及相应的环境数据，形成智能化的大数据环境与大数据知识库，进一步对大数据进行可视化处理、分析及深度学习，形成智能决策。在2006年9月的IMTS展会(美国芝加哥国际机械制造技术展览会)上，日本Mazak公司展出了世界上第一台智能机床[6]，在此之后，日本Okuma公司、瑞士米克朗公司等著名制造厂商也相继推出了智能机床，实现了主动振动控制、智能热屏蔽、智能安全、智能工艺监视等功能。

2. 智能数控系统

智能数控系统是智能机床的“大脑”，在很大程度上决定了机床装备的智能化水平。与传统数控系统相比，智能数控系统除完成常规的数控任务外，还需要具备其他技术特征。首先，智能数控系统需要具备开放式系统架构，数控系统的智能化发展需要大量的用户数据，因此，只有建立开放式的系统架构，才能凝聚大量用户深度参与系统升级、维护和应用；其次，智能数控系统还需要具备大数据采集与分析能力，支持内部指令信息与外部力、热、振动等传感信息的采集，获得相应的机床运行及环境变化大数据，并通过人工智能方法对大数据进行分析，建立影响加工质量、效率及稳定性的知识库，给出优化指令，提升自适应加工能力；最后，智能数控系统还需要具备互联互通功能，设置开放式数字化互联协议接口，借助物联网实现多系统间的互联互通，完成数控系统与其他设计、生产、管理系统间的信息集成与共享。国内华中数控推出了iNC-848D智能数控系统[7]，提供了全生命周期“数字双胞胎”数据管理接口和大数据智能化算法库，为智能机床的研发提供了技术支撑；沈阳机床集团也研发了基于工业互联网环境的i5智能数控系统[8]，提出了“工业互联-云服务-智能终端”的新模式。

3. 智能机器人

智能机器人是集成计算机技术、制造技术、自动控制技术、传感技术及人工智能技术于一体的智能制造装备，其主体包括机器人本体、控制系统、伺服驱动系统和检测传感装置，具有拟人化、自控制、可重复编程等特点。智能机器人可以利用传感器对环境变化进行感知，基于物联网技术，实现机器与人员之间的交互，并自主做出判断，给出决策指令，从而在生产过程中减少对人的依赖。随着人工智能技术、多功能传感技术以及信息收集、传输和分析技术的快速发展，通过配备传感器、机器视觉和智能控制系统，智能机器人正朝着服务化与标准化的方向发展，其中服务化要求未来的智能机器人充分利用互联网技术，实现在线的主动服务，而标准化是指智能机器人的各种组件和构件实现模块化、通用化，使智能机器人的制造成本降低，制造周期缩短，应用范围得到拓展。

4. 智能传感器

智能传感器是指能将待感知、待控制的参数进行量化并集成应用于工业网络的高性能、高可靠性与多功能的新型传感器，通常带有微处理系统，具有信息感知、信息诊断、信息交互的能力。智能传感器是集成技术与微处理技术相结合的产物，是一种新型的系统化产品，其核心技术涉及五个方面，分别是压电技术、热式传感技术、微流控Bio MEMS技术、磁传感技术和柔性传感技术。多个智能传感器还可组建成相应的网络拓扑，并且具备从系统到单元的反向分析与自主校准能力。在当前大数据网络化发展的趋势下，智能传感器及其网络拓扑将成为推动制造业信息化、网络化发展的重要力量。

5. 智能装配装备

随着人工智能技术的不断发展，智能装配技术及装备开始在航空、航天、汽车、半导体、医疗等重点领域得到应用，例如，配备机器视觉的多功能多目标智能装配装备首先可以准确找到目标的各类特征，并自动确定目标的外形特征和准确位置，进一步利用自动执行装置完成装配，实现对产品质量的有效控制，同时增加生产装配过程的柔性、可靠性与稳定性，提升生产制造效率；数字化智能装配系统则可以根据产品的结构特点和加工工艺特点，结合供货周期要求，进行全局装配规划，最大限度地提升各装配设备的利用率，尽可能地缩短装配周期。除此之外，智能装配装备在农林、环境等领域也具有巨大的潜力。

6. 智能单元与生产线

智能单元与生产线是指针对制造加工现场特点，将一组能力相近相辅的加工模块进行一体化集成，实现各项能力的相互接通，具备适应不同品种、不同批量产品生产能力输出的组织单元，智能单元与生产线也是数字化工厂的基本工作单元。智能单元与生产线还具有独特的属性与结构，具体包括：结构模块化、数据输出标准化、场景异构柔性化及软硬件一体化，这样的特点使得智能单元与生产线易于集成为数字化工厂。在建立智能单元与生产线时，需要从资源、管理和执行三个维度来实现基本工作单元的智能化、模块化、自动化、信息化功能，最终保证工作单元的高效运行。

1.3 国内外智能制造装备发展现状

1.3.1 国外智能制造装备发展现状

在2008年全球金融危机之后，美国、英国等发达国家相继推出“再工业化”的发展战略，将发展重心重新聚焦于制造业。德国、日本则充分发挥其在智能制造装备方面的优势，在相关领域进行技术垄断。韩国也大力发展制造业，希望跻身世界制造强国之列。总体上，世界各国均将智能制造作为制造业转型升级的目标，纷纷做出战略部署，而智能制造装备作为智能制造的核心载体，已成为竞争的焦点。

1. 美国提出“再工业化”战略，大力发展智能制造装备

美国将“制造业复兴”和“再工业化”战略作为制造业发展的重要途径[9]，颁布了《重振美国制造业政策框架》《先进制造伙伴计划》《先进制造业国家战略计划》等纲领性文件和一系列战略性措施，并已投入超过20亿美元，研究智能制造及相关的高、精、尖技术，希望通过制造业的转型和升级，在智能制造领域保持美国制造业和制造技术的全球领先地位。在智能制造装备的研发方面，美国也投入了大量经费，并在技术上处于领先地位。实际上，从早期的数控机床、集成电路，到今天的智能传感器、智能生产线，大量的先进技术和制造装备都由美国主导研发。随着全球智能化发展的不断推进，智能技术在制造领域得到了广泛应用，而以智能机床、智能传感器、智能机器人为代表的智能制造装备得到了美国政府的高度重视，并在全球取得了领先。此外，针对智能制造装备的法律保障也得到逐步加强，在2010年8月，美国政府通过了《制造业促进法案》，免除了包括智能机床在内的智能制造装备原材料的进口关税。

2. 欧盟推出"数字化欧洲工业"计划，加快工业数字化进程

在全球制造业智能化的发展大趋势下，欧盟也推出了相应的战略计划。欧盟在整合各成员国工业发展需求的基础上，推出了"数字化欧洲工业"计划[10]，旨在通过智能制造，推进欧洲工业的数字化进程。该计划主要依托物联网、大数据与人工智能三项技术，提升欧洲工业的智能化程度，并着重强调了 5G 通信、云计算、物联网、数据技术和网络安全等五方面的标准化发展，以实现各成员国工业发展间的协同性。欧盟的很多成员国都拥有良好的制造基础，部分成员国还是传统制造强国，在智能机床、智能机器人、智能单元与生产线等智能制造装备方面具备强大的研发实力，同时拥有包括西门子、罗尔罗伊斯、爱立信等在内的众多优秀企业，在智能制造装备的生产与应用方面具备良好的基础。此外，欧盟在推动智能制造发展的同时，还致力于可持续性制造与高绩效制造的研究与应用，综合考虑产品的特性与产量变化，降低制造成本，提高制造效率，增加产能驱动力。可以预见，欧盟将坚定不移地推动智能制造装备的发展。

3. 德国推出"工业 4.0"计划，建立智能生产系统

2013 年，德国正式发布了《保障德国制造业的未来：关于实施"工业 4.0"战略的建议》，并将"工业 4.0"作为国家发展战略，希望成为第四次工业革命的领导者，受到各界的广泛关注。"工业 4.0"计划是一项全新的制造业升级计划，在智能化技术的支持下，通过工业网络、多功能传感器以及信息集成，将分布式与组合式的工业制造单元模块构建成智能化的工业制造系统，具备丰富的功能与极高的生产柔性。此外，在生产制造设备、零部件、原材料上装载可交互的智能终端，利用物联网实现各终端间的信息交互和实时互动，为机器自主决策奠定基础，并为生产制定个性化方案。"工业 4.0"包含三大主题[11]：首先是智能工厂，需要重点研究智能化生产系统的组建与生产过程，以及网络化分布式生产设备的实现；其次是智能生产，涉及生产制造过程中的管理、人机互动以及 3D 技术在工业生产过程中的应用等；最后是智能物流，希望利用智能物流管理系统和网络技术，整合物流资源信息，实现物料信息的快速匹配，改变传统生产制造模式中管理者、机器、物料间的脱节关系，从而提高生产效率。可以看到，智能制造装备在"工业 4.0"计划中始终占据核心地位。

4. 日本推出"创新工业"计划，重塑制造业竞争力

在西方国家掀起智能化发展浪潮的同时，日本依托其雄厚的制造实力推出了"创新工业"计划，大力发展网络信息技术与人工智能技术，重塑日本制造业的竞争力。通过加快发展智能协同机器人、多功能电子设备、智能机床等智能制造装备，建立先进的无人化智能工厂。2015 年，日本发布了《制造业白皮书》，明确了将智能机器人与人工智能技术作为重点发展方向，并强调了其在材料、医疗、能源和关

键零部件等领域的应用。同年推出的“机器人新战略”指出将构建世界机器人创新基地，重点研发面向工业应用的智能机器人。可以看到，在智能制造装备方面，日本将以智能机器人为主要突破口，重塑制造业竞争力。

1.3.2 国内智能制造装备发展现状

经过改革开放40年的快速发展，我国的装备制造业体系和相关产业链已逐渐完善，在规模和水平上都有了长足的进步[12]，研发了许多性能优异的产品，已成为国民经济的支柱产业，为工业和国防建设做出了十分重要的贡献。在智能制造方面，国内相关研究开始于20世纪80年代，已取得了一些研究成果，但研究规模一直较小，没有形成完整的研究体系。在2008年全球金融危机之后，世界各国政府开始重新发展制造业，并将智能制造作为主要发展方向，我国政府也出台了相关的政策，大力发展智能制造，包括2012年工业和信息化部发布的《高端装备制造业“十二五”发展规划》[13]，2015年国务院发布的《中国制造2025》[14]，2016年工业和信息化部和财政部联合发布的《智能制造发展规划(2016—2020年)》，这些政策都以制造业转型和升级为核心目标，希望通过发展智能制造，逐步实现制造强国的战略目标，可以看到，我国的智能制造发展政策环境已基本建立。

作为智能制造的核心载体，在国家政策的大力扶持下，我国智能制造装备得到了快速发展，已逐渐形成规模。到2015年，中国智能装备产值已超过1万亿元人民币[15]，体现了巨大的发展潜力，而快速发展的网络信息技术、人工智能技术和先进制造技术为推进智能制造装备的发展提供了良好的条件。与此同时，我国在智能制造装备方面也取得了一些成绩，例如，自主研发的多功能智能传感器、智能数控系统已接近世界先进水平；智能机床、智能机器人、智能生产线等智能制造装备的性能也得到了大幅提升，并逐步形成了完整的智能制造装备产业体系。随着智能制造装备和先进工艺技术在重点行业不断推广，制造企业的生产效率得到大幅提升，同时降低了对人的依赖程度，并优化了资源的配置，推动了可持续发展。此外，通过在代表性制造企业推广智能制造装备和技术，可以逐渐形成一套可推广的应用模式，为深入推进智能制造奠定了基础。

可以看到，我国智能制造装备发展较快，形成了一定的技术基础，在核心技术与重大装备方面有了一定的积累，智能制造装备产业体系已初步形成，并在多个重点领域实现了应用。但作为一个正在培育和成长的新兴产业，我国智能制造装备的发展仍然存在一些问题，包括以下几个方面。

1. 缺乏核心技术自主创新能力

我国智能制造装备的整体创新能力不强[16]，发展仍然集中于技术跟踪研究和技术引进消化吸收。由于自身基础研究能力薄弱，对引进技术的消化能力不足，导致智能制造装备的整体技术水平与世界先进水平有较大的差距。此外，创新人才的不足与流失也是造成智能制造装备自主创新能力不足的重要原因。

2. 关键零部件仍主要依赖进口

智能制造装备的研发基础薄弱，产业链不完善，导致智能制造装备的关键零部件仍主要依赖进口[17]，例如智能传感器、精密测量装置、机器人关节减速器、高性能伺服电机、液压元件、气动元件与高速精密轴承等。此外，在原材料的加工工艺方面也存在不足，导致国产零部件的性能无法满足智能制造装备的需求。

3. 产业规模小、智能化程度低

智能制造装备是人工智能技术与装备先进设计制造技术的深度融合，也是发展智能制造的重要基础与核心载体。但是目前我国智能制造装备产业规模仍旧较小，特别是智能机器人、智能机床、智能生产线等典型产品与美国、德国、日本等发达国家间的差距较大。此外，国内制造企业的自动化程度较低，智能化技术水平不足以支撑智能制造装备的快速发展。

4. 骨干企业的核心竞争力不足

我国智能制造装备的发展起步较晚，国内优势企业数量较少，竞争力不足，目前十分缺乏有竞争力的骨干企业，同时，大部分企业集中于单纯的制造生产，在维修改造、备件供应、设备租赁、再制造等方面的增值服务能力较为欠缺。此外，大部分优秀企业目前只能在国内进行竞争，较少进入国际竞争市场。

作为智能制造的核心载体，发展智能制造装备对实现制造业转型升级具有十分重要的意义。本书汇聚了陕西宝鸡机床集团有限公司、四川普什宁江机床有限公司和济南二机床集团有限公司等三家国内智能制造装备骨干企业多年的研发成果，详细论述了典型智能制造装备及系统，包括智能数控车床、智能车削生产线、智能精密卧式加工中心、机床箱体类零件智能制造系统、智能伺服压力机及智能冲压生产线等。希望以本书为契机，加强国内智能制造装备领域各高校与企业间的交流，为推动我国智能制造装备的发展提供基础。

参考文献

[1] 王德生. 世界智能制造装备产业发展动态[J]. 竞争情报，2015，11(4)：51-57.
[2] 傅建中. 智能制造装备的发展现状与趋势[J]. 机电工程，2014，31(8)：959-962.
[3] 陶永，李秋实，赵罡. 大力发展航空智能制造支撑高端装备制造转型升级[J]. 制造业自动化，2016，38(3)：106-111.
[4] 杨拴昌. 解读智能制造装备“十二五”发展路线图[J]. 电器工业，2012(5)：17-19.
[5] 工业和信息化部，财政部. 智能制造发展规划(2016—2020年)[R]，2016.
[6] 周延佑，陈长年. 智能机床——数控机床技术发展新的里程碑：IMTS2006观后感之一[J]. 制造技术与机床，2007(4)：43-46.
[7] iNC-848D：华中数控新一代iNC智能数控系统[J]. 世界制造技术与装备市场，2018(3)：44-47.

[8] 刘艳.沈阳机床发布全球首款工业操作系统 i5OS[J].制造技术与机床,2018(1):15.

[9] 方毅芳,宋彦彦,杜孟新.智能制造领域中智能产品的基本特征[J].科技导报,2018,36(6):90-96.

[10] 万志远,戈鹏,张晓林,等.智能制造背景下装备制造业产业升级研究[J].世界科技研究与发展,2018,40(3):316-327.

[11] 谭建荣,刘振宇,徐敬华.新一代人工智能引领下的智能产品与装备[J].中国工程科学,2018,20(4):35-43.

[12] 孙柏林.未来智能装备制造业发展趋势述评[J].自动化仪表,2013,34(1):1-5.

[13] 工业和信息化部.高端装备制造业"十二五"发展规划[R],2012.

[14] 国务院.中国制造 2025[R],2015.

[15] 杨华勇.关于智能装备的思考和探索[J].中国科技产业,2017(1):35.

[16] 卢秉恒.智能制造:摆脱装备"形似神不似"[J].中国战略新兴产业,2015(Z2):54-56.

[17] 王影,冷单.我国智能制造装备产业的现存问题及发展思路[J].经济纵横,2015(1):72-76.

第2章

智能制造的基础理论与关键技术

2.1 智能制造装备及系统的组成

智能制造装备是先进制造技术、信息技术和人工智能技术的高度集成，也是智能制造产业的核心载体。智能制造装备通常包含装备本体与相关的智能使能技术，装备本体需要具备优异的性能指标，如精度、效率及可靠性，而相关的使能技术则是使装备本体具有自感知、自适应、自诊断、自决策等智能特征的关键途径。智能制造装备的组成如图2-1所示，其中典型的智能使能技术包括物联网、大数据、云计算、机器学习、智能传感、互联互通与远程运维等。

以智能机床为例，其本体为高性能的机床装备，具有极佳的性能，如定位/重复定位精度、动/静刚度、主轴转动平稳性、插补精度、平均无故障时间等。在此基础上，通过智能传感技术使得机床能够自主感知加工条件的变化，如利用温度传感器感知环境温度，利用加速度传感器感知工件振动，利用视觉传感器感知是否出现断刀。进一步对机床运行过程中的数据进行实时采集与分类处理，形成机床运行大数据知识库，通过机器学习、云计算等技术实现故障自诊断并给出智能决策，最终实现智能抑振、智能热屏蔽、智能安全、智能监控等功能，使装备具有自适应、自诊断与自决策的特征。

智能制造装备单体虽然具备智能特征，但其功能和效率始终是有限的，无法满足现代制造业规模化发展的需求，因此，需要基于智能制造装备，进一步发展和建立智能制造系统。如图2-2所示为智能制造系统的组成示意图，其中最下层为不同功能的智能制造装备，如智能机床、智能机器人以及智能测量仪；多台智能制造装备组成了数字化生产线，实现了各智能制造装备的连接；进一步多条数字化生产线组成了数字化车间，实现了各数字化生产线的连接；最后多个数

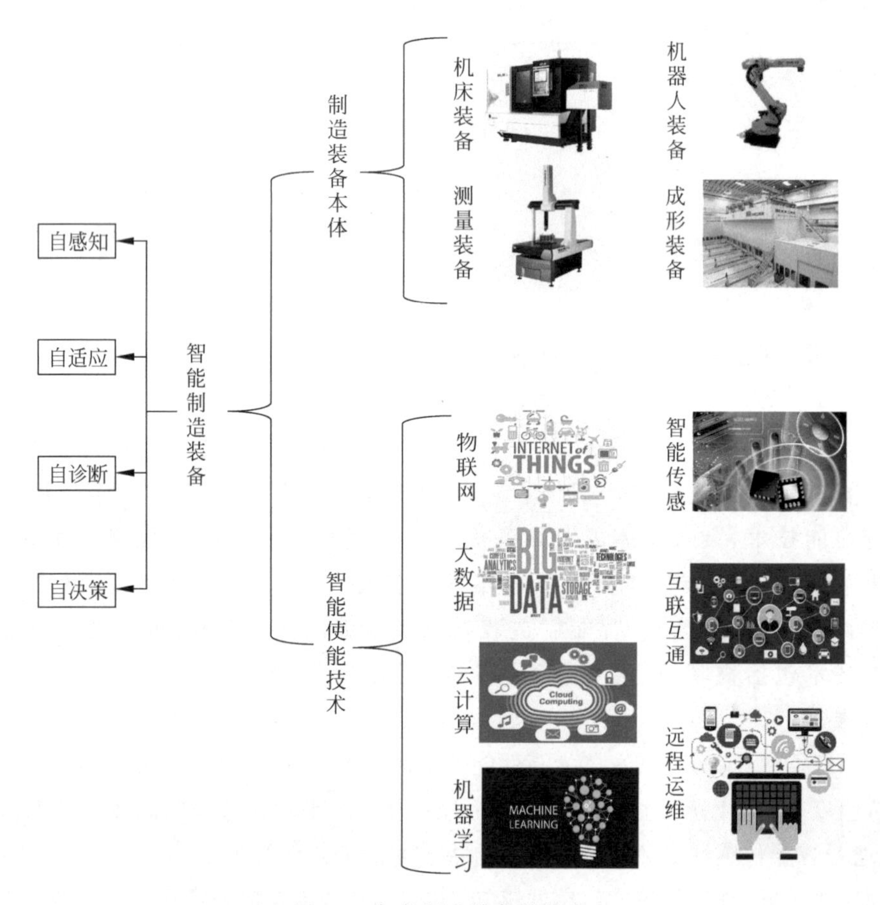

图 2-1　智能制造装备的组成

字化车间组成了智能工厂，实现了各数字化车间的连接；最上一层为应用层，由物联网、云计算、大数据、机器学习、远程运维等使能技术组成，为各级智能制造系统提供技术支撑与服务，而互联互通广泛存在于各级智能制造系统，智能传感主要存在于智能制造装备与传感器间。需要说明的是，人是任何智能制造系统的最高决策者，具有最高管理权限，可以对各级智能制造系统进行监督与调整。

本章后续将主要介绍智能制造的基础理论与关键技术，包括物联网、大数据、云计算、机器学习、智能传感、互联互通与远程运维。针对每项技术，首先介绍其概念，进而阐述主要实现方式，最后给出其在智能制造领域的应用实例。

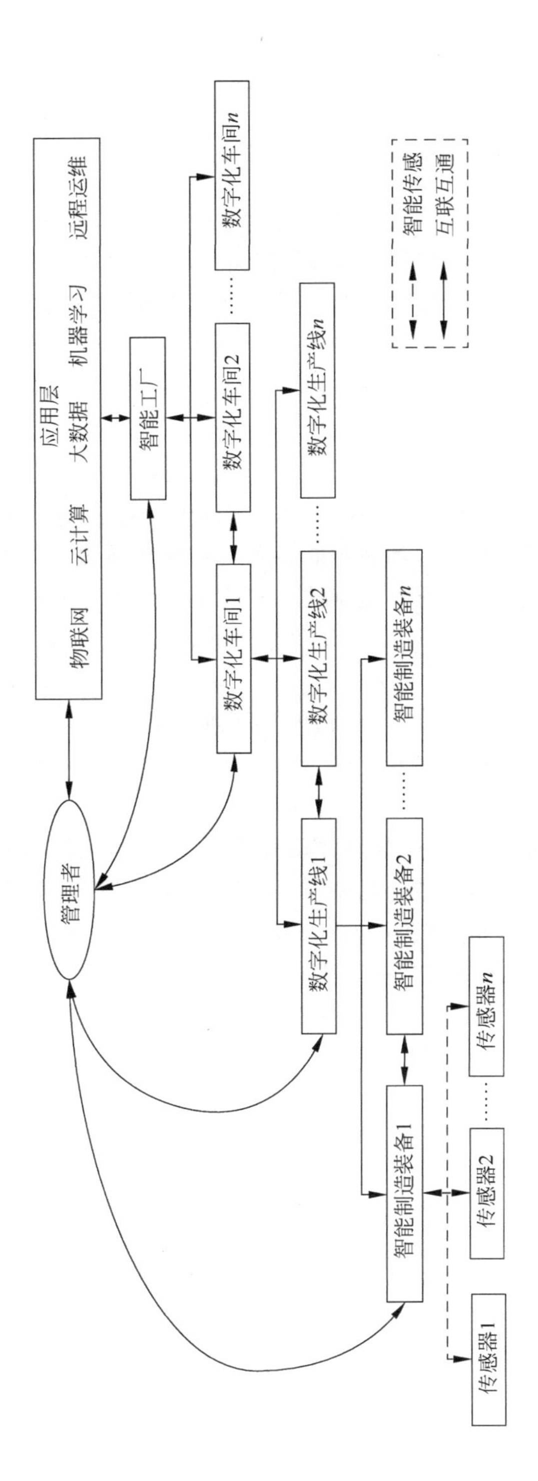

图 2-2　智能制造系统的组成

2.2 物联网

2.2.1 物联网的概念

麻省理工学院的 Ashton 教授最先提出物联网的概念，其理念是基于射频识别(RFID)、电子产品代码(EPC)等技术，在互联网的基础上，通过信息传感技术把所有的物品连接起来，构造一个实现物品信息实时共享的智能化网络，即物联网。

随着研究的不断深入，不同的研究机构分别从不同的侧重点对物联网进行了再定义，但是至今还没有一个统一的、精确的物联网的定义。目前有如下几个具有代表性的物联网定义。

定义 1：物联网是未来网络的整合部分，它是以标准、互通的通信协议为基础，具有自我配置能力的全球性动态网络设施。在这个网络中，所有实质和虚拟的物品都有特定的编码和物理特性，通过智能界面无缝连接，实现信息共享。

定义 2：物联网指通过信息传感设备，按照约定的协议，把任何物品与互联网连接起来，进行信息交换和通信，以实现智能化识别、定位、跟踪、监控和管理，它是在互联网基础上延伸和扩展的网络。

定义 3：由具有标识、虚拟个性的物体/对象所组成的网络，这些标识和个性运行在智能空间，使用智慧的接口与用户、社会和环境的上下文进行连接和通信。[1]

目前存在很多与物联网并存的术语，如传感器网络、泛在网络等。传感器网络是以感知为目的，实现人与人、人与物、物与物全面互联的网络，其通过传感器的方式获取物理世界的各种信息，结合互联网、移动通信网等网络进行信息的传送与交互，采用智能计算技术对信息进行分析处理，实现对物质世界的感知，进而完成智能化的决策和控制。泛在网络是指无所不在的网络，它的基本特征是无所不在、无所不包、无所不能，帮助人类实现在任何时间、任何地点、任何人、任何物都能顺畅地通信。根据物联网、传感器网络和泛在网络各自的概念和特征，三者间的关系如图 2-3 所示，可以概括为：传感器网络是物联网的组成部分，泛在网络是物联网发展的远景。

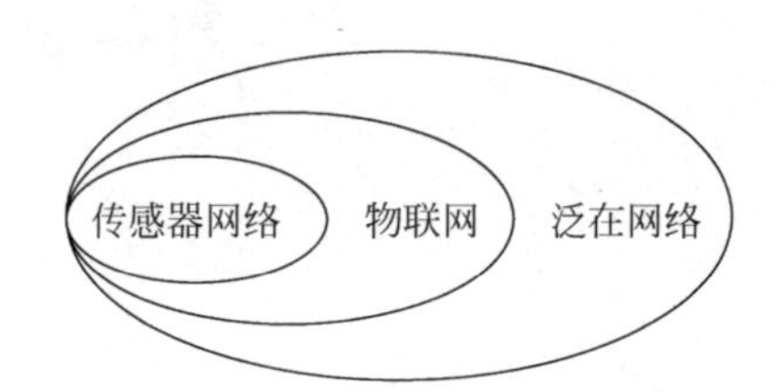

图 2-3 物联网与传感器网络、泛在网络间的关系

2.2.2　物联网的主要实现方式

1. 物联网的体系构架

目前对于物联网的体系构架，国际电信联盟给出了公认的三个层次，从下到上依次是感知层、网络层和应用层，如图 2-4 所示。

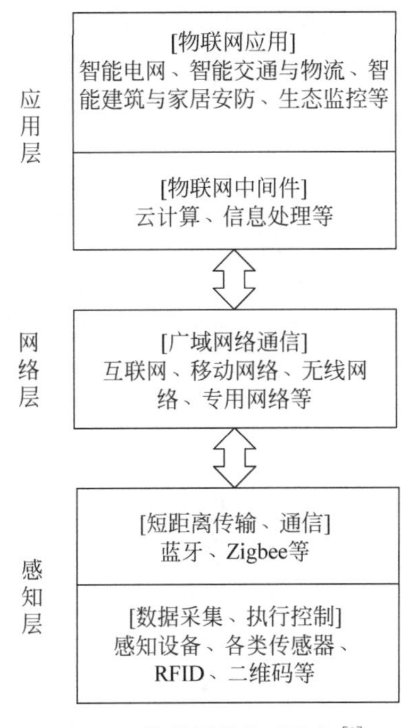

图 2-4　物联网的体系构架[2]

1）感知层

物联网的感知层主要完成物理世界中信息的采集和数据的转换与收集，主要由各种传感器（或控制器）和短距离传输网络组成。传感器（或控制器）用于对物体的各种信息进行全面感知、采集、识别并实现控制，短距离传输网络将传感器收集的数据发送到网关或将应用平台控制指令发送到控制器。感知层的关键支撑技术为传感器技术和短距离传输网络技术。

2）网络层

物联网的网络层主要完成信息的传递和处理，由接入单元和接入网络组成。接入单元是连接感知层的网桥，汇聚从感知层获得的数据，并将数据发送到接入网络。接入网络主要借助现有的通信网络，安全、可靠、快速地传递感知层信息，实现远距离通信。网络层的关键技术包含了现有的通信技术，如移动通信技术、有线宽带技术等，也包含了终端技术，如实现传感网与通信网结合的网桥设备等。

3）应用层

应用层是物联网和用户的接口，主要任务是对物理世界的数据进行处理、分析和决策，主要包括物联网中间件和物联网应用。物联网中间件是一种独立的系统软件或者服务程序，将公共的技术进行统一封装；而物联网应用是用户直接使用的各种应用，主要包括企业和行业应用、家庭物联网应用，如生态监控应用、车载应用等。应用层的主要技术是各类高性能计算与服务技术。

2. 物联网的关键技术

国际电信联盟报告指出，射频识别(RFID)技术、传感技术、智能技术、纳米技术是物联网的四个关键性技术，其中，RFID技术被称为四大技术之首，是构建物联网的基础技术。[3]

1）射频识别技术

RFID技术是一种高级的非接触式自动识别技术，它通过无线射频的方式识别目标对象和获取数据，可以在各种恶劣环境下工作，识别过程无需人工干预。RFID技术源于20世纪80年代，到了90年代进入应用阶段。与传统的条码相比，它具有数据存储量大、使用寿命长、无线无源、防水和安全防伪等特点，具有快速读写、长期跟踪管理等优势。

2）传感技术

传感技术是指从物理世界获取信息，并对所收集的信息进行处理和识别的技术，其在物联网中的主要功能是对物理世界进行信息的采集和处理，涉及传感器、信息的处理和识别。传感器是感受被测物理量并按照一定的规律将被测量转化成可用信号的器件或装置，通常由敏感元件和转换元件组成；信息处理主要是指对收集的信息进行存储、转化和传送，信息的总量保持不变；信息识别是对处理过的信息进行分辨和归类，根据提取的信息特征与对象的关联模型进行分类和识别。

3）智能技术

智能技术是指通过在物体中嵌入智能系统，使物体具备一定的智能化，能够和用户实现沟通，从而进行信息交换。目前主要的智能技术包括机器学习、模式识别、信息融合、数据挖掘及云计算等，本章后续将着重介绍机器学习与云计算。在物联网中，智能技术主要完成物品的“说话”功能。

4）纳米技术

纳米技术指在0.1～100nm微尺度上的一类高新技术。纳米技术可以使传感器尺寸更小、精确度更高，可以极大地改善传感器的性能。结合纳米技术与传感技术，可以将物联网中体积越来越小的物体进行连接，从而扩展物联网的边界范围。

2.2.3 物联网在智能制造领域的应用

本节介绍一种基于物联网的精密门窗铰链智能制造系统，系统的网络结构如图2-5所示。[4]基于面向服务的架构，采用结构化查询语言数据库，应用RFID技术把人、机、料接入物联网，通过用户数据报协议(UDP)实现服务器数据库数据与生产信息的实时交互。所有工件的工艺过程和对应的人员信息均被系统实时记录，

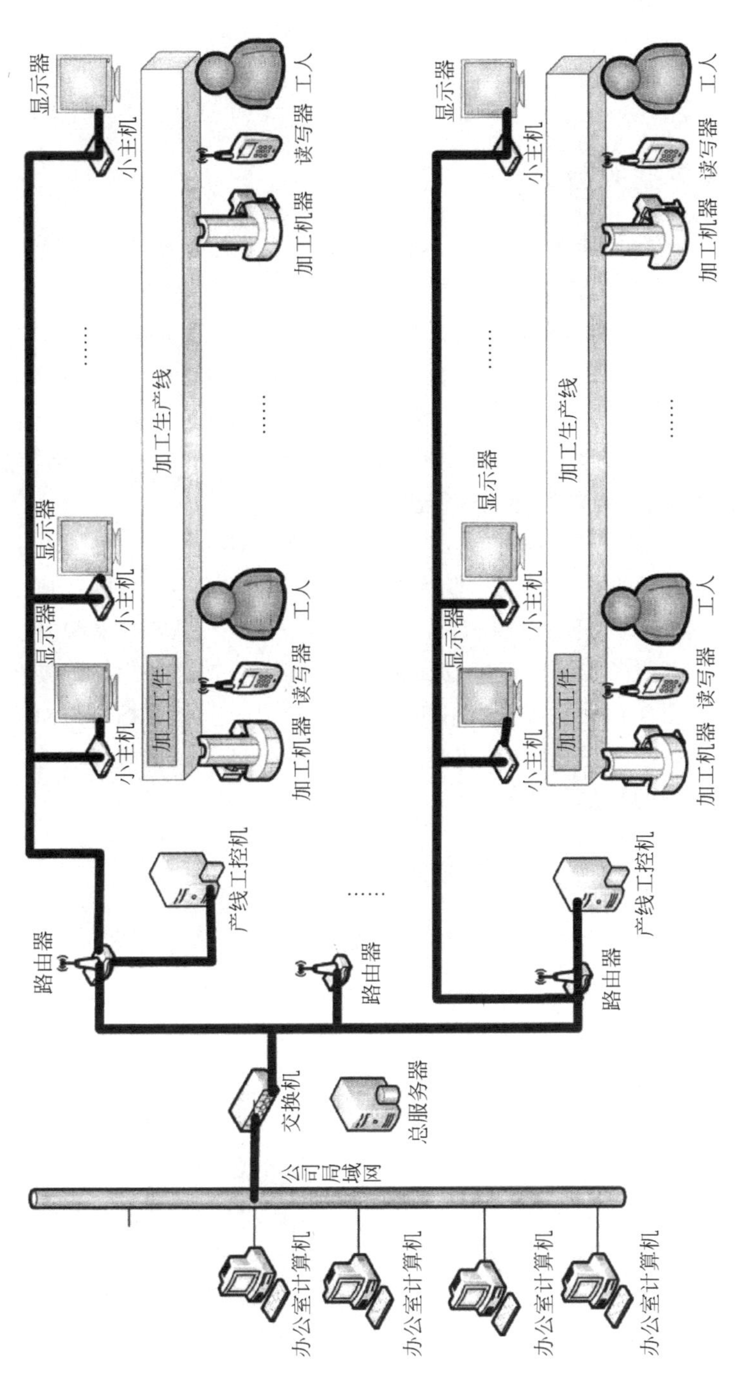

图 2-5　精密门窗铰链智能制造系统的网络结构图

通过对所采集的数据进行分析，管理人员可以清楚地掌握所有工件的实时生产信息，并对生产质量做出有效管控。

2.3 大数据

2.3.1 大数据的概念

大数据是指存储在各种介质中的大规模的各种形态的数据，对各种存储介质中的海量信息进行获取、存储、管理、分析、控制而得到的数据便是大数据。IBM 提出了大数据的 5V 特点，即 Volume（大量）、Velocity（高速）、Variety（多样）、Value（低价值密度）、Veracity（真实性）。[5] 大数据的大不止体现在容量方面，更体现在其价值方面，相较于数据量的大小，数据的多元性和实时性对大数据的价值有着更加直接的影响。大数据技术的意义并不在于数据本身，而在于将数据转变为信息，再从信息中获取知识，从而可以更好地进行决策。

基于大数据的概念，工业和信息化部 2019 年发布的《工业大数据白皮书（2019 版）》中提出了工业大数据的定义：工业大数据是指在工业领域中，围绕典型智能制造模式，从客户需求到销售、订单、计划、研发、设计、工艺、制造、采购、供应、库存、发货和交付、售后服务、运维、报废或回收再制造等整个产品全生命周期各个环节所产生的各类数据及相关技术和应用的总称[6]。通过工业大数据可以对智能制造各阶段的情况进行真实描述，从而更好地了解、分析和优化制造过程。因此，工业大数据是智能制造的智慧来源。

2.3.2 大数据的主要实现方式

大数据的架构在逻辑上主要分为四层，即数据采集层、数据存储和管理层、数据分析层及数据应用层，如图 2-6 所示。

1. 数据采集层

数据采集层是大数据架构中非常重要也是最基础的层次。对于大数据系统，数据来源主要可分为以下几类：①由各种工业传感器采集的数据，例如机器设备的运行状态、环境指标、操作人的操作行为等，这部分数据的特点是每条数据内容很少，但是频率极高；②文档数据，包括制造图纸、设计图纸、仿真数据等；③由其他设备传输得到的数据，例如现场拍摄的视频、图片信息，声音及语音信息，遥感遥测信息等；④操作人员手工录入的信息。以上信息构成了数据采集的来源。

2. 数据存储和管理层

数据采集结束后，需要进行数据存储和管理。通常对采集到的数据先进行一定程度的处理，例如，视频流信息需要解码，语音信息需要识别，各类工业协议需要

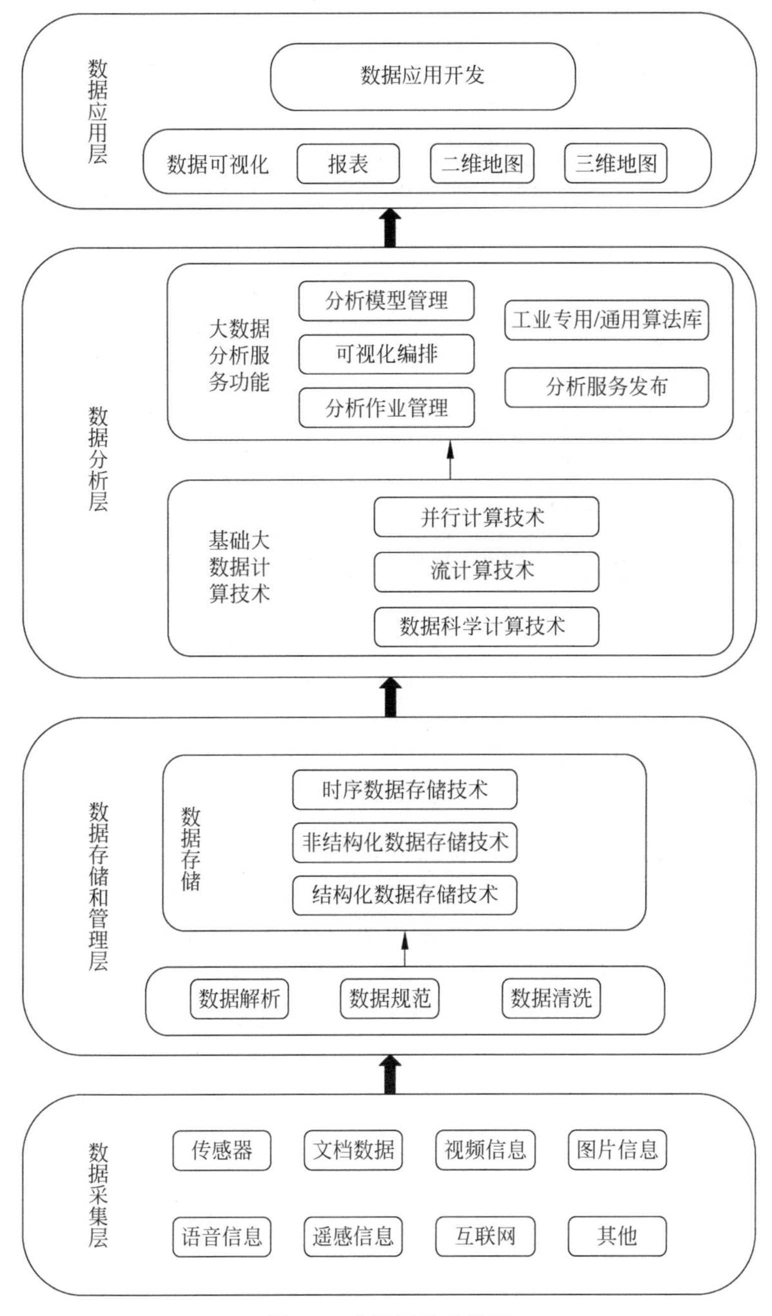

图 2-6　大数据的架构图

解析。识别处理后对数据进行规范、清洗，之后便可以对数据进行存储和管理。存储过程中首先需要对数据进行分类，典型的存储技术包括时序数据存储技术、非结构化数据存储技术、结构化数据存储技术等。

3. 数据分析层

数据分析层包含基础大数据计算技术和大数据分析服务功能。并行计算技术、流计算技术和数据科学计算技术属于基础大数据计算技术。在基础大数据计算技术的基础上，构建大数据分析服务功能，其中包括分析模型管理、分析作业管理、分析服务发布等。通过对数据的建模、计算和分析将数据转变为信息，从信息中获取知识。

4. 数据应用层

数据应用层包括数据可视化技术和数据应用开发技术。通过数据可视化将分析处理后的多来源、多层次、多维度的数据以直观简洁的方式展示给用户，使用户更容易理解，从而可以更好地做出决策。数据可视化包括很多方式，如报表、二维地图、三维地图等。数据应用开发技术主要指利用移动应用开发工具，进行大数据应用开发，便于实现预测与决策。

2.3.3 大数据在智能制造领域的应用

高圣公司是一家主要生产带锯机床的公司，延长带锯寿命是带锯机床使用过程中的核心问题，也是降低生产成本的关键。本节以高圣公司为例[7]，给出大数据在智能制造领域的应用实例。

该公司首先利用传感器收集切削加工过程中的数据，开发了带锯寿命衰退分析和预测算法模型。在加工过程中，对加工产生的数据进行实时分析，对当前的工件和工况信息进行识别，通过健康特征提取和归一化处理将当前的健康特征反映到特征地图上，实现带锯磨损状态的量化。分析处理后的数据信息被存储到数据库中建立带锯的生命信息档案，大量带锯的生命信息档案形成一个庞大的数据库，通过大数据分析方法对其进行分析，建立不同健康状态下的最佳工艺参数模型，延长带锯的使用寿命。同时通过可视化技术，将带锯健康信息展示给用户，而当需要更换带锯时对用户进行提醒，并自动补充带锯订单，保证了生产质量与效率。

2.4 云计算

2.4.1 云计算的概念

云计算的概念被提出以来，尚未出现一个统一的定义。[8]综合不同文献资料对云计算的定义[9]，可以认为云计算是一种分布式的计算系统，有两个主要特点：第一，其计算资源是虚拟的资源池，将大量的计算资源池化，与之前的单个计算资源(见图 2-7(a))或多个计算资源(见图 2-7(b))不同，形成了大型的资源池(见图 2-7(c))，并将其中的一部分以虚拟的基础设施、平台、应用等方式提供给用户；第二，计算能力可以有弹性地、快速地根据用户的需求增加或减少，当用户对计算能力的需求有变化时，可以快速地获得或退还计算资源，为用户节约了成本，同时也使资源池的利用效率大大提高。除此之外，在一部分资料[10-11]中，基于上述云计算平台的云计算应用，也被囊括进云计算的概念中。

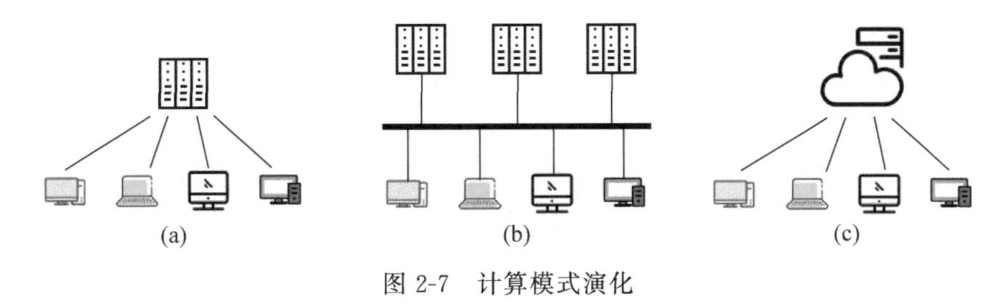

图 2-7　计算模式演化

2.4.2　云计算的主要实现方式

与传统的自建数据中心或是租用硬件设备不同，在云计算中用户向商家租用虚拟化的计算资源。计算资源有很多类别，依据所提供的计算资源不同，云计算的实现方式大致可以分为三种：基础设施即服务(IaaS)、平台即服务(PaaS)和软件即服务(SaaS)。值得一提的是，这种分类方式只是帮助读者、学者理解和研究云计算，三者的界限不一定清晰，同时也没有必要过于清晰地划分其界限。

如图 2-8 所示，最初所有需要庞大计算量的用户都需要自己搭建数据中心，需要自己配置机房、电力、网络等资源，并利用这些资源安装硬件设备与操作系统，才能在系统上运行软件并提供服务。后来某些没有足够财力、人力的用户开始向大型企业租用硬件设备，来完成自己的计算任务。20 世纪六七十年代，在 IBM 提出虚拟机的概念后，租用虚拟机的方式为广大需要大规模计算任务的用户提供了方便，尽管没有达到“云化”的程度，但已经具备了云计算的雏形。

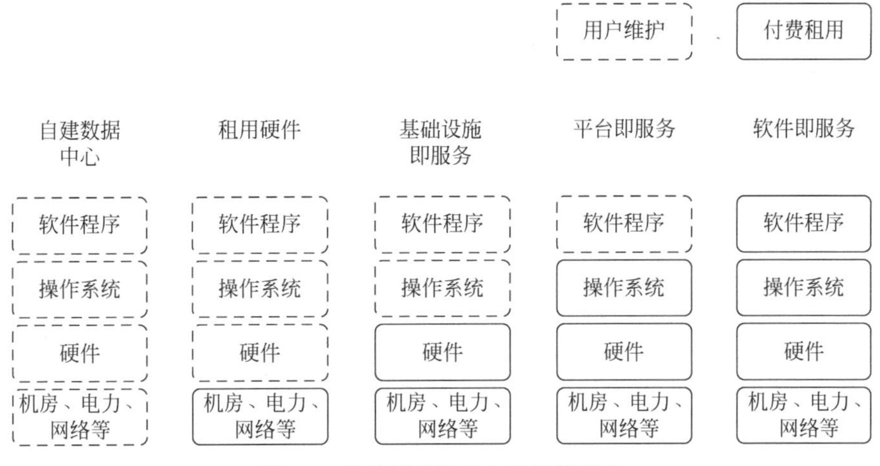

图 2-8　传统计算服务与云计算服务

1. 基础设施即服务(IaaS)

基础设施即服务是云计算中最底层的服务,商家将自己的基础设施虚拟化,并且优化对基础设施的管理,达到较高的自动化程度,称为"云化"或"池化",用户可以按照自己的需要从商家处获得一部分基础设施的使用权。在具体操作过程中,商家会提供这些设施的对外接口,用户可以按照自己的需求,安装 Windows 或 Linux 操作系统,可操作性强。典型的例子有 AWS EC2、Hadoop、Windows Azure、谷歌云平台等。[12]

Amazon 是最早开始提供商业化云计算的公司,其云计算平台叫做 AWS,从2006 年开始向广大用户提供云服务,经过不断发展,AWS 的云计算服务已经具有相当的规模,在全球范围内 11 个地区提供云计算服务,其中弹性计算云 EC2 是一个 AWS 的基础设施即服务产品,服务的主要内容是基于云计算的虚拟机,也称为"实例"。用户可以通过图形界面的方式管理这些实例,也可以选择命令行的方式。目前 AWS 可提供 9 种实例系列和 41 种实例类型,以满足用户不同的要求。用户可以通过按需提供、付费预留、竞价提供的方式,获取云服务。微软于 2008 年宣布创建云计算平台,并于 2010 年正式发布,其云计算平台叫做 Azure。依托微软管理的数据中心及其全球网络系统,提供不同程度的云计算服务。在支持微软自己软件的同时也支持第三方软件和系统。Azure 虚拟机是微软提供的基础设施即服务,目前可以提供 4 种实例系列和 33 种实例类型,以使用的分钟数为依据向客户收费。谷歌公司也提供了 Google 云平台,虽然谷歌公司起步相对较晚,服务体系不够健全,但由于其深厚的互联网底蕴,很快在行业内占有了一席之地。谷歌的计算引擎 GCE 是谷歌公司提供的基础设施即服务产品,可以为用户提供虚拟机实例,目前已有 4 种实例系列与 18 种实例类型,按照用户使用的分钟数收费。经第三方测试[13],谷歌计算引擎 GCE 比同类型云计算平台快 4 倍以上。可以看到,基础设施即服务以租用虚拟机的方式为主,节省了搭建数据中心的成本,而且相比于租用物理机,由于计算资源的云化,加强了计算资源利用效率,而且摆脱了特定物理机的限制,某些节点故障可以在资源池中随时替换。

2. 平台即服务(PaaS)

基础设施即服务具有很多优点,但比较底层,用户购买后还需要自行安装操作系统、通用软件等,才可以运行自己的程序,并不适合短时间内需要增大计算量的用户。平台即服务(PaaS)是比基础设施即服务更高层的云计算服务,商家配备好操作系统及通用的部分应用软件,用户购买云计算服务后,可以仅处理与自己程序相关的内容。比较有代表性的有 Google app engine、微软 Azure、AWS elastic beanstalk 等。

谷歌公司于 2008 年推出了 Google app engine(GAE),是一种平台即服务的云计算产品。用户将自己的应用程序上传到云端,商家为应用配备所需的软硬件支持,无需用户进行额外操作。当应用程序的请求增加到一定程度时,GAE 会自动为应用程序分配更多的计算资源。目前 GAE 主要提供 Java 和 Python 两种运行环境。AWS 的 elastic beanstalk 是一种平台即服务，用户上传应用程序后，elastic beanstalk 可以自行完成计算资源配置、负载平衡与应用程序健康检测。用户可以专注于自己程序的开发，而不用在底层建设上花费过多精力。其余的平台即服务产品也类似，在基础设施即服务的基础上，为很多不想进行底层设计的用户提供了平台，由云计算服务商从资源池中为用户调配计算资源。

3. **软件即服务(SaaS)**

云计算服务的最高一层是软件即服务，云计算提供商完成全部工作，用户直接付费就可以使用软件，适用于不关心背后原理逻辑，需要直接使用的用户。最常见的就是邮箱，用户在任意终端上都可以用网页登录邮箱，处理邮箱里的信息。用户不需要在终端存储大量的数据，不需要在终端安装软件，也不需要在终端进行复杂的计算，只需要联网就可以在云端完成工作。类似的软件即服务还可以用于项目管理、日程管理、表单统计及数据分析等。

2.4.3　云计算在智能制造领域的应用

对于工艺流程复杂的钢铁企业，收集、检索、分析生产过程中的数据并不轻松，实现工业信息化更是非常困难。自主搭建的传统主机系统，信息存储在硬盘上，成本高且效率低下，而云计算平台可以实现庞大数据量的传输与处理，帮助企业优化生产过程，提升工业信息化程度。以宝钢为例[14]，企业建设了相应的云平台，该云平台具有三层结构，即移动终端层、网络传输层与应用层。通过使用云计算技术，不仅可以更好地进行企业管理，还可以向社会提供云服务，为企业创造更大的商业价值。

2.5　机器学习

2.5.1　机器学习的概念

人工智能是一种替代或辅助人进行决策的技术手段，主要指基于计算机的数据处理能力，模拟出人的某些思维过程或智能行为，使计算机或受其控制的机电系统在数据评价与决策过程中，表现出人的智能。目前，人工智能主要包含七大技术领域，即机器学习、知识图谱(语义知识库)、自然语言处理、计算机视觉(图像处理)、生物特征识别、人机交互、AR/VR(新型视听技术)等。[15]其中，机器学习是人工智能的核心技术和重要实现方式，是其他细分领域的底层机制。

机器学习是一门典型的交叉学科，涉及概率论、统计学、凸分析、逼近论、系统辨识、优化理论、计算机科学、算法复杂度理论和脑科学等诸多领域，主要指利用计算机模拟人类的学习行为，使其自主获取新的知识或掌握某种技能，并在实践训练中重组自己已有的知识结构,不断改善其工作性能。机器学习过程的本质是基于已知数据构建一个评价函数,其算法成立的基本原理在于数值和概念可以相互映射。

机器学习的基本实现方式可描述为:将具象的概念映射为数据,同目标事物的观测数据一起组成原始样本集,计算机根据某种规则对初始样本进行特征提取,形成特征样本集,经由预处理过程,将特征样本拆分为训练数据和测试数据,再调用合适的机器学习算法,拟合并测试评价函数,即可用之对未来的观测数据进行预测或评价。[16]该流程如图 2-9 所示。

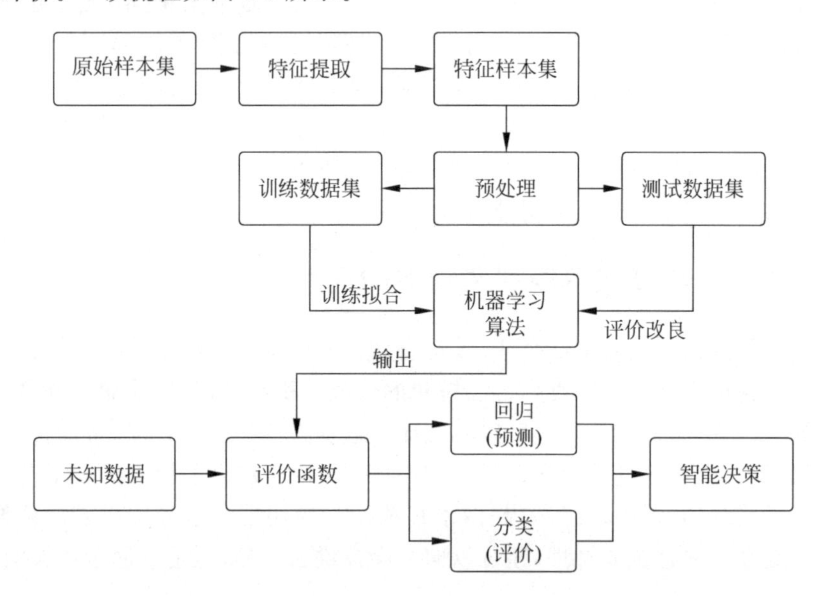

图 2-9　机器学习的基本流程

2.5.2　机器学习的主要实现方式

1. 概述

为了模仿和再现人类的学习行为,学者们从生理学、心理学、概率论与统计学中寻找算法灵感,建立各种数学模型,形成诸多独特的知识库迭代机制。目前,机器学习算法比较丰富,整体上已形成多种分类形式,如图 2-10 所示。机器学习可以理解为计算机领域的仿生学,是一种技术理念,而具体的算法只是其实现方式,故本节先重点介绍各类算法的设计思路,之后对典型的机器学习算法做简要说明。

(1) 按照学习态度和灵感来源分类,可将机器学习分为符号主义、联结主义、进化主义、贝叶斯主义和类推主义等。[17]符号主义直接基于数据和概念的相互映射关系,利用数据的判断和操作,表征知识运用和逻辑推理过程,典型算法有决策树、随机森林算法(多层决策树)等。联结主义的灵感来源于大脑的生理学结构,设

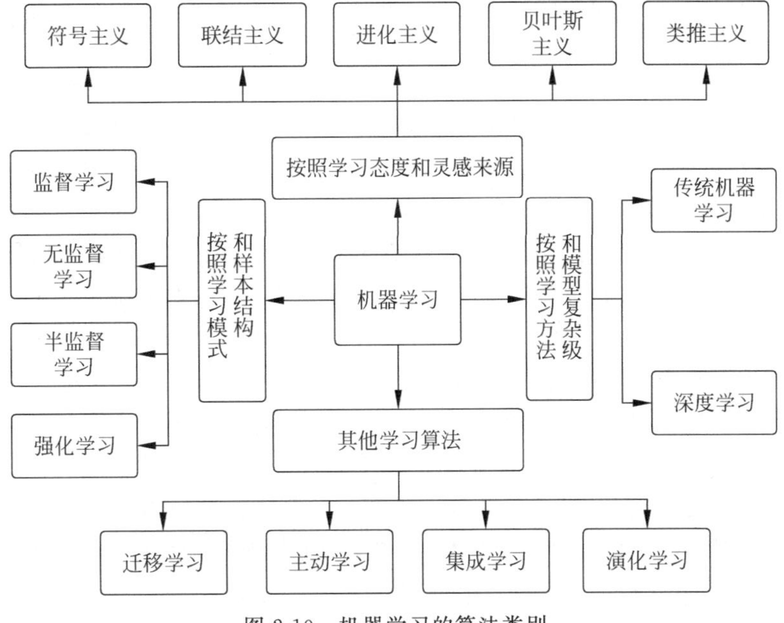

图 2-10　机器学习的算法类别

置多层次、多输入单输出、互相交错联结的处理单元，形成人工神经网络，演绎大脑的数据处理过程。进化主义认为学习的本质源于自然选择，通过某种机制不断地生成数据变化，并依照优化目标逐步筛选最优解，典型算法如遗传算法。贝叶斯主义基于概率论，利用样本估计总体，推算各类特征在特定样本数据下的出现概率，并依照最大概率对数据进行分类。类推主义关注数据间的相似性，根据设定的约束条件，依照相似程度建立分类器，对样本数量的要求相对较低，典型算法如支持向量机、kNN(k 临近)算法等。

(2) 按照学习模式和样本结构分类，可将机器学习分为监督学习、无监督学习、半监督学习和强化学习等。监督学习采用已标记的原始数据集，通过某种学习机制，实现对新数据的分类和预测(回归)，输出模型的准确度直接由标记的精确度和样本的代表性所决定，决策树、人工神经网络和朴素贝叶斯算法等是当前理论较为成熟、应用十分广泛的算法模式。无监督学习针对无标记的原始数据集，自行挖掘数据特征的内在联系，实现相似数据的聚类，而无需定义聚类标准，省略了数据标记环节，主要用于数据挖掘、模式识别和图像处理等领域，典型算法如支持向量机和 k-means(k 均值)算法。半监督学习采用部分标识的原始数据集，依据已标识数据特征，对未标识数据做合理推断与混合训练，从而避免了数据资源的浪费，解决监督学习迁移能力不足和无监督学习模型不精确等问题[18]，是当前机器学习的研究热点，但其抗干扰性和可靠性还有待改善。强化学习主要针对样本缺乏或对未知问题的探索过程，设定一个强化函数和奖励机制，由机器自主生成解决方案，并由强化函数评价方案质量，对高质量方案进行奖励，不断迭代直到强化函数值最大,从而实现机器依托自身经历自主学习的过程,尤其适合于工业机器人控制和无人驾驶等场合。

(3) 按照学习方法和模型复杂度分类,可将机器学习分为传统机器学习和深度学习。针对原理推导困难、影响因素较多的高度非线性问题,如切削工艺和故障检测,传统机器学习建立起一种学习机制,基于样本构建预测函数或解决问题的框架,兼顾了学习结果的准确性和算法模型的可解释性。相对地,深度学习又称深度神经网络,构建三层以上的网络结构,抛弃了模型的可解释性,以重点保证学习结果的准确性,典型算法如卷积神经网络、循环神经网络和深度置信网络等。

(4) 其他学习算法以改良、优化的方式,提升或补充上述算法的应用效果,其本身无法直接输出预测函数,常见算法包括迁移学习、主动学习、集成学习和演化学习等。迁移学习将已经获得的其他实例的学习模型,迁移到对新实例的学习过程中,指导学习迭代的方向,从而避免了原算法反复学习数据的底层规律,提高学习效率和模型泛化能力,如不同机器之间对同一类故障检测的学习过程。主动学习着眼于数据训练过程,根据当前学习情况,自动查询相关度最高的未标记数据,请求人工标记,以此提高训练效率和精度。集成学习对同一训练数据集进行多次抽样或以共用的形式,逐次调用基础学习算法,生成一系列预测函数,将各函数对新数据的评价结果进行比较或加权,获得最终结果,从而增强原学习算法的性能,典型算法如 Boosting 算法和 Bagging 算法[19]。演化学习与进化主义一致,通过模拟生物进化、演替的过程,构建启发式随机优化算法,将已知解不断地交叉重组或参数变异,产生新解并依据适者生存的原则进行筛选,经多代迭代后输出全局最优解。这个过程基本不会涉及目标问题复杂的内部机理,对优化条件和样本质量的限制极少,可一次产生多个最优解,并由用户依据实际情况选用。演化学习对多元优化问题的求解效率很高,其典型算法包括遗传算法、蚁群算法和粒子群算法等。

2. 典型算法

1) 人工神经网络

基于工业大数据的人工神经网络是目前技术最成熟、应用最广泛的机器学习算法,其最基本的数据处理单元如经典的 M-P 神经元模型,如图 2-11 所示。将多段前向神经元传入的数据 X_i 进行加权与求和,若该值达到或超过某一阈值 θ,则经由响应函数 f 生成输出信号,并向下传递。其中,权值 ω_i 在训练迭代过程中实时更新。

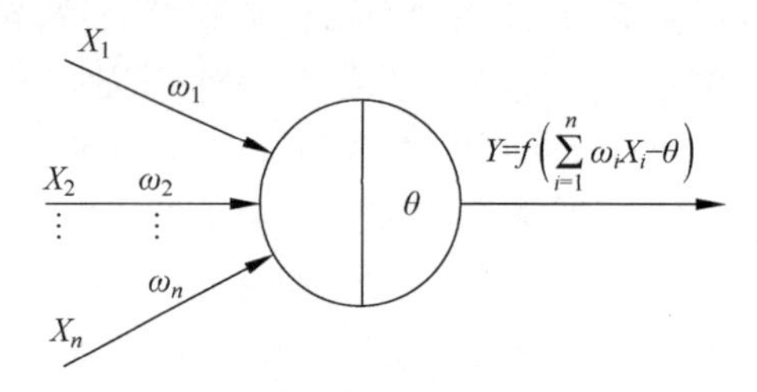

图 2-11　经典的 M-P 神经元模型

将多个神经单元并置,形成单层网络,每个神经元的输出值向下层所有神经元传递,进而形成多层网络结构。神经网络的层数和每层神经元的个数可由特定的拓扑优化算法或经验确定。实际应用的神经网络模型很多,如卷积神经网络、循环神经网络等,其主要差异表现在网络结构、运行方式和参数迭代算法等方面。

2) kNN(k 临近)算法与 k-means(k 均值)算法

kNN 算法与 k-means 算法均利用特征值之间的距离表征样本间的不相似度。其中,kNN 算法是监督学习中典型的聚类算法,其基本过程为:基于已分类的特征样本集,依次计算观测样本和每个训练样本的特征值距离,选择距离最小的前 k 个点并统计类别频数,取频数最大的类别作为预测分类。k 值一般设置为不超过 20 的整数。k-means 算法是无监督学习中典型的聚类算法。对于无标记的特征样本集,首先随机选择 k 个聚类中心,依次计算每个样本到 k 个聚类中心的距离值,并将该样本归于距离最近的聚类中心。在完成一次聚类后,拟合新的聚类中心并重新聚类,直到聚类中心收敛,从而自适应获得样本特征的分类机制。

2.5.3　机器学习在智能制造领域的应用

由机器学习构建的人工智能决策系统是"智能制造"体系中智能化的直接表现,可广泛应用于故障诊断、个性化定制、在线检测、预测性维护、科学排产、运营管理、制造工艺优化与机器人智能控制等诸多工业场合,实现科学决策与精准控制,为企业创造经济效益。

机器学习作为一种数据分析与特征挖掘的工具,可以有机融入到生产过程的专家系统中。目前的专家系统主要将业内专业人员的知识和经验,以及大量的实验数据编制成系统的知识库,通过建立优化模型,在给定的需求边界下,求取最佳的参数组合。机器学习可以为专家系统赋予智能,使其自主学习或改善相关技能,建立或改良优化模型,从而提升决策的正确性。在复杂环境下的工业信号处理与参数优化方面,通过采集故障机床的工作信号,整理为带标记的初始样本集,构建深度神经网络,挖掘该故障的信号特征,避免了繁杂的理论分析过程,为之后的智能故障诊断提供决策依据,例如,海尔公司利用机器学习,提取空调试制品的异常运转声音信号,追溯各生产装配环节,定位产生异常运转声音的工序并做针对性改进。机器学习也可以监测加工过程中刀具的磨损状态,例如,利用机器学习处理切削工艺实验的数据,建立切削力和切削变形的计算公式,避免了对复杂物化过程的量化描述,可以达到极高的预测精度,为工艺参数和补偿算法的制定提供基础。在运营管理方面,以华为的智能供应链路径优化为例,通过采用 kNN 算法对单批订单涉及的多个工厂进行聚类,使每个类别下工厂之间的距离最近,进而采用 Dijkstra 算法求解遍历单个类别下所有工厂的派车路径,从而大幅避免重复行车,使运输成本降低 30%以上。

2.6 智能传感

2.6.1 智能传感的概念

智能传感主要是指利用压电技术、热式传感技术、微流控 Bio MEMS 技术、磁传感技术和柔性传感技术等将待感知、待控制的参数进行量化，并集成应用于工业网络，具有信息感知、信息诊断、信息交互的能力。通过多个智能传感器还可组建成相应的网络拓扑，具备从系统到单元的反向分析与自主校准能力。

2.6.2 智能传感的主要实现方式

1. 概述

智能传感融合传感器、微处理器和执行器三者至同一系统，首先对输入信号完成检测、处理、记忆等过程，再将调理好的信号发送到执行器或者控制系统，其原理如图 2-12 所示。智能传感的主要特征体现在信息处理和通信功能，配合传感器本身的信息感知，实现系统间的物物相联。此外，通过融合多种类别的传感器构成复杂的传感网络，利用不同传感器的特殊属性互补，可以达到延长使用寿命和提高感知精度的目的。[20]

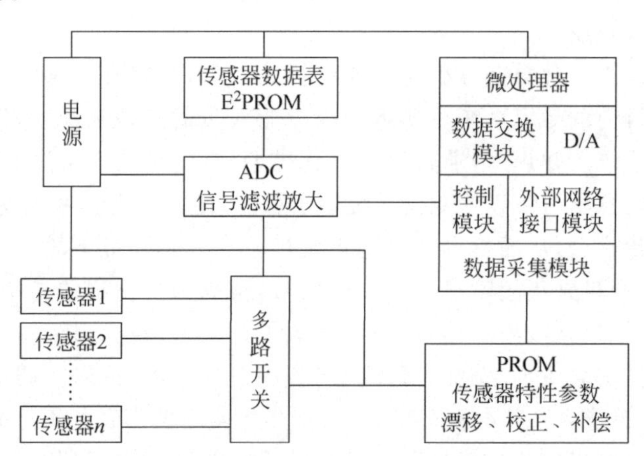

图 2-12 智能传感原理框架

智能传感技术与传统传感技术相比，具有以下突出的优势：

(1) 信息诊断与自补偿。智能传感技术利用微处理器中的诊断算法对传感器的输出进行检验，通过诊断信息的读取确定测量精度变化，具有信息诊断的能力。此外，智能传感技术还可以通过软件计算自动补偿线性、非线性和漂移以及环境影响等因素带来的误差，实现自补偿的功能。

(2) 信息存储。在智能传感器中可以内置存储空间,用于存储功能程序、数据以及参数设置等信息,从而大大缓解控制系统的存储压力。

(3) 自学习。利用微处理器中的编程算法,可以使智能传感具有自学习功能,例如,在操作过程中学习特定采样值,基于近似和迭代算法自主感知被测量。

(4) 数字化输出。传统的模拟输出需要通过 A/D 转换后才可以进行数字处理,而智能传感技术集成了模数转换电路,无需二次处理即可直接输出数字信号,缓解了信号处理的压力。

2. 功能构架

智能传感的功能构架主要包含三个层次[21],即应用层、网络层与感知层。其中:感知层的主要功能是识别物体,采集信息,其主体为各类传感器、读写器及相应的传感器网络;网络层的主要功能是对感知层的信息进行传递和处理,例如多重融合网络、信息中心、网络管理中心和智能处理中心等;应用层将传感网络与行业专业技术进行融合,结合行业需求,实现智能传感的推广应用,解决行业中的实际问题。

3. 技术内容

智能传感的主要技术内容包括:

(1) 基于全光信号处理的无源光波导传感器技术,研究光电、光学、光纤等光传感与集成光波导传感技术,实现基于光传感的分布式、多参量测量;

(2) 基于 MEMS 的微结构电参量传感器技术,研究大范围、微型化、高灵敏度的新型电参量传感技术,用以实现磁场和电流新型无源检测;

(3) 基于敏感材料的传感器技术,研究部分超材料特性,包括压电晶体材料、磁致伸缩材料、巨磁阻材料等,研制复杂电磁环境下高稳定性的传感器;

(4) 智能传感器现场能量采集与微取能技术,揭示利用环境获取能量的机理,实现取能技术与智能传感器的融合;

(5) 传感器高可靠边缘计算与物联网技术,研究多传感阵列、传感器系统、数据融合及传感网络协同检测,面向检测在线化发展的趋势,实现传感网络的规模化应用。

2.6.3 智能传感在智能制造领域的应用

如图 2-13[22] 所示,以"惯性传感器智能装配线"为例,介绍智能传感在智能制造领域的应用。该惯性传感器智能装配线的主要功能包括零件的自动输送、自动点胶、自动同轴装配、自动胶接等,通过在零件输送与自动装配环节引入视觉传感技术,有效提高了传感器零件装配的精度与一致性,同时相比传统的"人眼检测",提高了生产效率并降低了制造成本。

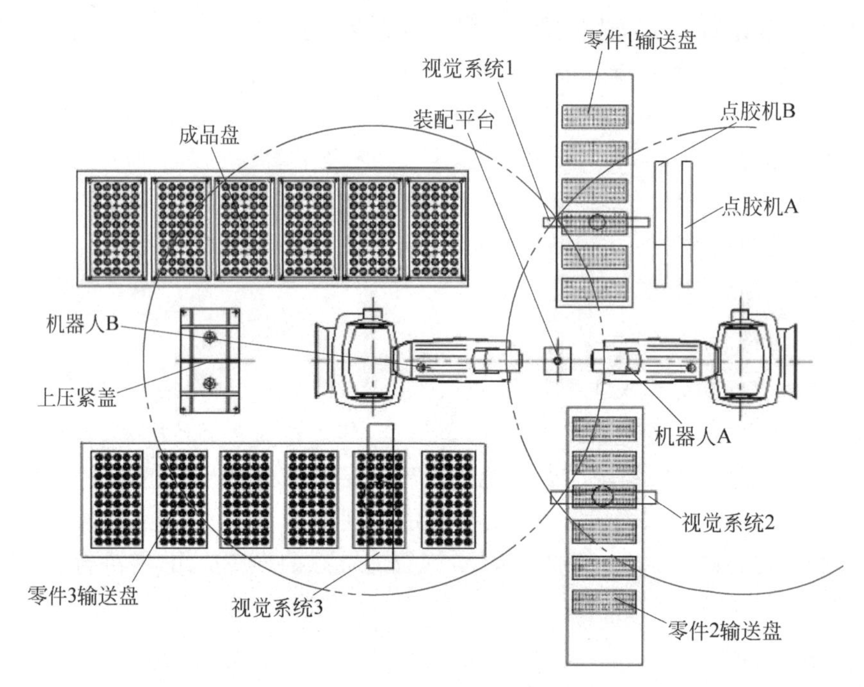

图 2-13　惯性传感器装配线示意图

2.7　互联互通

2.7.1　互联互通的概念

工业化与信息化及互联网的融合是实现智能制造的基础，其核心任务是实现信息的共享与利用，随之带来了对工业系统和设备连接需求的进一步提升。工业互联网提出，要将带有内置感应器的机器和复杂的软件与其他机器、人连接起来，从中提取数据并进行深入分析，挖掘生产或服务系统在性能提高、质量提升等方面的潜力，实现系统资源效率提升与优化。[23]德国"工业 4.0"战略提出，通过信息网络与工业生产系统的充分融合，打造数字工厂，实现价值链上企业间的横向集成，网络化制造系统的纵向集成，以及端对端的工程数字化集成，改变当前的工业生产与服务模式。[24]因此，装备、系统、生产线、车间、企业之间的集成对实现智能制造至关重要，而互联互通则是实现集成的纽带。如果没有互联互通技术实现数据的采集与交互，工业云、工业大数据、人工智能都将成为无源之水。

互联互通是指通过有线、无线等通信技术，实现装备之间、装备与控制系统之间，企业之间相互连接及信息交换。[25]国际电工委员会(IEC)在其技术报告中对互联互通的层级定义如图 2-14 所示。互联互通的本质是实现信息/数据的传输与使用，即通信互联与信息互通。通信互联的基本要求是通信协议、通信接口和数据访问。互联意味着物理上分布于不同层次、不同类型的系统和设备通过网络连接,并且数据在不同层次、不同设备与系统间传输,其解决方案是通信协议和行规。在互联的基础上,互通还要求设备/系统的参数类型一致。信息互通意味着设备和系统能够一致地解析所传输信息/数据的类型甚至了解其含义,其关键在于语义解析,支撑是信息模型或数据字典,同时需要网络和互联协议的支持。

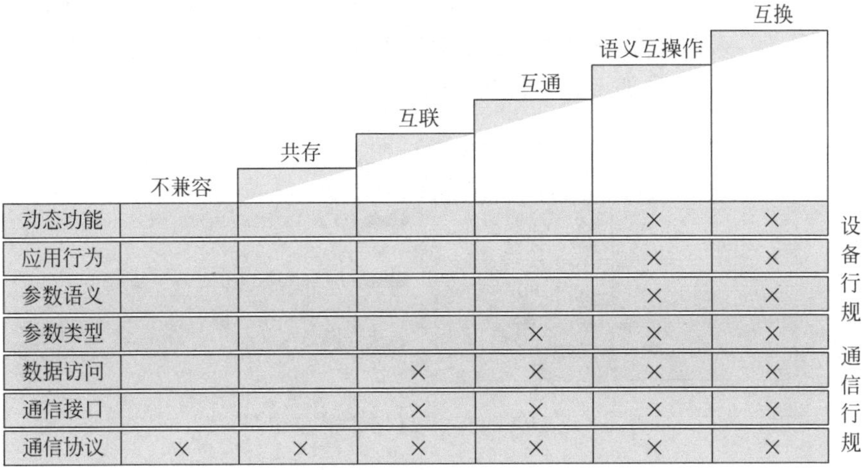

	不兼容	共存	互联	互通	语义互操作	互换	
动态功能					×	×	设备行规
应用行为					×	×	
参数语义					×	×	
参数类型				×	×	×	
数据访问			×	×	×	×	通信行规
通信接口			×	×	×	×	
通信协议	×	×	×	×	×	×	

图 2-14 IEC 技术报告中对互联互通的层级定义

2.7.2 互联互通的主要实现方式

1. 信息模型

对于通信互联问题,可以通过现有的各类通信技术解决,如现场总线、工业以太网、无线网络等,其解决方案已较为成熟。因此,解决信息互通问题是当前实现互联互通的关键。信息互通要求使用同样的数据格式和参数类型对制造系统中的数据进行数字化的描述,建立结构和语义一致的信息模型是解决该问题的重要手段。信息模型是对物理对象的抽象和组织,需要反映实际物理对象和数据关系。采用信息模型实现对象映射,完成具体物理对象向信息和数据的转换,使得面向数字化和智能化的系统信息集成更加方便和快捷。[26]

目前在设备信息模型建模方面存在多种方式和标准,如面向机电设备的开放式数控系统标准,面向电子设备的电子设备描述语言 EDDL,统一建模语言 UML 以及 OPC UA 提供的建模规范等。当前各类已定义的建模方法和语言大多针对某一类特定的装备,如 EDDL 面向电子设备,MTConnect 面向数控机床,目前尚缺乏统一的、成熟的、能广泛适用于不同类型装备的信息模型建模方法。国际上和国内均在为解决此问题提供不同的解决方案。国际上,OPC 基金会与各类组织合作,将各类组织的信息模型与 OPC UA 的信息模型架构建立连接和转换关系,使得可以在OPC UA中使用各类已定义的设备信息模型，并使其符合OPC UA地址空间的结构、引用关系和数据类型等要求，在OPC UA架构下实现不同设备的信息模型。图2-15显示了OPC UA信息模型的层次框架。国内方面，在国家智能制造专项的支持下，由机械工业仪器仪表综合技术经济研究所牵头制定了《数字化车间制造装备集成与互联互通》系列标准[27]，为数字化装备定义了统一的信息模型建模方法和规则，并对典型装备数控机床和机器人给出了具体的信息模型示例。国家机床质量监督检验中心和清华大学等则制定了《数字化车间　机床制造　信息模型》标准[28]，为机械加工数字化车间提供了信息建模规范。

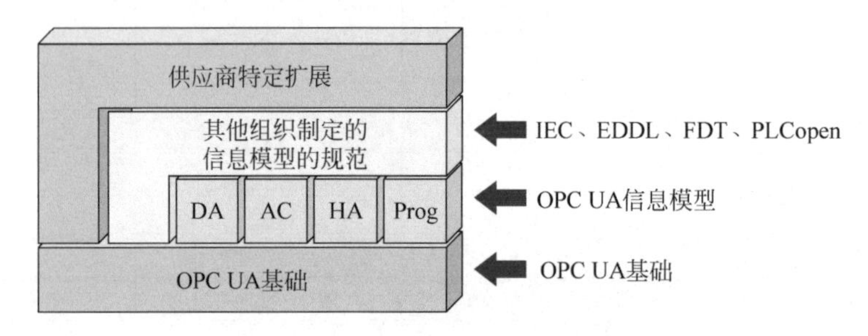

图2-15　OPC UA信息模型层次框架图

2. OPC UA技术

OPC UA是OPC基金会为解决传统OPC技术在安全性、跨平台性、建模能力和系统互操作性等方面的不足而发布的新一代信息集成规范。OPC UA解决了分布式系统之间数据交换和数据建模两个需求，是业界公认的通用语义互操作的标准。工业4.0组织、美国的工业互联网IIC组织、IoT的推进组织均将OPC UA作为了共通技术进行推广，并纳入了其标准化范围。由于OPC UA具有平台独立、制造商独立、满足语义互操作、分布式智能、国际通用、模块化设计以及庞大的自动化产商支持等特性，使得OPC UA成为目前公认的工业4.0和智能制造使能技术。

OPC UA采用了集成地址空间，增加对象语义识别功能，实现了对信息模型的支持。为了让数据使用不受供应商或操作系统平台限制，OPC UA将数据组织为包含必要内容的信息，并能被具有OPC UA功能的设备理解及使用，这一过程称为数据建模。OPC UA包含了通用信息模型，该模型是其他所需模型的基础，重要的模型包括数据访问信息模型(传感器、控制器和编码器产生的过程数据)、报警和状态信息模型、历史获取信息模型和程序信息模型等。OPC UA还为特定领域的应用开发提供了丰富和可扩展的信息层次结构，实现了信息模型的互操作，其他组织可在OPC UA信息模型基础上构造他们的模型，通过OPC UA公开特定的信息。

除信息建模外，OPC UA还可用作数据传输的统一通信协议，为独立于平台的通信和信息技术创造了基础。OPC UA 具有可升级性、网络兼容性、独立于平台和安全性等特点，可广泛应用于控制系统、MES 以及 ERP。

OPC UA 采用客户端/服务器模式实现信息交互功能。OPC UA 客户端与服务器之间相互交互的软件功能层次模型如图 2-16 所示，具体包括：

(1) OPC UA 服务器/客户端应用程序，实现作为客户端/服务器的设备或系统的程序或代码，客户端使用 API 发送和接收消息；

(2) OPC UA 服务器/客户端 API，用于分离客户端/服务器应用代码与 OPC UA 通信栈的内部接口，实现如管理连接(会话)和处理服务报文等功能；

(3) OPC UA 通信栈，实现 OPC UA 通信通道，包括消息编码、安全机制和报文传输；

(4) 真实对象，OPC UA 服务器应用可访问的，或 OPC UA 服务器内部维护的物理或软件对象，例如物理设备和传感器；

(5) OPC UA 地址空间，客户端使用 OPC UA 服务可以访问的服务器内节点集，节点用于表示实际对象、对象定义和对象间的引用。

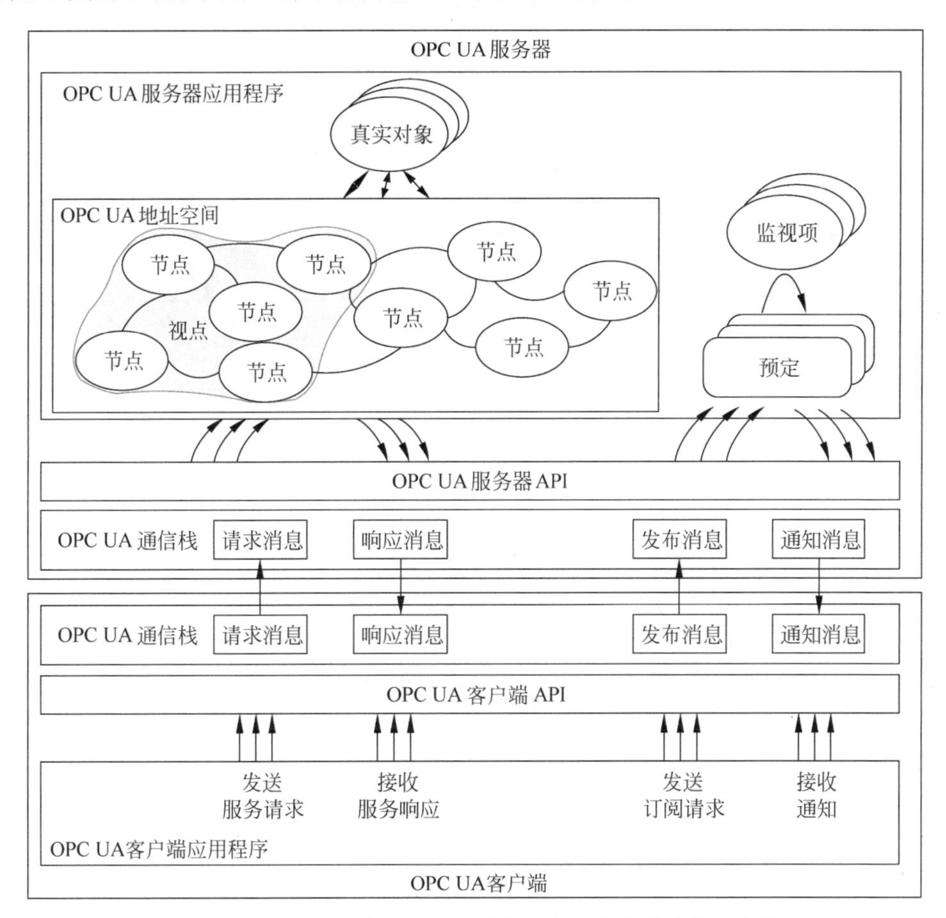

图 2-16　OPC UA 客户端与服务器之间交互的软件功能层次模型

3. 协议映射技术

目前各类协议和建模方法的多样化在带来各类互联互通解决方案的同时,也带来一些问题。由于通信协议标准和通信技术众多,因此,对各种协议进行支持,实现多种通信协议之间的互联互通是非常困难的。在多种通信协议之间建立可以使不同通信协议之间进行数据转换的桥梁是解决该问题的重要方法。不同协议或信息模型之间的转换称为协议映射,映射在信息模型和协议之间建立了桥梁,以实现数据转换。学者们和国际组织对不同协议映射已经进行尝试并取得了一些成果,如建立了 FDT 和 EDDL 到 OPC UA 地址空间节点的映射方法,UML 类图与 OPC UA 信息模型之间的映射方法,MTConnect 到 OPC UA 的映射集成方法。

实现协议映射的方法是为设备和系统开发映射接口。当使用某种协议和方法为一个设备和系统建立信息模型后,可通过协议映射接口将其映射到其他协议,以实现与其他类型接口设备的互联互通。通过映射实现互联互通和信息集成的架构如图 2-17 所示。映射接口可以嵌入在设备自身数字控制器中,也可以作为一个额外的硬件和软件服务系统添加于设备外部,此时映射接口成为协议之间的转换适配器和中间件。

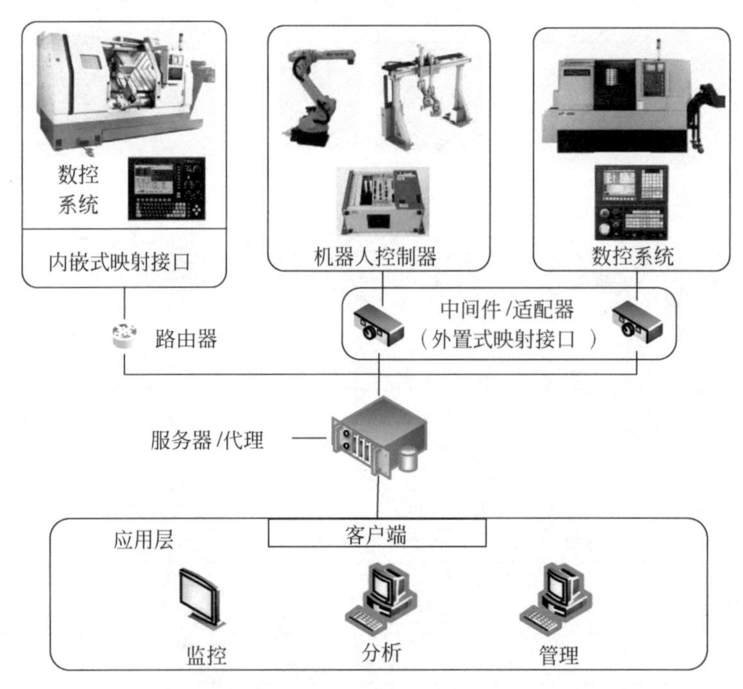

图 2-17 通过映射实现互联互通和信息集成的架构

2.7.3 互联互通在智能制造领域的应用

互联互通作为智能制造的重要使能技术,在智能制造的各方面均有重要的作用。最常见的互联互通应用可见于数控机床和上下料机器人组成的柔性生产线中。数控机床与机器人之间，或者数控机床/机器人与上层管控系统之间，通过互联互通相互获取数据、状态和指令，根据解析相关信息，相互配合完成生产调度和生产节拍的配合，共同完成工作。

互联互通在数字双胞胎中也同样起着重要作用。数字双胞胎是以数字化的方式建立物理实体多维、多时空尺度、多学科、多物理量的动态虚拟模型来仿真和刻画实体在环境中的属性、行为、规则等。数字双胞胎也能够用于诊断、监控、预防和资产预测性维护的有效调度。互联互通中的信息模型技术通过对数字双胞胎各种属性信息建模的方式实现信息标准化，为信息在物理世界层和虚拟世界层的顺利流通提供保障。

2.8　远程运维

2.8.1　远程运维的概念

远程运维主要是指利用云计算技术、智能网关硬件、通信技术、VPN 技术以及大数据等对工业设备的运行数据进行采集，实现设备远程监控，故障、警报的实时分析和通知，远程故障诊断，程序升级，设备维保管理，设备预防性维护以及工业大数据挖掘等功能。远程运维的核心是通信网络、中央数据库、运维流程以及监测系统。借助远程运维，公司总部的管理人员足不出户即可掌握公司设备的运行情况，公司技术人员在总部即可为现场故障提供解决方案和制定维护策略。[29]

2.8.2　远程运维的主要实现方式

1. 概述

远程运维包含设备数据信息采集、自动诊断系统、健康评估、基于专家系统的预测模型和故障索引知识库等子系统，从而实现装备（产品）过程无人操作、工作环境预警、运行状态监测、故障诊断与自修复，对企业的智能装备（产品）提供健康状况监测、虚拟设备维护方案制定与执行、最优使用方案推送、创新应用开发等服务。

数控设备远程运维包括物理平台和服务功能两部分，需要完成与数字化车间的融合，实现与现有 MES 和 ERP 等系统的信息交互。如图 2-18 所示，远程运维系统位于智能制造系统架构生命周期维度的服务环节。数控设备全生命周期的管理涵盖数控设备的设计、生产、物流、销售和服务等各个环节。

服务功能层面，数控设备远程运维主要包括状态信息采集、健康评估、故障模式识别及预测性维护三个核心功能模块。状态信息采集模块实现数控设备运行数据的在线采集、初步分析和存储；健康评估模块实现对数控设备当前运行状况的评判；故障模式识别及预测性维护模块针对具体健康评估结果确定数控设备的故障模式、程度、定位及发展趋势预测，并给出维护建议，实现视情维护。

物理平台层面，数控设备远程运维平台包括边缘侧的状态采集系统，边缘侧及本地的计算和分析系统,以及云端的数据分析、专家系统和反馈终端。

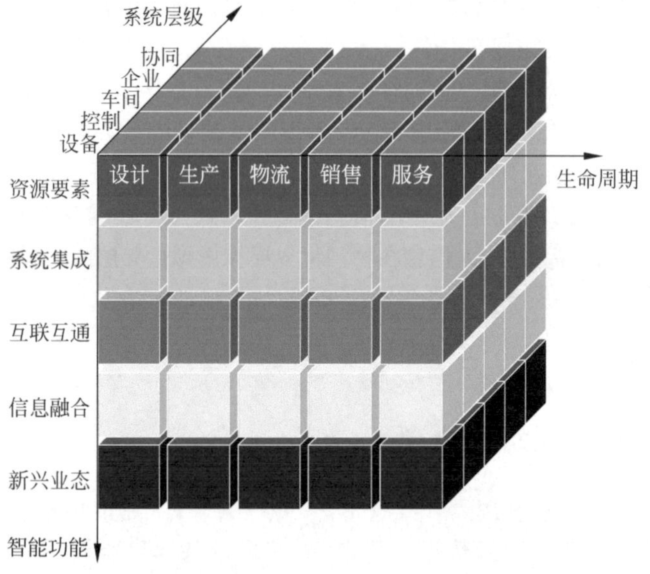

图 2-18 远程运维系统在智能制造系统架构中的位置

2. 功能模块

远程运维的主要功能模块包括:

(1) 状态信息采集模块,实现对数控设备状态的在线感知和记录,具体采用状态采集系统,通过附加的传感器、CNC 系统或 SCADA 系统采集数控设备的运行状态信息,并对信息进行初步分析和处理,以一定的数据结构完成信息存储;

(2) 健康评估模块,基于数控设备状态数据,提取多个维度的特征指标,并根据建立的特征指标体系对数控设备各个维度的健康状态进行分别评价,进而综合各维度评估结果对机床的整体健康状态进行判断;

(3) 故障模式识别及预测性维护模块,根据建立的故障树模型和故障模式库,对数控设备故障进行准确快速定位,并建立预测模型对故障的发展趋势进行评估,形成维护建议报告。

各个功能模块之间的交互关系如图 2-19 所示。状态信息采集功能随机床开机启动,进行在线的数据采集和初步分析。健康评估利用状态采集获得的信息进行健康评估。当健康评估结果出现明显退化或异常时,启动故障模式识别及预测性维护功能,调用状态采集获得的大量历史数据和当前数据,对故障模式和位置进行精准判断,并基于预测结果形成维护建议。

3. 物理架构

数控设备远程运维的物理平台架构如图 2-20 所示。状态信息采集系统布置在数控设备侧,将采集后的信息进行初步处理后存储于本地数据库,并实现状态监测功能。健康评估、故障模式识别及预测性维护则部署于云平台。通过云平台可以

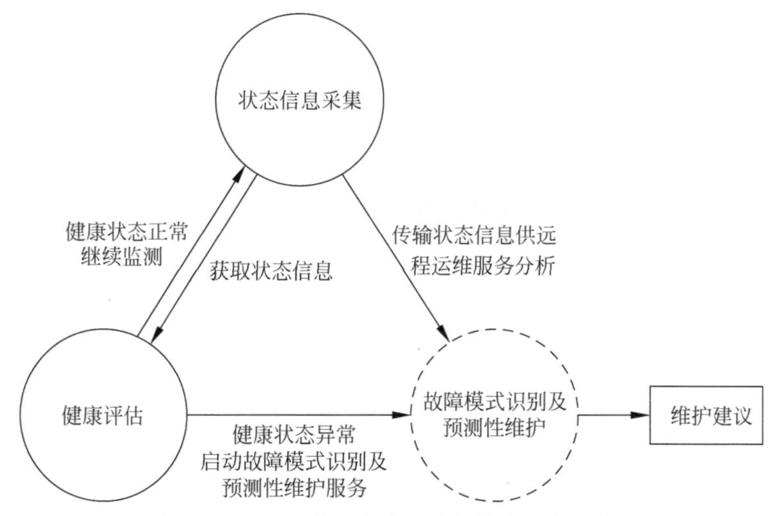

图 2-19　远程运维服务主要功能模块及交互关系

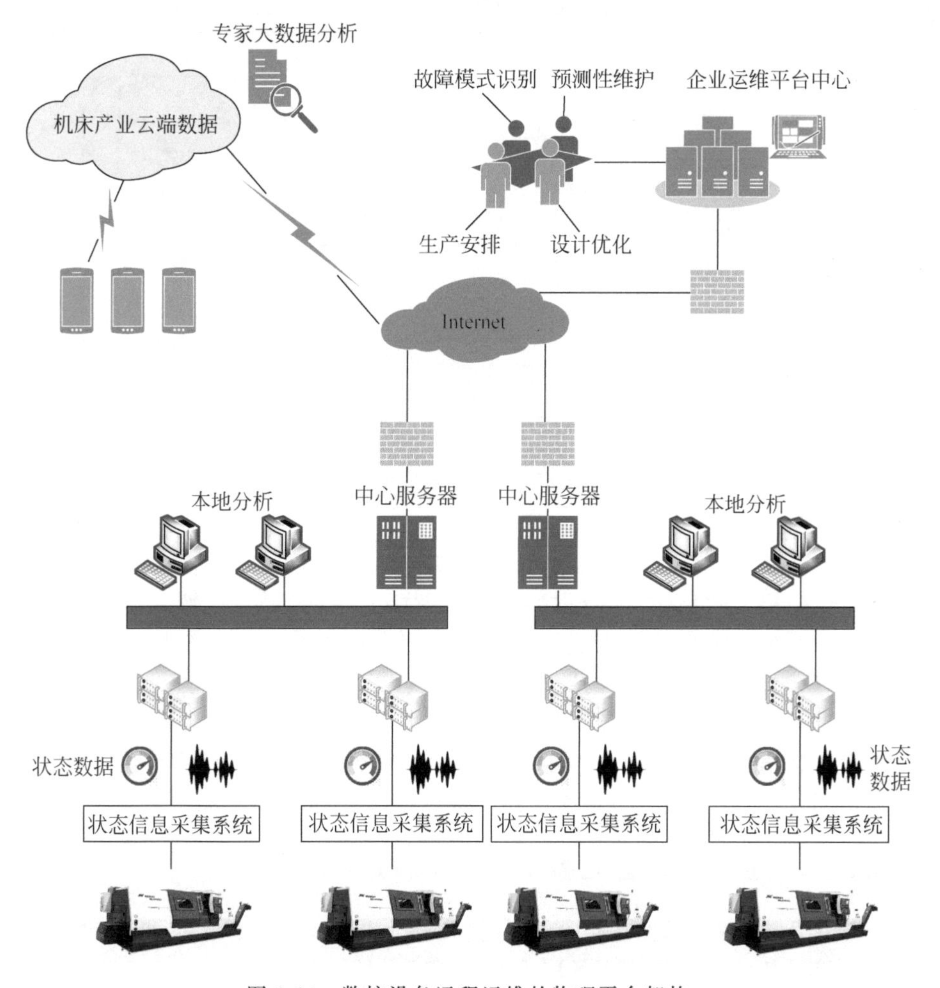

图 2-20　数控设备远程运维的物理平台架构

将健康评估结果和维护建议反馈给终端，联系外部专家进行具体研究和讨论，借助行业服务平台更新算法，支撑行业数据的采集。云平台可以采用企业单独建设的私有云，也可以基于公有云建设，或者采用形式更为灵活的混合云方式。

4. 信息架构

远程运维系统的信息技术架构如图 2-21 所示，包含采集层、数据访问层、逻辑层和应用层。[30]

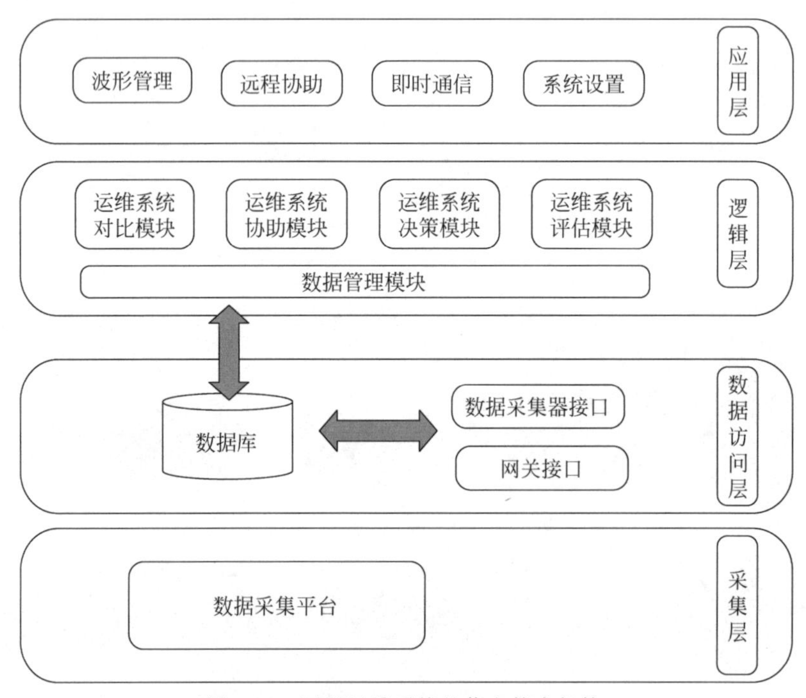

图 2-21　远程运维系统的信息技术架构

数据采集平台接收来自设备的传感器数据，也能通过通信网或者其他数据采集器接口采集来自其他平台的数据，对数控设备的运行状态进行在线的连续采集和存储。采集平台每天生产大量的数据，涉及设备生产基本信息、运维信息、服务反馈等。

数据访问层对数据信息进行归档，保证数据的完整性、安全性和统一性，为上层数据管理业务系统提供数据支撑。逻辑层包含运维系统各个模块如协助模块、决策模块等，调用数据访问层的数据服务，对数控设备的健康状态进行评估和故障诊断。通过对设备的故障类型和程度进行判断，对设备的维修计划、维修时间表、维修方案等做出决策。应用层主要包含波形管理、远程协助、即时通信、系统设置等具体应用，并为云平台管理系统的用户提供操作界面。

2.8.3　远程运维在智能制造领域的应用

下面以国家机床质量监督检验中心的“数控机床远程运维平台”为例(见图 2-22)，对面向数控设备的远程运维现场应用实例进行介绍。

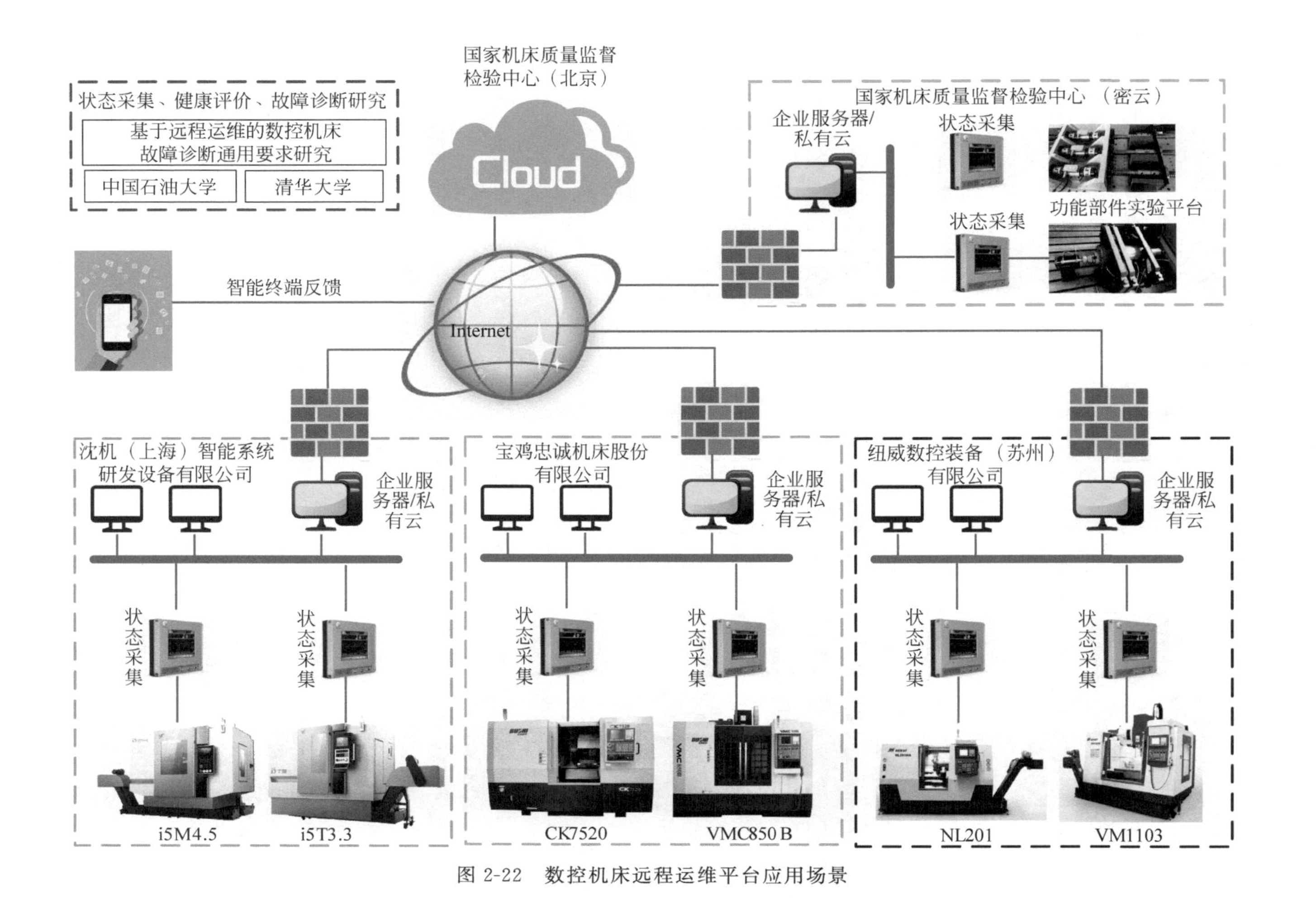

图 2-22　数控机床远程运维平台应用场景

清华大学和中国石油大学联合沈机(上海)智能系统研发设备有限公司、宝鸡忠诚机床股份有限公司和纽威数控装备(苏州)有限公司三家数控机床行业领军企业,在国家机床质量监督检验中心搭建云平台,以数控车床和加工中心作为验证对象完成远程监控的实验,运维平台场景如图 2-22 所示。利用此远程运维平台对数控装备的运行数据进行采集,可以查看数控机床的在线数、离线数和故障等状态信息,实现装备远程故障诊断和运行维护,降低设备运维成本,增强设备运行的安全性,提高故障诊断和修复响应速度,消除信息孤岛,有利于实现设备的全生命周期管理并提高基础制造装备的管理水平。

2.9 小结

本章介绍了智能制造的基础理论与关键技术,主要内容总结如下:

(1) 描述了智能制造装备与系统的组成。智能制造装备包含制造装备本体与智能使能技术,而智能制造系统从下至上可分为智能制造装备、数字化生产线、数字化车间、智能工厂与应用层。

(2) 详细地介绍了物联网、大数据、云计算、机器学习、智能传感、互联互通与远程运维七项智能使能技术,给出了各项技术的概念、主要实现方式与其在智能制造领域的应用案例。

参考文献

[1] 孙其博,刘杰,黎羴,等. 物联网: 概念、架构与关键技术研究综述[J]. 北京邮电大学学报, 2010,33(3): 1-9.
[2] 李志宇. 物联网技术研究进展[J]. 计算机测量与控制,2012,20(6): 1445-1451.
[3] 刘若冰. 物联网的研究进展与未来展望[J]. 物联网技术,2011,1(5): 58-62.
[4] 陈大川,王桂棠,许小东,等. 基于物联网的精密铰链智能制造系统[J]. 机电工程技术, 2015,44(7): 92-95.
[5] http://www.ibm.com/blogs/watson-realth/the-5-vs-of-big-date/.
[6] 中国电子技术标准化研究院. 工业大数据白皮书(2019 版)[EB/OL]. (2019-04-01)[2020-03-03]. http://www.cesi.ac.cn/2019/04/4955.html.
[7] LEE J. Keynote Presentation: recent advances and transformation direction of PHM[C]// Road mapping Workshop on Measurement Science for Prognostics and Health Management of Smart Manufacturing Systems Agenda. NIST. 2014.
[8] 张建勋,古志民,郑超. 云计算研究进展综述[J]. 计算机应用研究,2010,27(2): 429-433.
[9] 李乔,郑啸. 云计算研究现状综述[J]. 计算机科学,2011,38(4): 32-37.
[10] 陈康,郑纬民. 云计算:系统实例与研究现状[J]. 软件学报,2009,20(5): 1337-1348.
[11] BOSS G,MALLADI P,QUAN D,et al. Cloud computing[R]. IBM White Paper,2007.
[12] 陶佳程. 基于公有云平台的图像对比系统的设计与实现[D]. 大连: 大连理工大学,2018.

[13] STADIL S. By the numbers: How Google Compute Engine Stacks up to Amazon EC2[EB/OL]. (2013-05-15)[2020-03-03]. https://gigaom.com/2013/03/15/by-the-numbers-how-google-compute-engine-stacks-up-to-amazon-ec2/.

[14] 李欢,莫欣岳."互联网+"时代下智能制造技术在我国钢铁行业的应用[J].世界科技研究与发展,2017,39(1):62-67.

[15] 中国电子技术标准化研究院.人工智能标准化白皮书(2018 版)[EB/OL].(2018-01-24)[2020-03-03]. http://www.cesi.ac.cn/2018/01/3545.html.

[16] 石弘一.机器学习综述[J].通讯世界,2018(10):253-254.

[17] 李旭然,丁晓红.机器学习的五大类别及其主要算法综述[J].软件导刊,2019,18(7):4-9.

[18] 刘建伟,刘媛,罗雄麟.半监督学习方法[J].计算机学报,2015,38(8):1592-1617.

[19] 陈凯,朱钰.机器学习及其相关算法综述[J].统计与信息论坛,2007(5):105-112.

[20] 宫芃成.浅析智能传感器及其应用发展[J].通讯世界,2019,26(1):98-99.

[21] 尤新,金旭.公路交通智能传感网络应用浅析[J].中国交通信息化,2011(8):133.

[22] 北钢联智能装备专家.精密装配技术在微型产品制造领域的应用一:惯性传感器装配线[EB/OL].(2018-06-27)[2020-03-03]. https://baijiahao.baidu.com/s?id=1604405689267374215&wfr=spider&for=pc.

[23] 工业互联网产业联盟.工业互联网体系架构(版本 1.0)[EB/OL].(2017-02-08)[2020-03-03]. http://www.aii-alliance.org.lindex.php? m=content&a=show&catid=23&id=24.

[24] LASI H, FETTKE P, KEMPER H G, et al. Industry 4.0[J]. Business & Information Systems Engineering, 2014, 6(4): 239-242.

[25] 工业和信息化部,国家标准化管理委员会.国家智能制造标准体系建设指南(2018 年版)[EB/OL].(2018-08-14)[2020-03-03]. http://www.gov.cn/xinwen/2018/10/1165content_5331149.html.

[26] 王麟琨,赵艳领,闫晓风.数字化车间制造装备信息集成通用解决方案研究[J].中国仪器仪表,2017(3):21-25.

[27] 国家智能制造标准化总体组.智能制造基础共性标准研究成果(一)[M].北京:电子工业出版社,2018.

[28] 全国金属切削机床标准化技术委员会 数字化车间 机床制造 信息模型:GB/T 37928—2019[S].北京:中国标准出版社,2019.

[29] 黄永民,禹华军.风电场远程运行维护系统建设初探[J].风能,2011(10):66-68.

[30] 琚长江,谭爱国,胡良辉.电机智能制造远程运维系统设计与试验平台研究[J].电机与控制应用,2018,45(5):83-87.

第3章

智能数控车床

3.1 引言

随着制造强国战略的提出，中国正在从制造大国向制造强国转变，而现代制造业的竞争力强弱，主要表现在是否充分利用现有科学技术提升工业制造的智能化应用水平。通过各种智能化的功能，企业可以将产品设计、零件加工、产品装配和售后服务等环节串联起来，进行一体化管理。因此，智能制造已成为制造业的主要发展趋势，而离散制造业的核心装备之一，其智能化也成了机床行业发展趋势之一。[1]传统的数控机床已经无法实现设备“自感知”“自适应”“自诊断”“自决策”等智能化功能，无法满足现有机械加工“高精度”“高效率”“高可控”等要求。因此数控机床急需进行功能和需求转变。应之诞生的即是量大面广的智能数控车床，数控车床智能化也已经成为了车床装备发展的主要趋势。它利用传感技术和基于大数据的知识储备，实现智能操控和决策，成为智能工厂乃至智能制造系统的重要组成部分。[2]通过在车床的适当位置安装力、变形、振动、噪声、温度、位置、视觉、速度、加速度等多源传感器，收集数控车床基于指令域的电控实时数据及机床加工过程中的运行环境数据，形成数控车床智能化的大数据环境与大数据知识库，通过对大数据进行可视化处理、大数据分析、大数据深度学习和大数据理论建模仿真，形成智能控制的策略。通过在数控车床上附加智能化功能模块，实现数控车床加工过程的自感知、自适应、自诊断、自决策等智能化功能。

国外对于智能化车床的研究较早，其中较为典型的有日本 Mazak 公司、日本 Okuma公司、瑞士米克朗公司等。Mazak 公司的智能机床主要有以下四大智能特点：主动振动控制、智能热屏障、智能安全屏障、马扎克语音提示等。日本 Okuma 公司应用在车床上的技术 Machining Navi L-*g* 通过调节主轴转速和变化频率，按照最佳的幅度和周期变化，抑制车削时的加工振动。车削主轴转速的自动控制则通过自动调节主轴转速，达到最佳车削效果。米克朗公司的高级工艺控制系统(APS)是智能机床的一套监视系统，使用户能够直接观察和控制加工过程的切削力变化。

国内对于智能数控车床的研究起步较晚。沈阳机床集团设计开发的“i5”系列智能机床在 2014 年中国数控机床展览会上首次亮相，它是全球首款实现批量生产的智能机床。[3] “i5”是指工业化（industry）、信息化（information）、网络化（internet）、智能化（intelligent）和集成化（integrate）的有效集成，将机床制造的研发、设计、生产、维护和客户等环节集成到云端，改变传统意义上机床制造的生产模式。在众多的国有机床企业中，陕西宝鸡机床集团有限公司生产的智能数控车床代表性较强。本章以陕西宝鸡机床集团有限公司生产的智能数控车床为载体，从智能车床的结构设计到智能车床的生产应用进行全面的介绍。本章将从高速数控车床及车削中心智能化设计、精密数控车床及车削中心智能化设计、数控转塔刀架智能化设计、数控车床的智能化、智能数控系统、典型数控智能车削机床及车削中心六个部分介绍国内车床装备的智能化技术。

3.2　高速数控车床及车削中心智能化设计

3.2.1　高效加工机床结构优化设计

1. 高效加工机床结构的国内外发展历程

现代机械工业的竞争，实际上是科技实力的竞争。随着全球经济一体化环境的形成，机床行业的市场竞争将会愈演愈烈。目前，国内外机床产品技术水平之间的差距仍然很大，主要表现为：产品仿制多，创新少，市场竞争力不足，利润低；设计方法落后，机床结构设计尚处于传统的经验、静态、类比的设计阶段，很少考虑结构动、静态特性对机床产品性能产生的影响，产品精度低，质量难以保证；设计周期长，成功率低，反复设计、试制与修改，产品更新换代慢，且成本高。因此，尽快应用先进的设计技术，快速开发出结构合理、自动化水平高、加工精度高、低振动、低成本的机床新产品以快速响应市场显得尤为重要。

在 20 世纪 50 年代初到 60 年代末，国内外发展起来了有限元理论。有限元法成为工程数值分析的有力工具，其在结构分析上的应用使力学真正可以付诸工程应用。结构设计中的第二次飞跃发生于结构优化的理论发展和实际应用阶段，它是结构分析理论与方法（尤其是有限元理论）、各种实用的数值计算方法及计算机发展的结果。可以根据使用和运行的要求，按照力学理论，建立起数学模型，借助于优化理论和方法得出最优设计。其中，有限元方法是结构优化设计的基础之一，有限元分析中得到的无论是结构在外载荷下的力学响应量，还是其对设计变量的导数，都是结构优化必不可少的信息。目前的结构优化设计已突破了传统的结构设计格局，克服了经验、类比或采用许多假设和简化导出的计算公式进行结构设计再校核的诸多局限，将优化搜索技术与有限元分析技术结合起来，充分利用了计算机技术、有限元技术和优化技术,自动地设计出满足给定的各种要求的最佳结构尺寸、形状等,使得结构设计快速而较精确,大大缩短了设计周期,提高了产品的精度和性能。通过有限元结合实验的方法可以提高产品的开发速度。[4]

2. 床身的优化设计

床身是机床的一个重要基础部件,它的结构能直接影响到机床的加工精度。机床的床身一般为具有筋板的框形结构,床身内部筋板的布置以及筋板开孔的尺寸对机床整机性能有巨大的影响。合理地选择筋板的布置形式和筋板孔的尺寸,不但可以提高床身的整机性能,而且可以节约材料和降低生产成本。

图 3-1 为床身的原结构图,图 3-2 为改进后的床身结构图。从图 3-2 中可以看出,修改后的床身内部筋板的布置以及筋板开孔的尺寸都较原结构有了一定的改动,在机床内部靠上部位增加了两条筋板,此筋板布置方向与导轨受力方向一致,这种布局对机床整体刚性的提升有很好的作用。图 3-3 为床身原结构的 Y 向变形分布图,从图中可以看出导轨安装面 Y 向弯曲变形为 $2.4633\mu m$。

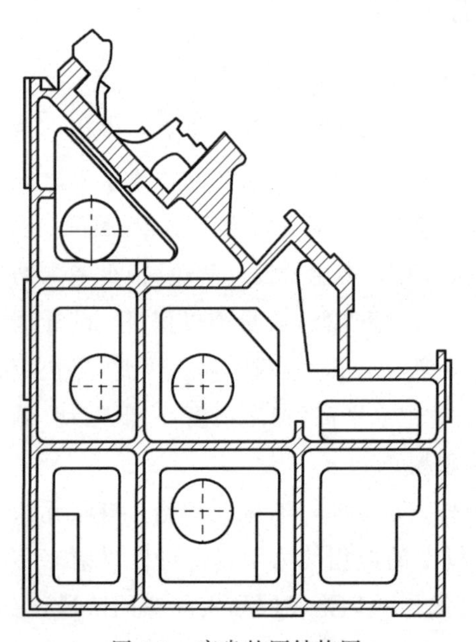

图 3-1　床身的原结构图

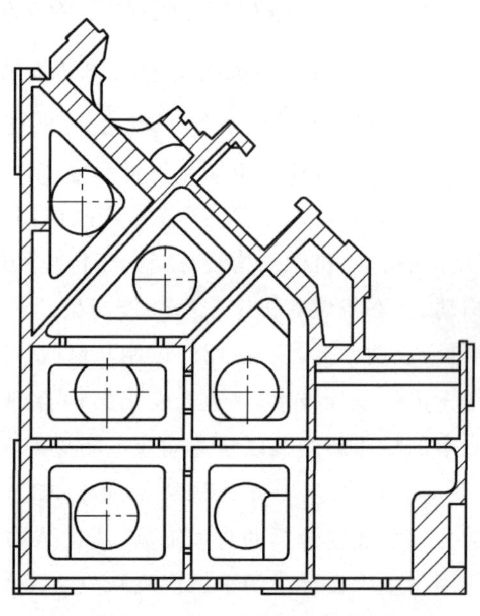

图 3-2　改进后的床身结构图

图 3-4 为床身改进后结构的 Y 向变形分布图,表 3-1 为床身结构优化前后导轨安装面的 Y 向弯曲变形和扭转变形的比较。

从表 3-1 可以看出,优化后的床身结构,提高了导轨支承处的刚度(包含抗弯和抗扭),减少了 Y 向的变形误差。

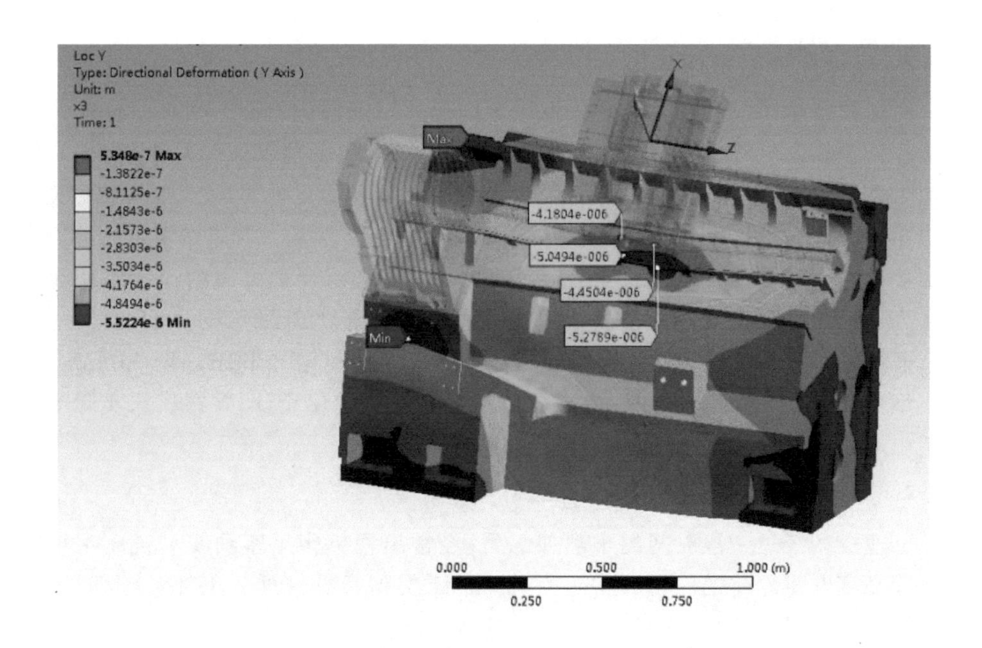

图 3-3　床身原结构的 Y 向变形分布图

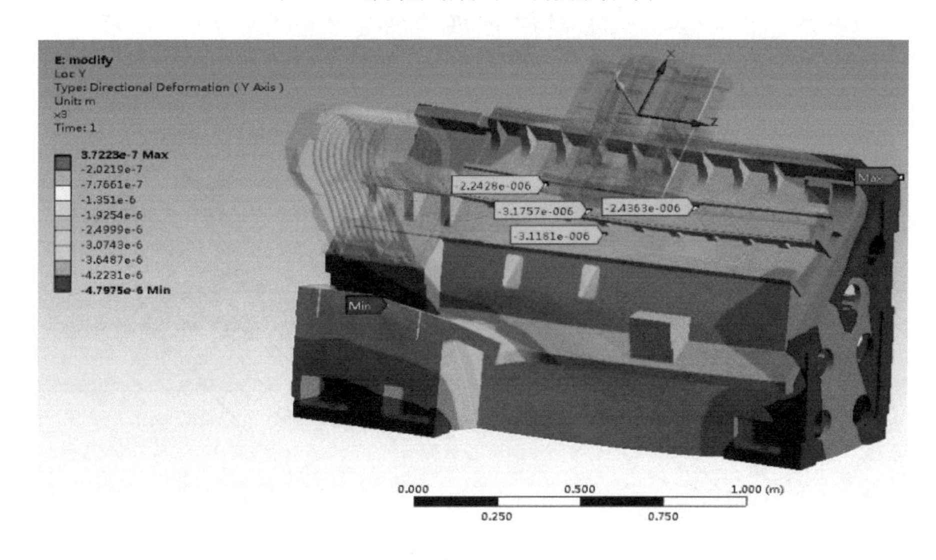

图 3-4　床身改进后结构的 Y 向变形分布图

表 3-1　导轨安装面变形对比表

导轨安装面变形	原结构	改进结构
Y 向弯曲变形/μm	2.4633	1.6993
		提升 31%
Y 向扭转变形/(μm/mm)	0.0119	0.0067
		提升 44%

3. 主轴部件的结构优化

高速数控机床的工作性能首先取决于高速主轴部件的性能。数控机床的高速主轴部件包括主轴动力源(电主轴)、主轴本体、轴承和主轴箱体等几个部分,它影响加工系统的精度、稳定性及应用范围,其动力性能及稳定性对高速加工起着关键性作用。因此,在设计工作中对主轴部件的结构优化就是一项非常重要的工作。主轴箱体作为主轴部件的一个重要支承零件,对其进行合理可靠的设计对减少机床在高速运转下的振动和保证机床的工作精度,都具有直接的影响。

通过对主轴箱体建模,并模拟机床的工作状态,利用 SolidWorks Simulation 对模型进行有限元仿真和分析,完成了对主轴箱体的优化设计,并在机床实际生产应用中取得了良好的效果。

4. 尾部部件的结构优化

高速机床经过一段时间的车削加工后,经常出现机床尾座轴线与机床主轴轴线之间高度发生变化的问题,这样,当机床加工类似长轴这样的工件时(此时工件采用卡盘夹紧、尾座顶尖顶紧的夹持方式),就会出现零件加工精度降低、机床可靠性不稳定等一系列问题。

为了解决此问题,经过对原结构的分析,总结了其不足之处,然后对结构进行了改进和优化,图 3-5、图 3-6 分别为锁紧机构原结构与改进后的结构图。

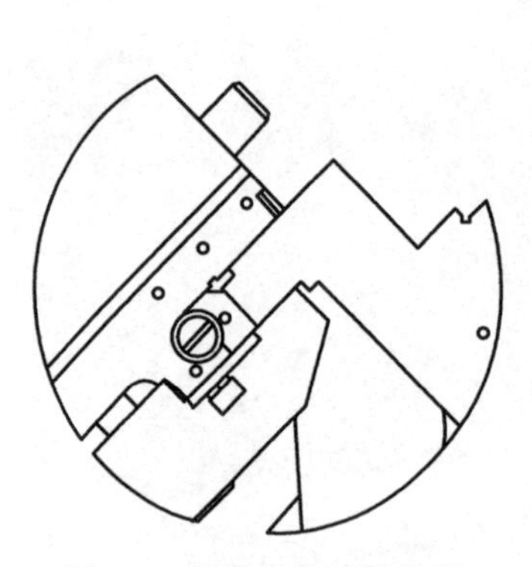

图 3-5　锁紧机构原结构图

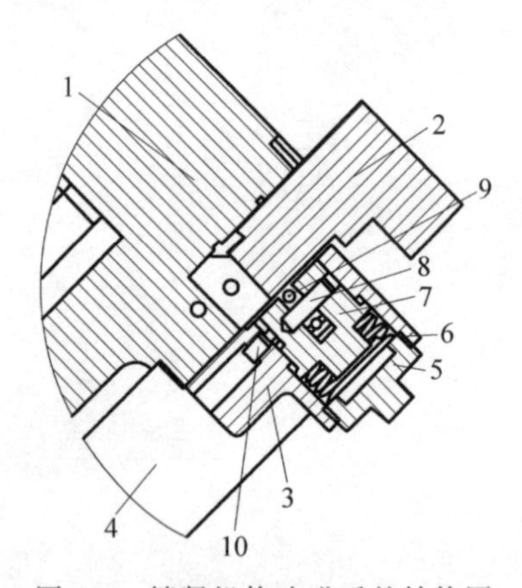

图 3-6　锁紧机构改进后的结构图

1—机床尾座；2—斜床身尾座导轨；3—防倾覆压块；4—尾座锁压板；5—旋紧螺母；6—碟簧；7—压紧块；8—圆柱销；9—轴承；10—内六角圆柱端紧定螺钉

机床尾座采用了改进的结构后,从后期的使用情况看,很好地解决了尾座移动过程中产生倾覆的问题,保证了尾座轴线与机床主轴轴线之间等高精度的稳定性,提高了机床的加工稳定性,而且提高了数控车床尾座的使用寿命和可靠性。

5. 高速数控车床基础结构优化设计的关键技术

1）静态刚度检测与动态特性监测技术

（1）整机静态刚度分布检测及分析技术：建立整机静态刚度分布实验装置，开发全载荷（力和力矩）加载装置，实现整机静态刚度的分布检测及分析。

（2）动态特性监测技术：主轴振动监测技术，刀架振动监测技术，实验分析技术。

2）整机刚度设计技术与综合分析软件

（1）整机刚度设计技术：整机刚度分配技术，整机刚度综合技术，整机刚度设计修改技术。

（2）整机刚度综合分析软件：自主开发整机刚度分配、整机刚度综合、整机刚度设计修改及机床小变形结合部耦合处理技术软件，将自主开发的上述软件与功能强大、但尚无有效处理机床结合面非线性小变形结合部耦合功能的商用有限元分析软件集成起来，开发出整机刚度综合分析软件系统。

此外，结合机床整机有限元模型，改进多位置工况计算情况，提升计算速度。[5]

3.2.2　高速主轴单元设计

1. 高速主轴单元的设计要求

高速机床一般都是数控机床和精密机床，它与普通数控机床的最大区别是要求机床能够提供很高的切削速度和满足高速加工的一系列功能，即要求机床主轴转速高、功率大，进给量和快速行程速度高，主轴和床鞍运动都要有极高的加速度，机床要具有优良的静、动态特性和热态特性等。高速主轴部件是高速机床最为关键的部件之一，同时主轴单元的设计是实现高速加工的最关键技术之一。主轴单元的设计应满足以下几点基本要求。

（1）速度适应性：要达到所需的最高转速和转速范围，这主要取决于轴承的类型和结构、润滑、散热条件以及主轴的动平衡。

（2）主轴回转精度：主轴的径向误差会影响被加工零件的不圆度，主轴的轴向误差将影响被加工零件的波纹度和表面形状误差，主轴的角度误差会影响被加工零件的孔的圆柱度，产生上述误差的主要原因是轴承的缺陷、与轴承配合件的形位公差、前后轴承的同轴度以及主轴运行时的激振。

（3）动、静刚度：主轴静刚度是指主轴抵抗（静态力）变形的能力，它随着外力的作用点和方向而异。主轴静刚度不足将造成加工的尺寸误差和形状误差，影响到主轴部件的正常工作，降低其工作性能和寿命，容易引起切削的振动，从而降低加工质量，限制机床功率的充分利用而影响切削生产率。除此之外，主轴还应具备抵抗由于断续切削、材料硬度或加工余量的变化而引起振动的能力。

（4）热稳定性：主轴部件温度的变化会造成主轴的轴向伸长，轴线对基准平面的不垂直和不平行、配合间隙变化，造成加工误差，影响主轴部件的工作性能。

(5) 精度保持性和精度寿命：主轴部件的精度直接影响被加工零件的质量，因此其精度保持性和精度寿命对机床的质量和可靠性起着决定性作用。[6]

2. 高速主轴单元的优化设计

(1) 利用有限元方法建立高速主轴系统的动力学模型，采用仿真和实验的方法对建模的准确性进行验证，并对模型进行必要的修正。研究轴承支承刚度的确定方法、轴承支承刚度的主要影响因素，确定高速主轴轴承的刚度，建立高速主轴系统的三维有限元模型，并用大型有限元计算软件进行分析计算，获得主轴系统的模态和谐响应特性，并对之进行优化。

(2) 针对高速车削中心的主轴系统进行热特性分析，研究其对机床性能的影响。分析主轴系统热力学特性和确定热力学参数，并采用有限元方法建立主轴系统的热力学模型，对主轴系统进行热平衡分析，研究其对主轴系统性能的影响，并对之进行优化。

3. 高速主轴单元的总体结构设计

为满足主轴高速旋转，传递大扭矩及运转平稳性的要求，机床通常采用内置电机非接触驱动的传动方式，即电主轴单元。电主轴单元主要由带冷却系统的壳体、定子、转子、轴承等部分组成，是一种智能型功能部件，采用无外壳电机，将带有冷却套的电机定子装配在主轴单元的壳体内，转子和机床主轴的旋转部件做成一体，工作时通过改变电流的频率来实现增减速度。电主轴具有以下优点：

(1) 结构紧凑、质量轻、惯性小、振动小、噪声低、响应快等，不但转速高、功率大，还具有一系列控制主轴温升与振动等机床运行参数的功能，以确保其高速运转的可靠性与安全性；

(2) 使用电主轴可以取消带传动和齿轮传动，简化机床设计，易于实现主轴定位，是高速主轴单元中的一种理想结构；

(3) 使用电主轴还能实现极高的速度、加(减)速度和定角度的快速准停；

(4) 电主轴技术采用交流变频调速和矢量控制的电气驱动技术，输出功率大，调速范围宽，有比较理想的扭矩、功率特性；

(5) 电机内置于主轴两支承之间，与传统主轴结构相比，能够较大地提高主轴单元的刚度，也就提高了其固有频率，电主轴在高速运转时，仍可确保低于其临界转速，保证了高速运转时的安全。

电主轴的机械结构虽然比较简单，但制造工艺的要求却非常严格。电机的内置也带来了一系列的问题，诸如电机的散热、高速主轴的动平衡、主轴支承及其润滑方式的合理设计等，这些问题必须得到妥善的解决，才能确保电主轴稳定可靠地高速运转，实现高效精密加工。[7]

为保证电主轴有足够刚度来实现较高的加工精度和加工质量，选用电主轴置于前、后轴承之间，采用两支承结构，支承受力方式为外撑式。图 3-7 为主轴单元简图，图 3-8 为主轴单元结构图。

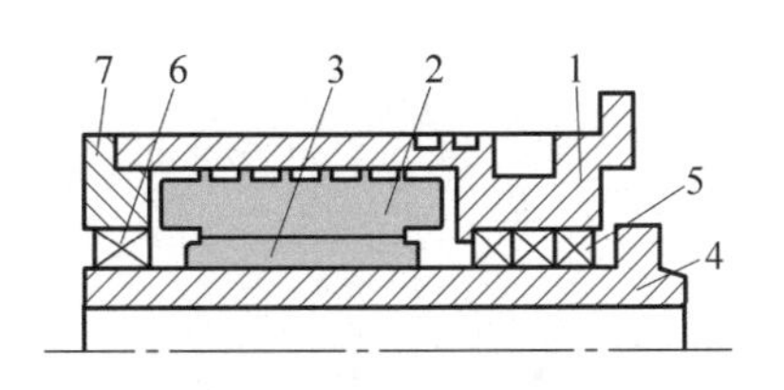

图 3-7　主轴单元简图

1—主轴套；2—电主轴定子；3—电主轴转子；4—主轴；5—前轴承；6—后轴承；7—后轴承座

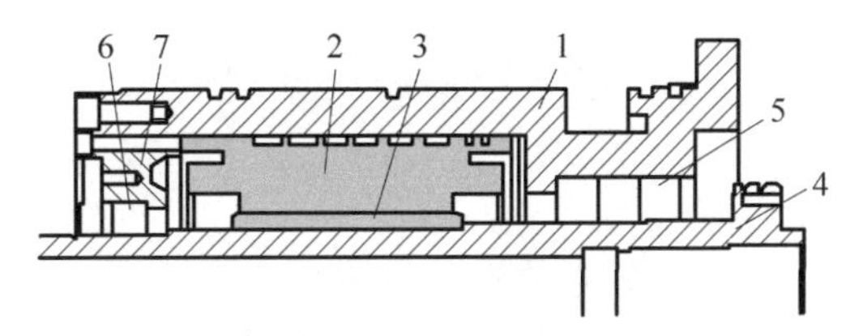

图 3-8　主轴单元结构图

1—主轴套；2—电主轴定子；3—电主轴转子；4—主轴；5—前轴承；6—后轴承；7—后轴承座

此主轴单元结构主要功能原理为：电主轴定子 2 的外径通过配合装配紧固于圆柱形主轴套 1 的内壁，主轴套 1 的前端内孔用于安装前轴承 5，这样主轴套 1 就代替了传统结构中外壳和前轴承座两个零件，简化了电主轴部件结构，降低了制造成本，同时也避免了安装过程中的精度累计误差，能获得很好的安装精度。电主轴转子 3 通过热装方式过盈固装在主轴 4 上，与主轴 4 合成一体，后轴承座 7 与主轴套 1 的后端紧固在一起，用于安装后轴承 6。这样主轴套 1、电主轴定子 2、电主轴转子 3、主轴 4、前轴承 5、后轴承 6 及后轴承座 7 就构成了一个电主轴模块化单元，当电主轴出现故障需要维修时，只需利用专用工装将电主轴定子 2 或电主轴转子 3 从主轴套 1 或主轴 4 上取出即可，操作简单方便。

图 3-9 所示为主轴单元实物。此种结构的主轴单元能很好地解决现有车床传动结构不足之处，克服车床传统主轴部件结构复杂，动态响应慢，传动功率损失大，因振动过大而不利于高速、高精密加工等缺点，并能解决现有电主轴结构安装及维修不便、难以获得高的安装精度等问题。

图 3-9　主轴单元实物

4. 电主轴单元主要技术参数的确定

1）主传动系统的功率和转矩特性

主轴输出的最大扭矩：

$$M_n = 9550\frac{P\eta}{n} \tag{3-1}$$

式中，M_n ——主轴输出的最大扭矩，N·m；

P——主轴电机最大输出功率，kW；

η ——主轴的传动功率系数，对于高速数控机床，$\eta=0.85$；

n——主轴计算转速，r/min。

低速绕组时主轴最大输出扭矩：

$$M_n = 9550 \frac{15 \times 0.85}{1800} = 67.6(\text{N} \cdot \text{m}) \tag{3-2}$$

高速绕组时主轴最大输出扭矩：

$$M_n = 9550 \frac{15 \times 0.85}{8000} = 15.22(\text{N} \cdot \text{m}) \tag{3-3}$$

2）主轴直径确定

主轴直径直接影响主轴部件的刚度，直径越粗，刚度越好，但同时与它相配的轴承零件的尺寸也越大，这样导致主轴转速下降。根据大量实际应用和实践经验，在机械设计手册上，主轴直径有相关的推荐值，但都是在普通机床基础上得来的，倾向于低速大扭矩，数据比较陈旧。随着数控技术的发展，现代数控机床越来越倾向于高速化，各个企业大都是根据自己的相关经验，在刚度、速度、承载能力等各方面取得平衡，来确定主轴直径。数控机床因为装配的需要，主轴直径通常是自前往后逐步减小的。前轴颈直径 D_1 大于后轴颈直径 D_2。对于数控车床，一般取 $D_2 = D_1 \times (0.7 \sim 0.9)$。

5. 主轴刚度的有限元分析

主轴单元的刚度是综合刚度，是主轴、轴承等刚度的综合反映，对加工精度和机床性能有直接影响。本书以主轴作为研究对象，推荐采用 SolidWorks Simulation 软件对主轴进行有限元仿真和分析来确定主轴的刚度值，分析步骤如下：

（1）主轴力学模型的建立；

（2）主轴箱体有限元网格模型的建立；

（3）载荷的施加及边界约束；

（4）材料的定义；

（5）有限元分析；

（6）计算结果的分析。

6. 主轴单元轴承组件的设计

主轴单元实现高速、高精度的关键部件之一就是高速轴承。主轴的支承首先必须满足高速、高回转精度的要求，其次需要有较低的温升和尽可能高的径向和轴向刚度，此外，还要具有较长的使用寿命。主轴的支承形式主要有滚动轴承支承、流体静压轴承支承和磁悬浮轴承支承三种。[8]

（1）滚动轴承是电主轴支承中最为普遍的支承形式。电主轴用滚动轴承具有刚度高、高速性能好、结构简单紧凑、标准化程度高及价格适中等优点，因而在电主轴中得到最广泛的应用。

（2）流体静压轴承为非直接接触式轴承，具有磨损小、寿命长、旋转精度高、阻尼特性好（振动小）等优点，用于机床电主轴上，在加工零件时，刀具寿命长、加工表面质量高。气体静压轴承电主轴的转速可高达 10 万～20 万 r/min。其缺点是刚度差，承载能力低，在机床上一般只限用于小孔加工。

(3) 磁悬浮轴承在空气中回转,其DN值可以高出滚动轴承的1～4倍,最高线速度可高达200m/s(陶瓷球轴承为80m/s)。这种轴承温升低,回转精度极高(可高达0.1μm),主轴轴向尺寸变化也很小,是一种很有发展前途的轴承支承方式。但这种方式价格很高,限制了它在工业上的推广应用。

综合上面的分析,在主轴单元的设计中,一般可以选用滚动轴承,用于主轴的常用滚动轴承主要有圆柱滚子轴承、双向推力角接触球轴承、角接触球轴承、圆锥滚子轴承等。

7. 主轴单元的冷却系统

高速机床在进行高速加工时,主轴单元的发热是机床运行中的主要热源之一,其传热、温度场和热变形在影响加工精度的诸多因素中占有十分重要的地位。机床在内、外热源的作用下,各部分温度将发生变化,使机床各种部件产生不同程度的热变形,破坏了机床已调整好的工件与刀具之间的相对位置,从而降低机床的加工精度。因此主轴单元必须有冷却系统,冷却系统采取的主要措施是在电主轴定子与壳体连接处设计循环冷却水套。水套用热阻较小的材料制造,套外环加工有螺旋水槽,电主轴工作时,水槽里通入含防锈蚀添加剂的循环冷却水(或冷却油),为加强冷却效果,冷却水的入口温度应严格控制,并有一定的压力和流量。另外,为防止电主轴发热影响主轴轴承性能,主轴应尽量采用热阻较大的材料,使电机转子的发热主要通过气隙传给定子,由冷却水吸收带走。为此,需要对主轴单元进行冷却结构设计。图3-10、图3-11分别为冷却结构简图和具体实施图。

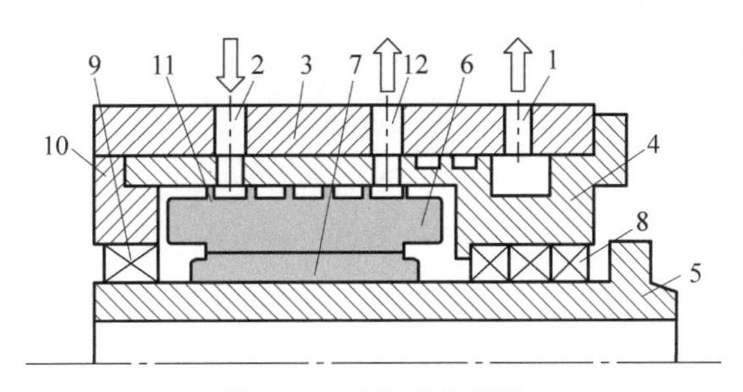

图3-10 冷却结构简图

1—冷却流体前出口;2—冷却流体进口;3—主轴箱体;4—主轴套;5—主轴;6—电主轴定子;7—电主轴转子;8—前轴承;9—后轴承;10—后轴承座;11—密封圈;12—冷却流体后出口

由图3-10及图3-11可知:圆柱形主轴套4为本冷却结构的主体件,其外径与主轴箱体3的内孔配合装配,在主轴套4的外径圆柱面上加工一冷却腔槽及一螺旋水槽,构成第一层冷却通道,用来传导前轴承8运转的发热量,两端采用密封圈11对主轴箱体3和主轴套4结合处进行密封。电主轴定子6紧固于主轴套4的内壁,且电主轴定子6的外径表面加工有一螺旋流体通道构成第二层冷却通道,电主轴转子7通过热装方式过盈固装在主轴5上,前轴承8安装于主轴套4的前部内孔,后轴承座10与主轴套4的后端紧固在一起,用于安装后轴承9。工作时冷却流

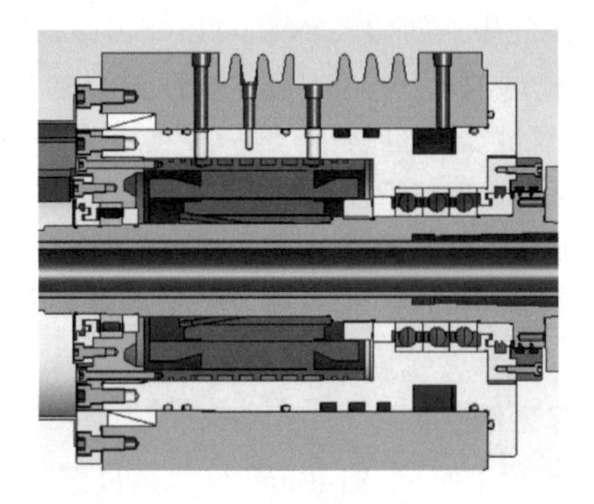

图 3-11　冷却结构具体实施图

体由温度自动调节器恒温控制,从冷却流体进口 2 进入主轴套 4 的第一层冷却通道,吸收前轴承 8 的运转发热量之后进入第二层冷却通道,经过多圈螺旋流动,利用热传导原理吸收热量后从冷却流体前出口 1 流出,另一路从冷却流体后出口 12 流出,并在后出口外面设置一流量控制阀,控制冷却流体对前轴承 8 的外圈的冷却程度,防止因轴承的内、外圈温差过大使轴承的预紧力增加,影响轴承的使用寿命。

图 3-12 为主轴冷却原理图,该冷却结构有效地转移了电主轴和主轴轴承的运转发热量,吸收热量后的流体流回温度自动调节器 5,释放热量后循环使用。

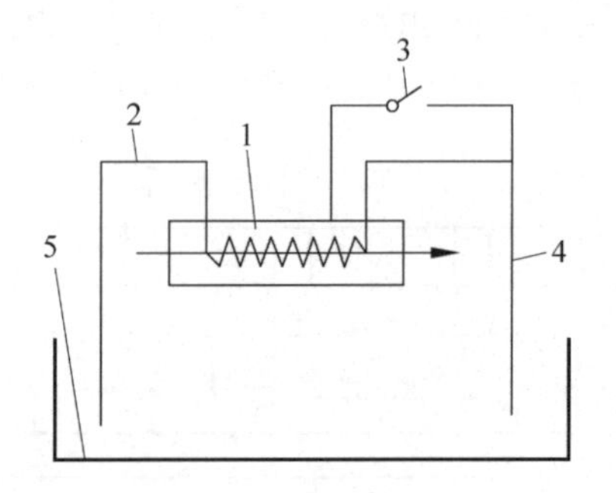

图 3-12　主轴冷却原理图

1—电主轴单元；2—冷却流体进路；3—流量控制阀；
4—冷却流体总回路；5—温度自动调节器

8. 主轴单元润滑系统

主轴单元的润滑主要指主轴轴承的润滑。滚动轴承在高速运转时会产生较大的热变形,影响加工精度,过热时甚至会造成轴承烧坏(或抱死)而无法正常工作。影响轴承摩擦发热的因素较多,如轴承结构、润滑、轴承预紧、密封装置等,其中轴承的润滑是一项重要因素。合理地进行轴承润滑,才能达到降低摩擦、减少温升的目的。主轴轴承的润滑要选择适合使用条件和使用目的的润滑方法。当前主轴单元的轴承主要采用脂润滑和油润滑。

1）脂润滑

脂润滑具有如下优点：使用保养方便；轴承密封结构简单；对倾斜轴或竖立轴来说，润滑脂容易保存；在轴承内润滑脂有密封作用，可防止外部灰尘、杂质、水分侵入轴承内部；无泄漏，容易提高机械整体的清洁度。其缺点是允许的运转速度比较低，散热能力差，随着温度的提高，润滑脂的寿命迅速降低，因而脂润滑较难适应高速运转的要求。

2）油润滑

油润滑具有如下优点：流动性好，能迅速进入轴承接触点；能冲走水分和污垢沾染物，特别是能带走轴承中的热量；易形成油膜；等。显然油润滑是高速运转条件下滚动轴承摩擦副比较理想的润滑方式。

油雾润滑、油气润滑和喷射润滑统称为油润滑。油雾润滑是一种具有润滑与冷却双重作用的润滑方式。它以压缩空气为动力，通过过滤器使油液在雾化器内雾化，并混入空气流中，然后输送到需要润滑的地方进行冷却，润滑油的浓度和空气的流量可调节。油雾润滑有如下优点：油雾能随压缩空气扩散到需要润滑的任何地方，因而能获得良好的润滑效果；压缩空气不仅能输送油雾，而且还能带走摩擦产生的大量热量，从而大大降低摩擦副的工作温度，大幅度地降低润滑油的消耗量，因而能减少团搅润滑油而引起的发热；由于油雾有一定的压力，因此可以起到良好的密封作用，避免外界的杂质、水分等侵入摩擦副。油雾润滑的致命缺点是油雾颗粒不能全部有效地进入润滑区域，所排出的油雾会严重污染环境，故现在已逐渐少用。

各种润滑方式的比较如表 3-2 所示。

表 3-2　各种润滑方式的比较

项目	脂润滑	油润滑		
		油气润滑	油雾润滑	喷射润滑
D_mN	0.6×10^6	2×10^6	1.5×10^6	3.0×10^6
轴承温升	高	较低	较高	较低
特点	无需润滑装置。密封简单，但冷却性能差，更换麻烦	灰尘与切削液不易侵入，无污染，能达到最小油量润滑，冷却性能好，成本较高	灰尘与切削液不易侵入，但易造成污染，成本低	灰尘与切削液不易侵入，但需油量大，摩擦损耗大，易漏油，成本高
用途	适用于低转速	适用于高转速	适用于高转速	立式主轴禁用，用于特殊场合

3.2.3　高速驱动进给系统结构设计

1. 高速驱动进给机构的分类

机床的性能在很大程度上取决于进给传动方式的定性和定量特征。机械驱动机构是数控机床进给系统中位置控制的一个重要环节，对进给系统精度有直接的影响。目前，进给驱动机构主要有滚珠丝杠驱动、齿轮齿条驱动和直线电机驱动三种形式。滚珠丝杠驱动机构可以分为丝杠转动结构和丝母转动结构两种形式。齿轮齿条驱动可以分为单齿轮驱动结构及双齿轮消隙驱动结构。机床的使用范围及精度要求不同，所采用的进给驱动结构也会有很大差异。

2. X 向滚珠丝杠的选择

滚珠丝杠具有高效率、高精度、高刚度及无间隙等优点，目前"旋转电机＋滚珠丝杠"的进给方式在数控机床进给系统中得到了广泛应用。滚珠丝杠作为机床传送动力及定位的关键部件，是机床性能的重要保证。下面以 X 向进给系统为例进行讨论，Y、Z 向进给系统与 X 向进给系统结构相似，不再赘述。在进行 X 向高速驱动进给研究前，对整机的主要功能部件进行了动态性能的优化和轻量化设计，经过以上设计首先确定了 X 向高速驱动进给系统的使用条件。

工作台质量：$m=180\text{kg}$；最大行程：$L=165\text{mm}$；快进速度：$V_{\max}=42\text{m/min}$。

摩擦系数 $\mu=0.003$；加速时间：$t=0.05\text{s}$；最大切削力：$F=1900\text{N}$；$F_x=0.5F=950\text{N}$，$F_z=0.4F=760\text{N}$。

因本机床为 45°斜床身结构，所以滑动阻力为

$$F_r=mg\sin\alpha+\mu mg\sin\alpha=1251\text{N},\quad g=9.8\text{m/s}^2 \tag{3-4}$$

(1) 初选滚珠丝杠的精度等级为 C3 级精度，确定滚珠丝杠安装部位的精度。

(2) 确定滚珠丝杠的轴向间隙，并对滚珠丝杠的预紧力进行计算。因为对滚珠丝杠施加预紧，螺栓部位的刚度就会增加，但是预紧负荷过大时，对寿命、发热等会产生恶劣影响。因此，根据以往的设计经验，取最大预紧力为基本额定动载荷的 8%。

(3) 根据数控机床一般使用情况，拟定 X 向高速驱动进给系统的运转条件和负载条件。

(4) 确定滚珠丝杠的导程、轴径和丝杠轴的安装方法等，最后确定初选 X 向丝杠型号。

3. X 向联轴器的选择

大多数情况下联轴器是按照最大传递扭矩选用的，选用的联轴器最大扭矩应大于系统的最大扭矩，由下式计算所选联轴器所需扭矩：

$$T_{\text{KN}}\geqslant 1.5\times T_{\text{AS}} \tag{3-5}$$

式中，T_{KN}——联轴器最大扭矩；

T_{AS}——系统最大扭矩。

根据计算结果可在联轴器具体参数表中选择联轴器型号。

4. 高速驱动进给系统的精度分析

为了满足高速驱动进给系统的定位精度和重复定位精度，在 X 向加装了测量

绝对位置的光栅尺，使高速进给驱动系统形成一个闭环系统，来保证机床的定位精度和重复定位精度以及其他工作精度。光栅尺安装方式如图 3-13(a)所示，安装后如图 3-13(b)所示。

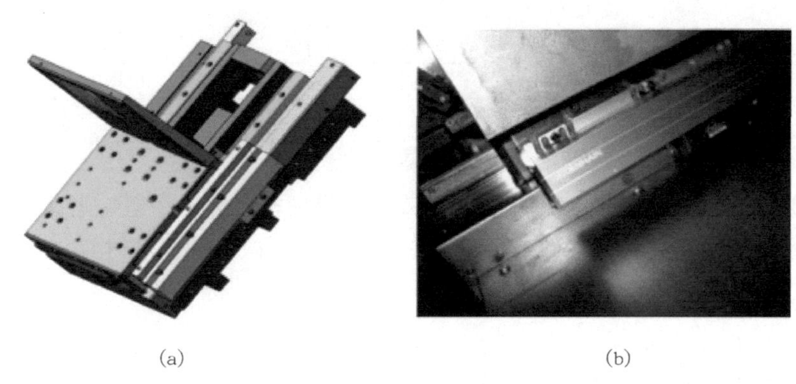

(a)　　(b)

图 3-13　光栅尺安装

(a) 光栅尺安装方式；(b) 安装后光栅尺结构

3.2.4　产品工艺分析及优化

机床的关键零件比如床身、主轴、主轴箱体、法兰套、床鞍的加工难度非常大，采用何种合理的工艺方法，既能满足设计需要，同时又能节约制造成本，是一个重大难题。结合陕西宝鸡机床集团有限公司多年来在数控车床制造工艺方面积累的宝贵经验，在继承原有工艺的基础上，大胆创新，积极采用新工艺、新技术，攻克技术难关，在高速车削典型零件的制造工艺方面做了大胆尝试。现针对床身、法兰套两个典型零件分别论述如下。

1. 床身的主要技术要求

床身是数控车床的主要支承件，它支承着数控车床的主轴箱、床鞍、中滑板、刀架、尾座等功能部件，承受着切削力、重力、摩擦力等静态力和动态力的共同作用。它的主要技术指标规定如下。

1）床身关键精度指标

床身作为机床的关键零件之一，其关键精度指标有：①直线导轨侧定位面长度方向的直线度；②直线导轨安装面的平面度；③两直线导轨安装面的平行度。

2）床身的内控精度指标要求

为了保证最终加工精度，企业制定了高于出厂精度的内控精度指标，如表 3-3 所示。

表 3-3　床身的内控指标要求

序号	检 查 项 目	图纸要求	内控指标
1	导轨上 $A1$ 面平面度	0.01°	0.008°
2	导轨上 $A2$ 面对 $A1$ 面的平行度	0.01°	0.008°
3	$B1$ 面与 $A1$ 面的垂直度	0.01°	0.008°
4	下导轨侧面与 $B1$ 面的平行度	0.01°	0.008°

2. 床身的时效处理工艺方案的制定

对床身的时效处理方案确定为：①铸造后采用热时效；②粗铣后采用振动时效；③半精铣后采用振动时效；④导轨中频淬火后再次采用振动时效。

3. 床身划线工艺方案的制定

划线的作用主要是：①作为加工依据；②检查毛坯形状、尺寸，将不合格毛坯剔除；③合理分配工件的加工余量。

划线基准的选择：划线时以工件上某一条线或某一平面作为依据来划出其余的尺寸线，这样的线和面称为划线基准。划线基准应尽量与设计基准统一，毛坯的基准一般选其轴线或安装平面。图 3-14 所示为床身划线工序简图。

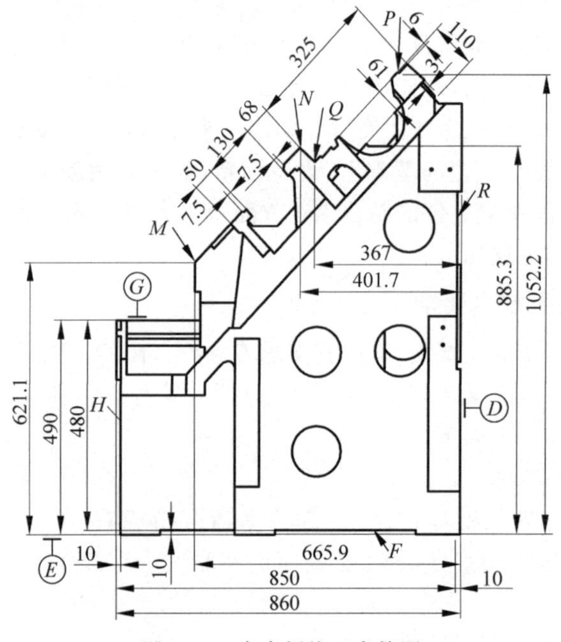

图 3-14　床身划线工序简图

4. 床身加工工艺方案的制定

(1) 除了采用以往常规的工艺流程(即分别通过龙门铣粗铣导轨面、五面加工中心半精铣导轨面，最后由西德导轨磨床精磨导轨面)外，如何避免因为零件内应力没有完全消除而造成的变形，就显得尤为重要了。为此，在保留原有人工时效处理的基础上，先后在粗铣、半精铣、中频淬火这些工序之后分别采用三次振动时效，来消除零件在制造过程中产生的内应力，从而有效地保证了床身的加工质量。

(2) 为了保证床身线性导轨安装螺纹孔与线性导轨安装面的垂直度，采用钻孔、攻螺纹的加工工艺在五面加工中心完成，有效避免了以往钳工钻、攻孔造成的制造误差。

(3) 为了避免钳工钻、攻螺纹孔以及涂漆过程中无法彻底避免的因吊装、转运、翻面而造成的对床身的磕碰，从而导致零件的加工精度丧失，将这两道工序调整到精磨和精铣工序之前，使得床身在精加工之后直接转序至装配现场，避免了中间环节，从细节上保证了零件的加工品质。

(4) 同时设计专用桥板工装，结合使用水平仪，来精确检验床身的加工精度是否达到图纸要求。

5. 床身导轨直线度/平行度的检测

水平仪是测量机床导轨直线度的常用仪器，用来检查导轨在垂直平面内的直线度。按照以下步骤进行检测：

(1) 调整整体导轨的水平。将水平仪置于导轨的中间和两端位置上，将导轨调整到水平状态，使水平仪的气泡在各个部位都能保持在刻度范围内。

(2) 将导轨按 200mm 作为等距距离，分成相等的若干整段进行测量，并使头尾平稳地衔接，逐段检查并读数，然后确定水平仪气泡的运动方向和水平仪实际刻度及格数。

(3) 进行记录，填写“＋”“－”符号，最终计算机床导轨直线度精度误差值。

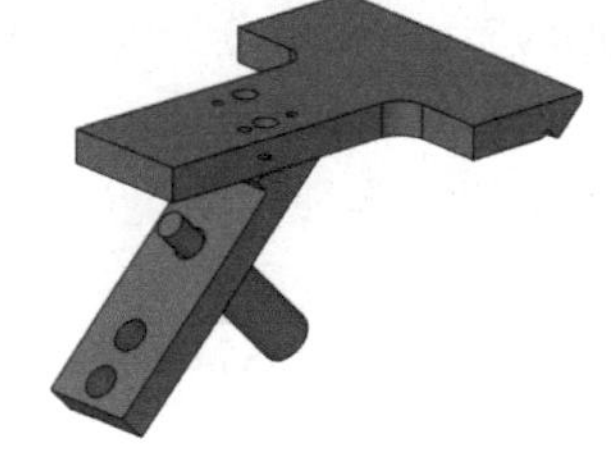

图 3-15　专用板桥

在床身导轨的磨削或精铣过程中，无论是在床身导轨的冷态还是热态，都需要严格按照上述方法检验导轨的直线度。同时还需要通过桥板和水平仪检验其导轨相互之间的平行度，可以采用如图 3-15 所示的专用桥板。

6. 法兰套的主要技术要求

法兰套是机床床身的核心部件，其主要功能是实现机床主轴系统的高精度，它事实上就是传统意义上的主轴箱。法兰套同时利用循环水对机床高速旋转的主轴组件进行外围冷却，利用循环水带走部分热量，防止因机床温升过高造成主轴轴承寿命缩短。

法兰套作为机床的关键零件之一，其关键项目规定如下：①主轴前轴承孔的尺寸精度；②主轴前轴承孔的形状公差；③主轴前轴承孔的粗糙度。

法兰套的内控指标规定如表 3-4 所示。

表 3-4　法兰套的内控指标要求

序号	检 查 项 目	图纸要求	内控指标
1	ϕ140 内孔的尺寸公差	0.001～0.011	0.001～0.009
2	ϕ140 内孔的圆度	0.003	0.0015

3.3　精密数控车床及车削中心智能化设计

3.3.1　精密数控车削中心的数字化设计与制造

作为高档数控机床的主要组成部分，精密数控车床和车削中心的研究越来越受到重视。目前，精密加工在我国的研究与应用还处于起步阶段，随着我国核能、船舶、轨道交通、电子、汽车、航空航天、军事工业等的发展，精密加工彰显其巨大的发展空间。精密高速数控车床、车削中心与传统车床相比优势明显，能获得很高的尺寸精度并减小粗糙度，在一定情况下能达到以车代磨的加工效果。因此，积极开发精密高速数控车床和车削中心，实现商品化、产业化是振兴数控机床产业的必由之路。

为了实现精密高速性能，在现有数控车床和车削中心基础上，需要对机床各关键部件进行全新优化及创新设计：精密机床整机基础结构的优化设计、精密动静压主轴的优化设计、宏/微进给系统的优化设计等。目前通过计算机辅助设计，特别是应用有限元分析及优化设计理论，对车床主要零部件进行优化及创新设计，可以获得能提高机床的精度稳定性、改善加工动态特性和提高加工精度的机床结构和零部件，实现数字化设计对传统制造的提升。

3.3.2　人造花岗岩整体式床身设计与制造技术

数控车床是机床工具行业的主导产品，精密数控车床是国家高档数控机床与基础制造装备的技术基础和发展方向之一，是机床工具行业加速转型升级和装备制造业的战略性产业。在数控车床的各部件中，床身是机床的基础部件，它不仅支承安装在其上的各个部件，承受切削力、重力、夹紧力等，而且还要保持各个部件间的相对正确位置和运动部件的运动精度。因此，床身需要有足够的刚度、较高的精度、良好的抗振性和较小的热变形等特性。床身的结构及性能是保证数控机床结构布局和确保机床加工精度的基本要求。

目前在机床上应用的床身绝大多数为铸铁材料。铸铁材料床身虽具有足够的静刚度，但其最大的缺点是热变形特性和精度保持性较差，从而使整机的热变形较大和精度寿命短，影响机床的加工精度。人造花岗岩材料床身具有良好的吸振性、很好的阻尼特性和热稳定性，能极大提高机床的精度稳定性、改善加工动态特性和提高加工精度，并能节约金属材料，减少能源消耗和铸造污染。该材料床身目前主要应用在高精度磨床或检测仪器上，在数控机床上特别是在数控车床上应用较少。表 3-5 为人造花岗岩与铸铁材料性能比较。

表 3-5　人造花岗岩与铸铁材料性能比较

项　目	人造花岗岩	铸　　铁
结构设计的可行性	可方便地铸入导轨、螺纹插件、连接件、管件等； 可以将不同的结构件黏结在一起； 结构设计几乎没有限制	受壁厚、形状等限制， 结构设计有部分限制
力学性能	有很好的精度保持性； 对数衰减率是铸铁的 10 倍，有良好的抗振性，动、静态特性好； 密度低，在相同的外形结构和重量下，壁厚可以设计为铸铁的 3～4 倍，因而静态刚性比铸铁更好，即具有很高的静刚度和刚度一重量比	精度保持性较差； 抗振性低，动、静态特性较差； 在相同的外形结构和重量下，静刚度和刚度一重量比较低
耐腐蚀性	对机械油、冷却液和其他的腐蚀性液体有很好的抗腐蚀性能	抗腐蚀性能差
环保性能	常温下一次浇制成形，比铸铁节约 30% 的能源，污染程度低； 回收很方便，可做建筑材料； 金属用量少	能源消耗大，污染程度高； 回收不方便； 金属用量大
绝缘性能	绝缘体	导电体
性价比	批量生产成本比铸铁大大降低； 机械加工成本低	批量生产成本高； 机械加工成本高

目前，人造花岗岩整体式床身已可作为精密数控车床和车削中心的基础构件，并可以保证数控车床的结构布局、提高加工精度和精度保持性。人造花岗岩材料的整体式床身相对于铸铁材料床身，其屈服强度低，为达到机床床身必要的静刚度及结构布局等的合理性，经过分析，斜床身可以满足要求。图 3-16 为人造花岗岩整体式床身计算机结构模型。

人造花岗岩整体式床身设计与制造技术的效果：

（1）人造花岗岩斜床身结构，达到了数控车床床鞍导轨、尾座镶装导轨的结构优化及相应功能的实现，机床整体结构布局合理、紧凑。

（2）应用人造花岗岩床身技术，其床鞍导轨采用直线滚动导轨，动态响应好；尾座导轨采用镶装滑动导轨，支承刚度大、稳定性好、成本低、易维修。

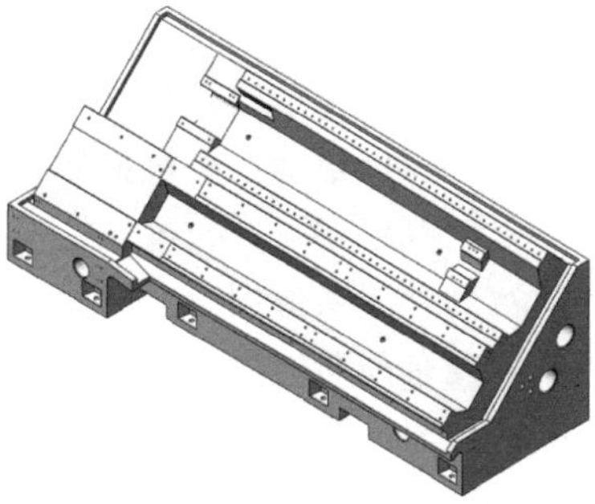

图 3-16　人造花岗岩整体式床身计算机结构模型

(3) 采用人造花岗岩床身技术,能在很大程度上提高机床的精度稳定性,改善加工动态特性和提高加工精度,并能节约金属材料和能源,减少铸铁材料床身的铸造污染。

3.3.3 宏/微混合驱动技术

1. 概念

宏/微驱动概念首先于 1988 年由麻省理工学院 SHARON A 教授提出。宏/微驱动控制系统包括宏、微操作系统两个子系统,微动定位部件附着在宏动定位部件的末端,宏动部件以地面为参照物,实现大行程;微动定位部件以宏动定位部件为参照物实现高精度定位。与采用单一驱动相比,宏/微驱动系统具有低惯量、高精度、自由度冗余等特点。

图 3-17 机床宏/微进给机构
1—微进给机构;2—宏进给机构

采用宏/微驱动的方法,将定位分为两个过程:粗定位和精定位。实际上,微定位的过程就是误差补偿或精度补偿的过程。由于宏/微驱动系统同时具备了行程大、定位时间短、定位精度高以及驱动力大等优点,在诸如精密定位系统、电路检测、超精密加工设备等领域,有十分广阔的应用前景。机床宏/微进给机构如图 3-17 所示。

2. 宏/微驱动系统控制方式及原理

关于宏/微驱动系统控制方法的研究,特别是宏、微两部分的协调控制问题的研究,是目前宏/微驱动技术应用遇到的一个重要难题,受到了国内外学者广泛的关注,并取得了一定的研究成果。对应于不同的应用领域,宏/微定位的连接方式是不同的,从时间上看,一种宏/微定位是分离的,具有先后关系,即宏运动结束后,微运动根据测得的宏运动的误差做补偿定位,这种关系适用于点位定位。点位控制只对始、末两点间的位置精度有要求,对中间位置的定位精度和运动轨迹无要求。宏/微的协调采用阈值切换方式,当宏动台运动的目标位置与实际位置的差值小于一定值时,宏动台电机抱闸,启动微动台,采用大闭环光栅反馈,对宏动台进行误差补偿。另一种是宏/微定位同时进行,在宏动台运动过程中,微动台做实时补偿定位,这种关系适用于实时插补定位。此种方式用于连续运动的位置控制如位置跟踪、复杂型面的加工等,通常可用于高精密的加工机床中。

宏/微驱动系统点位控制的原理如图 3-18 所示。

宏/微驱动系统一般包括宏/微驱动器、宏/微局部反馈、全局反馈等环节,其中高性能驱动器、检测元件以及各种控制方法等已成为宏/微驱动领域的研究热点。在大型的宏/微驱动系统中,宏动驱动器多采用诸如液压驱动器、交流伺服电机、直

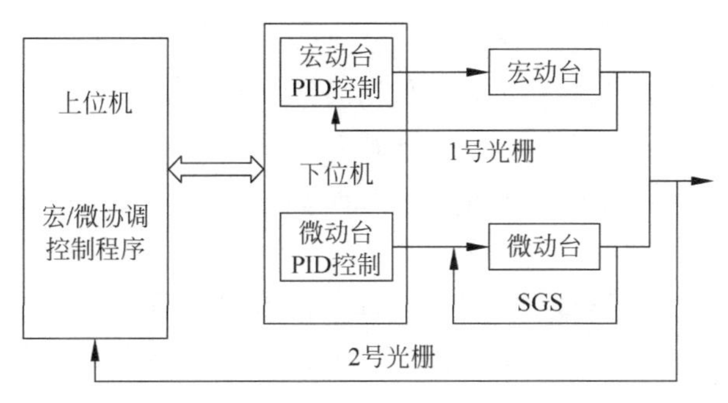

图 3-18　宏/微驱动系统点位控制的原理

流伺服电机、直线电机等驱动器，而在微动部分，更多的是应用了像压电陶瓷(PZT)这样的响应速度快、精度高、无摩擦的驱动器。在位置测量系统多采用光电元件如激光干涉仪、光栅尺、编码器、电容测微仪等。由于宏微驱动系统具有冗余特性，并且很多系统均为高速高精度系统，给控制系统的设计带来一定的难度，通常在宏/微驱动控制系统中，基本上采用的都是 PID 控制与其他控制方法有机结合的策略，而应用在精密定位方面的宏/微驱动系统的控制思想，基本上都源自“补偿”的策略，但针对不同的数控系统，控制系统具体构建形式十分灵活。也有人采用了 PD 控制与模糊调节器相结合的方法，还有很多学者在研究宏/微驱动系统时，提出了很多先进的控制方法或这些控制方法的组合。不同的宏/微驱动系统，其控制目标不同，应用场合各异，控制方法灵活多样，这方面的研究已成为宏/微驱动系统研究中最为活跃的一个分支。机床宏/微进给控制柜如图 3-19 所示，机床宏/微进给调试现场如图 3-20 所示。

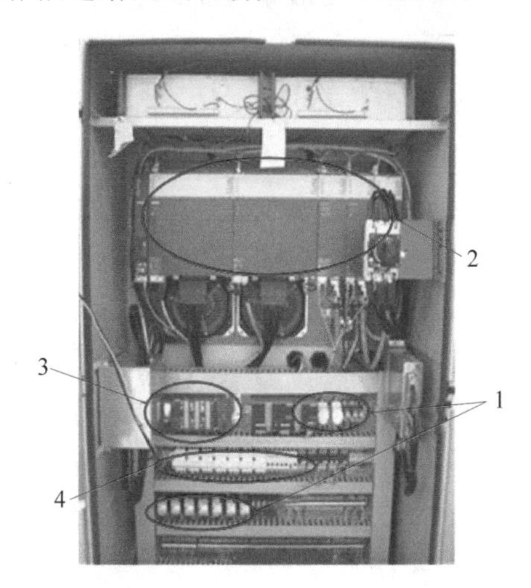

图 3-19　机床宏/微进给控制柜

1—继电器；2—主轴变频器；3—PLC；4—空气开关

图 3-20　机床宏/微进给调试现场

1—宏进给机构；2—微进给机构

3. 双向宏/微进给技术的效果

宏/微进给技术使用后,机床的定位精度和重复定位精度有了较大的提高。用激光干涉仪检测,当只用宏进给时,机床似有爬行现象,即控制系统每给 1μm 的指令,进给系统开始不动,然后一次动 2～3μm;宏/微进给技术应用后,控制系统每给 1μm 的指令,能保证准确进给 1μm。

在微进给技术的研发过程中发现,虽然微进给机构使用后,机床的定位精度和重复定位精度有了较大的提高,但是在机床的实际应用中,若用宏/微进给系统驱动,由于控制微进给的 PLC 数据处理与数控系统不能优化匹配,机床精车削的零件外圆精度较差,特别是粗糙度比只用宏进给驱动时的差。经过详细的分析研究后发现,微进给控制通过 PLC 程序设定,实时比较数控系统目标值与光栅尺反馈的差值,并通过微进给进行调节,使得实际位置越来越接近目标值,当达到设定的误差范围时,微进给停止运动。此种程序设定使得机床宏/微进给实际应用中,PLC 数据处理相比数控系统慢,机床精车削的零件外圆精度较差。目前,还没有更好的微进给电气控制技术,微进给技术在数控车床及车削中心上实际应用还需要更进一步的研究与探索。

3.3.4 精密动静压主轴与电主轴的配套应用技术

1. 当前的发展趋势及状况

高速精密数控机床是国内外装备制造业的技术基础和发展趋势,是装备制造业的战略性产业。高速精密数控车床的工作性能,取决于其关键部件之一主轴的性能,高速精密主轴系统是数控车床关键技术之一。

通常数控车床及车削中心主轴的驱动形式为皮带传动,这种方案结构简单、成本低,但对于满足智能制造要求的大规格、高转速、高精度主轴很难实现。先进的主轴驱动方式为电主轴,将主轴和电机连为一体,可以无级变速、驱动平稳、结构紧凑。

电主轴又分为内置式和外置式两种。内置式是将转子置于两轴承之间,结构复杂,冷却或密封不易于设计及制造,散热条件差,容易造成电主轴的温升过高,亦不利于提高回转速度;优点是主轴系统受力情况好。外置式是将电机转子置于两径向轴承的外端,也称悬臂式,其结构简单,但是轴向尺寸大,容易造成负荷偏载,导致主轴受力情况差、产生振动的概率增加,不利于提高回转速度和精度,并且应用于数控车床其液压卡盘旋转油缸的安装结构不太合理。

动静压轴承是静压轴承的一种新发展,在静压轴承的油腔中设置动压油楔,使之在主轴旋转时产生附加的动压力,具有高精度、高承载力和抗振性。目前,在国内外数控车床及车削中心中,高速精密主轴单元中主要应用的是滚动轴承,但滚动轴承与动静压轴承相比承载能力小，精度低，使用寿命短。虽有部分使用液体动静压轴承、气体动静压轴承和磁悬浮轴承的外置式或内置式动静压电主轴结构，但此类结构在设计及制造或实际应用中存在许多问题。它们的共同特点只是将传统的动静压主轴和内置电机简单组合，但并不能满足全功能数控车床及车削中心高速加工精密零件的要求。图 3-21 为主轴配套的主轴套。

图 3-21　主轴套

2. 精密动静压主轴与电主轴的配套应用

精密动静压主轴与电主轴配套应用的技术方案如图 3-22 所示。

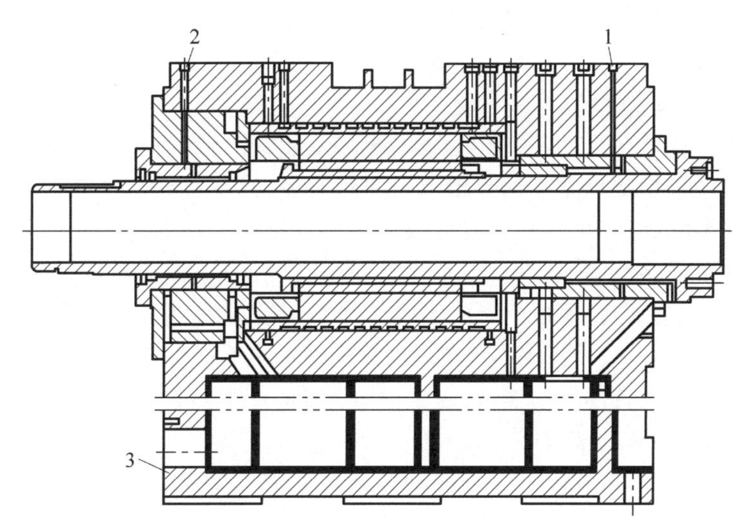

图 3-22　精密动静压主轴与电主轴配套应用的技术方案示意图

1,2—液压油进口；3—液压油出口

在图 3-22 中，前静压轴承外径与主轴箱体孔配合，内径与主轴外径配合；前静压轴承与主轴之间设有止推环；后静压轴承外径与后轴承座内孔配合，内径与主轴外径配合；电机布局于前、后静压轴承之间；主轴箱体中的各相应孔，作为静压轴承的进、出油口和气密封进气孔，电主轴冷却液进、出液口。

电机转子与主轴外径配合，装于前、后静压轴承之间，定子通过电主轴定子法兰与主轴箱体固连，其外径与主轴箱体孔配合。这种直驱式结构加大了主轴轴承跨距，机械结构更为简单，转动惯量小，因而快速响应性好。电机驱动主轴旋转时，由于没有了中间传动环节的外力作用，主轴不承受径向驱动力，只承受周向旋转力，没有负荷偏载，主轴高速运行没有中间传动冲击而更为平稳，回转精度更高。

净化空气从主轴箱体进气口进入，通过相应的气路和密封环等结构，实现了静压轴承液压油与内装电机和冷却液之间的有效隔离，以及液压油的泄漏和回收处的有效密封。主轴箱体液压油出口处外接抽油管路，主轴高速回转时产生的油雾及泄漏油可及时地回抽至液压站，箱体内部亦不会产生负压。

前静压轴承前端与主轴大肩面之间形成静压油腔，是单面静压止推轴承；锁紧螺母、止推环和前静压轴承后部及主轴形成一个预紧机构，它的预紧力与转速无关，始终与止推轴承的压力平衡，可以有效克服离心力的作用，很大地提高止推轴承的运动精度，使主轴在承受径向力的同时可以承受轴向力。

动静压轴承为整体式结构，轴承与箱体孔接触面积大，为刚性连接，使油膜刚度得到充分的发挥利用；主轴高速旋转时，轴承油腔内由于阶梯效应自然形成动静压承载油膜，轴承成为具有静压压力场的动压滑动轴承，油膜刚度是轴承静态刚度与动态刚度的叠加，使主轴有很强的承载能力；压力油膜的“均化”作用可使主轴回转精度高于轴颈的加工精度和表面粗糙度，提高机床主轴的回转精度，并且由于不磨损，使用寿命长，可以长期连续使用而不需要维修。

1）动静压轴承的设计

（1）轴承形式的确定。机床滑动摩擦轴承分为动压滑动轴承和静压轴承两大类。动压滑动轴承是依靠主轴与轴承间的相对运动产生压力，将主轴系统浮起形成纯液体润滑状态，其优点是高速时有很大的承载力；缺点是在启动和停车时有金属直接接触而难免磨损。静压轴承是依靠外供的油压将主轴系统浮起，然后启动主轴，主轴与轴承始终处于纯液体润滑状态，具有高精度、高刚度、长寿命的优点；缺点是需要供油系统，成本较高。动静压轴承是静压轴承的一种新发展，在静压轴承的油腔中设置动压油楔，使之在主轴旋转时产生附加的动压力，具有高承载力和抗振性，并能有效节省能源。

（2）节流形式的选择。静压或动静压轴承按供油方式分为定量及定压两大类。

定量式供油的原理是每个油腔供给固定的油量 Q_c，在轴承工作时依靠油腔出油液阻 R_h 的变化而使油腔压力 P_r 随载荷的变化自动调节，即按下式：

$$P_r = Q_c \times R_h \tag{3-6}$$

定压式供油的原理是整个主轴系统共用一个供油泵，其供油压为 P_s，在通往油腔的油路中设置节流器，其液阻为 R_g，在轴承工作时依靠节流器或轴承的液阻变化使油腔压力 P_r 随外载荷变化自动调节，即按下式：

$$P_r = \frac{P_s \times R_h}{R_h + R_g} \tag{3-7}$$

显然定量供油需要庞大的供油装置，并且其性能随温度的变化比较敏感，不适合用于精密机床，因此一般高速精密车床采用定压供油形式。

定压供油按其节流参数在工作时变化与否分成可变节流和固定节流两大类，前者有薄膜节流、内部节流等，后者有毛细管类层流节流和小孔节流等。

从静刚度油膜来看，薄膜节流的油膜刚度可达无穷大，即在加载过程中如不考虑时间因素油膜几乎不变形,但在高频下的动态特性却由于反馈的滞后及惯性的超位移等因素,其动态性能并不比其他节流器好。德国 Hyprostatik 公司生产的 PM 阀即是单薄膜节流的一种形式,在国内推广甚多,但对动态特性的缺点并未提及。这种节流器的另一个缺点是结构尺寸较大,油路较烦琐。

内部节流虽然油膜刚度优于固定节流,但流量较大,高速时的摩擦面积较大,功耗大。小孔节流虽然结构简单,但由于是紊流节流,对于油液黏度的变化较敏感,不适用于需要变速的工况。毛细管类层流固定节流的性能不受温度的影响,且通过合理设计可将节流器加工在轴承上,结构十分紧凑,推荐作为精密高速车床动静压轴承的节流形式。为防止堵塞,保证可靠性,选择平行间隙的节流方式,起到一定的过滤作用。

(3) 油腔结构的设计。

① 径向动静压轴承的油腔形式:对于双向旋转的动静压轴承,动压油楔的形状必须是对称的收敛油楔,为了保证主轴低速时的静压承载力,用静压油腔把动压油楔包围,这样当主轴不旋转时轴承是一个性能良好的纯静压轴承,当主轴旋转时动压油楔面上产生附加的动压力而增大承载能力。

② 径向动静压轴承油腔数的选择:由于径向轴承油腔数量多,有利于增强油膜均化作用和减少载荷作用方向性的影响,但其节流器增多,动压承载面积减少。四油腔的方向性影响较小(<15%),兼顾动静压的作用,所以选择四油腔已足够。

(4) 轴向推力轴承的确定。对于推力轴承,其承载的面积较小,不宜设置动压油楔,且颠覆力矩已由两径向轴承承受,因此不必采用多油腔形式而采用环形整圈的油腔,一个止推面只需一个节流器即可。本主轴系统的推力轴承采用单面静压推力轴承与液压预紧相结合的形式,能有效克服双面静压止推轴承工艺要求高且无法避免高速时离心力的影响而使油腔压力下降的缺点。

2) 供油系统设计

(1) 润滑油黏度的选择。由于精密车床主轴转速的变速范围在 50~5000r/min 之间,理论上润滑油的黏度按最小功耗计算,速度越高黏度越低,以减少摩擦功耗,但太低的黏度对动压力的形成不利。兼顾动压和静压选用 2 号主轴油,动力黏度为 $2\times10^{-8}\text{kgf}\cdot\text{s/cm}^2$。

(2) 供油压力的选择。结合一般精密数控车床主轴的承载能力,可选择工作压力 $\geqslant 25\text{kgf/cm}^2$,供油系统的压力为 35kgf/cm^2。

(3) 润滑油流量的确定。按计算可得,油泵流量≥63L/min。

(4) 安全保护系统的选择。过滤器采用 5μm 及 10μm 的双级过滤,蓄能器容量大于 20L,具有液位计、压力继电器等报警装置。

(5) 润滑油冷却系统的选择。高速主轴的润滑油剪切摩擦发热较大,需采用冷却系统以防机床热变形,影响加工精度。经计算,可以采用 20000W 油冷却系统冷却润滑油。

(6) 密封形式的确定。动静压轴承循环工作的油液需要密封,以防止油液流入外界或电机中。对于高速主轴不适宜采用机械接触式密封,而广泛采用气密封。通常气密封形式为一个供气孔通入整环式结构的环形槽,其优点是结构简单,但气体流通不均匀,密封效果有一定的影响。在精密数控车床的研发中,陕西宝鸡机床集团有限公司开发了放射型多点出气式气密封结构,使气流均匀以起到更好的密封作用。

3) 精密动静压主轴与电主轴的配套应用达到的效果

为了实现将液体动静压轴承技术与电主轴技术两者有机结合,应用气密封结构,将止推轴承结构设置于主轴前部,解决动静压轴承电机内装式主轴技术上的不足,实现了数控车床较大规格高速精密主轴结构,不仅可确保主轴很高的回转精度、刚度和转速,而且结构简单,零件数量少,可大大降低主轴箱体轴承或轴承座安装孔的机械加工难度,降低加工成本,提高整体结构的使用寿命和实践应用的可操作性。此项关键技术达到的效果如下:

(1) 内置式动静压电主轴,精度高、刚度大、噪声低、寿命长、吸振性能好,工作稳定性和可靠性高,无论从转速、精度、功率等各方面均是国内首创,也未见国外同类型类似规格的数控车床及车削中心上有类似的应用。

(2) 单面静压止推轴承与液压预紧的结构,使主轴避免高速时的离心力影响,保证轴向运动精度,有效简化加工工艺。

(3) 由静压油槽包围的双向动压油楔,使主轴在低速时具有完整的静压承载力,在主轴旋转时又能产生附加动压力,保证主轴由极低转速到5000r/min均有良好的运动精度与承载能力。

(4) 放射型多点出气式气密封结构在圆周上有均匀的气压力,可以有效防止外界杂质进入轴承油腔,对润滑油流入外界或电机中起到良好的密封作用。

(5) 整个轴系的布局结构、零件的制造测量及合理的加工装配工艺,精确动平衡保证轴系的制造质量和有效节约成本,便于推广应用。

(6) 该主轴结构已应用于实际生产,实现了数控车床及车削中心用较大规格高速精密直驱主轴单元,其液体静压轴承直径ϕ160mm,内装电机功率67.4kW,最高转速5000r/min,主轴径向跳动0.0005mm、轴向跳动0.001mm。

3.4 数控转塔刀架智能化设计

3.4.1 数控刀架的制造一致性

1. 制造一致性的概念

对加工一致性的定义为:批量生产的零部件其关键几何精度与物理性能在统计意义上与其数学期望(或者说设计理想值)的逼近程度,称为加工一致性(其分散程度用方差来表示),是评价产品制造质量的重要技术指标。[9]此定义规定了零部件的加工精度和物理性能的波动中心,而实际的加工一致性是评价一批合格零部件的相关精度和表面质量的波动情况,但是无波动中心的说法。因此,数控刀架的制造一致性主要是指加工出来的同一种刀架零件之间表现出来的精度和表面质量的波动。

2. 工序能力

工序能力,也叫过程能力,在机械加工中又叫加工精度,是指过程在一定时间,处于控制状态(稳定状态)下的实际加工能力,反映出制造过程的一致性。其主要受机器能力和综合制造能力的影响,如机器或设备在一定条件下的制造能力,设备、人员、材料、环境等在制造周期内呈现的能力等。

工序能力反映过程本身的生产能力,即工序的稳定程度。稳定程度越高,生产能力就越大。其通常以产品质量特性数据分布的 6 倍标准偏差表示:

$$B = 6\sigma \tag{3-8}$$

3. 工序能力指数

工序能力指数是衡量工序能力大小的数值。对于技术要求满足程度的指标,工序能力指数越大,说明工序能力越能满足技术要求,甚至有一定的能力储备。其通常以质量标准(T)与工序能力(B)的比值来衡量,记为 Cp:

$$\mathrm{Cp} = T/B = T/6\sigma \tag{3-9}$$

工序能力指数的评价如表 3-6 所示。

表 3-6 工序能力指数的评价

等级	特级	一级	二级	三级	四级
Cp	≥1.67	≥1.33～1.67	≥1～1.33	≥0.67～1	<0.67
评价参考	工序能力过高(视具体情况而定)	过程能力充分,表示技术管理能力已很好,应继续维持	过程能力充足,表示技术管理能力较勉强,应设法提高为一级	过程能力不足,表示技术管理能力已很差,应采取措施立即改善	过程能力严重不足,表示应采取紧急措施和全面检查,必要时可停工整顿

4. 数控刀架自身可靠性控制技术

可靠性作为产品性能的综合反映,是衡量产品质量的重要指标。数控刀架作为数控机床的关键功能部件之一,可使零件在一次装夹中自动完成车削外圆、端面、圆弧、螺纹、切槽和切断等工序。其可靠性直接影响到数控机床整机的使用性能、机床的加工效率和精度,以及客户对产品品牌的信赖度。国产数控刀架产品性能稳定性差、故障多、可靠性差,与国际同类产品的差距大已成为制约国产中高档数控机床发展的瓶颈。

对数控刀架可靠性技术进行深入研究，探寻影响数控刀架运转可靠、精度保持和性能稳定等方面的故障原因，找出其薄弱环节，提出针对性的改进与控制措施，不仅可以为我国数控机床功能部件的发展和专业化生产提供重要的指导，整体提高国产高档数控机床关键配套件的技术水平、精度稳定性、可靠性和生产效率，而且也为数控机床整机的可靠性提升提供了坚实的基础，对我国数控机床行业的快速发展有着很好的促进作用。

5. 数控刀架外购元器件入场检验过程的可靠性控制

发信装置的作用是对刀架进行工位检测与控制信号的发出，其元器件的性能是否稳定可靠，对刀架整机可靠性与性能优劣起着决定性的作用。对外购元器件的入场检验，可以使部分潜在的早期失效元器件提前暴露出来，并对其进行剔除，杜绝不合格品进入后续的装配过程，从而提高刀架产品可靠性，对避免更大的经济损失也显得十分有意义。

为了保证进入装配阶段的元器件的质量与可靠性，必须在入厂检验过程中对其进行全面的质量检验。主要的检验流程如下。

(1) 目视检测：元器件外壳一致，无缺陷、裂纹；表面平整，无划痕与锈蚀；侧面端盖表面无缺陷、毛刺、芯沙、铁瘤等；接线完好无缺陷；螺丝锁紧到位；铭牌位置准确且固定良好，无脱落；规格尺寸符合采购要求。

(2) 一般检测：元器件功能的完整性、运动的灵活性与准确性、运动的噪声与振动未超标，材料成分及硬度符合采购技术要求。

(3) 高/低温贮存：此过程是剔除电气元件早期失效的关键项目。高/低温的循环变化不仅可以使元器件暴露出临界状态下的隐患，还可以对其进行疲劳应力的施加使之缺陷暴露。高/低温贮存过程中元器件的失效项目有电性能不稳定、腐蚀和表面沾污、硅体内缺陷和金属化缺陷等。

(4) 初选：在温度循环下的高/低温贮存后，对元器件进行初步筛选，包括跌落、漏检和外观检查。把上述过程中发生断线、密封性能差、出现裂纹及焊接不良等缺陷的元器件剔除掉，并记录详细失效项目进行隔离。

(5) 功率老化：模拟元器件在实际工作情况下的条件，对其进行通电，再加上80～180℃的高温条件使之进行几小时至几十小时的老化，对出现缺陷的元器件进行剔除。

(6) 常、低、高温点参数测试：对经过功率老化的元器件分别在常、低、高温条件下对其电参数进行测试，把已经失效或者性能不能满足条件的元器件剔除掉。

(7) 检查与反馈：对检验过程中老化筛选与检验的质量进行考核，考核合格元器件是否满足装机要求，最终筛选后，对淘汰率高的元器件及其失效机理进行详细的记录，并反馈给供应商进行整改。

6. 可靠性驱动的数控刀架装配工艺

1）数控刀架运动功能的结构化分解

数控刀架转位换刀动作的完成是通过各部件自身功能以及部件间连接功能的实现来保证的，而部件间的连接功能通过机械连接方式及电子控制信号的传递予以实现，部件自身的功能则通过零部件基本动作的实现进行保证，归根结底，数控刀架功能的实现是通过零件的装配过程进行保证的。因此，数控刀架装配可靠性的控制，需要从其功能形成过程可靠性入手。首先从刀架产品的功能分析出发，得到刀架的功能动作及其功能需求；然后从保证功能动作的可靠性出发，分析刀架产品各动作可能的故障及其原因；最后针对故障原因确定数控刀架装配过程的可靠性控制点。

2）产品运动功能结构化分解过程

产品运动功能是通过各组成部件功能的实现进行保证的，各部件功能的运动是通过零件基本动作的实现进行保证的，只要产品各零件基本动作足够可靠，产品整机的功能实现就可以得到保证。零部件基本动作是通过产品的装配过程来实现的，对产品装配过程的可靠性控制就转化成了对零件基本动作可靠性的控制，因此可靠性驱动的装配过程首先需要对产品进行运动功能分解，得到零部件基本动作，然后进行零部件基本动作可靠性的分析与控制。产品运动功能结构分解如图 3-23 所示。

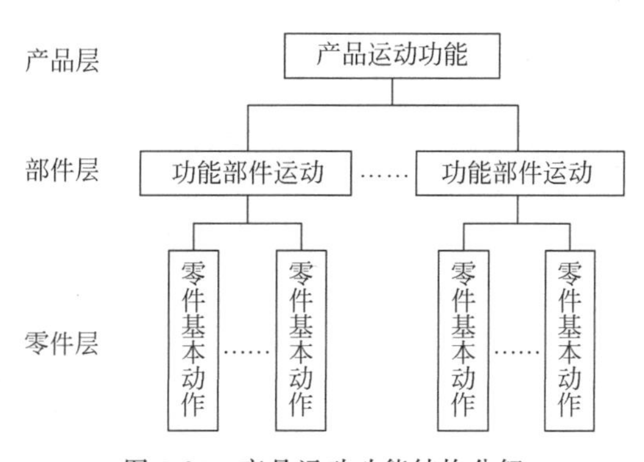

图 3-23　产品运动功能结构分解

对产品运动功能进行逐层分解，最终得到零件基本动作。第一层为产品层，主要分析产品最终可以实现的功能，如数控机床的切削加工、数控刀架的转位换刀等；第二层为部件层，主要分析产品运动功能的实现所需求的部件运动，如蜗轮蜗杆副运动、齿轮副转动等；第三层为零件层，主要分析各部件下零件的基本运动，如零件转动、零件移动等。

3）数控刀架运动功能结构化分解

数控刀架作为数控机床的关键功能部件，其可靠性对机床整机的可靠性、加工效率与质量有着重要的影响。装配过程是数控刀架功能形成的关键环节，确保装配过程的可靠性是保证数控刀架系统可靠性的重要因素。

数控刀架是以回转分度实现刀具自动交换及回转动力刀具的传动。数控刀架由动力源(电机)、机械传动机构(齿轮传动)、预分度机构(电磁铁和卡销)、定位锁紧机构(三联齿盘)、信号检测装置(传感器和编码器)等组成。数控刀架实现转位分度所需的运动功能有：机械传动机构的回转为刀架转位提供动力,要求转动平稳,无机械卡死；工位信号的检测与发出实现对刀架转位角度的控制,要求感应灵敏,发信及时准确；预分度装置的运动实现刀架分度位置的预定位,要求卡销动作有力,无卡销；三联齿盘的啮合锁紧实现刀架的精定位,要求定位准确,重复定位误差小,至此转位分度动作结束。数控刀架运动功能结构化分解如图 3-24 所示。

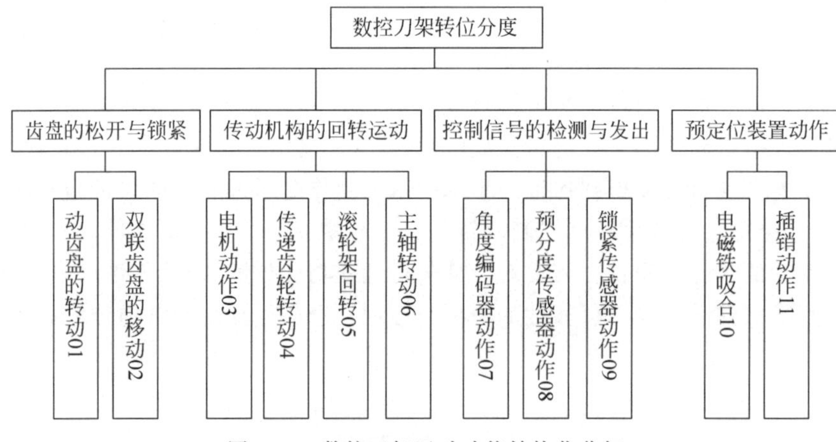

图 3-24　数控刀架运动功能结构化分解

7. 数控刀架装配过程可靠性控制点的确定

数控刀架装配过程可靠性控制点的确定是在传统的装配工艺规程的基础上对零部件的装配顺序及装配方法以及各装配工序的技术要求进行确定。需要以保障数控刀架零件基本动作的可靠为出发点,对数控刀架基本动作可能出现的故障及原因进行分析归纳。

现对零件层的各基本动作可能发生的故障和影响因素进行分析,提取出可靠性控制点。以动齿盘的转动为例,动齿盘的转动可能出现的故障为转动不灵活或不转,产生此故障的可能原因是动齿盘与定齿盘间隙控制不当以及编码器拨盘的顶丝未锁紧致使无信号发出,则针对此原因的装配过程可靠性控制点为：定、动齿盘配合间隙控制,编码器组件安装质量控制。

8. 部件装配一致性控制技术

部件装配一致性控制技术是由可靠性驱动的装配工艺方案加上螺纹连接一致性的内容构成的。螺栓的连接质量是影响装配一致性的关键因素,所以要保障装配的一致性就要保证螺栓的连接质量。可靠性驱动的装配工艺方案是从设备或部件的功能分析入手,侧重于功能可靠性的控制,当然,精度控制也是面向可靠性的。

1）可靠性驱动装配工艺的概念

可靠性驱动的装配工艺主要从功能实现的可靠性方面来考虑。其目的在于提高产品可靠性，主要从分析功能出发，对于可能存在的故障原因进行装配工艺层面的可靠性控制。可靠性驱动的装配工艺与传统装配工艺的区别如下：

（1）出发点不同。传统的装配工艺主要是从机械结构和精度出发，而可靠性驱动的装配工艺主要是从功能实现的可靠性出发。

（2）侧重点不同。传统装配工艺主要侧重于精度的控制，而可靠性驱动的装配工艺主要侧重在功能可靠性的控制，精度控制也是面向可靠性的。

（3）目的不同。传统装配工艺主要解决如何把产品装好、精度如何达到的问题，而可靠性驱动的装配工艺主要是对产品的相关功能进行预防性保证。

因此可靠性驱动的装配工艺方案从功能出发，从功能分析得到产品的功能动作和相应的功能需求，然后利用可靠性分析技术对最后一级的"元动作"和相应的功能需求进行可能故障的分析，得到相应的故障模式和故障原因，针对这些故障原因在工艺方案中增加可靠性控制点和控制措施。

2）可靠性驱动装配工艺的制定步骤

可靠性驱动装配工艺方案制定的流程如图3-25所示。

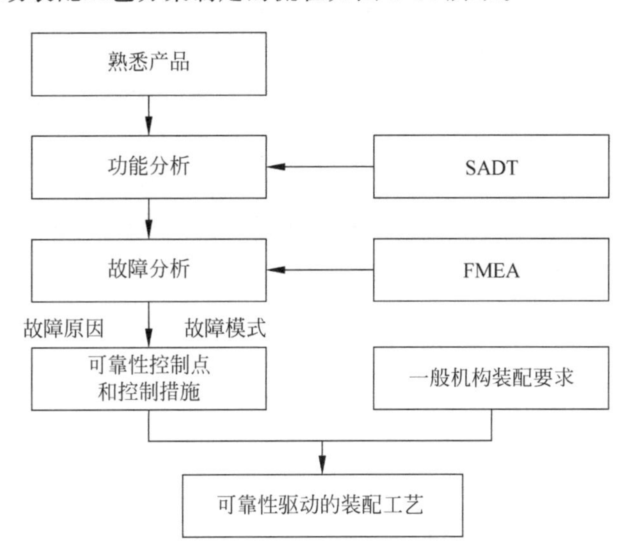

图3-25　可靠性驱动装配工艺制定的流程

（1）在制定装配工艺方案前应熟悉对应部件（产品）的图纸。

（2）分析功能部件的基本功能及基本要求，包括自身的功能和与其他单元相连接时所需要的外部功能。

（3）利用结构化分析和设计技术（SADT）分析实现单元某一功能所必需的相关动作，包括一级动作、二级动作甚至三级动作等，直至元动作（一级动作主要是指实现基本功能的最直接动作，二、三级动作主要是指具体的某零件的动作），同时分析对应动作应达到的基本要求。SADT 模型如图 3-26 所示。

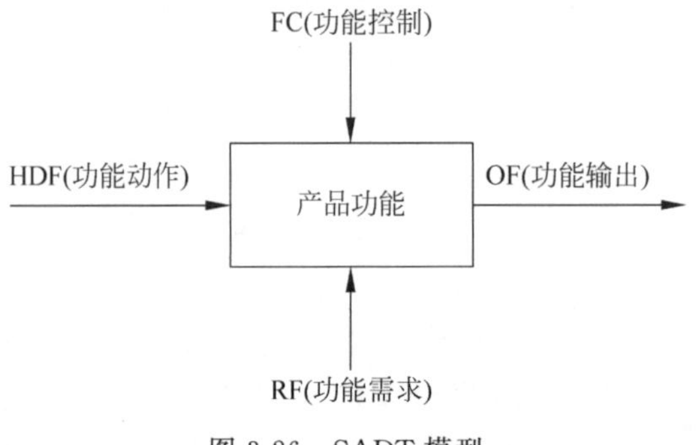

图 3-26　SADT 模型

(4) 结合对图纸的认识或曾经产生的故障对最后一级动作(元动作)进行可能的故障分析,得出故障的表现和相关原因(如滑块行程无法调节的情况,而产生这种情况的原因可能是蜗轮蜗杆卡死或同步杆连接套脱落等)。

(5) 针对这些故障原因分析相应的可靠性控制点,并在装配工艺编制时详细描述控制方法,着重检查。

(6) 可以将装配过程中相同的可靠性控制点提取为装配整体可靠性要求,如清洁度控制和密封性控制等。

(7) 在工艺方案编制中采用的是逐级分析方法,其中控制点可能是重复的,在装配工艺编制时就不需要再重复描述,或者部分控制点在实际装配时是在各个动作间交叉进行,则装配工艺编制时不需完全按照工艺方案顺序进行编制。

(8) 将可靠性控制点和控制措施与一般的机械装配要求结合,形成可靠性驱动的装配工艺方案。

3.4.2　数控刀架与主机适应性技术研究

1. 数控刀架与数控系统控制匹配技术

由于数控车床在企业的普及和应用,使机械加工的效率大大提高。数控转塔刀架作为普及型及高级型数控车床的关键功能部件,可保证零件通过一次装夹自动完成车削外圆、端面、螺纹和镗孔、切槽等加工工序,它运行的可靠性和稳定性直接影响整机的质量,而数控转塔刀架又是由数控系统来控制的,因此数控转塔刀架与数控系统控制匹配是提高数控车床可靠性的一个重要研究部分,其主要内容是选择合适的控制方案,设计正确的接口线路,编制高效的控制程序,并在控制系统出现故障时发出报警。

2. 数控转塔刀架控制方案选择

数控转塔刀架控制系统的任务包括控制数控转塔刀架的转位、松开与夹紧以及换刀报警等各种开关量信息,如果采用大量的继电器来实施控制,会使系统过于庞大，故障率高，无论是控制还是后期的维修都将是很大的问题。

可编程逻辑控制器（简称PLC）是以微处理器为基础，综合了自动控制技术、计算机技术和通信技术发展起来的新一代工业自动控制装置，能在工业现场可靠地进行各种工业控制。PLC控制相对于传统的继电器控制具有可靠性高、抗干扰能力强，结构简单、通用性强，编程语言简单、容易掌握，体积小、质量轻、功耗低等优点。因此，PLC被广泛应用于数控机床加工过程的顺序控制。

数控机床PLC可分为两类：一类是专为实现数控机床顺序控制而设计制造的内装型PLC，另一类是那些输入/输出接口技术规范、输入/输出点数、程序存储容量以及运算和控制功能等均能满足数控机床控制要求的独立型PLC。

内装型PLC从属于CNC装置，PLC与CNC装置之间的信号传送在CNC装置内部即可实现。PLC与MT（机床侧）则通过CNC输入/输出电路实现信号传送。特点如下：①内装型PLC实际上是CNC装置带有的PLC功能；②内装型PLC系统适用于单机数控设备的应用场合；③内装型PLC可与CNC共用CPU，也可以单独使用一个CPU；④采用内装型PLC结构，CNC系统具有某些高级控制功能，如梯形图编辑和传送功能等。内装型PLC的CNC系统如图3-27所示。

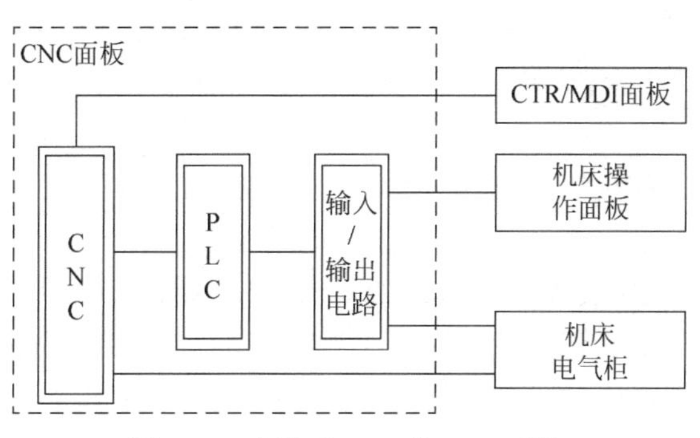

图3-27　内装型PLC的CNC系统

独立型PLC又称外装型PLC或通用型PLC。独立型PLC独立于CNC装置，具有完备的硬件结构和软件功能，能够独立完成规定的控制任务。独立型PLC的CNC系统如图3-28所示，其特点如下：①独立型PLC的基本功能结构与通用型PLC完全相同；②数控机床应用的独立型PLC，一般采用中型或大型PLC，I/O点数一般在200点以上，所以多采用积木式模块化结构，具有安装方便、功能易于扩展和变换等优点；③独立型PLC的输入/输出点数可以通过输入/输出模块的增减配置。

由于数控车床加工控制程序相对简单，一般采用内装型PLC的CNC系统，因此数控转塔刀架与CNC系统的控制匹配通过内装型PLC实现。

3. 刀架与主机管路连接可靠性控制

数控刀架作为数控车床最关键的功能部件，其任一微小的故障都会导致机床

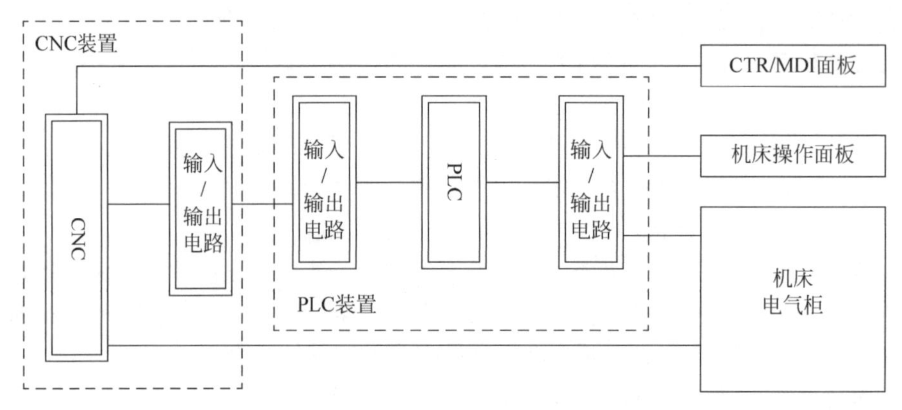

图 3-28　独立型 PLC 的 CNC 系统

整机工作的中断甚至停机。在刀架系统与整机的结合过程中，需要采用管道将刀架的液压、线路与整机连接起来，管接头是否漏油、管道是否畅通都将对刀架系统的正常作业产生巨大影响。综合主机装配和实际运行情况，发现液压油管路的连接质量对刀架的正常工作影响很大，同时影响刀架与主机的配套应用。

液压传动中所用的管道有挠性管和刚性管，也就是通常所说的软管和硬管。常用的软管有金属软管、橡胶软管、塑料管等，常用的硬管有钢管、铜管、尼龙硬管等。

在硬管中，钢管的抗压、耐腐蚀性较好，能够长期保持形状不变，碳钢管价格较低，可以广泛应用到中高压系统中，对于一些低压管道也可以选择成本较低的有缝钢管。铜管较细、较软，装配时容易成形，但价格昂贵，抗振能力差，适用于小流量的中低压系统。尼龙硬管抗热性较差，但加热尼龙硬管可以较容易地得到想要的形状，冷却后又能保持形状不变，并且一些尼龙硬管方便观察内部介质流动情况，所以常用于温度不高的中低压系统中。

在软管中，一方面，不同结构的橡胶软管可用于高压和低压系统；另一方面，由于该管具有良好的吸振性、可挠性和消声性，常用于有相对运动的两个部件之间的连接。但由于橡胶软管弹性变形较大，容易引起运动部件的动作滞后和爬行，所以，不适合用在高精度的液压系统中；塑料管成形方便，但承压能力低，仅适用于低压的回油、泄油回路中，又因为该管易老化变质，所以应用较少。

3.4.3　车床主机和数控刀架故障分析及故障消除技术

1. 数控转塔刀架故障分析及故障消除技术

刀架的故障可以分为三类：刀架运转不正常、刀架锁不紧、刀架体故障。

(1) 刀架运转不正常故障可以归结为电气控制故障、刀架转动阻力大、内部机械卡死、电磁铁卡销、预分度传感器不稳定、用户操作错误等问题。在新刀架的设计和现有刀架的改良过程中，必须针对上述问题制定相应的控制措施，才能避免刀架运转不正常故障的再次发生。

(2) 刀架锁不紧故障可以归结为刀架电机不反转、锁紧力不够、刀架内部锈蚀、刀架过位等问题。为提高刀架产品的可靠性,必须对故障的底层原因进行控制。

(3) 刀架体故障可以归结为刀架异响、刀架体发热、振动过大、分度精度超差、刀盘摆动量大、刀架漏水、铭牌脱落等问题。

综上所述,必须对装配过程(定位齿盘与主轴装配过程、传感器发信距离调整、定位销与凸轮齿盘间隙控制、滚轮架滚子等高控制)、外购电气元件入厂检验过程(外购件质量控制过程)、用户操作培训等过程加以控制。

2. 刀架系统装配可靠性增长技术

一个好的装配工艺方案不仅能够提高产品生产效率和质量,还能降低产品整个生命周期过程的成本和时间,因此在产品和顾客需求多样化的今天,装配工艺方案的优化和改进就显得举足轻重了。为了提高产品可靠性,国内制造厂家(特别是高档数控机床制造商)普遍采用从国外购买高质量的零部件,尽管这些零部件本身的可靠性水平很高,但装配完成后的产品可靠性却远远达不到国外水平,可见装配过程中的可靠性控制对提高产品整机可靠性有重要作用。

机床装配可靠性增长技术其实就是把可靠性驱动的装配工艺融合到机床的一般的机械装配工艺中去。通过故障模式提取出相应的故障控制措施,并确定相应的可靠性控制点,以便优化装配工艺。

整机的装配可靠性增长技术与部件的装配可靠性密不可分。首先是分析机床的各功能部件,建立其结构组成图、结构层次和功能层次对应图,了解部件的结构组成;然后统计相关部件的装配故障,找出与装配相关的故障模式及故障原因,进而确定相应的可靠性控制点,以便在优化装配工艺中应用;最后是故障控制措施的编写,其主要工作应由装配车间装配工人配合来进行。在后续的故障控制中应引入装配故障发生的频率和重要度,主要考虑在优化可靠性驱动的装配工艺时可根据故障的发生频率和重要度来定性地优化装配工步,比如对发生频率较高且重要度指数高的故障,在优化装配工艺时要适当地考虑改善装配方法或者增加检测工步,而对一些发生频率很低且重要度指数较低的故障,只需在装配时注意装配过程的标准化即可。还有一项内容就是故障模式下的各个故障原因所对应的装配工步,以便在优化装配工艺时具有目的性。其次就是制定机床每一部件的装配用检核表,以及时检核装配后的质量。装配可靠性增长技术是通过优化部件的装配工艺来实现的,由于刀架对于主机厂而言属于外购件,因此,刀架厂商可对刀架做一个装配可靠性增长技术的报告。

另外,装配现场的作业应进行标准化控制,即装配阶段的可靠性控制管理体系。该体系由装配工艺制定的思路、方法、相关工艺方案以及装配现场管理规范等组成。首先根据编制思路熟悉可靠性驱动的装配工艺设计方法,根据该设计方法对可靠性驱动的装配工艺进行编制，从而得到相关的装配工艺方案；然后依据装配工艺方案对原有装配工艺进行修改和完善；最后对装配现场进行工艺纪律的执行及清洁装配的管理控制。

数控刀架的装配是其制造过程的最后一个环节，装配环节的质量对于最终数控刀架产品的性能与可靠性具有重要影响。因此，非常有必要将可靠性技术引入数控刀架的装配过程中，制定一套完整的数控刀架装配过程的可靠性控制点体系，作为数控刀架装配工艺文件的补充，从而达到装配过程可靠性控制的目的。

3. 床身故障分析及控制

机床床身的故障主要表现为 X 轴和 Y 轴的位移故障以及床身漏油故障。

X 轴和 Y 轴的位移故障可以归结为电气系统故障、限位开关失效、驱动模块损坏、通信不畅、重复定位不一致等问题。提高机床的可靠性，必须对故障树的底层原因进行控制。

床身漏油故障（结合液压、防护罩故障树图得出）可以归结为油管破裂、油管接头漏油、防护罩渗漏、混油等问题。

因此，必须对装配过程（特别是液压管路装配过程、电气元件焊接过程）、外购件入厂检验过程（外购件质量控制过程）、电气系统设计分析过程加以控制。

4. 数控车床主轴系统装配可靠性增长技术

1）装配可靠性增长技术简介

机械产品固有可靠性是通过设计确定并制造实现的。由于产品复杂性的不断增加和新技术的应用，机械产品设计需要有一个不断认识，逐步改进、完善的过程，样机在实验或运行中，根据故障产生的原因，不断改进产品的可靠性水平，逐步达到预期的目标。这种通过系统地、永久地消除故障机理而积极提高产品可靠性的过程称为可靠性增长。可靠性增长就是一个产品通过逐步改进设计和制造中的缺陷，不断提高其可靠性的过程，它贯穿于产品的寿命周期内。

可靠性增长是反复设计改进的结果，随着设计的成熟，研究确定实际存在或潜在的故障源，进一步的设计工作应当放在更正这些问题上。这种设计工作可以用于产品设计，也可以用于制造设计过程（如工艺设计等）。可靠性增长可分为研制过程的可靠性增长和生产过程的可靠性增长两种。

装配可靠性增长属于生产过程的可靠性增长，通过对产品进行故障分析，找到故障和故障源，并结合装配工艺，提出装配阶段故障控制措施，从而实现可靠性增长。

装配阶段可靠性管理体系由装配工艺制定的思路、方法、相关工艺方案以及装配现场管理规范等组成。首先根据编制思路熟悉可靠性驱动的装配工艺设计方法，根据该设计方法对可靠性驱动的装配工艺进行编制，从而得到相关的装配工艺方案；然后依据装配工艺方案对原有装配工艺进行修改和完善；最后再对装配现场进行工艺纪律的执行及清洁装配的管理控制。

2) 机床装配可靠性控制工艺编制要求

可靠性装配工艺要求是装配工艺制定的前提，是编制装配工艺的思路与概要，是装配工艺完整性、逻辑性的保证。因此，可靠性控制工艺编制首先从可靠性装配工艺要求出发，通过完善的工艺要求对装配工艺进行编制。

3) 可靠性驱动的总装工艺编制思路

(1) 定义。总装工艺编制涉及的主要概念如下：

总装：将主机、附机、各功能单元、罩壳等组装在一起并实现规定功能的工艺环节。

总装工艺：描述如何将主机、附机、各功能单元、罩壳等组装在一起并达到规定功能的操作步骤。

装配：描述组装的机械性工作，包括刮研、走线、机械连接等。

检验：对组装过程的中间产品或最终产品的功能、质量或可靠性进行检查的工艺环节，可以用目视或检具进行检验。

实验：对产品功能、精度和可靠性进行测试的工艺环节，包括功能部件的实验台实验和整机的联调实验。

拆卸：将机械结构进行拆分的过程，其目的是进行清洗、更换零部件等。

(2) 对总装工艺的要求满足功能要求。总装后的产品要能够正确实现产品设计任务书中规定的功能，即要求各部件能够实现所需要的动作。满足性能要求总装后的产品在满足功能要求时，其质量要高，即各部件的动作要平稳，要能够达到需要的速度和精度。可靠性要求即各部件的动作要正常，动作要平稳。

(3) 传统总装工艺设计的思路：

① 要能够方便地组装和拆卸；

② 要保证各部件之间的相对位置精度；

③ 要保证各运动部件的运动精度；

④ 要保证部件运动灵活、平稳；

⑤ 要保证部件之间的连接可靠；

⑥ 检测以精度检测为主；

⑦ 精度往往靠“刮研”和“调试”实现；

⑧ 特殊情况下使用力矩扳手控制紧固力。

(4) 可靠性驱动的总装工艺设计的基本思路。可靠性驱动的总装工艺设计的目的是在传统工艺设计思路的基础上增加可靠性控制的内容，并不是完全推翻传统工艺设计；首先要明白总装是影响产品可靠性的主要环节之一；前提是部装工艺已经是可靠性驱动的，且已经完全执行(事实上，分析过程应该是自上而下的，即由总装到部装)，因此总装工艺事实上就是考虑各部件之间连接时的配合协调可靠性问题。工艺设计时首先要进行可靠性分析；在总装可靠性分析的基础上进行工艺设计；在总装工艺设计时必须考虑机床曾经出现的各种故障；可靠性驱动的总装工艺设计并不单独考虑精度控制，尽管其结果最终也体现在精度上；在工艺设计时要统筹考虑，合理安排部装时的检验、部装后的实验台实验、总装时的局部检验、总装后的整机联调实验、可靠性实验，不要重复安排。

(5) 可靠性驱动的总装工艺设计的步骤和方法。

① 整机功能分析。对机床的整机功能进行分析，例如，加工中心的基本功能有：

(a) 铣削：平面、曲面、沟槽等；

(b) 孔加工：钻孔、镗孔、铰孔等；

(c) 螺纹加工：攻螺纹、铣螺旋面、镗螺旋槽等；

(d) 倒角：圆柱特征倒角、平面特征倒角、曲面特征倒角等；

(e) 测量：距离测量、角度测量、直径测量等；

(f) 控制功能：对刀功能、回零功能等。

整机功能是用户购买机床的主要原因。

② 功能的实现方式分析。机床的整机功能是通过部件之间的相互位置和相互运动关系来实现和保证的。因此，需要对各种功能的实现方式进行分析，得到在实现各种功能时各个部件之间的相互关系(固定位置关系、运动关系)，将功能分析表转换成关系分析表。在关系分析表中，部件与部件之间的相互关系不外乎以下四种：死连接、定位连接、独立控制和联动控制。

相互之间“死连接”固定，如导轨与床身的连接、转台与床身的连接、刀库与床身的连接、液压和气动管路的连接、电线的连接等。在制定总装工艺时，“死连接”固定主要应该考虑以下因素：连接件之间的相互位置精度、连接的稳固性、连接力使部件产生的变形、接头的密封性、管路和电线的美观性及牢固性等。

相互之间“定位连接”固定，指某一运动部件移动到某一位置后进行固定，然后在此位置进行加工，如立柱沿 X 轴移动到某一位置，锁紧后加工；转台 X 轴移动到某一位置，锁紧后加工；托盘移动到位后锁紧。在制定总装工艺时，“定位连接”固定主要应该考虑以下因素：定位位置的精确性、锁紧装置的灵活性、锁紧效果的可靠性、放松锁紧装置的可靠性。

相互之间“独立控制”运动，一般体现在运动部件与固定部件之间，如立柱沿床身的移动、托盘的换位等。为了使运动部件与固定部件之间产生相互运动，两者之间要有机械机构(丝杠螺母机构、蜗轮蜗杆机构、位置开关等)连接或电磁机构(电机的定子和转子、电磁开关、继电器等)连接以施加驱动力。在运动部件和固定部件之间还要有运动导向机构(直线导轨、圆柱导轨等)。在制定总装工艺时，“独立控制”运动主要应该考虑以下因素：连接机构之间的运动干涉和灵活性(考虑运动部件、固定部件和连接机构三者之间的位置精度)、连接机构在运动部件和固定部件上安装的稳固性、导向机构之间干涉和受力的均衡性。

相互之间“联动控制”运动，一般体现在运动部件之间，如加工螺纹类型的表面时，需要两个运动部件的运动保持一定的关系。运动关系一般由数控系统的“电子齿轮箱"进行控制，在总装工艺设计时不必考虑，只需要考虑两个运动部件各自的运动精度控制即可。

③ 故障模式分析。结合机床经常出现的故障模式，对独立运动、连接方式、紧固方式等进行分析，总结归纳出各种可能的故障模式，例如：

(a) 接头之间连接性不好会发生泄漏；

(b) 螺纹连接不牢固会产生松动；

(c) 滚珠丝杠装配不佳会产生运动干涉，影响寿命、灵活性和稳定性；

(d) 螺纹连接的力矩控制不好会产生变形；

(e) 螺纹连接的顺序控制不好会产生变形；

(f) 托盘转动不到位无法交换；

(g) 运动部件夹紧不牢固会影响加工精度；

(h) 转台和托盘交换精度控制不好会造成机构损坏；

(i) 液压系统不清洁会堵塞油路，使部件产生误动作；

(j) 罩壳装配不好(精度不够)会影响门的灵活性；

(k) 罩壳装配不好(精度不够)会产生泄漏；

(l) 装配时踩踏在导轨防护罩上会产生变形；

(m) 电源线安装不规范会在运动时拉断电线；

(n) 液压管道弯曲不合理会使液压系统发生故障。

④ 故障原因分析。上述故障模式分析主要是找出在总装联调时各种可能发生的故障，这一步是找出这些故障的影响原因，以便在装配工艺设计时采取必要的解决措施。

⑤ 消除故障的装配措施分析。在设计总装工艺时，要针对故障模式和故障原因在工艺中采取适当的措施。所采取的措施不外乎是：

(a) 增加过程检验(整机实验并不能取代过程检验，相反，必须加强过程检验)，但检验手段和结果要尽可能量化；

(b) 在系统联调时要控制系统的参数设置；

(c) 紧固性控制，如紧固力矩、紧固方式等；

(d) 位置精度控制，可以采用刮研等方式控制位置精度，例如转台四锥销的等高性控制、部件之间的几何精度控制、刀库/机械手/主轴之间的相互位置精度控制等。

(6) 可靠性部装装配工艺的制定。机床部装可靠性装配工艺方案编制要求：

(a) 在工艺方案编制之前首先应熟悉对应部件(产品)的图纸。

(b) 分析功能部件的基本功能及基本要求，包括自身的功能和与其他单元相连接时所需要的外部功能。

(c) 分析实现单元某一功能所必需的相关动作，包括一级动作、二级动作甚至三级动作等。一级动作主要是指实现基本功能的最直接动作，二、三级动作主要是指具体的某零件(小单元)的动作(如转台，动盘的转动是其一级动作，二级动作则是蜗杆和蜗轮的转动)，同时分析对应动作应达到的基本要求。

(d) 结合对图纸的认知或已产生的故障对最后一级动作进行可能的故障分析，得出故障的表现和相关原因(如转台夹紧动作可能发生不能夹紧的情况，而产生这种情况的原因可能是碟簧失效或油路回油不畅造成等)。

(e) 针对这些故障原因分析相应的可靠性控制点，并在以后装配工艺编制时详细描述控制方法，着重检查。

(f) 将装配过程中相同的可靠性控制点提取为装配整体可靠性要求，如清洁度控制和密封性控制等。在工艺方案编制中采用的是逐级分析的方法，其中控制点可能是重复的，在装配工艺编制时就不需要再重复描述，或者部分控制点在实际装配时是在各个动作间交叉进行的，则装配工艺编制时不需要完全按照工艺方案顺序进行编制。

(7) 机床部装可靠性控制工艺编制。通过建立的可靠性装配工艺方案进行工艺编制，着重考虑工艺方案的故障模式和相应控制措施，将这些控制措施结合一般的机械装配要求进行可靠性控制工艺的编制，并且工艺方案的可靠性要求应尽量定量化地在工艺文件中体现出来。

3.5 数控车床的智能化

1. 智能健康保障功能

机床在运行过程中，主轴、电机、传动轴、刀具、刀库等不可避免地都处于损耗状态，因此智能机床首先要实现的功能即是“自我体检”。

智能健康保障功能是智能机床进行自我检测和修复的重要功能，也是智能机床必备的功能之一。通过运行机床健康体检程序，采集数控机床运行过程中的实时大数据，形成指令域波形图，并从中获取可反映机床装配质量、电机质量、伺服调整匹配度的特征参数，形成对数控机床健康状态的全面评估和保障。

健康保障算法是以指令域分析为基础，将时域信号按照 G 指令进行划分，并提取相关时域信号的特征值，对特征值做相关聚类处理和可视化处理，得到数控机床进给轴、主轴和整机的健康指数，通过雷达图的方式，利用时序分析和历史健康数据对数控机床的进给轴、主轴和整机的健康状态进行预测。图 3-29 为典型的机床健康指数雷达图，指数范围为 0～1，越接近 1 表示健康状况越好，由图中可以直观地看出机床主轴、X 轴、Y 轴、Z 轴和刀库的健康程度。

2. 热误差补偿

数控车床在热机阶段，车床整体的温度会上升，由于车床各部位材料不同，因而导致了各部位的热膨胀系数不同。热膨胀系数不同带来的结果是车床各部位热变形不一致，从而会导致加工精度下降，造成零件加工质量下降。智能车床的智能化功能之一即是实现车床的热误差补偿，其流程结构如图 3-30 所示。

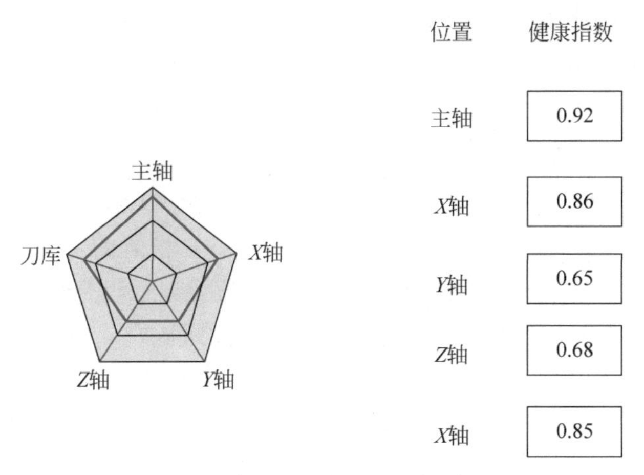

图 3-29 典型的机床健康指数雷达图

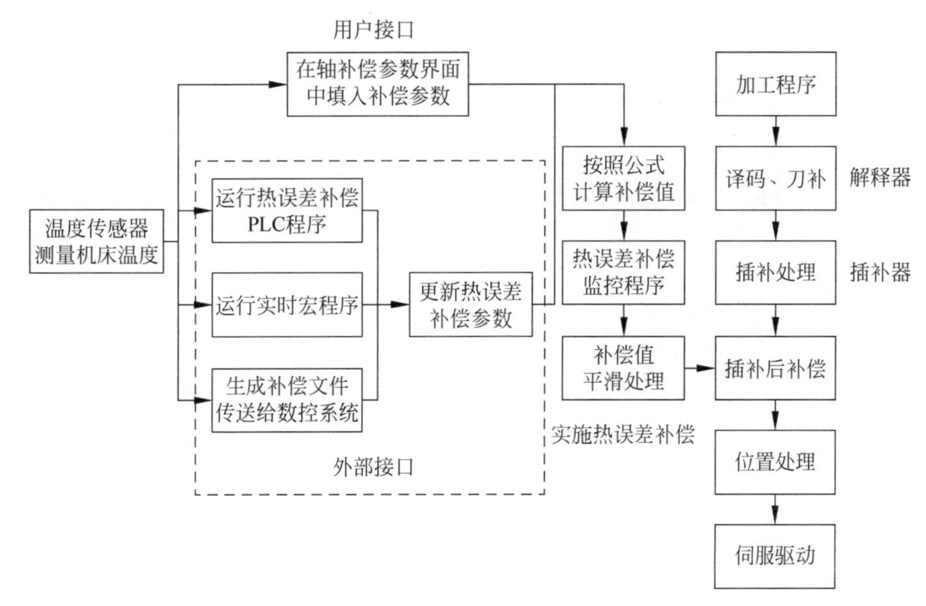

图 3-30 热误差补偿流程结构

(1) 通过在机床主轴、各进给轴轴承座、螺母座及主轴轴承座等关键位置安装热温度传感器，采集机床关键位置温度变化和机床运行过程中各个重要位置的温度信息，获取机床的实时温度场。

(2) 在用户接口的轴补偿参数界面填写补偿参数，同时运行热误差补偿 PLC 程序和实时宏程序，通过 I/O 模块，将采集到的温度数据发送到机床控制系统中，同时生成补偿文件传送给数控系统，从而实现热误差补偿参数的更新。

(3) 将更新后的参数代入补偿公式中计算补偿值，运行热误差补偿监控程序，实现热误差补偿值的平滑处理，进而获取插补后的补偿值。

(4) 在加工程序中进行译码、刀补等操作,利用插补器实现插补处理。

(5) 利用伺服驱动器进行驱动,从而实现热误差补偿后的位置更新,提高零件加工质量。

3. 智能断刀检测

车床在进行零件的加工操作时,刀具受到切削力、转速等多种因素的影响,容易出现磨损、疲劳等问题。这就导致了刀具在进行一定时间的加工操作后出现断裂的情况。然而加工刀具一般较小,操作人员肉眼难以分辨是否断刀,如果不及时进行换刀操作,将会大大影响加工质量,延长制造周期。

智能断刀检测功能能够自动检测刀具的运行状态,在刀具断裂时及时报警,提醒操作人员更换刀具。智能断刀检测流程如图 3-31 所示。

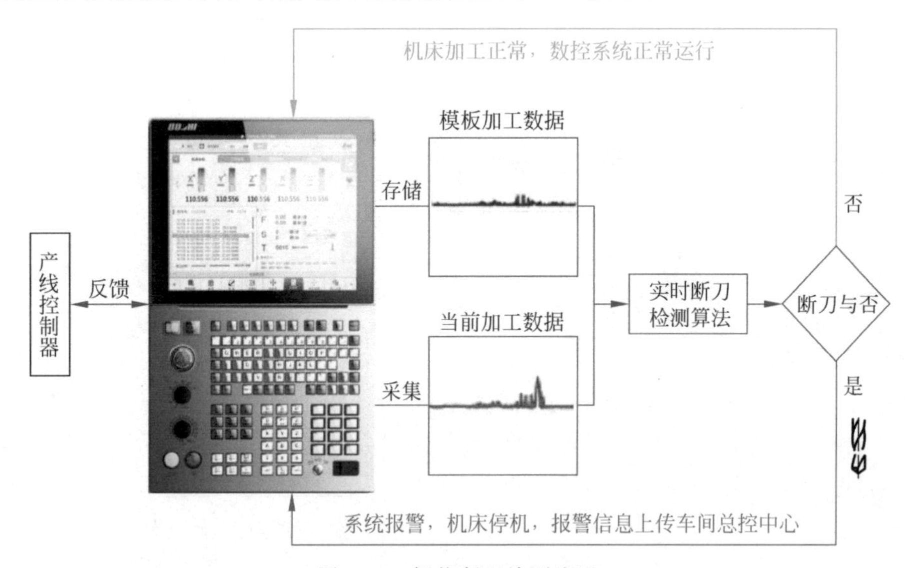

图 3-31 智能断刀检测流程

(1) 采集加工主轴正常运行状态下的主轴电流特性,并且将之保存为模板。

(2) 基于指令域的方法,计算刀具断裂时及断裂之后的主轴电流特征。

(3) 监测加工状态下主轴的电流变化特征,并且自动与正常切削时的主轴电流进行比对。如果当前加工状态电流特征与模板特征相差较小或在允许的变化范围内,则向机床反馈加工正常,数控系统正常运行;如果电流变化与模板相差较大,系统则主动报警,同时机床自动停机,并且将报警信息自动上传到车间的总控中心。

通过添加智能断刀检测功能,能够保证断刀时及时更换刀具,减小加工损失,提升加工质量。

4. 智能工艺参数优化

在进行零件加工时,通常是先导入 CAD 模型,基于模型进行 CAM 编程,生成 G 代码(即轨迹位置指令),然后通过解释器对指令进行解析,进而产生各轴的运动参数。然而由于实际加工过程受主轴振动等影响,实际的运动路径与理论路径之间存在一定的偏差,因此需要对加工参数进行优化。

基于双码联控的智能化数控加工优化技术是指在不改变现有 G 代码的格式和语法的条件下,增加一个基于指令域大数据分析的包含机床特性的优化和补偿信息的第二加工代码文件,同时进行加工控制,将主轴电流用于深度反馈。利用 G 代码和智能优化指令对运动路径进行重新规划,通过插补器将偏差值进行补偿,利用伺服驱动器对偏差补偿运动量进行精确控制。在数控加工过程中提供基于机床指令域大数据的机床优化和补偿信息,用于针对具体机床的响应特征进行优化补偿。根据第二加工代码可以优化进给速度,将原始的主轴电流中的最大值降低、最小值提升、波动值减小,在均衡刀具切削负荷的同时,可有效、安全地提高加工效率。基于双码联控的智能化数控加工与优化示意图如图 3-32 所示。

5. 主轴动平衡分析与振动主动避让

机床在加工运行的时候,主轴和电机都处于高速旋转状态,从而会导致整个主轴处于长时间的振动状态,因此需要对主轴的动平衡进行分析。在机床的主轴不同位置分布安装振动传感器,实时采集主轴各部位的振动信号,通过 PLC 程序将采集到的信号传输给数控系统。通过编写好的动平衡分析算法,基于主轴振动信号进行主轴不平衡量检测及分析,计算主轴不平衡量,在主轴不平衡量过大的情况下进行报警,提醒操作人员主轴振动量过大,需要进行检修处理。智能机床主轴动平衡分析系统界面如图 3-33 所示。

6. 基于互联网的数控机床远程运维系统

宝机云-远程运维系统.ppt

已经生产好的智能机床会销往全国各地甚至是国外,机床的实际使用地点与生产地点距离往往相隔非常远,生产商的专业技术人员很难及时获取各个机床的实际状态。当机床出现故障时,专业的技术人员往往很难第一时间赶到现场进行故障诊断,这就导致实际生产中可能出现停机等待检修的问题。停机等待大大地降低了用户企业的生产效率,因此需要另辟蹊径,解决这一难题。基于互联网的数控机床远程运维功能,正是由此诞生,它能够实现机床的远程运行监测与故障检修维护。智能机床配备远程运维功能后,机床的各项数据可以通过互联网上传到生产商的远程运维数据库“云空间”中,技术人员通过云空间中的故障信息和机床状态可以远程对机床的故障进行检修,用户可以根据远程运维系统客户端观察设备状态以及获取机床相关资料。图 3-34 所示是陕西宝鸡机床集团有限公司基于大数据的数控机床全生命周期管理平台,其核心需求在于产品溯源、设备报修、生产管理和电子资料库。通过远程运维系统,能够将机床生产厂和最终用户紧密连接在一起。

由机床的需求,进而可以获取远程运维系统的核心价值。表 3-7 中列出了远程运维系统的核心价值,包括产品溯源、设备报修、生产管理和电子资料库。表内对比了传统机床的缺点以及智能机床能够实现的功能。

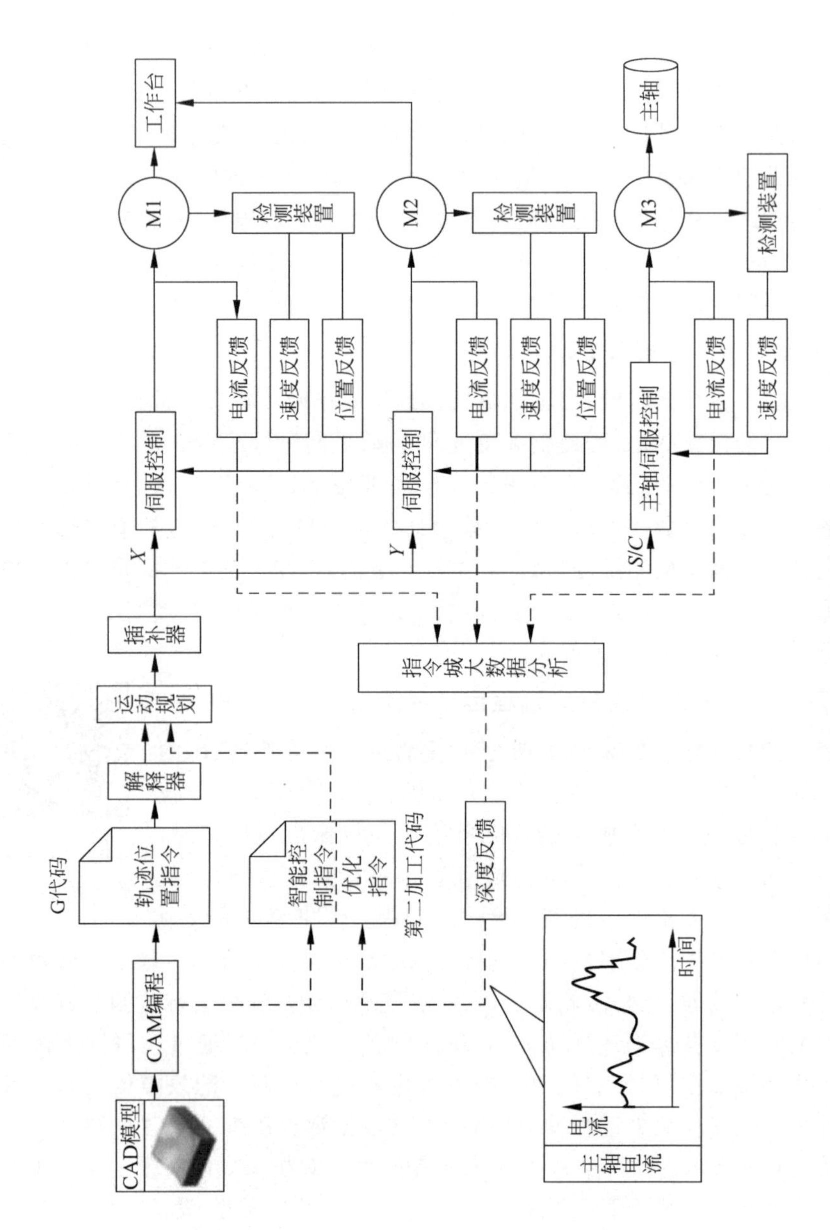

图 3-32　基于双码联控的智能化数控加工与优化示意图

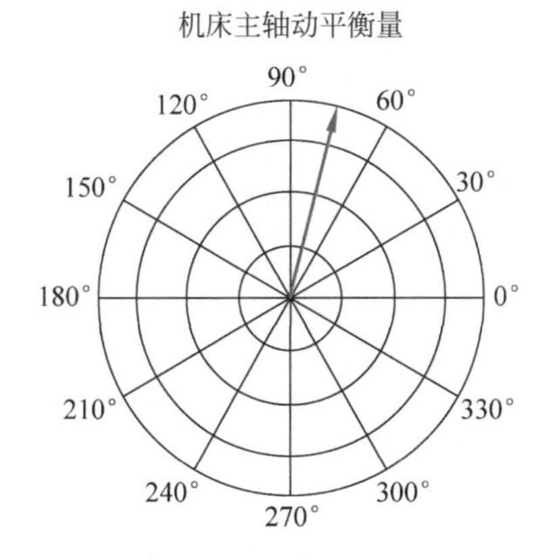

图 3-33　智能机床主轴动平衡分析系统界面

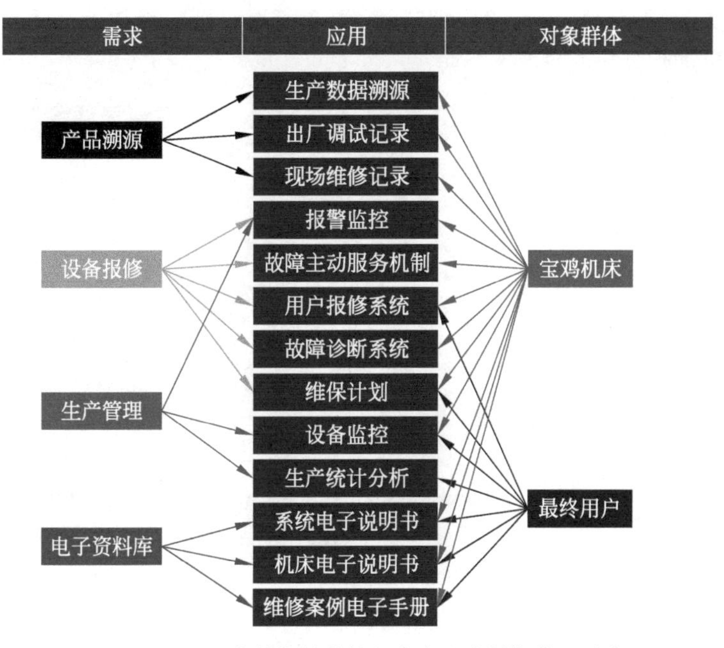

图 3-34　基于大数据的数控机床全生命周期管理平台

表 3-7　远程运维系统的核心价值

远程运维系统核心价值	传统机床的缺点	智能机床的功能
产品溯源	没有统一的信息化管理平台，无法及时获悉机床使用情况、故障情况	建立设备档案，包括产品构成、使用客户等
设备报修	故障上报描述不清，信息传递多渠道	一键报修，报警信息二维码上传，故障案例库自主维修

续表

远程运维系统核心价值	传统机床的缺点	智能机床的功能
生产管理	一些机床用户没有 MES 系统,也需要进行生产统计	实现 OEE 统计分析,满足用户需求
电子资料库	机床用户资料获取难、管理零散	使用手册、故障处理、调试案例等资源电子化

图 3-35 所示是远程运维系统客户端的部分功能。客户端包括设备监控、生产统计、故障案例、故障报修、设备分布、电子资料库、报警分析和工艺知识库等主要功能。通过设备监控功能,用户可以清晰地查看机床的状态,包括开机时间、加工时间、待机时间、报警时间和离线时间等。通过设备的故障报修功能,用户可以远程上传设备的报警故障提示和详细描述,生产商接收到报修提醒之后会安排专业人员对故障进行分析和处理。

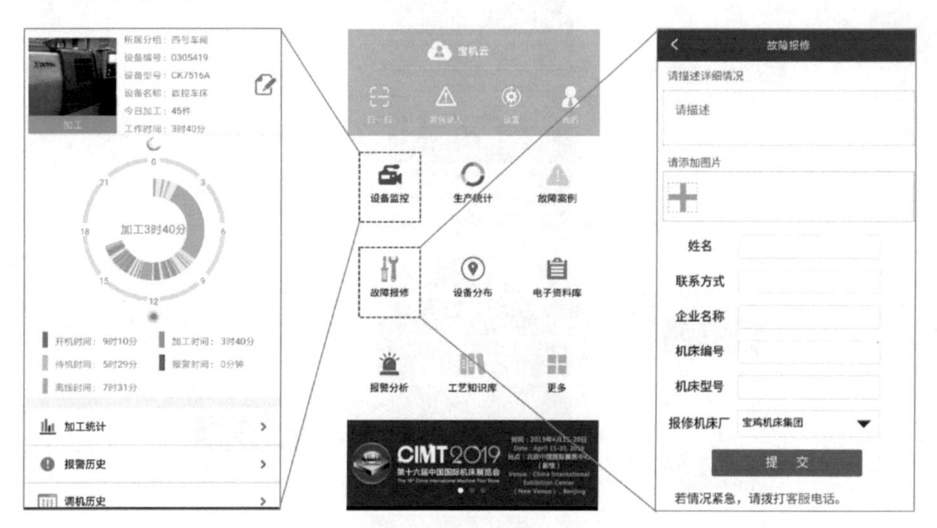

图 3-35　远程运维系统客户端的部分功能

3.6 智能数控系统

3.6.1 数控机床的机电匹配与参数优化技术

目前,提高数控机床性能的一个重要环节是提高机床数控系统伺服控制的控制精度和响应速度,进而提高数控机床的动态特性和加工精度。数控系统与数控机床的机电匹配与参数优化技术通过伺服控制的动态特性分析及参数调节整定,使机床数控系统的伺服参数与机械特性达到最佳匹配,也就是提高数控系统伺服控制的响应速度和跟随精度。

采用数控系统集成在线伺服调试、伺服软件自整定算法，开发伺服驱动器调试软件，使机床数控系统的伺服参数与机械特性达到最佳匹配，提高了数控系统伺服控制的响应速度和跟随精度，达到机床数控系统环路的最终三个控制目标：稳（稳定性）、准（精确性）、快（快速性），实现国产数控系统与数控机床的机电匹配与参数优化。

高性能数控机床的位置伺服系统一般是由位置环、速度环和电流环组成的。为提高伺服系统的性能，各环均可以调节，但各环调节器参数的调节一直困扰着工程技术人员，很多场合采用简化模型加经验调整的方法进行参数调节，使得参数调节比较烦琐。现在比较好的伺服参数优化技术是利用伺服调试软件，监控进给系统伺服电机扭矩波形，利用滤波器消除振动，合理提高速度、位置环增益，确认各进给系统 TCMD 波形，确保运动过程中伺服电机的平稳性，使整个进给系统平稳运行。伺服参数优化的本质是对位置环（NC 参数）、速度环（驱动参数），甚至电流环（驱动参数，特殊情况才优化）的参数进行修改，使之在匹配机械特性的基础上最大限度发挥机床的优良特性，从而达到机床数控系统的各个环路的三个控制目标：稳（稳定性）、准（精确性）、快（快速性）。

对于不同品牌的数控系统，各数控系统企业开发出了适合自身数控系统的伺服参数优化软件或调试方法，例如广州数控设备有限公司的 GSK Servo Monitor 软件、武汉华中数控股份有限公司 8 型数控系统的 HNC-SSTT 软件、沈阳高精数控技术有限公司的机电匹配与参数优化等。

下面具体介绍武汉华中数控系统机电匹配与参数优化技术。

以往武汉华中数控系统的调试，是通过直观地观察机床的实际运行状态，依靠调试工程师的经验来调节机电匹配与参数。这种调试方法没有量化的机床数据做基础，主要依赖调试人员的调试经验，因此调试效率低而且容易出错。华中数控伺服调整工具 SSTT 软件是一款国产数控机床调试和诊断软件，需要在 Windows PC 上运行，可以用于所有华中 8 型系统以及总线式驱动。该伺服调整工具 SSTT 能够通过采样，将机床实时数据绘制成图形供调试人员参考，能够提高调试的可靠性和效率。

1. 技术方案

1）建立网络连接

SSTT 通过以太网和数控系统建立连接，在建立连接之前，需要保证 PC 的 IP 和数控系统的 IP 处于同一网络 C 段，建议使用 ping 命令来探测网络的连通状态。如图 3-36 所示，确认网络状态的连通后，在数控系统面板上，选择【设置】→【参数】→【通信】→【网络开】，打开数控系统网络。

打开 SSTT→选择菜单【通信】→【通信设置】弹出“通信设置”窗口。填入目标数控系统 IP 和通信端口后单击【确定】，再选择菜单【通信】→【连接】，如果和数控系统通信成功，则会弹出“连接成功”的提示框。

2）采样设置

和 NC 连接完成后，先设置采样通道，如图 3-37 所示。

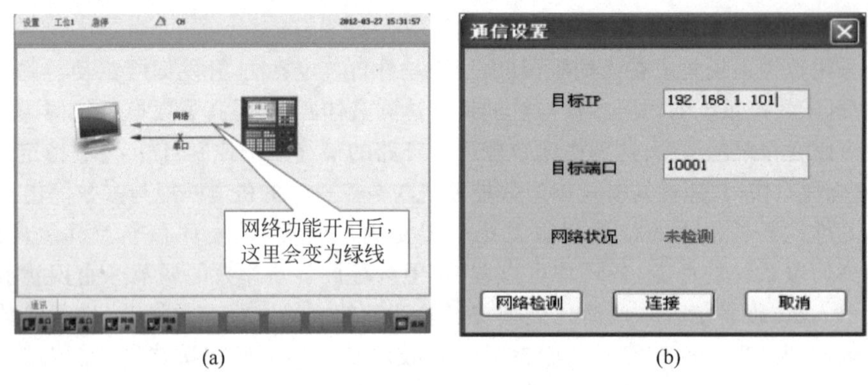

(a) (b)

图 3-36 数控网络通信设置
(a)开启数控系统网络；(b) 通信设置窗口

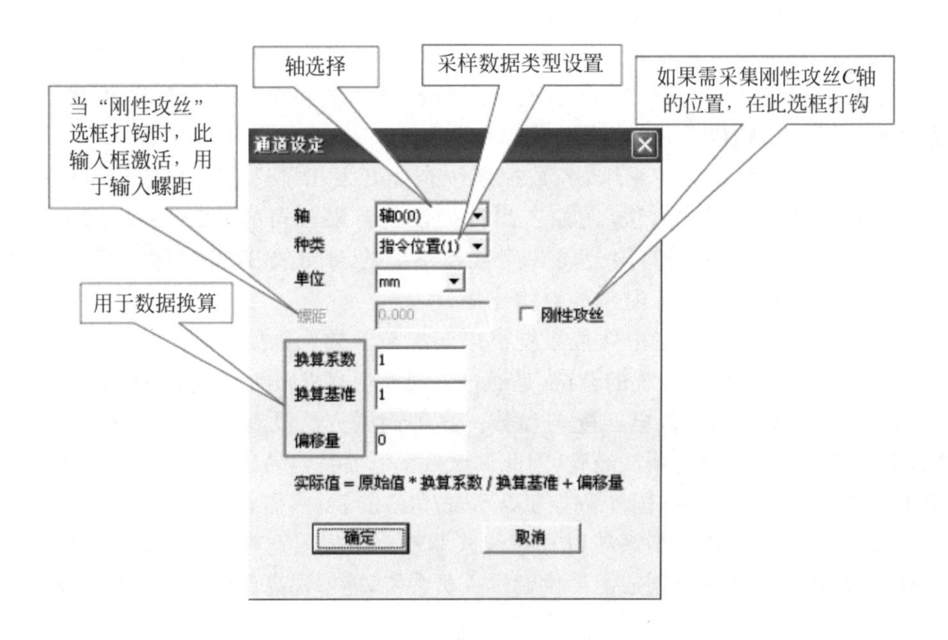

图 3-37 “通道设定”对话框

选择菜单【设定】→【通道数据】，弹出“采样通道设置”对话框。设置采样方式、测定数据点和采样周期，如果没有特殊的采样要求，保持默认值即可。单击【增加】按钮添加采样通道，弹出“通道设定”框。设置需要采样轴的逻辑轴号、采样种类、单位。目前 SSTT 支持 6 种采样类型，分别是指令位置、实际位置、跟踪误差、指令速度、实际速度、力矩电流。

在采集刚性攻丝(即攻螺纹，下同)同步误差时，需要采集 Z 轴和 C 轴的实际位置作为同步误差的输入通道。在采集 C 轴的位置时，需要在“刚性攻螺纹”选框中打钩，并在“螺距输入”框输入刚性攻螺纹的螺距值。当 C 轴和 Z 轴同向时，螺距填正值；C 轴和 Z 轴反向时，螺距填负值。

由于要调节机床的高速状态，这里添加轴 0（X 轴）的实际速度和力矩电流作为采样通道。“通道和测量设定”对话框如图 3-38 所示。

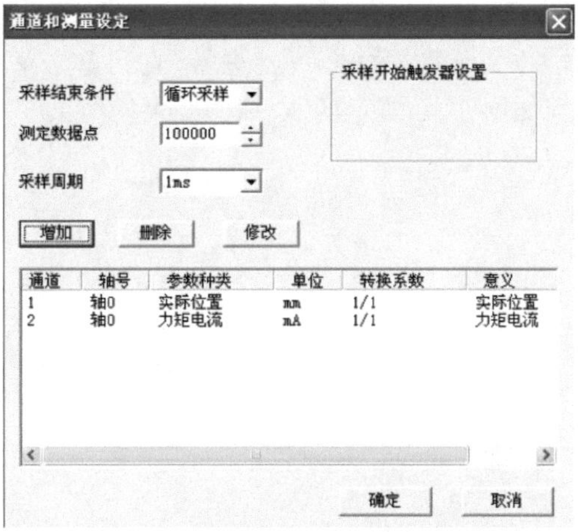

图 3-38　“通道和测量设定”对话框

设置完成后单击【确定】，选择菜单【设定】→【曲线绘图】，弹出“曲线及绘图方式设置”对话框。基本绘图方式有三种：时域波形、轨迹波形和圆误差，这里需要观察 X 轴速度、加速度和电流的变化，所以选择“时域波形”。曲线 1 操作设置为“时域显示”，输入 1 设置为“通道 1”；曲线 2 操作设置为“一阶微分”，输入 1 设置为“通道 1”；曲线 3 操作设置为“时域显示”，输入 1 设置为“通道 2”。设置完毕后单击【确定】，曲线 1、2、3 分别对应 X 轴的实际速度、加速度和电流。“曲线及绘图方式设置”界面如图 3-39 所示。

图 3-39　“曲线及绘图方式设置”界面

2. 具体技术内容和实验验证

在设置完毕后，操作 NC 载入 X 轴直线运动的 G 代码并循环启动，本例中设置 X 轴速度为 F15000，即 15m/min。单击菜单【通信】→【测量开始】开始采样，因为选择的是循环采样方式，所以采样会一直进行，直到单击菜单【通信】→【测量中止】。采样结束后得到如图 3-40 所示的 X 轴速度采样结果。

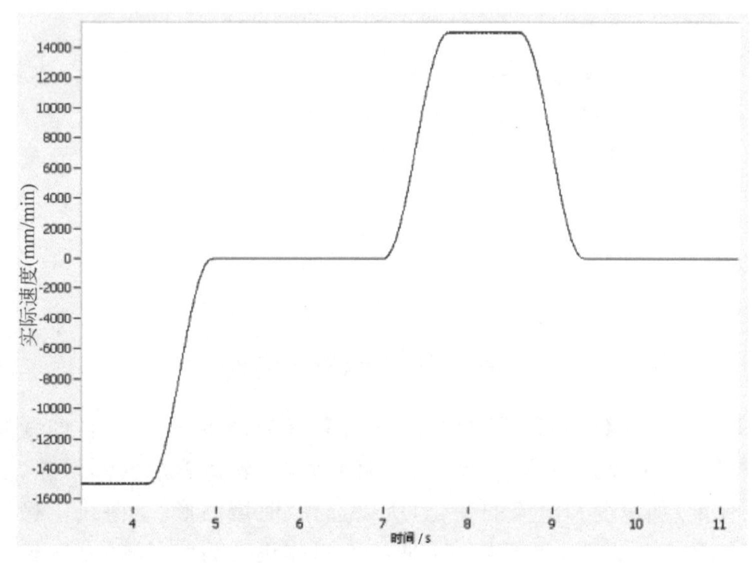

图 3-40　X 轴速度

从 X 轴速度图(见图 3-40)中可以发现，X 轴速度峰值达到了 15000mm/min。曲线光滑，说明速度比较平稳。但是加速时间比较长，接近 1s。说明现在的加速性能是比较差的。

图 3-41、图 3-42 所示是 X 轴加速度和 X 轴电流。加速度峰值仅为 0.9m/s²，

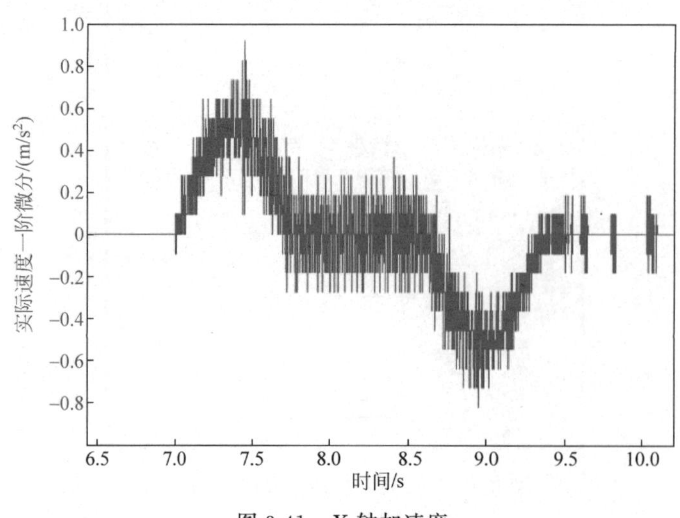

图 3-41　X 轴加速度

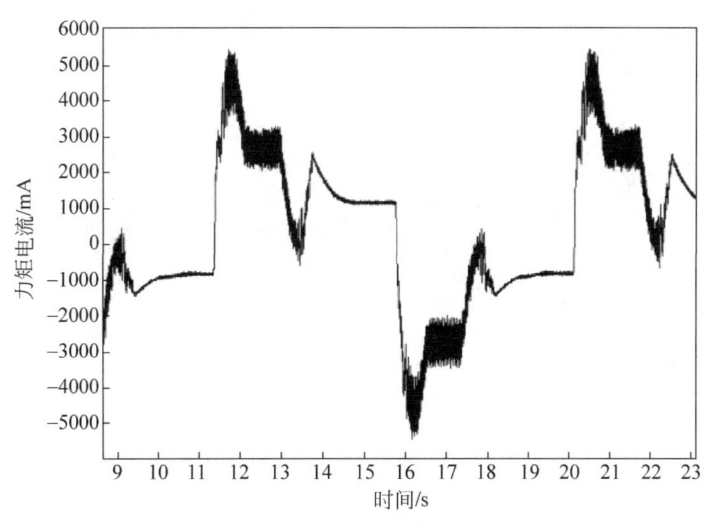

图 3-42 *X* 轴电流

即 0.09*g*。电流峰值为 5.5A,远低于伺服驱动器的额定电流 75A。需要修改系统的加速度参数和伺服驱动器的增益参数,提高机床的高速性能。选择菜单【伺服参数】→【读取在线参数】,弹出参数列表。修改 36、37、38、39 号参数为 8、16、8、16,修改 200、202 号参数为 600、550。

调整完成后,再进行一次采样,得到如图 3-43、图 3-44 和图 3-45 所示的结果。

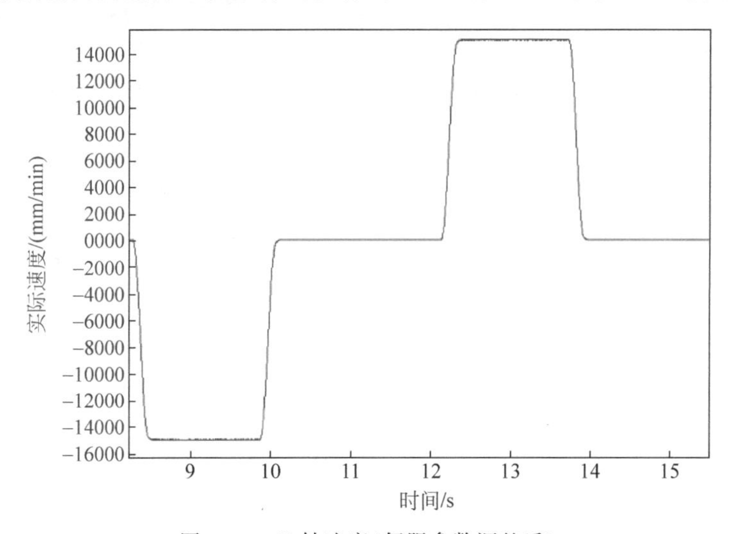

图 3-43 *X* 轴速度(伺服参数调整后)

从图 3-43、图 3-44 和图 3-45 中可以发现,修改参数后 *X* 轴的速度曲线依旧光滑平稳,加速度提高到 2.3m/s^2,电流提高到 12A,机床加速性能得到改善。*X* 轴的伺服驱动为额定电流 75A,所以机床加速性能还有很大的提升空间。用户可以按照上述步骤逐步调整参数,直到机床的加速性能达到一个比较理想的状态。

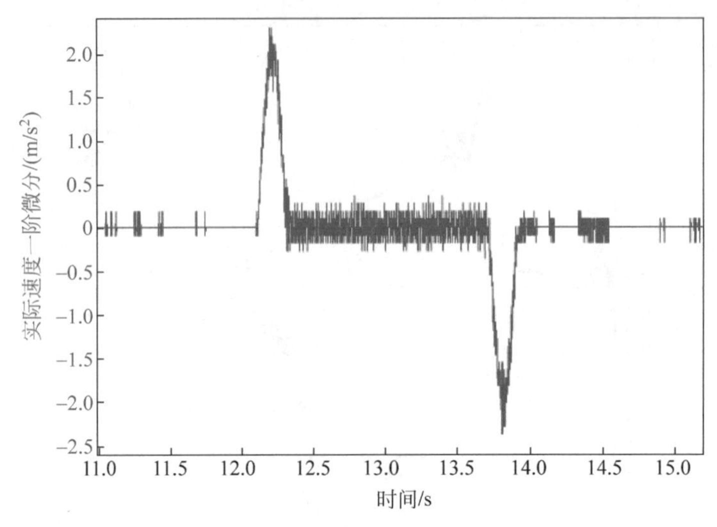

图 3-44　*X* 轴加速度(伺服参数调整后)

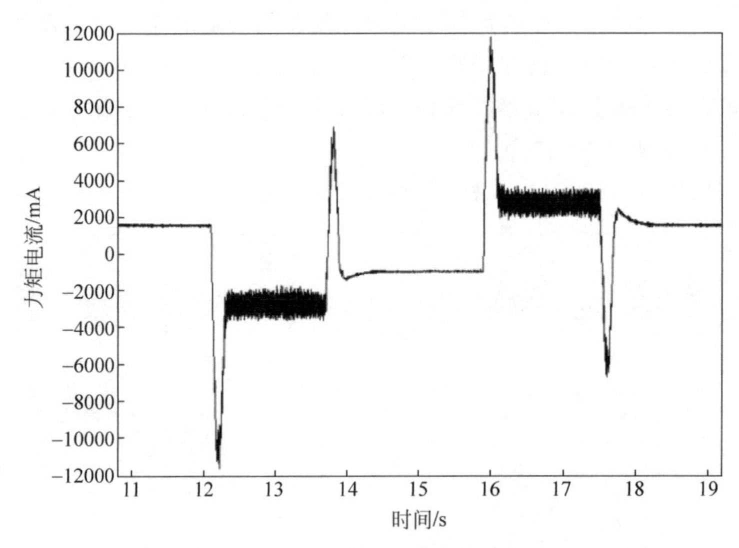

图 3-45　*X* 轴电流(伺服参数调整后)

3. 结论

本数控系统伺服调整工具 SSTT 具有以下优点：

(1) 通过采样，用量化的机床数据作为调试依据，能提高调试的可靠性和效率；

(2) 可以通过采样数据观察调节参数的效果；

(3) 能够直接在便携式 PC 上修改、备份数控系统和伺服驱动参数，提高了调试效率。

3.6.2 数控机床智能化编程与优化技术

当前,数控机床的硬件和软件技术的发展给数控机床和数控加工技术带来了飞速发展,但是数控系统的输入编程仍然以ISO 6983标准为基础,采用传统的G、M代码语言。这种只针对刀具路径和机器状态进行描述的数控程序由于缺少智能性,增加了制造企业的人力成本、降低了生产效率,制约了数控技术的进一步发展。

数控机床的智能化可以给数控设备带来高效率和高质量的同时,还提供了更方便、更人性化的操作界面及操作方法;智能化编程系统作为NC代码的产生平台,也像数控系统一样有着自己独立的发展轨迹,数控编程系统的智能化也是数控机床行业不断追求的目标之一。

采用这种编程方式可以真正实现企业制造知识和经验的再用,实现工艺和数控编程的标准化、智能化,进而提高制造质量和竞争能力,为实现加工系统的人性自动化提供技术基础。

对于不同品牌的数控系统,各系统企业开发出了适合自身数控系统的智能化编程与编程优化软件或调试方法,例如,广州数控设备有限公司采用编程向导方式和图形编程功能软件,武汉华中数控股份有限公司在华中8型高档数控系统HNC848 HMI软件上开发了会话式编程功能模块、沈阳高精数控技术有限公司采用面向CAD实体模型的以专家系统为核心的智能化编程方法等。

下面具体介绍广州数控系统智能编程与编程优化技术。

1. 编程向导

对于多重循环和固定循环指令需要输入较多的指令参数,采用编程向导方式可以简化编程,将循环G指令以图片的方式显示,在图片中标示出各个指令参数的含义,便于用户编程。[10]

在编辑、自动或MDI方式下,在程序页面集下打开程序,按【会话编程】→【编程向导】软键,如图3-46所示。

进入循环指令编辑页面(例如G71指令),用户可根据图片指令字的提示输入相应的数值,简化编程、提高效率,如图3-47所示。

2. 图形编程

图形编程功能软件是通过输入零件轮廓元素、零件坐标值、相关参数等,最后生成CNC加工程序。图形编程软件的功能主要有不同的轮廓元素选择功能、坐标点值和相关参数输入功能、不同轮廓元素组成的零件轨迹显示功能、生成CNC加工程序功能等。

1) 不同的轮廓元素选择功能

为了快速、可靠地编制各种不同的零件程序,图形编程软件中提供不同的轮廓

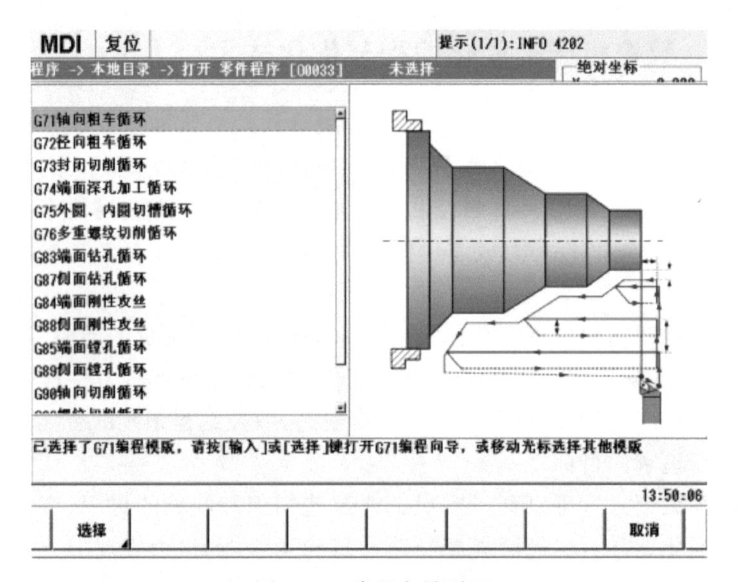

图 3-46　编程向导页面

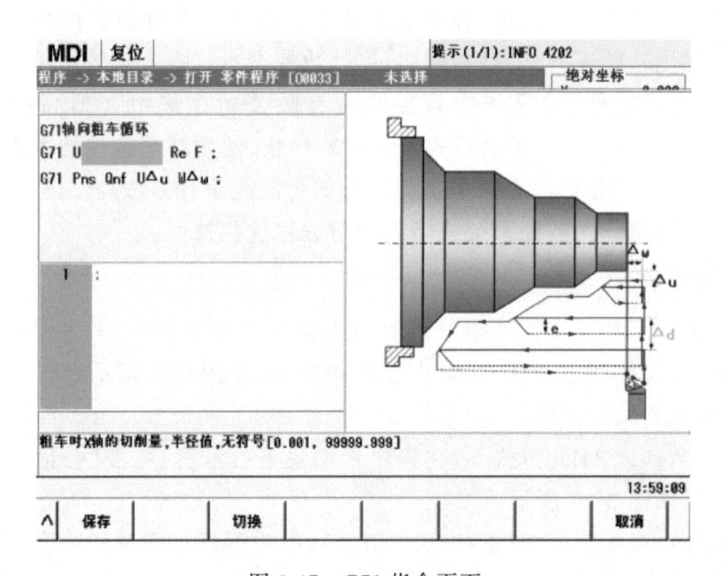

图 3-47　G71 指令页面

元素供用户选择。轮廓元素或轮廓段有直线段、圆弧段、螺纹段、切槽段、攻丝段、钻孔段等。用户根据需要选择所需轮廓段，定义轮廓段的起点或终点的坐标值和相关参数。

2）坐标点值和相关参数输入功能

该功能主要是供用户输入坐标值以及相关参数值，如输入选择的轮廓元素的起点或终点坐标值，预置机床刀架上的各把刀的刀具类型，设置毛坯大小、硬度，设置加工要素等。

3）不同轮廓元素组成的零件轨迹显示功能

该功能用来显示不同轮廓元素图形轨迹，也可以在完成零件所有轮廓元素输入后，显示零件的轮廓形状。

4）生成 CNC 加工程序功能

在完成零件轮廓元素输入、坐标值设置、相关参数设置后，由该功能根据输入的信息，自动生成 CNC 加工程序。

5）工艺帮助

工艺帮助是对程序中有关加工工艺数据的编辑，比如 F、S 等指令，如图 3-48 所示。

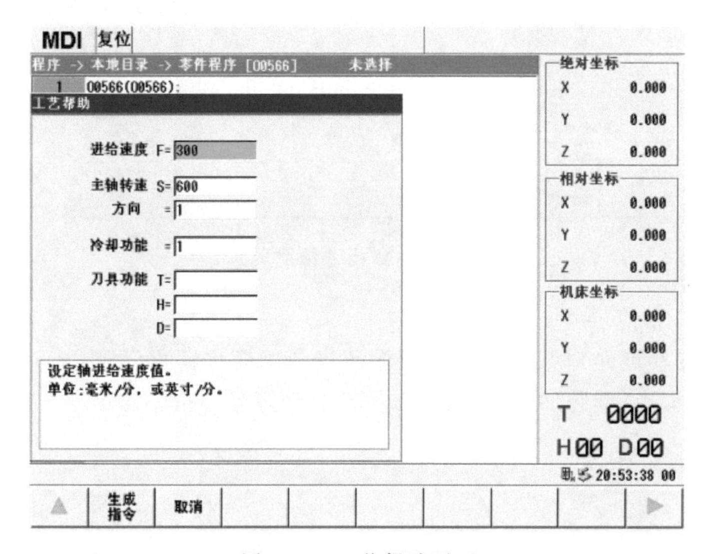

图 3-48　工艺帮助页面

6）G 指令帮助

G 指令帮助是对程序中的 G 指令进行编程，如图 3-49 所示。

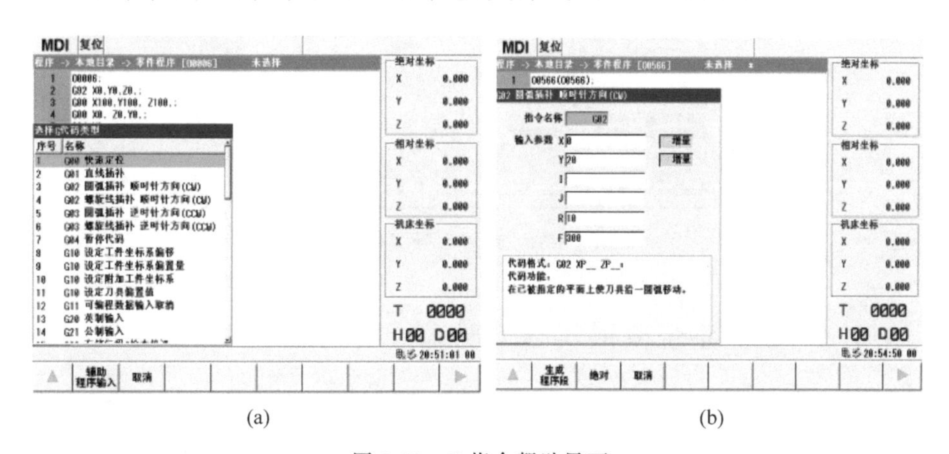

(a)　　(b)

图 3-49　G 指令帮助界面

(a) G 指令帮助页面Ⅰ；(b) G 指令帮助页面Ⅱ

7）M 指令帮助

M 指令帮助是对程序中的 M 指令进行编程，如图 3-50 所示。

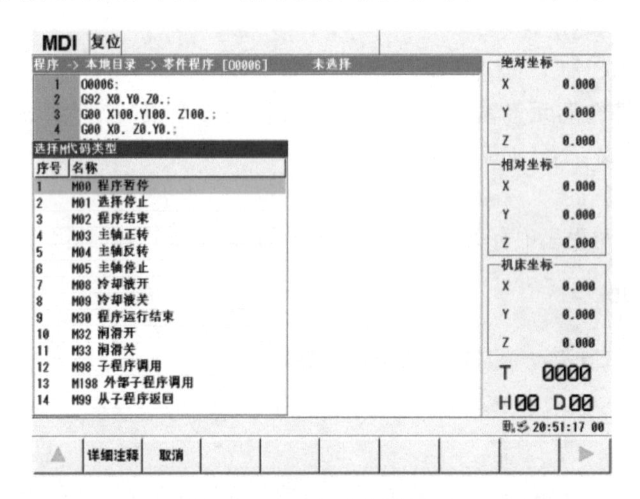

图 3-50　M 指令帮助页面

8）编程引导

编程引导功能是对某些具有固定循环指令的简化编程（见图 3-51），目前支持孔加工、平面加工、型腔加工、槽加工 4 类高级固定循环指令。

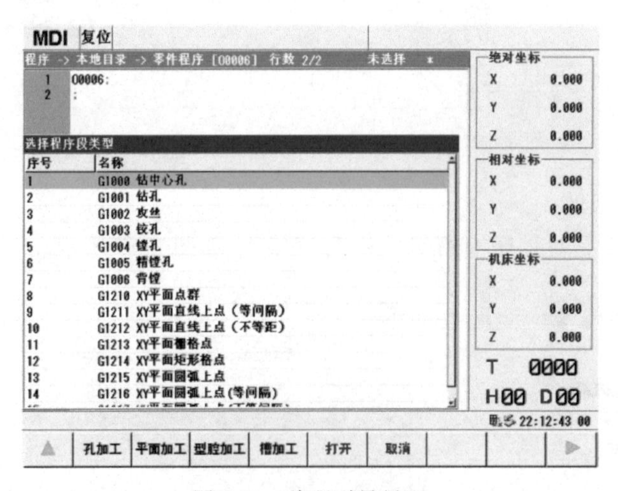

图 3-51　编程引导界面

3.6.3　数控系统模拟实际工况运行实验技术

模拟工况运行实验主要是国产中高档数控系统的功能、性能、可靠性评测实验，与国外同类产品对比性实验及可靠性增长研究。主要的实验过程如下：

（1）数控系统根据数控机床所配置数控系统的功能及性能，将数控系统安装在各相应的实验平台上。每一台(套)实验平台根据数控机床的类型和在使用过程中的负载情况,配备着不同数量的轴以及负载情况,使每一台(套)实验平台均可独立模拟数控机床的实际加工情况。实验平台的加载方式分为对拖加载和惯量盘加载两种方式。

(2) 实验平台数控系统调试。对数控系统单元中轴号的配置、电子齿轮比的设置、刀具偏置补偿数据进行设置等,对伺服驱动单元中控制方式、电机磁极对数、电机编码器类型等进行设置,使其可以模拟数控机床实际工况。

(3) 实验平台数控系统中输入常见典型零件加工程序,让其循环运行程序。

(4) 数控系统调试好后,开启实验平台,让其正常工作。除非必要的检修外,不允许给实验平台断电。实验过程中安排专人巡视,每台实验平台配有相应的运行状态数据记录表,巡视人员定时巡视、记录数据。运行状态数据记录内容包括设备运行状态,运行过程中出现的问题与异常现象、处理方法及所用的时间等。

下面介绍武汉华中数控系统模拟实际工况运行实验,如图 3-52 所示。

图 3-52　武汉华中数控系统模拟实际工况运行实验

1. 数控系统模拟实际工况运行实验测试项目

根据 GB/T 26220—2010《工业自动化系统与集成　机床数值控制　数控系统通用技术条件》等相关标准,实现了多种工况的模拟,并测试数控系统在相应工况下的可靠性。测试项目包括气候环境适应性测试、机械环境适应性测试、电磁兼容性测试和带载测试。

(1) 气候环境适应性测试:通过模拟各种温度、湿度条件以及其他环境条件,测试数控系统在不同气候条件下的可靠性,包括运行温度下限实验、运行温度上限实验、运行温度变化实验、恒定湿热实验、砂尘实验、淋雨实验、盐雾实验。

(2) 机械环境适应性测试:包括振动实验、冲击实验和自由跌落实验。

(3) 电磁兼容性测试:包括静电放电抗扰度实验、快速瞬变脉冲群抗扰度实验、浪涌抗扰度实验、电压暂降和短时中断抗扰度实验和工频电磁场抗扰度实验。

(4) 带载测试：通过施加不同的负载，模拟实际加工情况，测试数控系统长时间运行的可靠性。

2. 与国外同类产品对比性实验情况

针对国内外同类数控系统，开展了模拟工况实验，测试结果如下：

(1) 国产数控系统平均时长 10268h，部分数控系统最高 28802h。

(2) 国外数控系统平均时长 14339h，部分数控系统最高 28830h。

3. 产品的改进和提高

经过 FMECA 分析和改进后，数控系统实测平均故障间隔时间（MTBF）能得到明显的提高。改进的部分包括产品热设计改进、抗干扰（EMC）设计改进、防护散热设计改进等。

(1) 更换了高可靠性的显示屏，选用日本三菱原装工业级屏，彻底解决了显示屏的失效问题。

(2) 将开关电源由内置变为外置，大大减少了系统内部微环境的温度过高问题。

(3) 对输入输出口增加保护电路，即使外部 24V 电源接反，也不会烧毁轴口，增加了系统的可靠性。

(4) 采用了 Flash 芯片，取消了 CF 卡，解决了因 CF 卡自然损坏造成的系统崩溃问题。

(5) 针对数控系统因 HC5312-1(V3.01)PCB 板上火线口 XS6A、XS6B 封装过小，外接插头进行插拔时 PCB 板易松动，造成系统无输入输出点而出现故障（上不了强电）的问题，开发部从设计上改进增大了火线口 XS6A、XS6B 封装，并固定了安装孔。

(6) 针对数控系统（带电池盒组件）因系统 NC 板上电池盒电极片未卡紧，安装未到位，电池装反，电池电量不足，在调试使用中出现 F 盘丢失等故障的问题，开发人员从设计上取消了电池，改进结构，采用贴电芯片，无需电池供电，简化了大部分电路结构，大大减少了装配难度，提高了可靠性。

可靠性 MTBF 测试所用的样本从同一批数控系统产品中随机抽取获得，共 7 台，这些样本均通过了出厂检验且检验结论为合格。根据国家标准，采用简单测试方案进行测试，测试结果如表 3-8 所示。

表 3-8　武汉华中数控系统可靠性测试信息汇总

信息类别	测试结果	信息类别	测试结果
测试开始时间	2014.06.01	累计故障数	6
测试结束时间	2015.10.31	关联故障数	4
测试样本数量	7	非关联故障数	2
累计测试时长	80640h	发生故障样本数	—

累计实验时间：

$$T = \sum_{j=1}^{n} t_j = 80640\text{h} \tag{3-10}$$

式中，n——实验系统的总台数 $n=7$；

t_j——第 j 台实验系统的实验时间。

实验产品的故障数(关联性故障)，$r=4$，则 MTBF 估计值为

$$\text{MTBF} = T/r = 80640\text{h}/4 = 20160\text{h} \tag{3-11}$$

3.6.4 基于互联网的数控机床远程故障监测和诊断

1. 技术方案

宝鸡忠诚机床股份有限公司与各联合单位就课题关键技术“基于互联网的数控机床远程故障监测和诊断，数控机床远程可靠性数据采集及分析，可靠性评估和增长技术”进行了全面的分析及论证，确定了技术方案。在用户生产车间，分别通过有线、Wi-Fi、2G/3G/4G 设备 3 种接入方式进行数控机床运行状况数据采集，把相关采集数据通过互联网传输到宝鸡忠诚机床股份有限公司中心服务器的 SQL Server 数据库，通过终端计算机，运行数控机床远程故障监测和诊断软件，实现相应数控机床的故障监测和诊断。[11]

为验证该方案的可行性，先期在宝鸡忠诚机床股份有限公司出产的部分国产数控机床上进行方案测实验证。

该技术方案的主要内容如下：

(1) 远程故障监测和诊断采集数据传输方式，如表 3-9 所示。

表 3-9　远程故障监测和诊断采集数据传输方式

接入方式	说　明
有线网络	直接通过网线将数控机床接入生产车间互联网(注：适用于生产用户生产车间已经配置了互联网的情况)
Wi-Fi	通过 Wi-Fi 设备将数控机床连接到生产车间互联网(注：适用于用户生产车间配置了 Wi-Fi 互联网的情况)
2G/3G/4G	通过 2G/3G/4G 设备直接将机床连接到互联网(注：适用于不具备以上有线网络和 Wi-Fi 两种条件的用户生产车间)

(2) 在宝鸡忠诚机床股份有限公司设置中心服务器，分厂生产车间设置车间服务器，并保证两台服务器之间能通过互联网进行连接。

(3) 数控系统及服务器上所使用的远程故障监测、诊断及采集软件由三个数控系统厂家负责，数控机床与中心服务器之间的网络连接由宝鸡忠诚机床股份有限公司负责。

(4) 重庆大学负责数控机床可靠性数据分析以及可靠性评估和增长技术的研究及相应软件的开发。

1）有线方式

通过网线连接数控机床的数控系统网口进行数据采集，数控机床、路由器、DNC 采集客户端组成车间网络，数据通过互联网存储到 DNC 服务器（宝鸡忠诚机床股份有限公司中心服务器）中。远程故障监测和诊断采集数据传输的有线接入方式如图 3-53 所示。

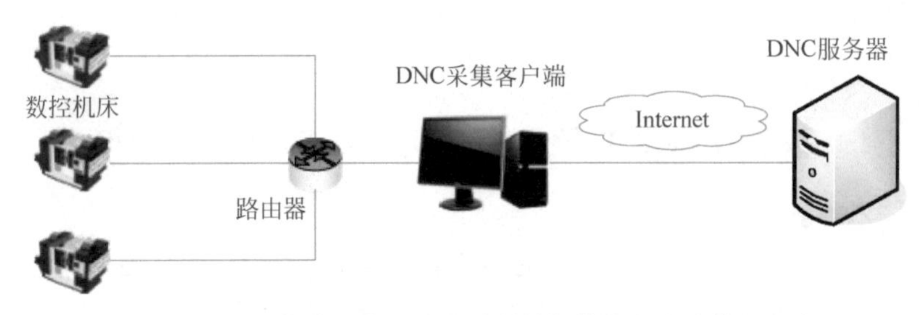

图 3-53　远程故障监测和诊断采集数据传输的有线接入方式

2）Wi-Fi 方式

通过无线客户端连接数控机床数控系统的网口进行数据采集，数控机床、无线客户端、无线 AP 和 DNC 采集客户端组成车间网络，数据通过互联网存储到 DNC 服务器中。远程故障监测和诊断采集数据传输的无线接入方式如图 3-54 所示。

图 3-54　远程故障监测和诊断采集数据传输的 Wi-Fi 接入方式

3）2G/3G/4G 工业无线路由器方式

通过 2G/3G/4G 工业无线路由器连接到数控机床的数控系统，数控机床、2G/3G/4G 工业无线路由器组成车间网络，DNC 采集客户端直接设置到 DNC 服务器中进行数据采集，通过 2G/3G/4G 网络进行数据传输。远程故障监测和诊断采集数据传输的 2G/3G/4G 工业无线路由器接入方式如图 3-55 所示。

2. 远程故障监测和诊断采集数据传输流程

1）有线方式

车间数控机床→车间服务器运行“数控系统厂家采集软件”→数据存储到宝鸡忠诚机床股份有限公司中心服务器数据库→终端计算机运行数控机床远程故障监测和诊断软件，实现故障监测和诊断。

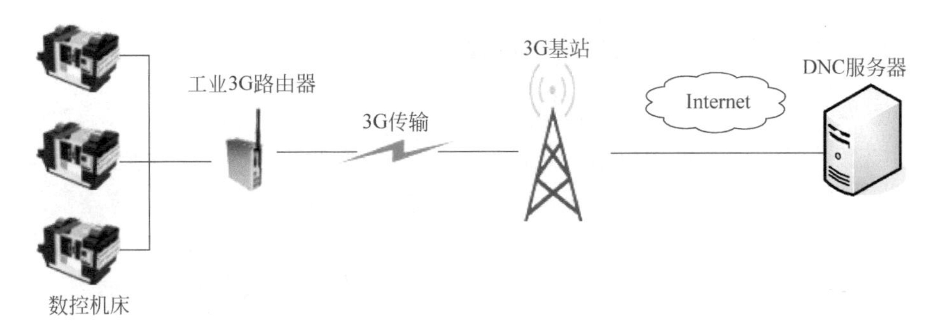

图 3-55　远程故障监测和诊断采集数据传输的 2G/3G/4G 工业无线路由器接入方式

2）Wi-Fi 方式

车间数控机床（配装 Wi-Fi 路由器）→车间服务器运行“数控系统厂家采集软件”→数据存储到宝鸡忠诚机床股份有限公司中心服务器数据库→终端计算机运行数控机床远程故障监测和诊断软件，实现故障监测和诊断。

3）2G/3G/4G 工业无线路由器方式

车间数控机床（配装 2G/3G/4G 工业无线路由器）→宝鸡忠诚机床股份有限公司中心服务器运行“数控系统厂家采集软件”，数据存储到服务器数据库→终端计算机运行数控机床远程故障监测和诊断软件，实现故障监测和诊断。

3．三种采集数据传输方式的优缺点

（1）有线方式：数据传输速度高、可靠性高，但需要在用户车间设置网线和车间服务器、交换机，用户生产现场组网难度较大、成本较高，用户接受程度和方案实施可操作性较差；

（2）Wi-Fi 方式：数据传输速度较高、可靠性较高，但需要在用户车间设置无线设备和车间服务器、交换机，用户生产现场组网难度较大、成本较高，用户接受程度和方案实施可操作性较差；

（3）2G/3G/4G 工业无线路由器方式：只需在用户车间数控机床上设置工业无线路由器，用户生产现场组网难度较小、成本较低，用户接受程度和方案实施可操作性较高，但数据传输速度和可靠性在一定程度上受工业无线路由器接入互联网时信号强弱的影响。

3.7　典型智能数控车削机床及车削中心

通过智能数控车床及车削中心的结构设计、数控刀架的设计、智能化功能的添加以及智能数控系统的应用，智能车床已经基本具备雏形。本节主要介绍陕西宝鸡机床集团有限公司生产的典型智能数控车削机床和智能车削中心。

3.7.1 典型智能数控车削机床

图 3-56 所示是陕西宝鸡机床集团有限公司生产的单台智能数控车床，型号为 BL5-C，数控系统为宝鸡数控系统 B-800T。它是一款高效柔性加工数控车床，主要用于加工盘、盖类零件，特别适用于汽车、摩托车、工程机械等行业。机床整机结构紧凑，加工范围大且占地面积小、刀盘对边大、快移速度高、性价比较高。配备自动上下料机械手和 8 工位料库，可进行单机加工或多机连线，实现无人化操作。

BL 系列高精型数控车床. pdf

图 3-56 BL5-C 智能数控机床

机床的智能化功能有智能健康保障功能、热温度补偿功能、智能断刀检测功能、智能工艺参数优化功能、专家诊断功能、主轴动平衡分析和智能健康管理功能、主轴振动主动避让功能以及智能云管家功能。BL5-C 送料系统搭配 8 工位自动料库，并且直接与机床对接，送料系统由机床直接管控，无需 PLC 或外部继电器控制。各个轴的位置、状态信息直接在机床面板上显示，在很大程度上方便了调试和使用人员。送料系统轴快移速度达到 160m/min。

机床主要参数如表 3-10 所示。

表 3-10 BL5-C 智能数控车床参数

参数名称	数 值
主轴最高转速	4500r/min
最大车削长度	100mm
最大车削直径	370mm
主电机额定功率	11/15kW
最大夹持质量	4kg

图3-57所示是陕西宝鸡机床集团有限公司生产的DK2010双主轴车削单元。DK2010数控车床为高效CNC车床，主要用于加工盘、盖类零件，特别适用于汽车、摩托车、纺织机械等机械设备的盘、盖类零件的车削加工。机床采用双主轴、双刀架对称布局，整机结构紧凑，在一台机床上可完成工件的车削和钻孔加工。配备自动上下料机械手和料库，可进行单机加工或多机连线，达到车削工序的完全加工与物流传送的自动化，实现无人化操作。车削单元部分参数如表3-11所示。

DK2010双主轴车削单元.pdf

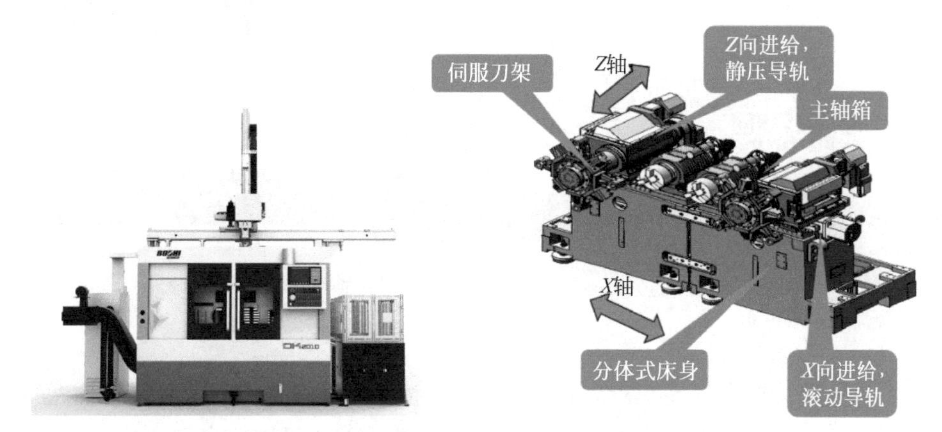

图3-57　DK2010双主轴车削单元

表3-11　DK2010双主轴车削单元部分参数

项　　目		规　　格
加工范围	最大加工直径	200mm
	最大加工长度	100mm
	加工方式	(1)工件两端面连续加工； (2)两轴同样加工
主轴	主轴数	2
	两主轴间距	400mm
	卡盘口径	254mm
	主轴头形式	JIS A2-6
	主轴轴承(前/后)	100mm/90mm
	主轴转速	50～4000mm
	主轴电机功率	9kW

3.7.2　典型智能数控车削中心

图3-58所示是BMC-500TV铣车复合加工中心，属于高档铣车复合制造装备，机床五轴联动，铣、车模式无缝集成，高速、高精度。设备用于对复杂曲面、多面

体零件等精密铣车复合加工，广泛应用于航空航天、船舶、汽车、刀具、高铁、医疗器械、模具、IT 等制造业，是国家重大专项支持装备。它具有如下特点：

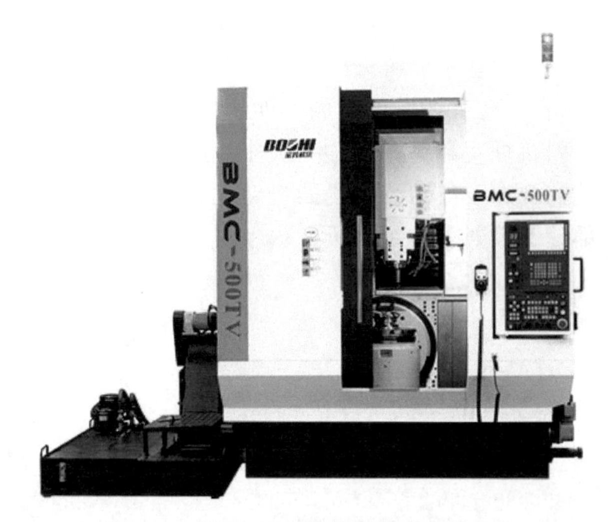

BMC-500TV 铣车复合加工中心.pdf

图 3-58　BMC-500TV 铣车复合加工中心

(1) 机床具有高刚性、高精度的特点。整体采用框箱型床身、滑枕结构，结构刚性高；直线轴导轨采用滚柱线轨，高速、高刚性；B/C 双轴转台采用大型转台专用轴承，支承刚性高。

(2) 铣削复合高速车削性能先进。机床采用高速大功率内置电机车削主轴；车削刀具锥孔与铣削主轴结构相互独立，避免车削力对铣削主轴的影响；铣、车共用 32 工位链式刀库，满足铣车加工多刀具要求；铣车模式实现无缝集成，使铣削和车削的效率与灵活性都达到最大化。

(3) 机床的精度高。整机直线轴线性定位精度和重复定位精度分别为 0.005mm 和 0.003mm，两回转轴定位精度和重复定位精度分别为 5″和 3″，精度水平业内领先。

(4) BMC-500TV 铣车复合加工中心为五轴五联动机型，BC 轴采用直驱结构，适合复杂曲面的五轴联动复合加工；BMC-500T 铣车复合加工中心为五轴四联动机型，B 轴采用 1°分度齿盘锁紧结构，适合复杂多面体零件的多角度加工。

3.7.3　典型智能数控加工单元

图 3-59 所示是陕西宝鸡机床集团有限公司生产的 BRX10 柔性加工单元，主要用于加工盘、盖类零件，特别适用于汽车、摩托车、纺织机械等机械设备的盘、盖类零件的车削加工。该柔性加工单元采用两台 CK7620P 数控车床对面布置，配有 M-10iA 六轴工业机器人、8 工位旋转料库，结构紧凑、布局灵活、加工效率高，可以

完成工件的全部车削和钻孔、镗削加工。该柔性加工单元可以达到车削工序加工与物流传送的自动化，实现长时间无人值守加工。

图 3-59　BRX10 柔性加工单元

BRX10 柔性加工单元. pdf

图 3-60 所示是陕西宝鸡机床集团有限公司生产的 BZXL22 轮毂加工单元，主要用于汽车铝制轮毂的车削及钻削工作，其主要组成有两台轮毂加工专用数控车床、一台立式加工中心、一套工业机器人、一套自动上下料及检测装置等设备，呈环岛式排布，可满足目前市场上 14～22in(1in＝2.54cm)铝制轮毂的加工要求。

图 3-60　BZXL22 轮毂加工单元

BZXL22 轮毂加工单元. pdf

3.8　小结

工业制造的智能化应用水平，体现了一个国家的工业水平。机床的智能化也成为机床行业的发展趋势之一。本章主要以陕西宝鸡机床集团有限公司生产的智能数控车床及智能数控车削中心为例，介绍了高速智能数控车床及车削中心的结构设计与应用、精密智能数控车床及车削中心的结构设计与应用、智能数控转塔刀架的设计应用和智能数控系统的应用。通过典型的成品案例介绍了陕西宝鸡机床集团有限公司生产的智能数控车床和智能数控车削加工单元。

参考文献

[1] 鄢萍，阎春平，刘飞，等．智能机床发展现状与技术体系框架[J]．机械工程学报，2013，49(21)：1-10.

[2] 陈长年，李雷．浅析智能机床发展[J]．制造技术与机床，2015(12)：45-49.

[3] 廖尼亚．“i5”战略打造国家级智能制造样本：记中国工业 4.0 的“领头羊”沈阳机床集团[J]．表面工程与再制造，2015，15(3)：13-17.

[4] 孔令叶．数控机床整机静刚度仿真分析及结构优化[J]．工具技术，2016，50(5)：37-40.

[5] 叶志明．基于机床整机刚度特性的床身结构优化设计[D]．大连：大连理工大学，2013.

[6] 张丽萍，李业农，杨琪．数控机床主轴回转精度寿命的灰色预测[J]．机床与液压，2016，44(21)：93-97.

[7] 沈浩，李泓，王明威，等．高速电主轴单元动态性能实验平台的研发[J]．制造技术与机床，2014(10)：82-84＋88.

[8] 杨咸启．接触力学理论与滚动轴承设计分析[M]．武汉：华中科技大学出版社，2018.

[9] 张根保，彭露．“数控机床可靠性技术”专题(八)加工一致性技术[J]．制造技术与机床，2015(2)：8-14.

[10] 殷小清．数控编程与加工[M]．北京：机械工业出版社，2019.

[11] 唐平．基于 Internet 的数控机床远程监测系统研究[D]．贵阳：贵州民族大学，2015.

第4章

智能车削生产线

4.1 概述

自动生产线是在流水线的基础上逐渐发展起来的，是通过工件传送系统和控制系统，将一组数控机床和辅助设备按照工艺顺序联结起来，自动完成产品全部或部分制造过程的生产系统。[1]在整个自动化生产线中，其具体组成所包括的内容共有13个部分，主要包括各个功能站点、不同功能模块、传感器、电磁阀及进出口接口等相关内容。[2]其功能站点主要包括工料站、加工站、装配站与搬运站，同时还有成品分拣站；在各种不同模块中，共包括五种类型，分别为变频器模块、电源模块、PLC模块与按钮模块，同时还包含电机驱动模块。在对这些部分进行集成的基础上，自动化生产线不但能够实现上下料及加工，同时还能够完成装配、分拣以及输送等相关内容。[3]智能车床及车削中心作为单机产品，能够满足一般小型简单零件的生产制造，然而随着工业生产模式向自动化和柔性化转型升级，传统的流水线作业已经无法满足现有高精度、高效率、高柔性的生产要求。因此，基于智能机器人和智能车床、智能车削中心发展起来的智能车削生产线，将会成为生产自动化的主要发展方向。智能车削生产线涉及生产线总控、质量检测、搬运机器人、加工机床、物流运输线、生产管理和成品仓储等设备，每一台设备都是智能车削生产线中的重要组成部分。由多条智能车削生产线，通过进一步的系统集成，将能够形成数字化车间和数字化工厂，实现整个工厂的自动化和智能化。本章将从智能车削生产线总体布局、数字化工厂与车间的建设规划和智能生产线的系统集成等方面对智能车削生产线中的相关技术进行介绍，最后对陕西宝鸡机床集团有限公司生产的智能车削生产线作为典型应用案例进行简要的介绍。

4.2 智能车削生产线总体布局

汽车零部件智能生产线.doc

图4-1所示是一条典型的智能车削生产线，主要用于汽车零件的加工。该生产线主要完成零件从毛坯到成品的混线自动加工生

产，车削生产线由产线总控系统、在线检测单元、工业机器人单元、加工机床单元、毛坯仓储单元、成品仓储单元和RGV小车物流单元组成。生产线加工设备采用陕西宝鸡机床集团有限公司生产的CK系列智能机床，装载陕西宝鸡机床集团有限公司开发的宝鸡B80智能数控系统。根据各单元功能的不同，本节将从总控系统和检测单元、工业机器人和车削机床单元以及物流与成品仓储单元三部分对典型的智能车削生产线的组成和设计进行介绍。

图4-1　智能车削生产线

1. 总控系统和检测单元

图4-2所示是陕西宝鸡机床集团有限公司设计的典型总控系统，由室内终端和现场终端两部分组成。室内终端配备多台显示器及数据库，负责接收整个生产车间传输过来的制造生产大数据，显示器用于用户车间现场各项状态的显示，包括设备运行状态、零件加工状态、物流情况、人员状况以及用户车间现场温度、湿度等环境信息。高层管理人员在室内终端可以非常方便、直观清晰地查看现场的各项状况。在用户生产车间中，配备现场终端，用于控制整个生产线的现场运行，完成设备基础数据的采集、分析、本地和远程管理、动态信息可视化等。现场终端配备显示器，通过显示器可以清晰方便地查看用户车间中的各项状态，包括设备监控、生产统计、故障统计、设备分布、报警分析、工艺知识库等。现场终端可以添加生产

图4-2　总控系统

管理看板、加工程序的上传下载、人员刷卡身份识别以及生产任务的进度统计与分析等功能。现场终端可以通过有线、Wi-Fi、2G/3G/4G/5G 等多种接入方式进行现场数据的采集与传输，相关制造大数据通过互联网可以传输到用户室内终端的 SQL Server 数据库中，通过终端计算机，与室内终端进行数据交互。

图 4-3 所示是典型的在线检测单元，由工业机器人、末端执行器和多源传感器等组成。物流系统将成品运输到指定位置之后，工业机器人将整个检测单元移动到指定工位上，通过视觉相机进行待检测零件的拍照识别和定位，工业机器人再次调整自身位置，使整个检测单元对准待检测部位。

图 4-3　在线检测单元

识别与定位完成之后，由末端执行器负责待检测零件的抓取，通过工业机器人将零件转移到检测台上的指定位置，由检测台上预先配备的多源传感器对待检测零件的孔径、窝深、曲率、粗糙度、齐平度等精度指标进行在线检测，也可以通过智能算法对零件进行自动测量和自动分类，将不同类型的零部件转移到不同的物流线上，完成零件的自动分类操作。通过互联网检测单元可以将检测结果返回给总控系统，操作人员通过室内总控系统或者现场总控系统的终端电脑和显示器，可以直接观看到零件的检测结果。符合检测要求的，直接进行下一工位操作；不符合要求的，在显示器上显示不合格提醒，由操作人员根据零件的不合格程度进行判定与决策。在检测完成之后，末端执行器抓取已检测零件，工业机器人将已检测零件转移到物流系统上，由物流系统运送到下一工位进行处理。

2. 工业机器人和车削机床单元

图 4-4 所示是陕西宝鸡机床集团有限公司设计制造的加工模块，由工业机器人和车削机床两部分组成。工业机器人负责待加工零件的移动和抓取。车削机床为智能机床，能够保证高精度和加工效率。

一个工业机器人负责为一台或者两台车削机床进行零件的取放和装夹。物流配送系统将毛坯零件或者半成品零件运输到指定工位之后，由工业机器人抓取毛坯零件或者半成品零件，将其放入智能车削机床中，辅助机床完成待加工零件的装

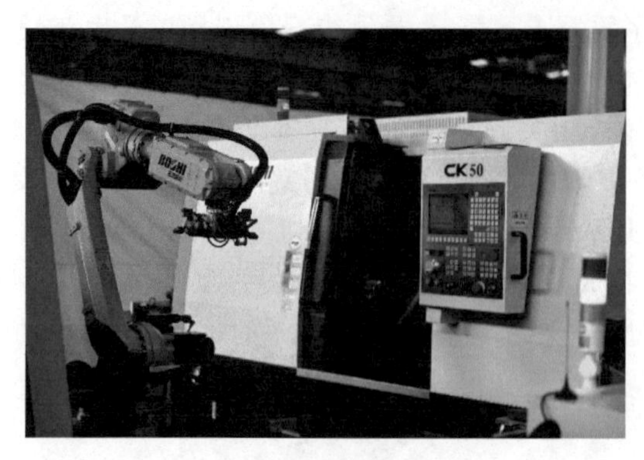

图 4-4　加工模块

夹工作。对于双工位车削机床，在其中一台智能车床完成车削工作之后，由工业机器人将半成品零件转移到另外一台智能车床中，完成下一工位的加工。待所有的加工工作完成之后，由工业机器人将成品零件抓取转移到物流系统中，由物流系统将零件转移到下一工位。

车削机床为陕西宝鸡机床集团有限公司自行设计和制造的智能机床，配备智能健康保障功能、热温度补偿功能、智能断刀检测功能、智能工艺参数优化功能、专家诊断功能、主轴动平衡分析和智能健康管理功能、主轴振动主动避让功能和智能云管家功能。智能机床的主要作用是与工业机器人配合完成不同阶段的加工生产任务，同时保证零件加工生产的效率和精度。用户可以根据生产车间需要，将智能机床更换为不同档次的机床，如高速车削机床、精密车削机床和加工中心等，也可以根据自身需要增加或减少相应的智能化功能，以组成最适合企业生产需求的车削生产线。

3. 物流与成品仓储单元

图 4-5 所示是陕西宝鸡机床集团有限公司设计和生产的典型物流单元，由工业机器人、末端执行器、RGV 小车、零件托运工装和行走轨道组成，主要实现机床加工零件的转移运输工作。在用户车间中，根据生产任务的需求，智能生产线可以选择配备单条或者多条物流生产线。机床较少或者加工任务较为简单的智能车削生产线，可以采用单物流线模式，完成上料、转移和下料等操作；机床任务较多或者加工任务较为复杂的情况，为了避免物流系统的任务繁杂和冲突，可以配备两条或者多条物流线，一条用于毛坯零件或者半成品零件的上料，一条用于中间过程的转运，一条用于成品零件的下料。对于加工场景较为简单的智能车削生产线，工业机器人可以固定不动，即可完成零件的装夹和取放；对于较为复杂的智能车削生产线，可以再单独配备移动机器人，在行走轨道上进行零件的分配、抓取和释放工作。各工位之间的零件转移由 RGV 小车完成，通过自动编程，RGV 小车能够在指定时间内准确无误地到达预定的位置，以保证工业机器人能够顺利识别并抓取零件。RGV 小车上配备零件托运工装，用户车间可以根据加工零件的大小及尺寸，

配备不同的工装，待工装各位置已装满足够的毛坯零件或者成品零件后，RGV 小车运行，完成相应的上料、转运和下料工作。

图 4-5　物流单元

图 4-6 所示是陕西宝鸡机床集团有限公司设计和生产的典型成品仓储单元，由仓储柜、工业机器人、末端执行器、行走轨道组成。零件在完成加工之后，由 RGV 小车将成品零件转运到下料区，工业机器人移动到下料区，末端执行器根据成品零件编号，将成品零件进行抓取，再由工业机器人将成品零件转移到仓储柜的指定位置。末端执行器需要各用户单位根据加工零件的形状、尺寸进行特殊设计，以满足不同零件的抓取工作。仓储柜由大小相同的独立小柜构成，各小柜之间可以快速地拼接和拆分。对于固定式工业机器人，用户车间应当根据工业机器人的最大工作高度和最大工作范围，自行调整设计仓储柜的长度和高度。配备行走轨道的工业机器人，成品仓储柜可以设计得相对长一些。机器人通过行走轨道，能够增加工作覆盖范围。行走轨道可以根据需求，设置为直线形或者环形。对于有多个仓储柜的用户车间，或者有不同零件分类的成品仓储柜，用户单位也可以调整行走轨道的长度和形状，如环形轨道就能使一台机器人对应多个成品仓储柜，实现一台机器人多服务，提高机器人利用率。成品物流仓储柜数量较多的时候，应当增加行走轨道的长度，或者配备两个及以上的工业机器人以保证物流的效率。需要注

图 4-6　成品仓储单元

意的是，行走轨道长度设计要考虑机器人的行走时间，不能设计得过长，如果机器人行走时间过长，则可能导致物流配送效率低，造成成品零件在下料区出现堆积，产生零件碰撞等意外。这样反倒增加了生产风险，同时也降低了工作效率。

4.3 数字化工厂与车间的建设及规划

4.3.1 数字化工厂建设原则

数字化工厂，广义上指以产品全生命周期的相关数据为基础，在计算机虚拟环境中，对整个生产过程进行仿真、评估和优化，并进一步扩展到整个产品生命周期的新型生产组织方式。对于制造企业而言，数字化工厂即是以软件为依托，为工厂建立一个全面的电子化数据仓库平台，数据库全面涵盖了工厂设计、改造、更新等各个阶段，能够从工程设计开始到工厂退役之间的过程中，有效地管理工厂。[4]数字化制造是一项严谨的信息化建设工程，系统建设时应充分考虑以下几个方面：

(1) 总体规划、分步实施：数字化制造是一个较大的信息化系统，涉及企业方方面面。因此，系统的实施原则是既要保证前瞻性、先进性、完整性，又要结合企业的实际情况，采取总体规划、分步实施原则，这是数字化工厂成功的重要保证。

(2) 可扩展性：系统要具有最大的灵活性和容量扩展性。系统应在初步设计时就考虑到未来的发展，以降低未来发展的成本，使系统具有良好的可持续发展性。

(3) 兼容性：系统应具有良好的兼容性，以利于现在和将来的设备选型及联网集成，便于与各供应商产品的协同运行，便于施工、维护和降低成本。

要建立数字化工厂，首先，工厂的信息化建设应达到数字化管理的要求，即通过 MES 系统的建设，同时整合已经实施的 ERP、设备物联网系统以及即将实施或规划的 PDM 系统、CAPP 系统等，彻底打通横向信息集成。其次，需要打通信息系统与物理系统(设备物联网)，实现纵向信息集成。然后以 SmartPlant Foundation 为数据连接及管理平台，构建协同设计的构架，即数字化工厂的设计技术数据构架。[5-6]再通过信息化平台整合为企业级数字化工厂，通过车间布局改造、设备升级及自动化改造，最终实现数字化智能制造的目的。图 4-7 为数字化工厂示意图。

对于机床制造企业的数字化工厂建设，要实现数控制造装备生产全生命周期中的原料采购、设计、零部件加工、装配、质量控制与检测等各个阶段的管理及控制，解决从产品的设计到装配制造实现的全过程，使设计到生产制造之间的各项不确定性因素降低，在数字空间中将生产制造过程进行优化，使生产制造过程在企业各项信息化数字化手段中得以检验，从而提高系统的成功率和可靠性，缩短从设计到生产的转化时间，其具体实现就是工厂的数字化设计与数字化制造。因此，要搭建起易于扩展、满足不同类型车间的需要，构筑高安全、高性能、高可靠的数字化制

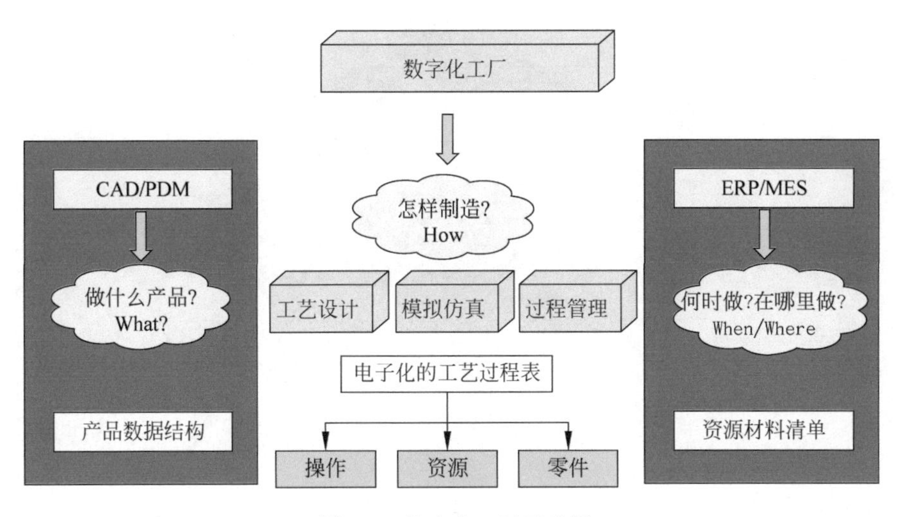

图 4-7　数字化工厂示意图

造平台，在先进的管理方法、信息技术的基础上，全面实现产品工艺设计数字化、生产装配过程数字化、管理数字化，并通过各子系统的无缝集成，实现生产过程、信息资源、人员技术、经营目标和管理方法之间的协同。可以从以下两个方面进行规划：

(1) 从管理方面可以分为多个数字化车间，在企业建立统一联合调度指挥中心，生产车间的生产调度管理都可以在联合调度指挥中心平台进行展示及调度，上游通过各个信息化系统的集成，实现数据共享，打破信息壁垒，实现从设计到计划再到加工生产的主线。同时可以按照实际的业务需求进行数字化车间的分步建设。

(2) 数字化工厂从信息系统管理方面可以分为五个层次，即集成层、资源层、管理层(联合调度、数据输出)、执行层(生产执行及检验)和数据采集层(设备数据、完工数据、检验数据等)。在目前基础上继续完善相关功能和所需数据，利用现代信息技术和网络技术，以"产品加工和装配"为主线，将由计算机、网络、数据库、设备、软件等所组成的系统平台构建成一个高速信息网，实现计划快速下达、车间作业调度控制、工艺指导、生产统计、设备状态监控、质量全面管控及追溯、生产信息协同(如物料协同、准时配送、生产准备协同)等，最终实现车间生产工位的数字化、高精尖设备加工的数字化、生产指挥的数字化、产品资料的数字化、产品设备的数字化等。图 4-8 为数字化车间业务应用需求模型。

4.3.2　数字化车间系统组成

打造数字化车间的重点在于数字化制造，通过采用 ERP/CAPP/PLM/MES/OA/质量管理等集成产品数据管理、生产计划与执行控制，实现数字制造系统管理。图 4-9 为未来数字化工厂中，所有已经实施或正在规划的 ERP/CAPP/PLM/MES/OA/质量管理等系统的层级关系以及层级之间的信息流动关系。

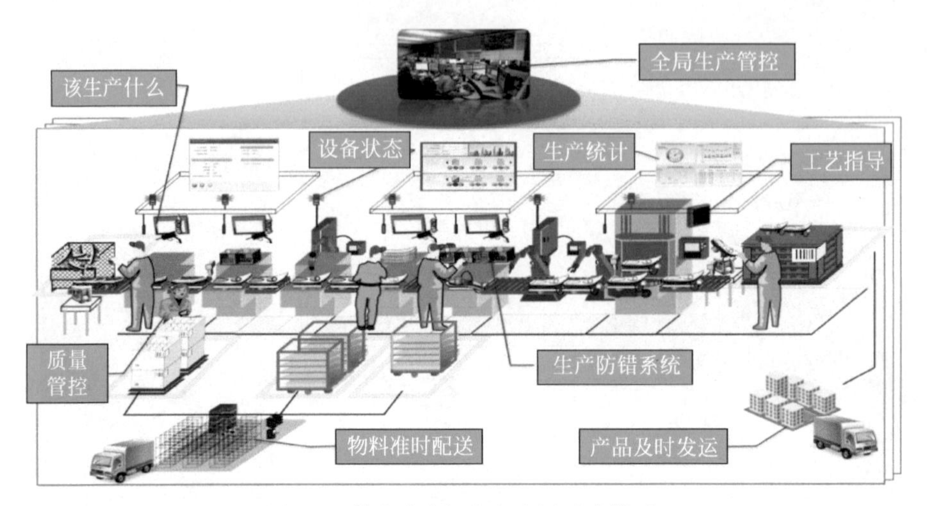

图 4-8 数字化车间业务应用需求模型

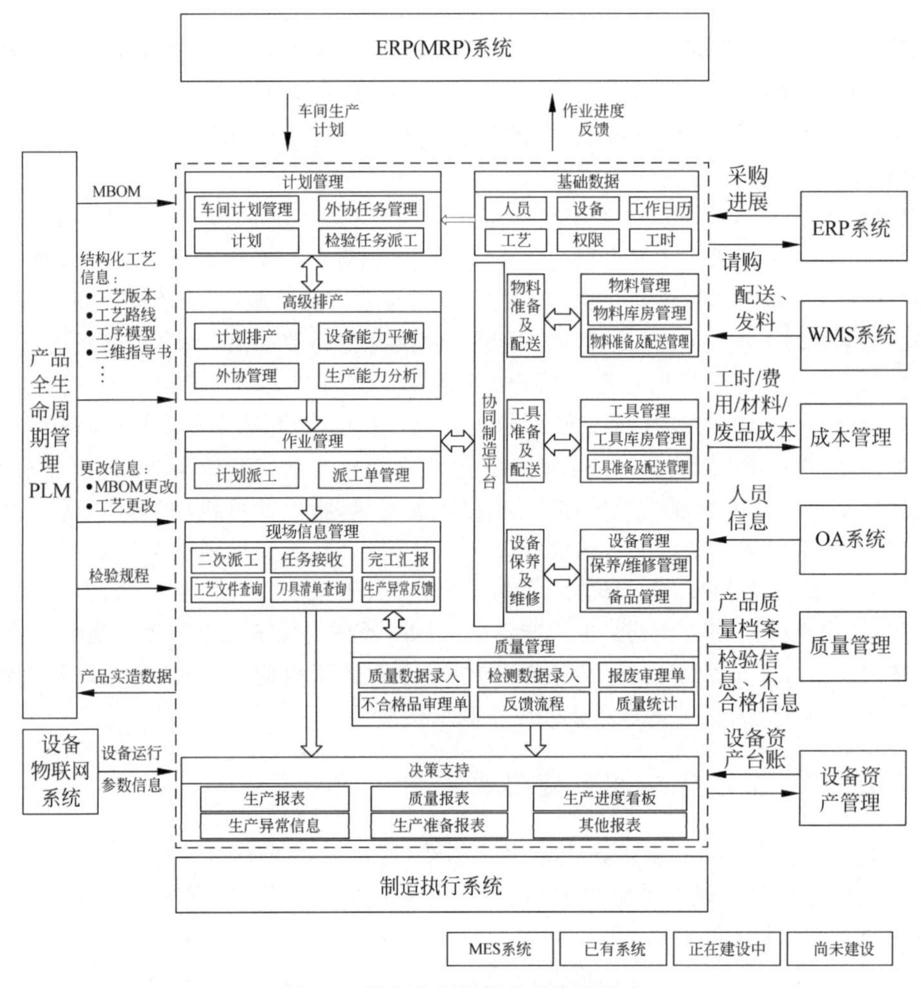

图 4-9 数字化车间信息系统的组成

1. **数字化工厂及数字化车间信息系统**

数字化工厂及数字化车间信息系统主要由 ERP 系统、PLM 系统、CAPP 系统、设备物联网系统和 MES 系统等组成，后续还可以规划 OA 系统、质量管理系统等。主要系统集成及信息交互如下：

(1) 与 OA 系统集成，读取组织架构及相关人员信息。

(2) 与 ERP 系统集成，读取主生产计划、物料库存信息、配套信息等，同时反馈完工信息到 ERP 系统，并在 ERP 系统中完成不合格品审理流程。

(3) 与 CAPP 系统集成，实现工艺数据的读取，同时 CAPP 系统实现从 MES 系统调取刀具、工装、量具等相关信息。

(4) 与 PDM 系统集成，MES 系统从 PDM 系统读取物料清单(BOM)、工艺文件等相关信息。

2. **数字化车间 MES 系统组成**

数字化车间建设以数字化制造为主，而数字化制造的重点以执行为主，执行的重点为制造执行系统(MES)，因此数字化车间以制造执行系统(MES)为主，其他系统辅助建设。根据车间生产的实际需求，数字化车间 MES 系统由下述 11 个模块组成：

(1) 基础数据管理模块，包括组织结构、人员及权限管理、客户信息管理、工厂日历、产品 BOM 及工艺路线、系统设置、日志管理等。

(2) 计划管理模块，包括项目的创建、分解、浏览、修改、激活、暂停、停止、统计等。

(3) 高级排产模块，包括多种排产算法、能力平衡等，可准确到每一道工序、每一台设备、每一分钟。

(4) 作业管理模块，包括计划派工管理、调度管理、实做工时管理、零件流转卡管理等。

(5) 协同制造平台模块，包括调度管理、实施动态看板、工具、物料、技术文档生产准备，生产信息、现场异常信息的发送及交互功能等。

(6) 现场信息管理模块，包括任务接收、反馈、工艺资料、三维工艺模型查阅，利用各种数据采集方式，实现计划执行情况的跟踪反馈。支持条码、触摸屏、手持终端、胸卡扫描登录等各类反馈形式等。

(7) 质量管理模块，包括对质量进行实时的管理、监控，对系统中的质量数据进行相关分析、统计，支持质量追溯功能等。

(8) 物料管理模块，包括车间物料库房的管理，如领料/配送、入库、盘点；车间物料库存的查询、统计功能。

(9) 设备管理模块，包括设备维修、设备保养、备品备件管理等功能。

(10) 工具管理模块，包括对车间各类工装、夹具、刀具、量具、刃具进行全面的管理，提供各类报表等。

(11) 决策支持模块，包括库存、成本等各种统计、分析报表，车间业务系统的数据整合，通过各类直观的统计图表，为车间管理层提供决策依据，同时打印各种单据。

3. 配置模块划分

配置模块按照功能划分为五个功能层，对企业业务应用层的具体生产业务进行功能支撑。

(1) 基础数据层：基础数据的平台，包括组织机构、人员及工作日历(工作日、节假日、排班计划)、产品工艺路线等，是整个制造执行系统运行的基础。

(2) 数据集成层：提供MES系统与其他系统集成接口，实现数据源出一处，全局共享。

(3) 资源管理层：主要是管理车间设备、资料、物料等与资源有关的业务流程，这些资源是以后进行计划、调度、派工等工作的基础，并直接影响生产计划安排。

(4) 生产管理层：涵盖了计划管理、计划排产、作业管理、质量管理等。

(5) 展现层：相关人员可通过胸卡扫描方式登录系统，生产数据可用条码扫描、RFID、触摸终端等辅助手段进行及时的数据采集；工人也可以通过触摸终端进行任务的查看、工艺文件调阅等，实现一个无纸化制造的环境；本系统还提供各类统计分析功能，为计划人员、生产管理人员、技术管理人员、设备管理人员、库房管理人员、质量管理人员、现场操作员等各类人员提供各种各样的报表、饼图、柱图等分析报告。同时通过电子看板可以实时显示各种数据。制造执行系统功能层次如图4-10所示。

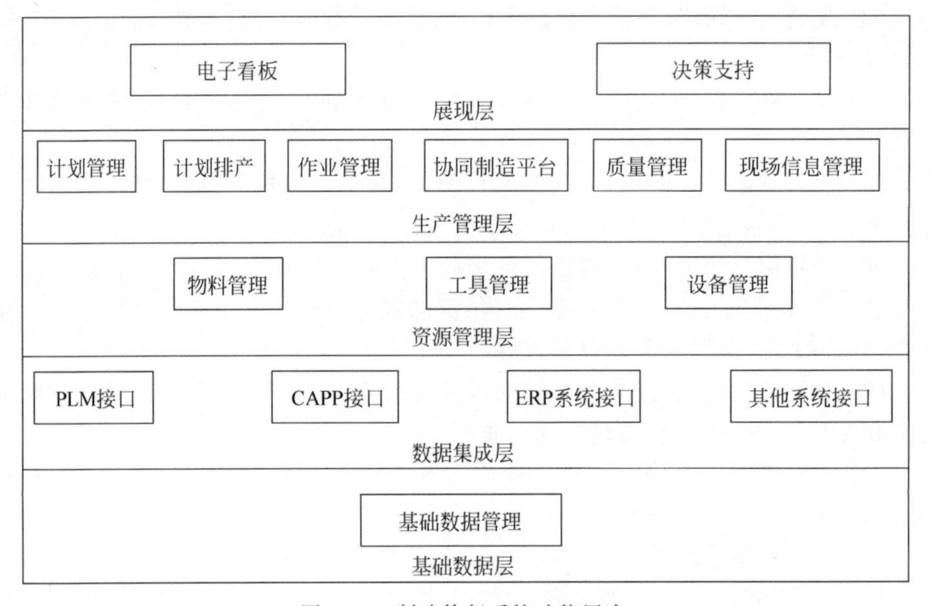

图4-10 制造执行系统功能层次

4.3.3　数字化车间系统业务流程

1. 生产过程角度

采用 ERP/CAPP/PLM(PDM)/MES/PCS(DNC/MDC)集成产品数据管理、生产计划与执行控制，是实现数字制造系统的一个有效解决方案。图 4-11 反映了 ERP/CAPP/PLM(PDM)/MES/PCS 各自在离散制造企业信息系统的层级关系以及层级之间的信息流动关系。

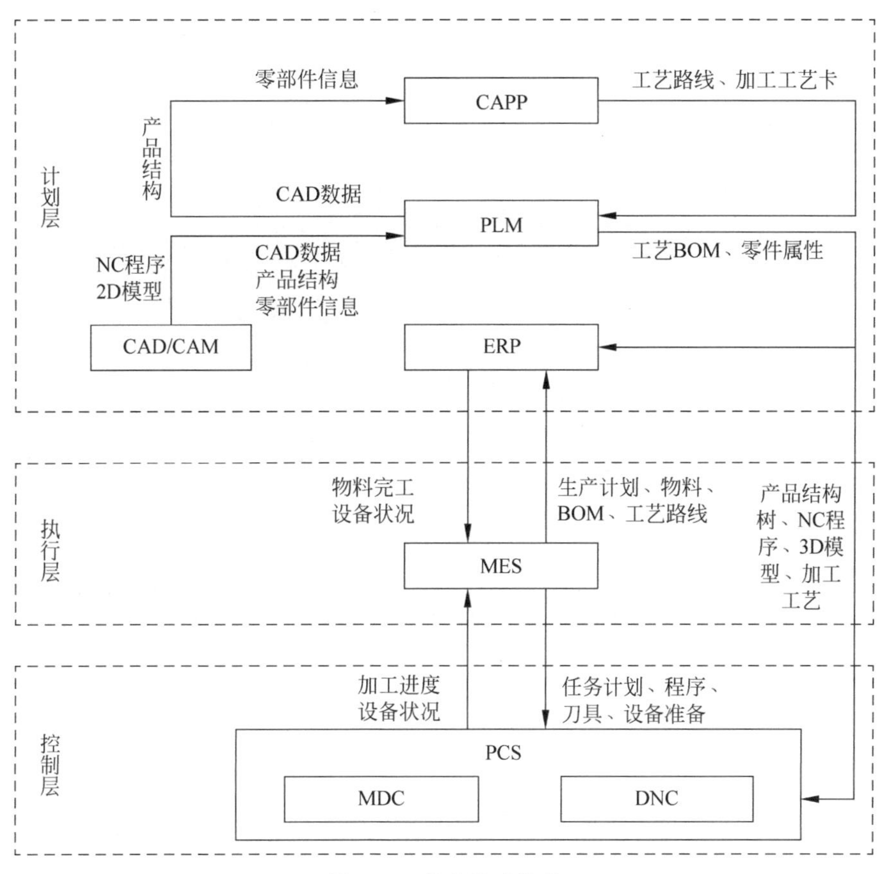

图 4-11　信息流动关系

在产品形成过程中，PLM 与 ERP 发生关系是在生产计划阶段。PLM 数据库可以提供各种不同的产品数据，ERP 根据管理的需要，获得产品数据中的零件基本记录和 BOM。产品 BOM 和零件基本记录是 PLM 和 ERP 数据交换的主要内容。

MES 上承 ERP 等计划系统，下接车间现场控制，填补了 ERP 与车间控制之间的断层，提供信息在垂直方向的集成。MES 可看作一个通信工具，它为其他各种应用系统提供现场实时信息。MES 向上层 ERP 提交生产盘点、物料盘点、实际订单执行等涉及生产运行的数据，向 PCS 系统发布生产指令及有关生产运行的各种参数。

2. 职能管理角度

离散型制造企业信息系统一般由 CAD/CAM、PLM、CAPP、ERP、MES、PCS（包含 DNC）等分系统组成，在企业管理中每个系统都有自己管理的范围，在自己管理范围内发挥着其他系统不可替代的独特的管理作用。图 4-12 为各分系统之间的管理关系。

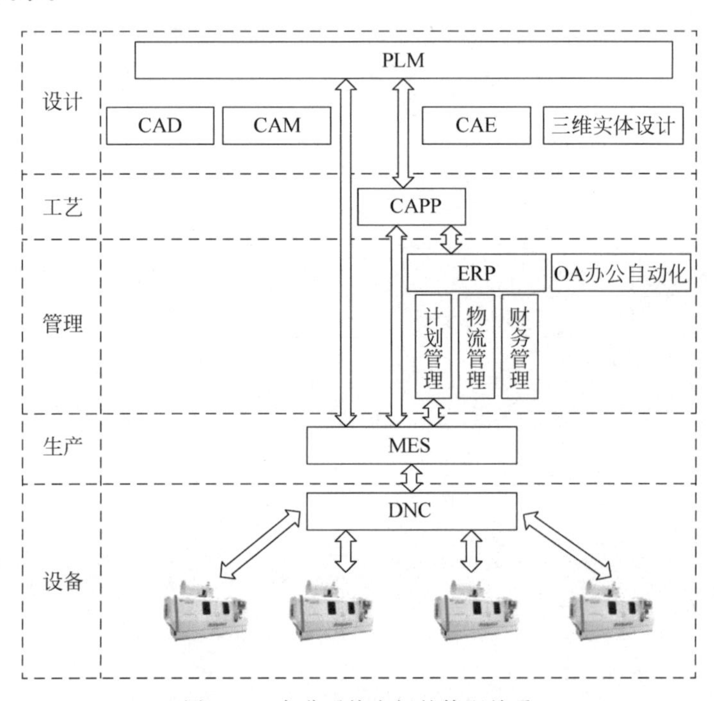

图 4-12 各分系统之间的管理关系

3. 分系统之间的集成数据流

数字制造的信息集成是通过 ERP/PLM(PDM)/MES/PCS(包括 DNC)的信息流集成得以实现的。图 4-13 为 CAD/CAM/CAPP/ERP/PLM(PDM)/MES/PCS 的集成数据流。这种模式把通过 CAD、CAM 辅助设计的产品数据用 PLM 进行管理，然后利用 PLM(PDM)技术来控制产品数据、流程和工程变更，一方面 PLM(PDM)将产品几何信息送往 ERP 系统，同时从 PLM 这一方需要访问 ERP 的生产计划信息，从而保证 ERP 的有效运作。在 ERP 系统应用基础上，通过 MES 解决生产现场的各种问题，使生产管理系统能适应多种生产模式。

集成数据流包括以下内容。

(1) DNC 系统、MDC 系统与 PLM(PDM)系统集成，数据流双向，将 PLM(PDM)系统的工艺 BOM、零件属性、工艺路线等传递给 DNC 系统，DNC 系统将定

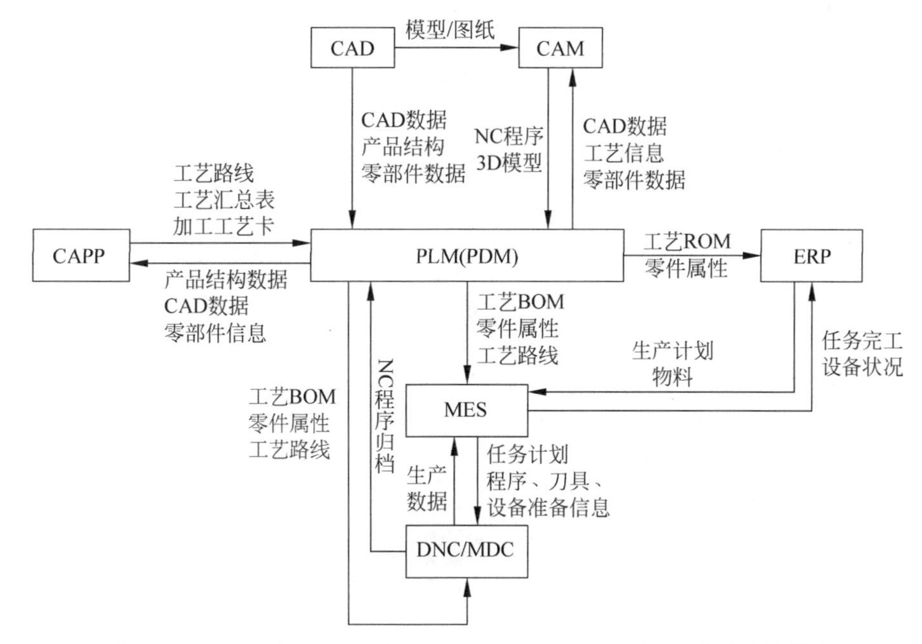

图4-13　CAD/CAM/CAPP/ERP/PLM(PDM)/MES/PCS的集成数据流

型的NC程序传输到PLM(PDM)系统实现归档管理。

(2) CAD系统与CAM集成,数据流单向,将CAD系统的模型/图纸信息通过接口传给CAM系统。

(3) CAD系统与PLM(PDM)系统集成,数据流单向,将CAD系统的CAD数据、产品结构、零部件数据通过接口传给PLM(PDM)系统。

(4) CAM系统与PLM(PDM)系统集成,数据流双向,CAM系统将NC程序、3D模型通过接口传给PLM(PDM)系统,PLM(PDM)系统将CAD数据工艺信息零部件属性通过接口传给CAM系统。

(5) CAPP系统与PLM(PDM)系统集成,数据流双向,CAPP系统将工艺路线、工艺汇总表、加工工艺卡通过接口传给PLM(PDM)系统,PLM/CAPP系统将产品结构数据、CAD数据、零部件信息等传给CAPP系统。

(6) ERP系统与PLM(PDM)系统集成,数据流单向,PLM(PDM)系统将工艺BOM与零件属性通过接口传给ERP系统。

(7) PLM(PDM)系统与MES系统集成,数据流单向,PLM(PDM)系统将工艺BOM、零件属性、工艺路线通过接口传给MES系统。

(8) ERP系统与MES系统集成,数据流双向,ERP系统将生产计划和物料通过接口传送给MES系统,MES系统通过计划的执行将任务完工和设备状况反馈给ERP系统。

(9) MES系统与DNC、MDC系统集成,数据流双向,MES将任务计划、程序、工具、设备准备信息传给DNC系统,在生产加工的过程中,通过MDC系统采集生产加工的数据，把采集的数据反馈到MES系统。

4.3.4 数字化车间应用场景和角色

1. 数字化车间应用场景

图4-14为数字化工厂应用场景示意图。在系统应用场景中，各部门职能如下：

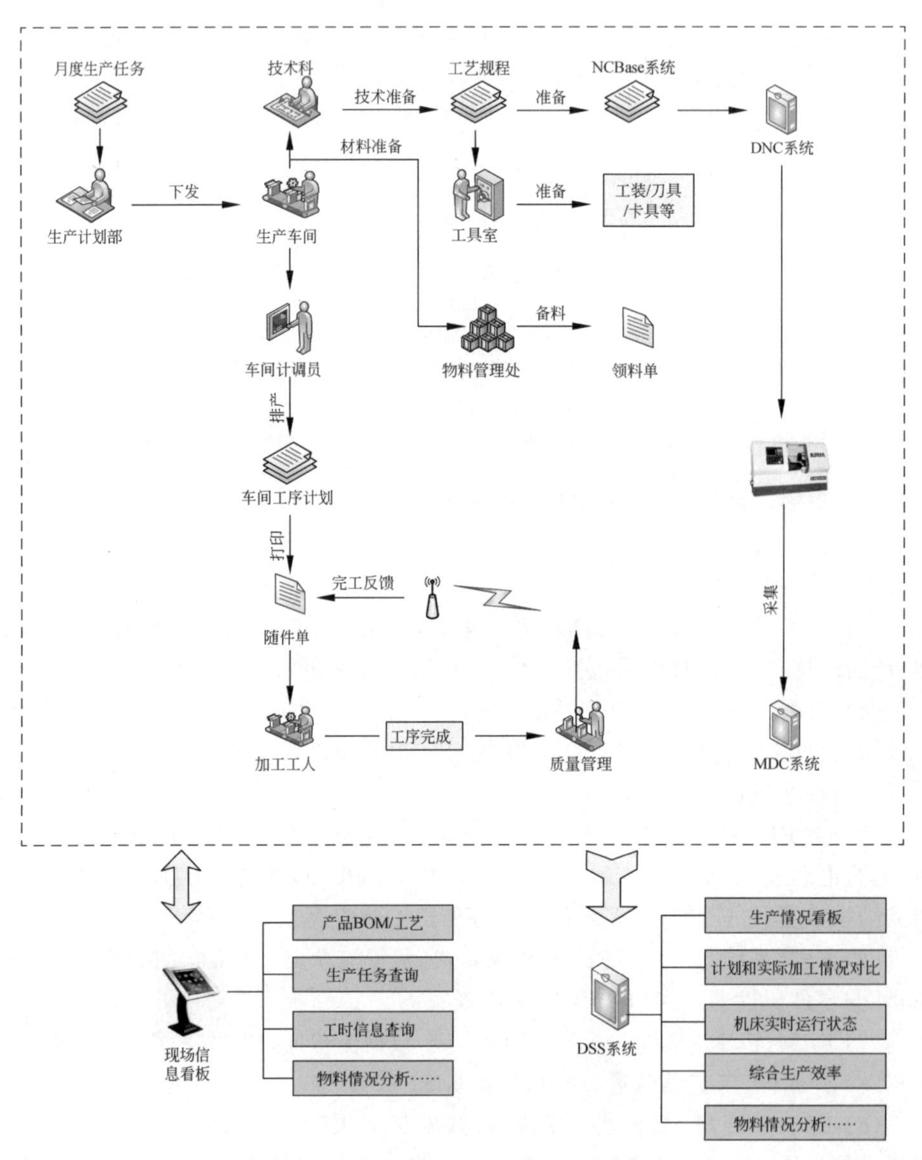

图4-14 数字化工厂应用场景示意图

(1) 工艺/技术部门：使用系统的产品BOM、工艺路线模块，主要为系统基础数据部分进行维护。这里可以从PDM系统等集成系统获取相关数据。

(2) 计划员：生产部计划员可使用总协同平台随时掌握各车间的生产状况。车间计划员主要使用计划管理模块、高级排产、计划调整、计划下达等业务。系统将帮助计划员快捷地排出高质量的生产计划，并提供可视化的计划管理工具。

(3) 车间调度员：使用协同平台的生产准备功能，方便调度人员即时了解生产计划的准备情况，包括物料准备、工装准备。及时督促协调未准备好的生产计划。

(4) 物料管理员：及时获取到车间生产现场的物料需求计划，并根据库存信息按照需求计划进行物料配送，方便地实现物料从库房到工位现场的配送流转。

(5) 班组长：负责任务的二次派工及已完成任务工时的分配工作。

(6) 操作工：使用系统可及时获取到自己的生产任务，并快捷地实现计划反馈，以便质量人员接收质检任务，计划人员及时了解现场进度信息。操作人员在加工过程中，通过系统可随时查看工艺图纸、已发生的工时信息、质量信息等。

(7) 质检员：系统将自动把需要质检的任务传递给质检人员，质检人员使用系统进行检验反馈、检验项目点采集、不合格品处理、质量检查表电子签署及输出等操作。

2. 数字化车间应用角色

1) 分厂计划员

基于工厂主生产计划，生产计划人员根据物料、设备、人员、工具等生产资源状况，统筹兼顾，制定多车间协同的生产计划并根据实际情况进行灵活的调度。主要功能为：

(1) 生产任务的全面管理，包括任务的创建、分解、浏览、修改、激活、暂停、停止、统计等各种功能。

(2) 支持多车间联动协调计划和调度。实现资源协同，统一调配各车间资源平衡。

(3) 实现多车间协同生产。实现生产准备和计划协同，实现生产协同和进度协同，确保整个生产均衡有序地进行。

(4) 形成计划知识库。对优化的并经生产验证的计划形成样例知识库，便于后续生产中类似产品生产计划的快速复制。

(5) 实现透明化现场管理。可通过机床实时采集、计划进度采集等先进手段，实时地、直观地掌握设备/装配线的状态。

2) 车间计划员

(1) 协同的生产资源准备与集中监督。当投产计划下达后，计划员通过本系统向相关人员发送准备任务，如物料、刀具、设备等，各项工作的准备情况实时地反映在协同制造平台上。

(2) 基于设备有限能力的计划排产，实现最优排产，提高计划科学性。通过高级排产算法，在基于设备有限能力分析的基础上，按照各种约束条件进行自动排产，并以图形化界面对工序计划进行模拟预测，提高计划的预见性、可执行性，降低调度的盲目性和随意性。

3）车间调度员

系统建成后，将对车间调度员的日常工作有较大的提升和帮助，他们在系统中主要进行以下工作：各计划调度员可及时进行检查、督促或者协调解决生产准备中的问题，避免因某一环节准备延迟而影响整个生产的情况发生。

(1) 计划执行进度的实时跟踪。利用协同制造平台，实时掌握生产计划的执行进度，通过人性化设计，由系统将相关信息主动推送至调度人员，减少繁琐的信息检索动作，使系统具有良好的用户体验。

(2) 生产现场各种状况的快速响应。通过对现场设备的实时采集监控，调度人员在MES系统中可实时查看生产区的生产状况，极大地减少了调度人员跑现场的工作量，实现生产调度的全面控制。

4）物料/工具管理员

车间库管员可通过本系统实现物料从生产计划部的领用入库、工人领料等基本的物料管理功能。

在系统进行物料信息共享，具有库存事务处理和库存统计、预警功能，并可进行批次跟踪管理。通过本系统科学、有效地信息化设计和建设，可实现对机加工分厂、管件部、总装分厂内所有毛坯、原材料、刀具、工装、量具、在制品、成品的统一管理。

同时，系统具有强大的统计分析功能，完全可代替材料管理员以往繁琐的手工报表统计工作，极大地减轻材料员的工作强度。

5）车间工人

车间工人在系统内进行以下主要工作：

(1) 任务查阅与接收。在生产现场，工人可通过触摸屏登录本系统，进行任务接收、浏览。

(2) 技术文件浏览。可通过集成的方式进行加工零件的工艺、数控程序等技术文档调阅。

(3) 生产信息反馈。对相关生产过程信息进行输入，包括加工开始、结束以及生产异常的反馈等。

6）车间统计员

统计人员担负着本车间大量的统计报表工作，存在着工作量大、效率低下、信息统计滞后等缺点，通过本项目的建设，系统将自动提取现场各类生产数据，以车间生产计划、进度、工时、质量等为基础，结合各类实际的报表需求，经过数据分析，形成各车间的统计分析报告，极大地提高统计人员的工作效率，减轻统计员的工作负担。

7）车间领导

(1) 生产进度掌握。系统提供良好的可视化界面，采用类似"红绿灯系统"等图形化的表现方式，可以很容易地查看每个生产任务和工序的状态，包括是否投产、计划数量、交货期、所用时间、提前（或延迟）时间、已完成数量等，所有信息一目了然。

（2）数据分析。利用生产现场大量的第一手数据，系统可为车间领导提供计划信息、执行信息、物料消耗及质量统计等全方位的分析报告。

8）企业领导

系统对生产中的海量数据进行深入的数据挖掘，结合人工智能分析出能指导生产的各种分析报告，为领导做出决策提供数据支持和帮助。具体包括以下内容：

（1）计划与调度决策。以各车间生产计划、进度、质量等为基础，结合实际需求，经过信息提取、加工、重组，形成各车间的统计分析报告。

（2）生产资源决策。对生产计划的执行情况，工段作业情况，物料、刀具、质量、设备等信息进行综合分析，为企业层的管理与决策提供可靠的量化数据。

（3）生产过程决策。对生产过程及设备运行状况进行分析挖掘，可方便、直观地显示出生产过程中的各种数据，如产品延期统计、操作工的效率、机床利用率（OEE）、机床报警状态统计等。

（4）质量管理决策。通过确认的问题产品批号或者原材料的批号信息，进行向前追踪（从成品到原料）或者向后追踪（从原料到成品），自动匹配与其相关的所有相关生产信息，如人员、设备、具体工序及操作时间、使用工具等，通过报表图形的形式统计分析，帮助采取下一步的补救措施。

（5）建立生产辅助决策知识库。根据产品计划、制造过程等知识建立起相关的计划样例、生产资源、切削参数知识库、设备故障库等知识库，便于以后对类似产品快速复制并进行优化。

4.4　智能生产线的系统集成

4.4.1　机床控制器的控制层级

人工智能与计算机技术的结合，极大地推动了数控系统的智能化程度。智能控制的应用体现在数控系统中的各个方面：①应用前馈控制、在线辨识、控制参数的自整定等技术提高驱动性能的智能化；②利用自适应控制技术实现加工效率和加工质量的智能化；③应用专家系统等智能技术实现故障诊断、智能监控等加工过程控制方面的智能化。

制造过程中机床控制器的控制层级可以划分为如图 4-15 所示的三个层级。

由图 4-15 可见，控制过程包括电机控制层级、过程控制层级和监督控制层级。其中，电机控制层级可以通过光栅、脉冲编码器等机床检测设备实现机床的位置和速度监控。过程控制主要包括对加工过程中的切削力、切削热、刀具磨损等进行监

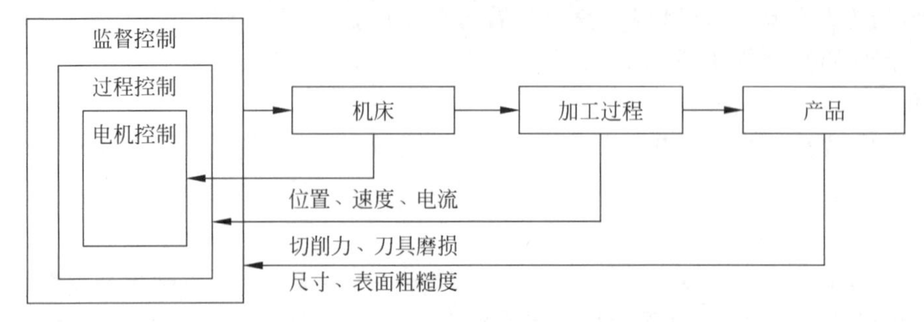

图 4-15　机床控制器的控制层级

控,并对加工过程参数做出调整。监督控制是将加工产品的尺寸精度、表面粗糙度等参数作为控制目标,以提高产品的加工质量。

1. 智能化加工控制国外发展趋势

国外主要集中于对智能控制算法、加工过程的监控应用等方面的研究。

(1) 智能控制策略研究：在神经网络控制加工领域,提出了一种粒子群驱动的鱼群搜索算法,用来优化数控机床加工参数。神经网络需要进行过程迭代、收敛受网络复杂度的影响要花费一定时间的问题,为了克服这一问题,提出了一种基于神经网络和遗传算法的混合方法以减少神经网络的计算复杂度和时间消耗,并对平面加工的特征识别进行模拟实验,证明其可行性。有人提出了一种基于遗传算法的适用于求解细小的切削力预测模型,建立的切削力模型可以实现对切削力的预测和对切削参数的优化。

(2) 加工过程的监控应用：监控监测加工过程中的不正常现象,进而采取停止加工过程、调整加工过程参数(如主轴转速)以避免机床破坏是非常重要的。加工过程的不正常现象可能是渐进产生的,如刀具磨损；也可能突然产生,如刀具破损；或者可以预防,如振动或颤振。

2. 智能加工控制国内发展趋势

在智能化控制下,自动化系统能够主动对故障进行检修,这是因为自动化系统在应用过程当中能够很好地将所有的机器通过计算机语言联系在一起,并产生一个具有联动性的处理系统。[7]根据采用的传感器、控制方法和控制目标的不同,对加工过程监控的研究主要集中在以下几个方面：

(1) 通过对刀具磨损的研究,实现加工状态监控；

(2) 通过对测力仪或测量电机电流等间接方式获得的切削力的研究,对加工过程状态进行改进；

(3) CAM 领域的离线参数优化研究；

(4) 智能加工控制算法仿真研究等。

例如,陕西宝鸡机床集团有限公司生产的智能数控机床具有代表性。在机床的关键位置安装振动、温度、位置、视觉传感器。收集数控机床基于指令域的电控实时数据及机床加工过程中的运行环境数据，形成数控机床智能化的大数据环境，通过大数据的可视化、大数据分析、大数据深度学习和理论建模仿真，形成智能控制的策略。实现数控机床加工过程的自感知、自学习、自诊断、自调节等智能化功能。

4.4.2　数控机床全生命周期管理服务平台

智能制造是面向产品全生命周期，实现泛在感知条件下的信息化制造。在传统生产自动化基础上对生产理念及生产方式提出全新的要求，其中非常重要的一点是对生产信息的全面感知。数据和信息是智能制造中流动着的“血液”，数字化将数据转变成信息，通过网络化和智能化决策，创造有用的价值。因此，智能产品制造都是由数据驱动的。[8]产品全生命周期建档分为四个阶段。

(1) 部件生产阶段：采购环节数据、生产环节数据、测试入库记录；

(2) 配套产品入库阶段：配套产品入库检测记录、配套产品采购订单信息；

(3) 机床整机调试阶段：机床制造过程数据、机床出厂测试调机数据、机床出厂记录；

(4) 机床交机阶段：用户开机、调机数据记录，自主维修、一键报修、用户维修记录，用户使用过程数据。

而数控机床全生命周期管理服务平台应用物联网、云服务、大数据等关键技术，采集数控机床从设计、加工到机床整机调试，用户交机使用等全生命周期数据，建立机床档案数据库，进行全生命周期信息追溯，为用户提供远程设备监控、生产统计管理、设备运行维护等服务。图4-16所示为陕西宝鸡机床集团有限公司的宝鸡云(BOCHI CLOUD)技术架构。

宝鸡云的核心亮点是其运维服务功能。

(1) 故障案例知识库：为用户提供故障解决方案；

(2) 故障报修：设备故障在线报修、报修订单及时派遣、工程师快速跟进等；

(3) 定期保养：跟踪设备全生命周期性能变化，提供定制化保养计划；

(4) 预测性维护：预测设备潜在的故障风险并及时备件。

宝鸡云主要功能模块如图3-34所示。

4.4.3　数字化生产线系统集成

随着集成控制系统技术的快速发展，自动化生产线向着更高的自动化和集成化方向发展。[9]生产线集成控制的含义是通过某种网络将其中需要连接的智能设备进行组网，使之成为一个整体，使其内部信息实现集成及交互进而达到控制目的。生产线集成控制的种类有设备集成和信息集成两种。[10]设备的集成是通过网络将各种具有独立控制功能的设备组合成一个有机的整体，这个整体是一个既独立又关联而且还可以根据生产需求的不同而进行相应组态的集成的控制系统。信

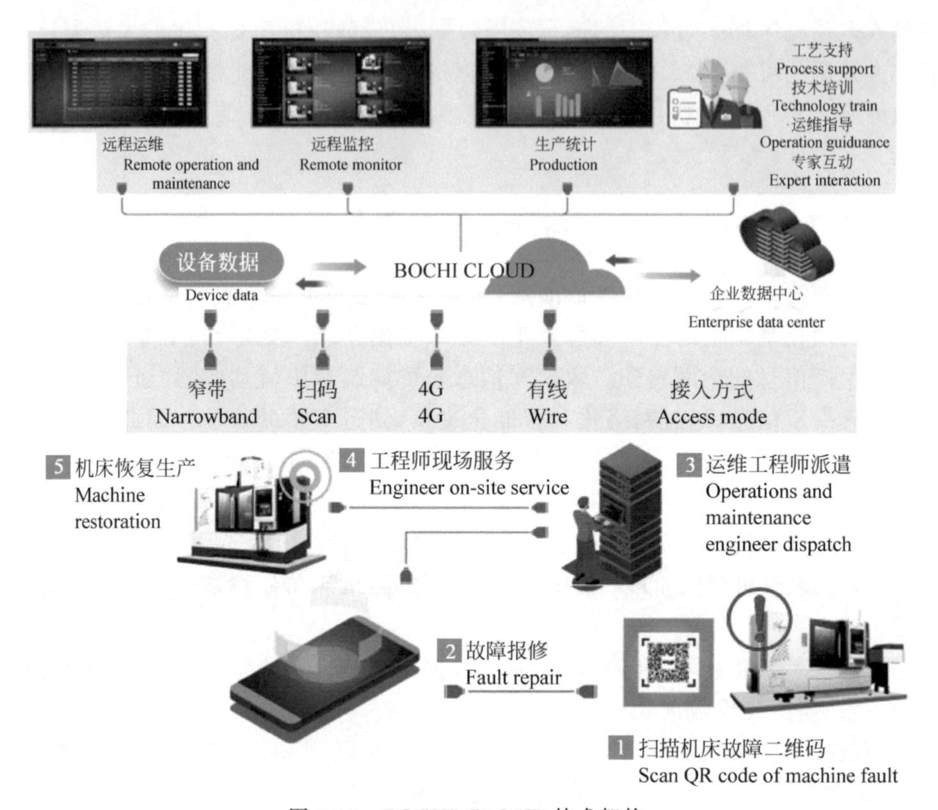

图 4-16 BOCHI CLOUD 技术架构

息的集成是运用功能模块化的设计思想规划和配置资源的动态调配、设备监控、数据采集处理、质量控制等功能，构成包括独立控制等处理功能在内的基本功能模块，各个功能模块实现规范互联，构造功能单元时采用特定的控制模式和调度策略，达到预期的目标，进而实现集成控制。

传统的自动化企业专注于设备级的自动化实现，但对上层 SCADA/MES/ERP 等系统不熟悉，致使忽视生产线信息的数字化获取及生产信息的横向、纵向流动。MES/ERP 等软件系统企业专注于上层系统级的数据分析与调配控制，对于底层型号各异的执行设备和控制器等硬件设备以及控制方式难以涉及，影响信息纵向流动。通过数字化测量实现制造信息(关键参数)的数字化获取及流转，可打通上层系统与底层生产线之间的阻隔，释放已有的优质生产力，加快我国制造业发展进程。通过集成工装设计、制造、管理技术，构建工装数字化生产线，实现工装研发过程各环节数据流的畅通，才能充分发挥数字化技术在工装研发过程中的作用，从而提高工装制造精度和效率，缩短研制周期，降低研制成本。

生产线集成控制是将通信、计算机及自动化技术组合在一起的有机整体。[11] 为了使生产线中各设备和分系统能够协调工作，系统采用 PLC 及其分布式远程 I/O 模块实现生产单元的“集中管理、分散控制”；同时 PLC 接收来自上位 MES 系统的管理，包括操作人员信息核对、产品控制、物料管理等信息，控制系统结构如图 4-17 所示。通信内容包括操作人员身份识别、生产线线体状态、机械手信息、机器人信息、工件加工信息、机床工作状态及各种故障信息等。

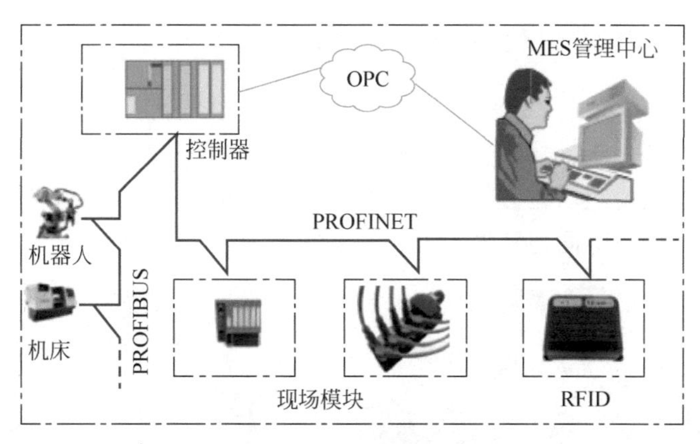

图 4-17　生产线控制系统结构示意图

控制系统硬件组态如图 4-18 所示。采用 PROFINET 网络与底层的现场 I/O 设备通信，I/O 设备包括 IM151-3PN 现场模块、ET200eco PN 输入输出模块、RF180C 通信模块等具有以太网功能的模块；为了与车间其他单元 PLC 系统数据共享，控制系统还配备了工业级 PN/PN 耦合器，通过该网桥，可以实现自动生产线与车间其他 PLC 系统之间的信息交互。同时为了保证生产的可靠性，在各单元的控制器间采用光纤环网连接，一旦 MES 系统出现故障，控制系统可以脱离 MES 系统正常运行。

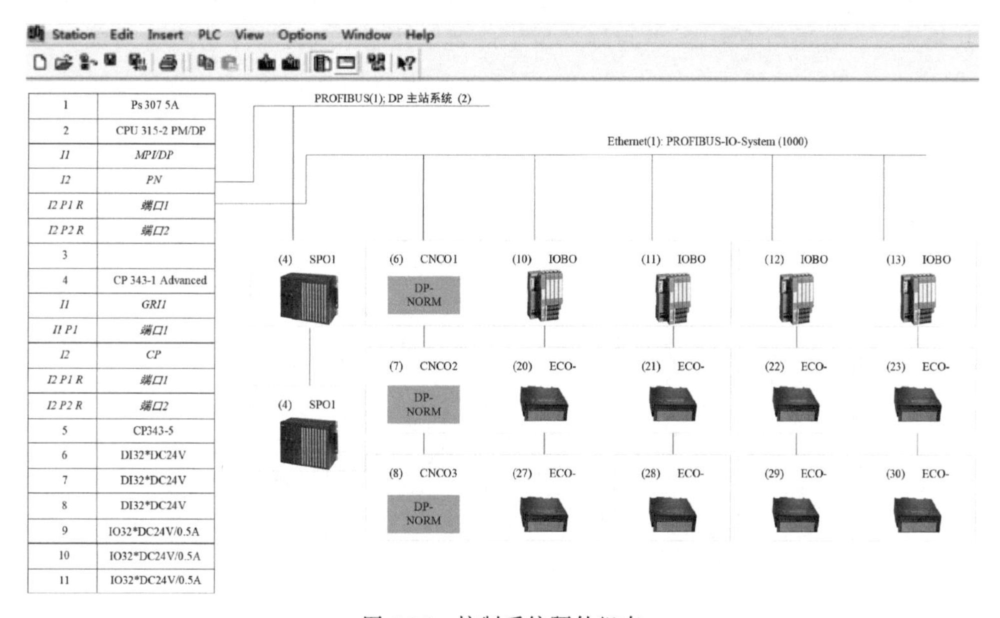

图 4-18　控制系统硬件组态

4.5 智能车削生产线典型案例

4.5.1 汽车轮毂智能自动生产线

图 4-19 所示是某汽车轮毂自动生产线。该生产线适用于 14～20in 汽车铝制轮毂的车削、钻削加工,同时还可组合多单元进行扩展。该自动生产线配备自动视觉识别功能、自动检测功能、铁屑自动清理功能和废品自动剔除功能等先进技术,能够实现不同种类、不同型号轮毂工件的混线加工。

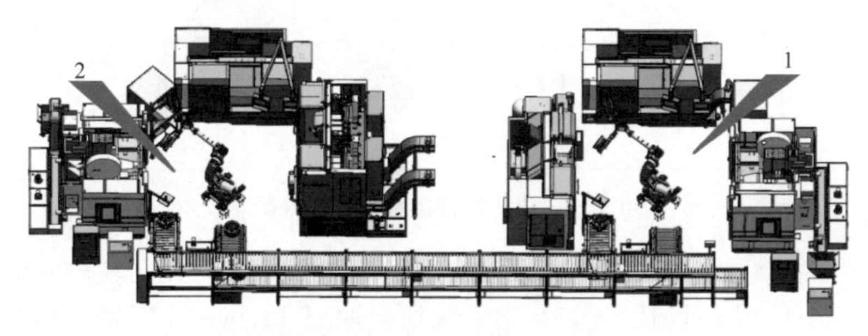

图 4-19 汽车轮毂自动生产线

1—加工单元 1；2—加工单元 2

4.5.2 汽车变速箱输入轴、中间轴智能自动生产线

图 4-20 所示是汽车变速箱输入轴、中间轴自动生产线。该生产线是针对重庆某公司汽车变速箱输入轴、中间轴批量生产而设计制造的两条车磨复合自动生产线,由 1 条 25m 双竖梁桁架、1 条 18m 双竖梁桁架、3 台数控车床、5 台高速数控磨床、4 套全自动上料库、4 台全自动下料库组成,实现汽车变速箱输入轴、中间轴零件的自动车、磨加工。输入轴与输出轴的成品图如图 4-21 所示。

图 4-20 汽车变速箱输入轴、中间轴自动生产线

输入轴

输出轴

图 4-21　输入轴与输出轴

4.5.3　顶料杆智能生产线

图 4-22 所示是为济南某公司设计生产的顶料杆智能生产线。生产线由机加工单元、自动化仓储单元、自动化清洗打标单元、自动化覆膜包装单元等组成。实现顶料杆零件从毛坯至成品以及涂油、包装等工序的全自动化生产。各单元间通过总控系统实现互联互通，可以实现生产管理系统、设备管理系统、质量管理系统信息的采集等。成品仓储单元如图 4-23 所示。

图 4-22　顶料杆智能生产线

4.5.4　链片智能自动生产线

图 4-24 所示是陕西宝鸡机床集团有限公司为江苏某公司设计制造的链片生产集成的自动生产线。生产线由 2 台 CK518 立式数控车床、2 台 VMC1580 立式加工中心、抽检装置、翻转台、上下料库等设备组成，关节机器人＋行走轨道为自动线提供自动上下料服务，实现工件自动加工。该生产线配置有总控系统，自动线生产—数控设备—产品采用大闭环控制，实现自动生产线协调管理。链片成品仓储单元如图 4-25 所示。

图 4-23　成品仓储单元

图 4-24　链片生产集成的自动生产线

图 4-25　链片成品仓储单元

4.5.5　武汉东风楚凯汽车零部件加工数字化车间

图 4-26 所示是陕西宝鸡机床集团有限公司为武汉东风楚凯公司设计制造的汽车零部件加工数字化车间，包括 5 条生产线，可完成 9 种汽车关键零件的自动加工。车间中采用陕西宝鸡机床集团有限公司生产的车床、立式加工中心共计 47 台，华中机器人 25 台，国产配套比例 100%。机床采用华中 8 型数控系统，车间配置华中总控系统，车间内生产线—数控设备—产品属于大闭环控制，实现车间数字化管理。

图 4-26　武汉东风楚凯汽车零部件加工数字化车间

图 4-27 所示是陕西宝鸡机床集团有限公司为武汉东风楚凯公司设计制造的高压油泵驱动单元壳体自动线。该生产线分六序加工，采用的设备有 12 台立式加工中心、4 台车削中心、6 台机器人、在线检测设备、全自动料库等，经 6 道工序对壳体零件实现自动加工。

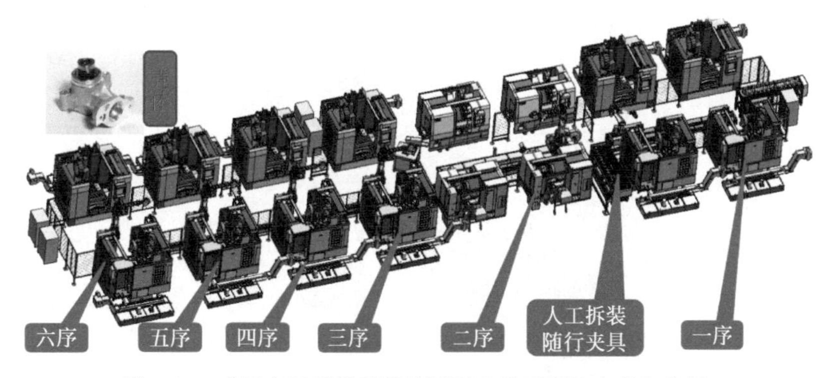

图 4-27　武汉东风楚凯高压油泵驱动单元壳体自动生产线

(1) 毛坯上料，利用车床一序加工后序 3 个定位孔和端面，然后人工安装随行夹具。

(2) 分度卡盘旋转 90°，利用车削中心二序，分别加工端面和孔。然后对加工端面和加工孔进行在线检测。

(3) 在线检测合格之后，利用立式加工中心三序加工空间位置孔和孔口。

(4) 通过立式加工中心四序加工空间位置 $\phi4.5$ 孔和孔口。

(5) 通过立式加工中心五序加工空间位置 $\phi4.5$ 和 $\phi7$ 孔。

(6) 通过立式加工中心六序加工上部孔及端面。

(7) 人工拆卸随行夹具，完成成品加工。

武汉东风楚凯高压油泵驱动单元壳体自动生产线.pptx

图 4-28 所示是陕西宝鸡机床集团有限公司为武汉东风楚凯公司生产的高压油泵驱动单元凸轮轴自动生产线。该生产线为三序加工，采用的设备有 4 台立式加工中心、4 台数控车床、3 台关节机器人、全自动料库等，经 3 道工序对凸轮轴零件实现全自动加工。

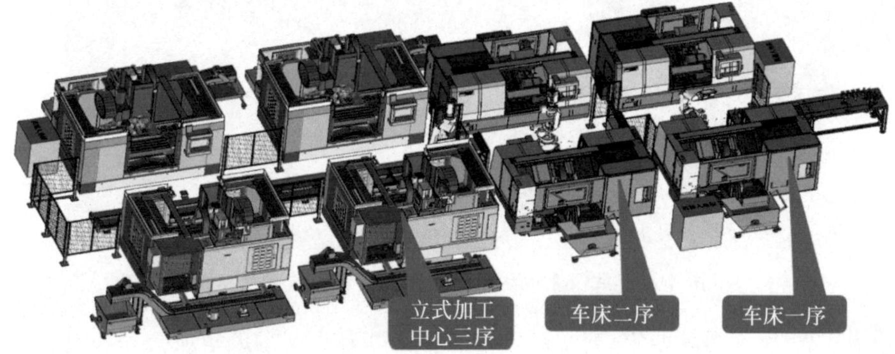

图 4-28　武汉东风楚凯高压油泵驱动单元凸轮轴自动生产线

图 4-29 所示是陕西宝鸡机床集团有限公司为武汉东风楚凯公司设计制造的

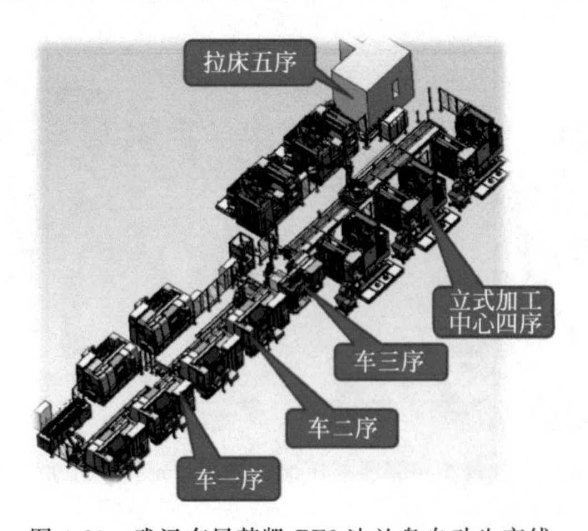

图 4-29　武汉东风楚凯 PF2 法兰盘自动生产线

PF2 法兰盘自动生产线。该生产线由 7 台数控车床、5 台立式加工中心、1 台拉床、1 台打标机、1 台全自动料库、3 个翻转台、1 台在线检测设备、4 台机器人等组成，经 5 道工序对法兰盘零件实现自动加工。

4.6 小结

本章主要从智能车削生产线总体布局、数字化工厂与车间的建设和智能生产线的系统集成等 3 个方面介绍了典型的智能车削生产线的设计和制造，并且通过典型的案例介绍了智能车削生产线的应用。通过对典型车削生产线设计的分析，为智能车削生产线的设计提供了相应的参考和帮助。通过陕西宝鸡机床集团有限公司数字化工厂与车间建设的经验，为相关单位进行数字化工厂与车间的设计提供了相应的指导和参考。通过智能车削生产线的系统集成，保证了智能车削生产线的全自动化运行。

参考文献

[1] 车娟，江明棠. 基于 PLC 和 KUKA 机器人的棒材车削自动生产线的设计[J]. 内燃机与配件，2017(22)：22-23.

[2] 任婷婷. 自动化生产线的安装与调试[J]. 电子技术与软件工程，2018(3)：145-146.

[3] 程永强. 自动化生产线安装与调试课程改革与实践[J]. 黎明职业大学学报，2016(1)：58-61.

[4] 樊军锋. 智能工厂数字化交付初探[J]. 石油化工自动化，2017，53(3)：15-17.

[5] 余勤锋. 石化工程企业设计集成系统的构建[J]. 现代化工，2015，35(8)：6-10.

[6] 李其锐. 基于设计集成系统海洋平台项目复用及模板化设计的应用[J]. 中国勘察设计，2013(9)：97-100.

[7] 陈文静. 智能化技术在自动控制工程领域的应用研究[J]. 智库时代，2019(44)：254-255.

[8] 苗圩. 中国制造 2025 与德国工业 4.0 异曲同工[J]. 装备制造，2015(6)：22.

[9] 孔雪健. DCS 控制系统及发展趋势[J]. 城市建设理论研究：电子版，2014(23)：50-52.

[10] 吴修德. 基于工业以太网的车间数字设备集成控制的关键技术研究[D]. 武汉：武汉理工大学，2007.

[11] 郭琼，姚晓宇. 机加工自动生产线控制系统集成[J]. 制造业自动化，2014，36(16)：16-18＋29.

第5章

智能精密卧式加工中心

加工中心作为重要的数控机床产品,是现代装备制造业的关键设备,对国家制造业水平和竞争力的提升有着举足轻重的作用。随着国家关键领域对加工质量要求的不断提升,对加工中心提出了很高的要求。高精度卧式加工中心作为高性能加工设备,具有高效率、高精度和高可靠性,是我国航空航天、汽车、船舶、大型发电设备、军工行业急需的关键设备,对推动我国装备制造业发展、保障国家安全具有重大意义。本章主要介绍智能精密卧式加工中心的产品优化设计、误差补偿、伺服驱动优化、抑振、可靠性等方面的内容。

5.1 精密卧式加工中心优化设计

5.1.1 精密主轴及回转工作台结构优化

1. 精密主轴结构优化设计

主轴是精密加工中心的关键部件,对保障加工精度具有非常重要的意义。精密主轴的前、后支承采用多联高精度组合轴承,采用精密加工和装配技术来保证主轴组件的回转精度。轴承一般采用长效油脂润滑,实现免维护。[1]主轴采用外循环强制冷却,减少主轴的热漂移,提高回转精度。采用基于数字化虚拟设计的机床精密主轴系统误差分析与主轴实时动态检测相结合的模式,优化零件的设计参数和装配工艺方法,实现精密主轴的设计要求。

2. 精密回转工作台结构优化设计

精密回转工作台分为端齿盘分度回转工作台和连续分度回转工作台。端齿盘分度回转工作台(B 轴)采用高精度的端齿盘来保证 B 轴的定位精度和重复定位精度,利用伺服电机驱动实现快速分度。连续分度回转工作台采用高精度圆柱滚子组合轴承作为回转轴系的支承,采用高精度圆光栅作为全闭环的检测元件,保证 B 轴连续分度定位精度。此外,回转工作台采用液压刹紧机构,可适应工件的强力铣削。精密回转工作台结构如图 5-1 所示。

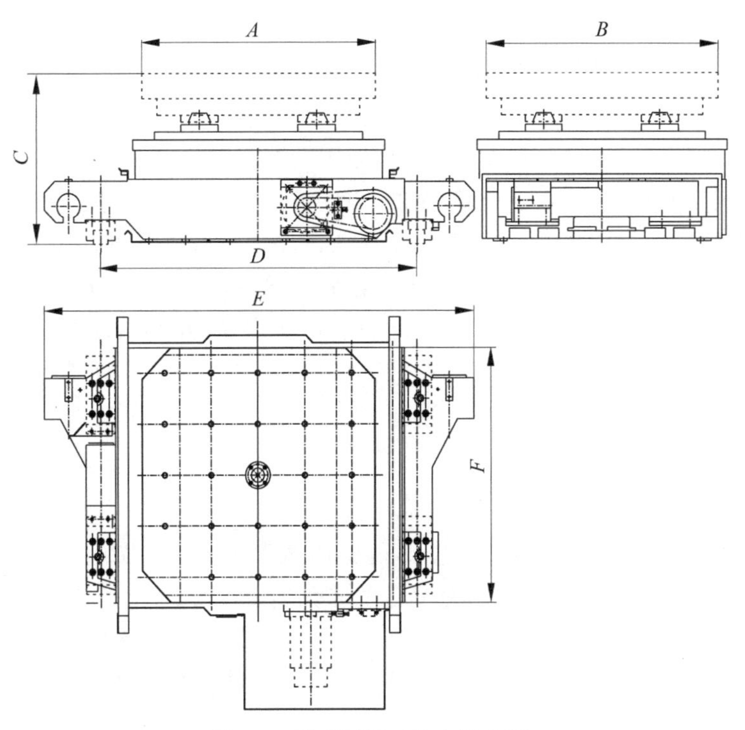

图 5-1　精密回转工作台结构图

5.1.2　精密卧式加工中心整体结构设计

床身采用 T 形整体结构（X 向为阶梯形结构），便于安装且能够保证精度稳定。立柱采用具有最佳热对称性和结构稳定性的整体框式结构，立柱实现 X 向横坐标移动，工作台实现 Z 向纵坐标移动，能够最大限度地保证主轴的刚性和对准度。此外，床身、立柱、滑座均采用高质量铸铁。

对于机床直线驱动装置，机床 X、Y、Z 轴进给机构采用伺服电机、直线滚动导轨副和精密级滚珠丝杠副，高精度直线滚柱导轨使机床可以在 60m/min 以上条件下实现快速移动和准确定位，并在低速运行下无爬行，同时采用集中定时润滑，使导轨的磨损减至最低，保证了机床精度的稳定。机床直线滚柱导轨安装面采用精密刮研技术，提升了机床几何精度。机床滚珠丝杠副采用两端固定和预拉伸的结构形式，同时配置 60°高刚性多联丝杠轴承组，保证了机床进给传动刚度和精度。

对于机床主轴箱及主轴组，主轴箱上下运动（Y 轴）采用液压平衡装置来消除主轴箱在上下运动时由自重而产生的不平衡量，使 Y 轴精度得到保证。

对于托盘定位和锁紧，托盘定位采用高精度的四锥销过定位方式，配置锥销定位面的清洁吹气装置，以保证定位可靠性。同时，托盘锁紧采用四锥销内置油缸锁紧方式，使得锁紧点与定位点重合，提升工作台刚性。

5.2 精密卧式加工中心误差智能补偿技术

机床在实际加工过程中，由于多方面原因会产生各种误差，常见的误差类型主要有几何误差、控制误差、热(变形)误差、力(变形)误差、运动误差、定位/位置误差等，严重影响零件加工质量。[2]误差补偿作为减小或消除误差的主要方法，是人为地向机床输入与机床误差方向相反、大小相同的误差来抵消机床产生的误差，从而减少或消除机床误差，提高被加工工件精度。[3]热误差、几何误差以及力误差是影响机床加工精度的主要误差，研究这三种误差的补偿方法将有利于提升精密卧式加工中心的精度。

5.2.1 热误差补偿技术

在机床各类误差中，机床热误差所占比例通常为40%～70%，主要原因是机床工作产生的内部热和工作空间温度梯度变化使温度场复杂多变，使得精密机床各部件间产生了不同应力，进而使机床结构产生变形。通过对机床热误差的产生机理进行分析、检测和建模，热误差可通过误差补偿进行有效控制。

1. 热误差分析和检测

通过分析机床加工过程中所产生的热变形误差的因素，检测和采集误差源、加工误差、加工位置及温度分布等参数，确定引起机床热变形误差的热源分布情况。

1) 综合测量系统

(1) 温度测量。热误差实验中，在无法充分了解实验研究对象结构及热特性的情况下，根据工程经验确定基本热源位置，通常通过布置大量的测温点来研究加工中心整体结构以及热特性。根据对重要部件的结构特点及热源分析，温度传感器主要布置在以下部件上：主轴前后轴承、电机及电机端轴承座、左右立柱上下位置，可以布置20个温度传感器，实时检测加工中心在各种实验工况下温度场的分布与变化规律。所有测温点具体空间位置如图5-2所示。

(2) 位移测量。加工中心处于正常工作时，由于热源分布情况较复杂，使得相关部件之间原有约束方式发生了复杂变化。因此，加工中心的热变形实际上是相关部件的热变形在空间综合作用的结果。通常将这种综合结果分解为以下几种类型：①主轴轴向热伸长，即主轴在坐标轴 Z 向的伸长；②主轴在 X、Y 轴坐标方向上的热偏移；③主轴绕 X 轴和 Y 轴的热倾斜。可采用五点式位移测量方法来测量主轴热漂移、热伸长以及热倾斜，在主轴前端夹持测试芯棒，伸进套筒内，并在芯棒上设置传感器，如图5-3所示。

2) 补偿自由度的确定

热误差补偿的关键问题之一是确定补偿自由度，充分考虑补偿系统的经济成

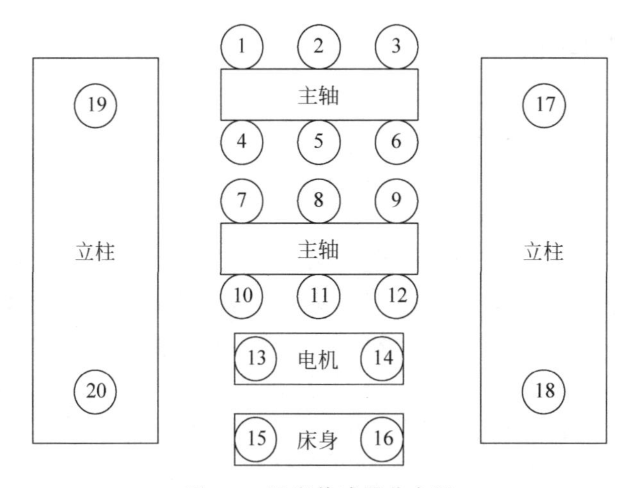

图 5-2　温度传感器分布图

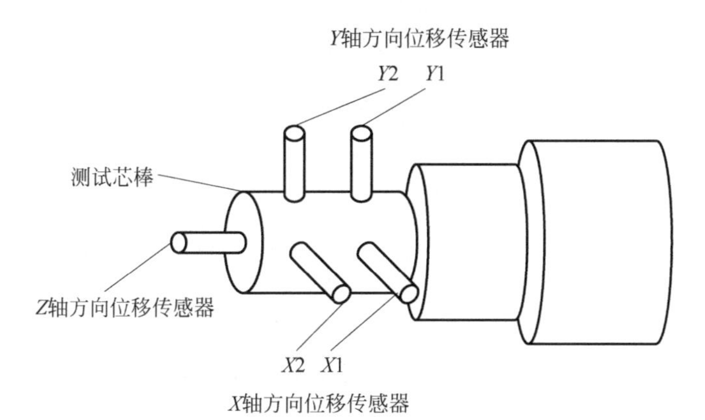

图 5-3　五点式位移传感器示意图

本以及补偿效率，需选择加工中心热误差显著的自由度进行补偿。通过多次实验，被测机床在 X、Y 和 Z 轴三个方向上的最大位移尺寸以及 X 和 Y 方向最大倾斜尺寸如表 5-1 所示。主轴热倾角的量级较小，加工中心的结构热特性可以保证其在工作状态时不发生严重的热倾斜现象，所以这里不考虑热倾斜。因此，主轴热变形为 X 和 Y 方向上的热偏移和轴向热伸长，即主轴在 X、Y 和 Z 三个方向上的热变形，确定最终热误差补偿自由度为主轴在 X 轴、Y 轴方向上的热偏移和 Z 轴方向的热伸长，后文简称为 X、Y、Z 三个方向上的热误差。

表 5-1　*X*、*Y*、*Z* 轴三个方向上的最大尺寸和 *X*、*Y* 两个方向上的最大倾斜尺寸　m

测量工况	X 方向最大尺寸	Y 方向最大尺寸	Z 方向最大尺寸	X 方向倾斜最大尺寸	Y 方向倾斜最大尺寸
1	4.03	12.4992	36.632	4.79	3.17
2	4.27	7.335	32.391	5.003	9.02

2. 热误差补偿技术

热误差补偿技术包括测温点优化和建立补偿模型，通过优化测温点布局建立测温点与加工中心热误差关系，结合实际热误差补偿过程中测温点的选择准则，获得最优测温点，进一步建立机床热误差补偿模型。

(1) 测温点优化

聚类分析是非监督学习的一种重要方法，将数据集中的样本划分为若干个不相交的子集，每个子集称为一个“簇”。层次聚类作为一种聚类算法，是通过从下往上不断合并簇，或者从上往下不断分离簇形成嵌套的簇，并通过树状图来表示聚类过程。[4]

利用层次聚类把温度变量分成若干组后，将各分组中与机床热变形的相关系数最大的温度变量作为该组的典型变量，对各典型温度变量进行组合。例如，实验中有 m 个变量，假设通过选择获得 p 个典型变量，则所需考察的温度变量组合从 $2m-1$ 次减少到 $2p-1$ 次，从而提升温度变量选择效率。温度变量聚类情况如图 5-4 所示，聚类结果如表 5-2 所示。

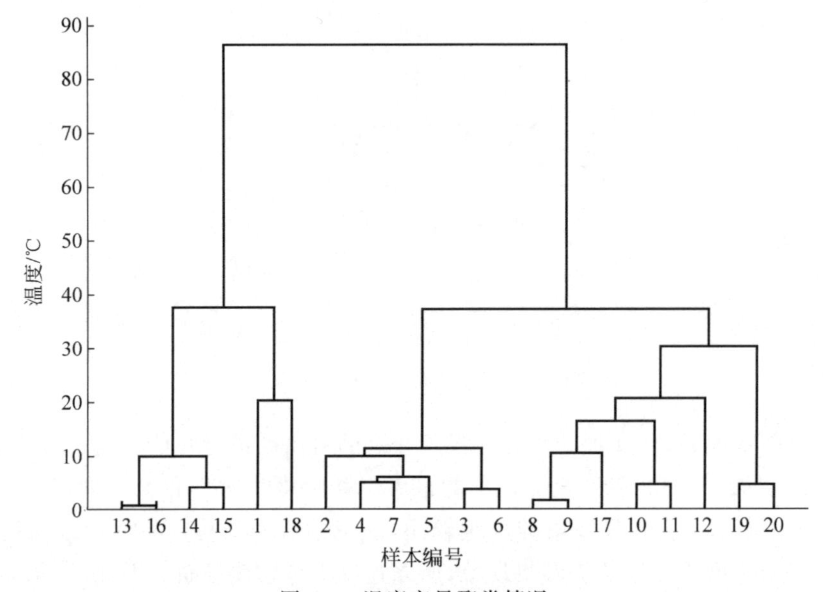

图 5-4 温度变量聚类情况

表 5-2 温度聚类结果

聚类簇	温度传感器
1	1、18
2	2、3、4、5、6、7
3	13、14、15、16
4	8、9、10、11、12、17、19、20

(2) 测温点选择

根据温度聚类结果，计算所有温度数据与所测热误差的相关系数。通过分析主轴在 X、Y、Z 三个方向上的热误差，Z 轴方向及主轴热伸长方向误差量较大。因此，本章以 Z 轴方向热误差为主，X、Y 轴误差用于验证计算。20 个温度测点温度数值与 Z 轴方向的热误差数值的相关系数如表 5-3 所示。由该表可以看出，每种类别的温度值和 Z 轴方向误差变量相关系数有较大区别。

表 5-3　温度变量与热变形的相关系数

类别	1	2	3	4
测温点	1、18	2、3、4、5、6、7	13、14、15、16	8、9、10、11、12、17、19、20
相关系数	0.8227、0.6540	0.9394、0.9040、0.7363、0.6743、0.8778、0.6658	0.7556、0.7333、0.7540、0.7584	0.9610、0.9667、0.8888、0.8929、0.8485、0.9434、0.8980、0.9020

通过分析表 5-3，在每一组中选择一个与热变形相关系数最大的测温点作为主轴最佳传感器布置点，最终选择 1、2、9 和 16 点进行测温，并利用这些变量进行误差建模。

3. 热误差补偿建模

热误差补偿的核心问题是建立能够客观反映加工中心温度场及热误差之间函数关系的预测模型。大量研究表明，这种数学模型属于多变量模型，因此，所建立模型的补偿率、鲁棒性以及通用性均依赖于加工中心温度场变量的准确分布。多元线性回归方法作为最常用、最可靠的热误差补偿建模方法之一，由多个自变量的最优组合共同预测或估计因变量。[5]本节运用多元线性回归方法建立预测模型，实现误差补偿。

由于加工中心温度场是连续且随着时间变化的，必须选择温度场中少数且有效的测温点，将温度场离散化。通过温度场传感器实时测得 1、2、9、16 点的系列温度数据 T_1、T_2、T_9 和 T_{16}，同时位移传感器分别在 XYZ 三个方向上测得相对应的位移数据。为减少初始温度对误差数据的影响，通过数据处理，将温升值 ΔT_1、ΔT_2、ΔT_9、ΔT_{16} 作为补偿模型的自变量。基于多元线性回归方法，建立 XYZ 三个方向上的热误差补偿模型，分别如式(5-1)、式(5-2)、式(5-3)所示，所有工况采样周期均为每 1 分钟采集一次数据。

$$\Delta X = 0.1410 + 100.8797\Delta T_1 - 29.8357\Delta T_2 - 14.3402\Delta T_9 - 106.1236\Delta T_{15} \tag{5-1}$$

$$\Delta Y = -5.1640 - 135.6680\Delta T_1 - 32.4490\Delta T_2 + 108.7529\Delta T_9 + 285.0199\Delta T_{15} \tag{5-2}$$

$$\Delta Z = -0.6203 - 166.8862\Delta T_1 + 189.3137\Delta T_2 + 18.4984\Delta T_9 + 36.2675\Delta T_{15} \tag{5-3}$$

5.2.2 几何误差补偿技术

由于超精密卧室加工中心的主要零件在制造、装配过程中存在误差，会直接引起机床的几何误差。[6]该误差最终影响工件加工精度，当加工误差较大时会直接导致加工工件无法满足加工要求，从而降低加工效率。因此，研究几何误差建模及补偿方法将有利于减少几何误差，提升加工质量。

1. 几何误差建模

机床结构以运动副的连接来实现刀具和工件的相对运动。在理想情况下，机床刀尖点的位置就是工件理想加工点。实际加工中，这两个点不一定重合，工件理想加工点和刀具刀尖点之间的误差就是空间定位误差。由于刀具和工件都各自运动，须将两者运动转换到同一个坐标系中，即将刀具到机床基座的运动链，与工件到机床基座的运动链两者联系起来。同时，机床结构不同，运动链的表现形式也不同。以四川普什宁江机床有限公司的机床机型 ZTXY 为例，工件随着 Z 轴同时运动，刀具随着 X 和 Y 轴同时运动。首先，建立坐标系，选取固连在工件的点 O_W，固连在 Z 运动轴的点 O_Z，固连在基座上的点 O_b，固连在 X 运动轴上的点 O_X，固连在 Y 运动轴上的点 O_Y，固连在刀具上的刀尖点 O_t，分别建立坐标系 O_{WXYZ}、O_{ZXYZ}、O_{bXYZ}、O_{XXYZ}、O_{YXYZ}、O_{tXYZ}。由于存在空间误差，在进行计算时需将刀尖位置的坐标转换到工件坐标系中，和目标切削位置做差值计算。

实际应用中，误差模型需与测量方法相结合，测量方法的不同会导致误差模型形式上的差异。工件、刀具的定位精度可由工装保证，而且实际生产过程中难以实现每加工一件工件后进行测量，这会极大降低生产效率。因此，工件和刀具的定位精度在实际计算过程中可以忽略。在实际测量时，刀具分支运动轴测量方向与机床坐标系方向一致，工件分支运动轴测量方向与机床坐标系方向相反，则机床结构只需分为 XYZ、XZY、YXZ、YZX、ZXY、ZYX 六种类型。一般情况下，精密卧式数控机床最小脉冲单位为 $0.1\mu m$，二阶以上的误差为 $10^{-6}\mu m$ 量级，可忽略不计。

2. 几何误差补偿

测量任一运动轴时，首先，测量及补偿角度误差；其次，测量和补偿线性和直线度误差；最后，测量和补偿垂直度误差。下面以 ZXY 型机床结构为例，Y 轴运动与 X、Z 轴运动无关，只有三项误差 YtX、YtY、YtZ 对误差有影响。X 轴的运动与 Y 轴有关，与 Z 轴无关，除 XtX、XtY、XtZ 外，还有 XrX、XrZ 对误差有影响。Z 轴的运动与 X、Y 轴都有关，除 ZtX、ZtY、ZtZ 外，还有 ZrX、ZrY、ZrZ 对误差影响。此外，角度测量跟位置无关。ZtX、ZtY、ZtZ 反映 $X=0$ 和 $Y=0$ 时刀尖处的 ZtX、ZtY、ZtZ 值，XtX、XtY、XtZ 反映 $Y=0$ 和 Z 为任意值时刀尖处的 XtX、XtY、XtZ 值，YtX、YtY、YtZ 反映 X 和 Z 为任意值时刀尖处的 YtX、YtY、YtZ 值。

在补偿角度误差 rX、rY、rZ 后，可得到测量线性和直线度误差 tX、tY、tZ，这种方法会带入误差。为解决这个问题，提出了一种改进的测量方法和误差模型。测量任一运动轴时，首先测量角度误差 rX、rY、rZ，在不进行角度误差补偿的情况下，直接进行线性和直线度的测量，即 tX、tY、tZ 的测量。其次，根据机床结构的不同，记录测量 tX、tY、tZ 时相应的测量位置(机械坐标)。最后，在 X、Y、Z 轴角度及线性、直线度补偿后，测出垂直度误差 eXY、eYZ、eZX。

空间几何误差补偿分为实时补偿和非实时补偿两种方式。空间几何误差实时补偿周期宜在 7ms 以内，但目前数控系统与外界通信的最短响应时间就已经超过了 10ms，加上计算和其他一些原因造成的延迟，实际能够达到的最小实时补偿周期在 15～30ms 范围。因此，空间误差补偿宜在中低速度下进行。为提升空间误差补偿的实际应用水平，研究空间误差离线补偿(非实时)技术，设计针对加工代码修正的离线误差补偿模块。虽然在线和离线补偿的执行方式不同，但是二者使用同一个几何误差模型进行计算，只是表现形式不同。误差实时补偿主要依靠数控系统“扩展的外部机械原点偏移”功能进行。因此，加工过程中，利用几何误差模型计算出来的各轴补偿量须进行叠加，修正各轴外部机械原点偏移，达到实时补偿的目的。

几何误差离线补偿，根据误差模型修正加工代码，把 G 代码中的点位指令、直线指令、圆弧指令分别进行误差修正。点位指令对运动的轨迹精度没有要求，因而只需在定点运动中，运用的误差模型输入目标点，计算出误差修正量，叠加后作为新的目标点。直线指令和圆弧指令则需要根据精度按照一定的算法拆分为若干的细小直线，利用误差模型计算出每条小直线的起止点误差，进而得到新的目标点。

5.2.3　力误差补偿方法

数控机床切削加工过程中，由于切削余量的随机波动导致切削力波动，使得加工变形不均匀而映射到加工表面的加工误差称为力误差，这是加工误差的主要来源之一。[7]建立切削力误差模型的关键是加工过程中切削力的实时准确测量。可以采用以下的解决方案：以 Fanuc 数控系统为例，利用数控系统中存储的各轴的负载状态信息，在无需添加额外测量装置的情况下，通过 TCP/IP 网络获取到各轴的负载信息。根据对主轴负载信息的分析，将进给倍率的调节控制信息通过网络发送到 PMC 端，实现对进给速度的调节。此外，结合 Fanuc 二次开发工具 FOCAS 程序库，通过以太网访问数控系统获得各轴相应的负载信息，不用添加传感器等设备，方便、快捷、有效。

为了解决负载信息采集频率准确性的问题，可以采用 Windows 系统的实时扩展包 RTX。该扩展包不仅能够保留 Windows 高级界面特性，同时还能够扩展其实时处理能力，最高能达到 100ns 定时，能够满足定时精度要求较高场合。为了解决控制滞后问题，可以采用同种工件加工时，首先对单件加工进行数据采集和特征提取，然后在后续工件加工时根据前面学习的“经验”施加控制，这样既可以保证实时性，也可以充分理解采集信息。

从实验数据分析可得，各进给伺服轴的负载信息表征了加工工件的特征变化。

由于切削负荷传递到各进给伺服轴的过程中引入了机床本身的信息，如摩擦力矩、惯性力矩等，因此，各进给轴的负载难以充分表征加工工件的特征变化。相对于进给伺服电机的负载信息而言，主轴伺服电机的负载信息比较单一，能较好地表征切削过程中切削负载的变化，有利于数据分析。主轴负载信号分为两个部分：一部分为低频信号，其强弱主要反映了切削加工过程中的切削负载的大小变化，与切削用量直接相关；另一部分信号为高频信号，主要反映的是加工过程中动态力的变化，与刀具刀齿数、刀具材料、工件材质和噪声等有关。为提取主轴负载的特征点，需通过滤波处理方法去除负载信息中的高频信号，提取出表征切削负载大小变化的量。可以采用 db3 小波分解主轴负载信息，根据概貌信息重构原始信号，进行主轴负载信号的去噪处理。

主轴负载信号中的奇异点对应着刀具切入和切出动作，对这些特征点的提取，有利于了解加工过程中的加工状态，作为下次加工相同工件的经验知识，可对加工过程中刀具的切入和切出以及加工过程中的进给速度进行优化，以提高加工的精度和效率。可以采用 Sombrero 小波，利用小波变换模极大值检测去噪处理后的主轴负载信息的奇异性，获取主轴负载中与工件外形有关的特征点采样序号。

为了达到 CNC 外部实时控制数控机床的进给速度，需要对 PMC 梯形图作如图 5-5 所示的修改。以 Fanuc 数控系统为例，用 R1001.0 作为面板开关的使能位，

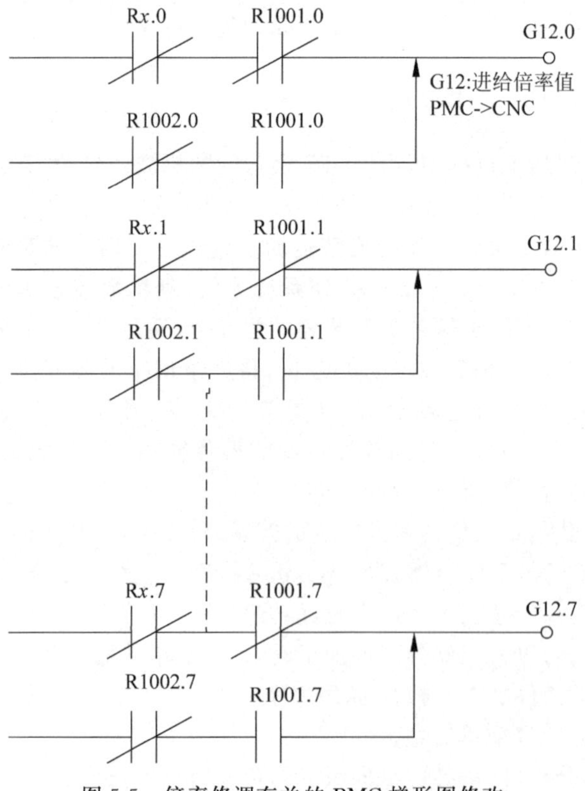

图 5-5　倍率修调有关的 PMC 梯形图修改

通过切削优化程序对该位的写入操作，将禁止面板进给倍率开关的功能转化为切削优化程序，通过修改 R1002.0～R1002.7 的值来实现对进给倍率的自动控制。因此，R1001.0 位相当于手动—自动的切换开关，R1002.0～R1002.7 则为进给倍率自动控制的缓存。结合 FOCAS 库函数，切削优化程序可实时有效地对进给倍率进行调节。此外，进给倍率调节范围为 0～254%，比机床操作面板上倍率开关的调节范围更大，可从 0 到 254%且步进为 1%地连续调节进给倍率，有利于实现对主轴负载的控制，从而控制切削力，最终达到提高加工精度的目的。

5.3　精密卧式加工中心伺服驱动优化

在保证系统稳定性的前提下，为得到更高的频率响应特性，进而获得更高的加工精度和加工速度，对伺服驱动的参数进行优化尤其重要。然而，由于数控机床是一个复杂的机电综合系统，受设计、制造甚至使用环节的众多因素影响，不同型号的机床在伺服特性上存在较大差别，甚至同种型号不同批次的机床在伺服特性上也存在细微差别。在机床正常工作一定的时间之后，伺服特性也会发生变化，因此单纯依靠数控系统参数文件拷贝来简单获取每台机床的性能参数难以获取每台机床的最佳伺服工作状态。因此，进行伺服参数的调整优化，不仅在制造环节和安装调试环节具有重要意义，而且在用户使用环节也是非常必要的。

根据目前工厂生产制造的现状以及真实的现场条件，建议可以采用一种“两步走”的优化策略：

第一步，以手工方式优化调整工艺流程实现对数控伺服系统参数的初步优化；

第二步，以自动方式利用球杆仪在线进行伺服驱动参数的优化调整。

5.3.1　离线伺服系统参数优化

本节以 Fanuc 系统为例，其伺服调整 ServoGuide 软件带有自动调整“向导功能”，比如初始增益调整向导滤波器的向导等功能。在实际使用中，由于机床在机械制造水平和装配工艺上的个体差异，这些向导效果并不是都很显著，机械本身的刚性阻尼等差别较大，ServoGuide 软件自动产生的推荐值难以兼顾。此外，ServoGuide 软件自带的自动调整功能也仅涵盖较少参数，大量参数仍然需要人工手动方式进行调整优化。因此，针对四川普什宁江机床有限公司生产的精密卧式加工中心，本节采用以手工方式的伺服驱动参数优化调校工艺方法，流程如图 5-6 所示。伺服驱动参数优化原则为先单轴后多轴，先内环后外环。

对于单轴交流伺服驱动参数优化，需要设置调整电流环参数。但由于 Fanuc 数控系统的伺服驱动系统开放程度不高，且电流环是整个伺服驱动的底层核心，贯穿整个伺服功能各个方面。因此，切勿随意修改电流环增益相关参数，如 PK1（积分系数）、PK2（比例系数）、PK3（增益系数），需根据使用场合和伺服驱动软件版本

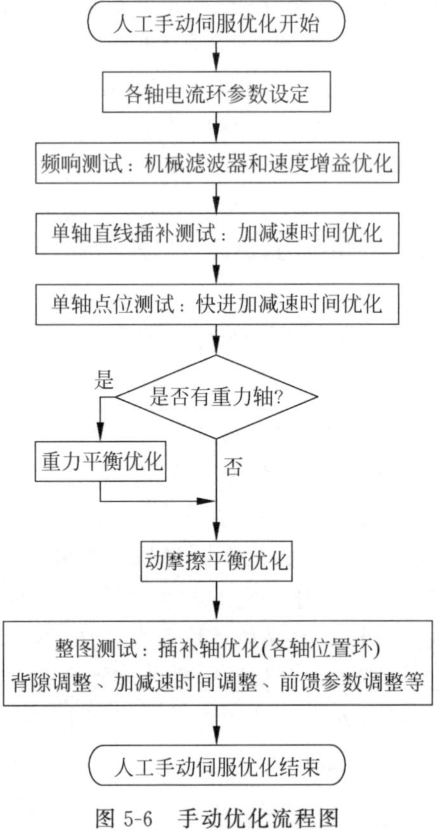

图 5-6　手动优化流程图

设置 HRV 控制参数。采用 HRV 后，可减少电流环电流的延迟时间，提升电机在高速旋转时的速度控制特性，提高 Alpha L 和 Alpha M 的最大扭矩，提升强切削时的报警极限。

单轴伺服驱动优化主要是优化速度环参数，根据频率响应测试的 BODE 图结果来优化单轴的机械滤波器和速度环增益，以及单轴直线运动和点位运动时测到的速度、力矩波形来优化加减速时间参数。根据传统方法，完成速度环参数优化后，伺服驱动参数优化可进入插补轴(多轴)的参数调整环节。然而，根据实际测试结果，由于存在动摩擦力和垂直轴(重力轴)的动平衡误差，高精密的卧式加工中心伺服驱动参数仍然有优化提升空间。因此，有必要对每个轴都进行动摩擦补偿，尤其对垂直轴有必要进行转矩偏置的补偿设置。

对于动摩擦和转矩偏置大小进行测量，需先进行外部异常负载检测，需同时开启运行异常负载检测功能和伺服驱动内部的观测器(N2016＃0＝1 检测使能，N2200＃2＝1 消除饱和电压影响)，将有助于相对准确地测量动摩擦和偏置转矩。观测器的主要作用是估算推测外力干扰值的大小，原理是从电机的全部转矩中扣除正常运动加减速需要的转矩作为外力干扰转矩，其中正常运动加减速的所需转矩是根据电机模型自动计算出来的。因此，除了将观测器的增益设置为标准推荐值之外（N2050＝3559，N2051＝3329），设置观测器参数 POA1 N2047 对于计算正常运动加减速所需的转矩具有重要意义。但是，操作人员通常不能准确得到单轴运动机构等效折算后的电机惯量，POA1 不充分或者过剩都会导致推算结果偏差，因此，只能通过试凑法获取观测器参数 POA1。首先，将快速移动的速度倍率调低到 50％（参数 N1420），仍然在 ServoGuide 中运行单轴快速进给的程序，测量外力干扰推测值 DTRQ 和速度 SPEED，先以较大的修正量±100 进行初次修调观测器参数，可以有助于判断修改的方向是否准确。然后，逐步缩减修正量，直到加减速时外力干扰推测值 DTRQ 的过剩或不足的尖峰都基本收敛为止。

对于垂直轴（重力轴）Y 轴进行转矩偏置补偿设置（转矩偏置参数 N2087），虽然机床在设计阶段一般会对重力轴进行配重做某种动态的平衡，以消除上下运动时因为移动部件重力带来的负载不均匀的状态。然而，在实际实验测试时发现，即使完成配重工作，仍然会有垂直轴（重力轴）受重力影响的情况发生，如果缺乏此步骤，垂直轴（重力轴）参与插补的情况仍然会对加工精度造成影响。转矩偏置量的计算原理是完成测得的外力干扰推测值 DTRQ 的最大值、最小值进行算术平均后，根据伺服控制器的最大电流特性进行某种规格化的放大，计算公式如式（5-4）所示。此外，也可通过试凑法得到较为理想的转矩偏置量。

$$\text{转矩偏置量} = \frac{\text{DTRQ 最大值} + \text{DTRQ 最小值}}{\text{驱动器最大电流值}} \times 3641 \tag{5-4}$$

在完成垂直轴（重力轴）Y 轴的转矩偏置后，可对包含 Y 轴在内的各轴进行动摩擦补偿。根据摩擦理论，在一定范围内动摩擦力的大小与运动的速度成正比，而当运动速度提高到一定程度时，动摩擦力的大小达到极限。检测外力干扰推测值 DTRQ，将实际测算到的动摩擦力叠加到电机输出力矩上进行补偿，可以更好提升机床在低速下的动态特性。分别将切削进给速度设置为 3000r/min（最高速度）、10r/min（停止速度）和 1000r/min（标准速度），观测记录外力干扰推测值 DTRQ 的波形，按照式（5-4）～式（5-7）对测定的摩擦力补偿量进行规格化，计入参数 N2116（动摩擦补偿系数）、N2345（停止时的动摩擦补偿值）和 N2346（动摩擦补偿极限值）中。

$$\text{动摩擦补偿极限值} = \frac{\mathrm{Max}(\mathrm{DTRQ}_{3000\mathrm{r/min}})}{\text{伺服驱动的最大电流值}} \times 7282 \tag{5-5}$$

$$\text{停止时的动摩擦补偿值} = \frac{\mathrm{Max}(\mathrm{DTRQ}_{10\mathrm{r/min}})}{\text{伺服驱动的最大电流值}} \times 7282 \tag{5-6}$$

$$\text{动摩擦补偿系数} = \frac{\mathrm{Max}(\mathrm{DTRQ}_{1000\mathrm{r/min}})}{\text{伺服驱动的最大电流值}} \times 440 \tag{5-7}$$

完成上述工作后，进入插补轴的参数优化调整阶段，选取整圆程序对两轴的插补配合进行测试，以调整相关的参数，包括背隙调整、加减速时间调整和前馈参数调整等几个方面。

5.3.2 在线伺服系统参数优化

结合工厂生产实际，一般对于精密卧式加工中心的伺服参数利用 Fanuc 系统的 ServoGuide 进行手工调整优化，之后使用球杆仪进行测试，进一步完成伺服参数的优化。传统的伺服参数优化是使用根据操作者的基于模糊控制的自动优化经验模型，基本思路为通过球杆仪实测机床画圆误差，自动读取圆度值、反向越冲等数据，并自动判断需要优化的参数和调整量，写入新参数后，自动启动机床重新画圆，再次通过球杆仪实测效果，依次循环，直至圆度值等指标满足事先设置好的目标为止。

伺服参数优化主要涉及的伺服参数为背隙加速量、位置环增益和速度环路增益，以及 3 个球杆仪测量指标：圆度、反向越冲值、伺服不匹配度。优化目标一般是要求圆度值在 10μm 内，伺服不匹配度要求在 0.2ms 以内。

通过读取球杆仪测量的反向越冲的误差值，对背隙加速量 No.2048 进行修改，修改具体方法是根据人工经验建立的公式，在前期优化的基础上，采用求和取平均乘以 10 作为调整量。若顺、逆时针的值同时为“+”或“−”可采用以上方法进行修改，即初始值+调整量或初始值−调整量，特殊情况(如果初始值−调整量小于零，则只需要将初始值取平均即可)。若顺、逆时针的值为“+”“−”，则无需修改。

位置环路增益 No.1825 的调整是根据读取的伺服不匹配值作为输入，通过模糊控制的算法进行修改，也就是模糊控制的输出即为位置环路增益的调整量。根据实际经验及试凑法得到模糊控制的隶属度表，通过编程实现模糊控制输出。一般情况下通过固定超前轴的增益，将滞后轴的增益值增大，从而降低不匹配值。在调整滞后轴的增益值时，调整的幅度，即步长取值比较重要，如果步长太小，则会增多调整的次数；如果步长太大，则会造成超前滞后的反向。因此，可通过设备方所提供的一些调整经验，应用模糊控制的思想，达到调节的适中，把调整的次数降到最合理值，提高调整的精度。

调整速度环路增益主要是为了降低圆度误差值，在前期优化的基础上，根据操作者所提供的调整经验，采用变步长试凑法调整参数 No.2021，即负载惯量比的值，从而改变速度增益，达到降低伺服不匹配值的目的。

伺服驱动优化环节要求完全自动进行，需要考虑以下几个关键问题：①球杆仪自动控制；②球杆仪测量报告文件读取；③外部计算机与数控系统接口与信息交互。

在伺服优化软件运行过程中，要实现无人干预，就必须由伺服优化软件操控球杆仪来获得所需的数据。因此，我们采用鼠标和键盘模拟的方法来控制球杆仪软件的自动操作。该程序通过控制球杆仪的安装路径来启动控制球杆仪，然后获得控制球杆仪软件的句柄，根据句柄和预编写好的软件控制脚本文件，通过模拟鼠标的单双击以及模拟键盘输入等功能实现对球杆仪软件的控制。在控制球杆仪软件对数控机床进行伺服优化时，PC 需要传输数控加工程序至机床上运行，才能获取到测试数据。因此，当 PC 将数控加工程序下载到机床时，需要由伺服优化软件来控制数控机床启动。正常情况下，程序的循环启动是由 PMC 中的 G7.2 位控制的(循环启动的控制信号，由 PMC 至 CNC 的输出信号)，X22.0 为机床面板上循环启动按钮的输入信号。为了实现由伺服优化软件来控制机床启动，添加了与 X22.0 并联的继电器触点信号 R1000.0，该继电器位的值由伺服优化软件通过 FOCAS 软件包来改变。此外，PMC 对循环启动信号检测为下降沿，因此，在伺服优化软件对 R1000.0 的值进行控制时，宜模拟成下降沿信号。

在确定模糊控制算法的控制规则和软件运行情况时，需要对球杆仪的测试报告文件进行读取，以确定上次调整后的调试效果。球杆仪报告文件以 XML 文件格式编写，可在程序中先索引到待查找值的节点，再读取该节点所对应的值，由此可获得所需要的信息值，如 X/Y 轴反向越冲顺时针值、X/Y 轴反向越冲逆时针值、X/Y 轴反向越冲序号、伺服不匹配值、伺服不匹配序号及圆度值等信息。最后，利用二次开发库 FOCAS，连接以太网，获取机床伺服优化的有关参数，将修改值写入机床的数控系统中。

5.4 精密卧式加工中心有限元分析

振动是影响机床加工精度的关键。本节从精密卧式加工中心整机结构动、静刚度的角度出发，提出整机结构多目标优化理论模型和整机结构改进方案，结合整机动态特性建模分析与实验验证，给出精密卧式加工中心动刚度分析方法与抑振技术，提出适用于精密卧式加工中心整机结构优化设计和刚度分析的 CAD/CAE 知识库与结合面数据库。

5.4.1 精密卧式加工中心数字化建模

1. 构建大件数字化模型

针对机床各个大件工程图分别创建它们的三维模型，是动、静态性能分析的基础，可以采用三维 CAD 软件如 Solid Edge 建立机床的三维数字化模型，其中，立柱的三维模型如图 5-7 所示。

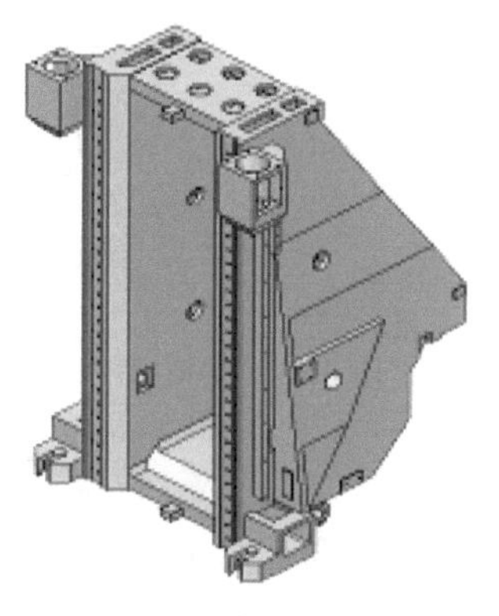

图 5-7 立柱的三维模型

床身是重要的支承部件，建立床身三维模型是整个动、静态性能分析的基础，根据工程图建立其 CAD 三维模型，如图 5-8 所示。

其他关键零件的三维模型分别如图 5-9、图 5-10 所示。

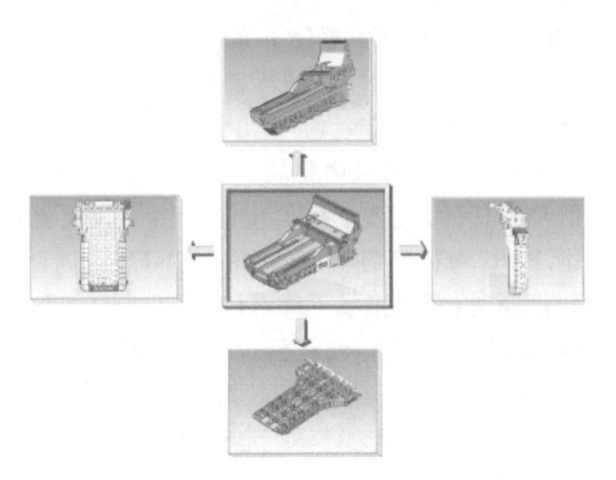

图 5-8　床身三维模型

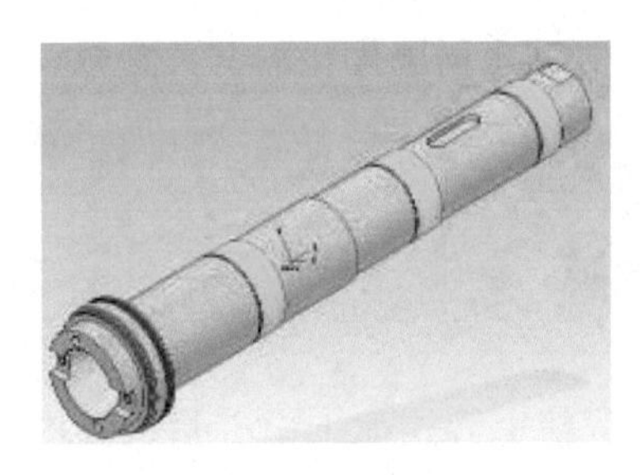

图 5-9　主轴三维模型

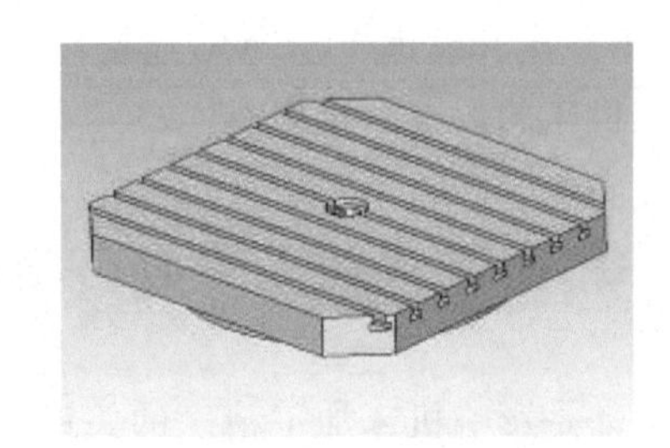

图 5-10　工作台三维模型

2. 构建典型子系统数字化模型

参考现有零部件装配图，从分析整机、部件以及零件间关系的角度出发，分析零件装配关系，建立各个主要部件的装配模型，其中主轴部件、主轴-主轴箱部件、立柱-主轴箱部件以及工作台部件等的三维模型分别如图 5-11～图 5-14 所示。

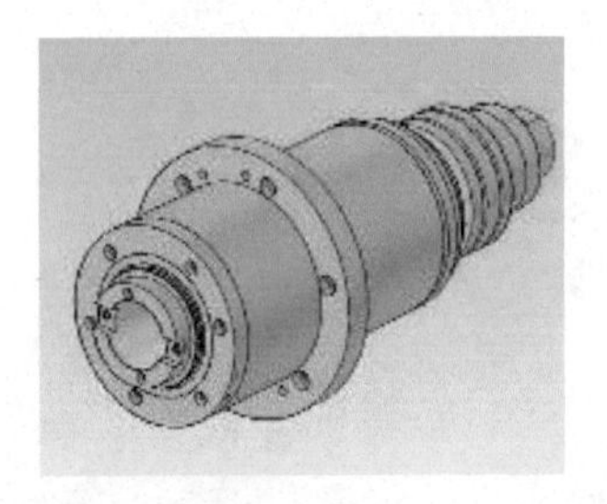

图 5-11　主轴部件三维模型

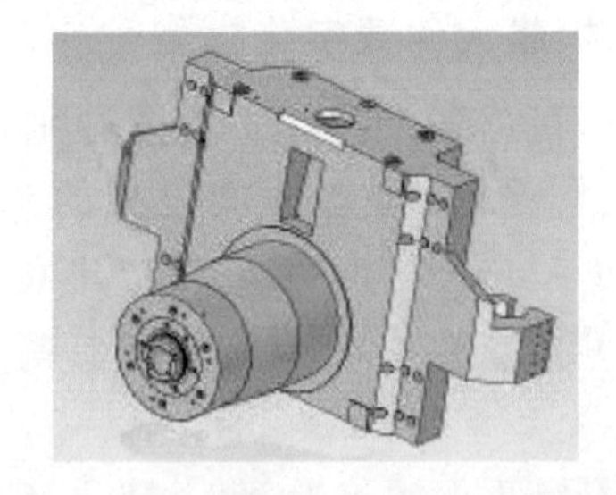

图 5-12　主轴-主轴箱部件三维模型

由上述各个子系统(部件)三维模型，参考系统之间的装配方式，针对四川普什宁江机床有限公司生产的 THA6350 和 THM63100，构建了整机三维模型，分别如图 5-15、图 5-16 所示。

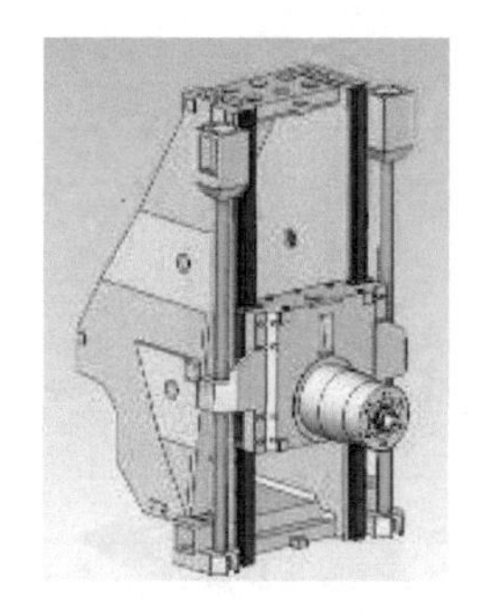
图 5-13　立柱-主轴箱部件三维模型

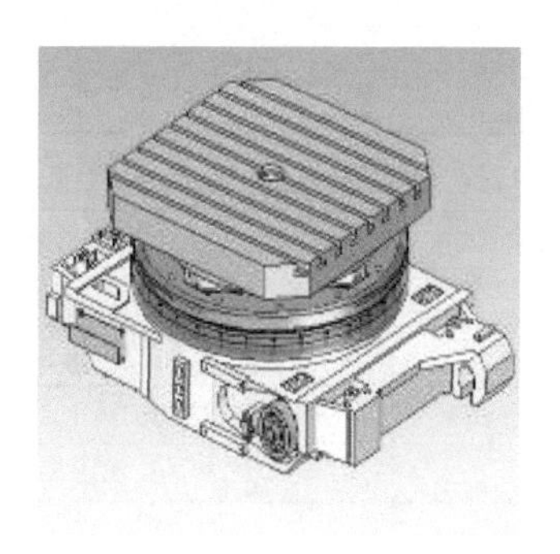
图 5-14　工作台部件三维模型

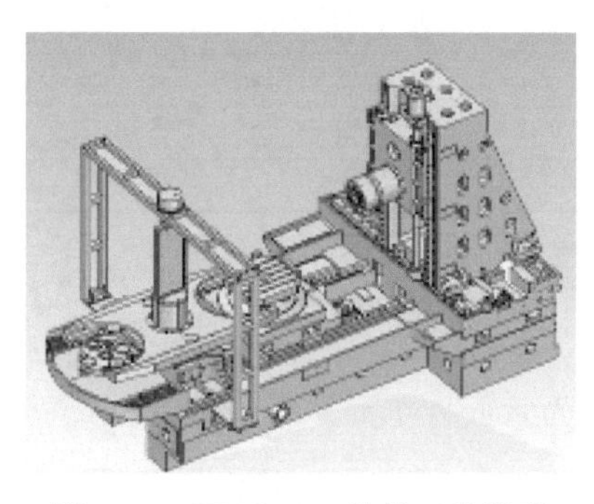
图 5-15　THA6350 整机三维模型

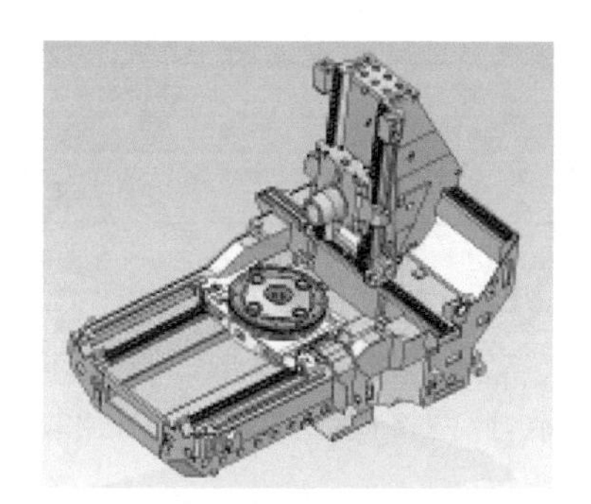
图 5-16　THM63100 整机三维模型

5.4.2　精密卧式加工中心有限元分析

1. 关键零件有限元分析

1) 床身零件有限元分析

床身有限元模型(包含丝杠、导轨)如图 5-17 所示,模态分析时对床身底部施加了全约束,约束位置为机床实际支承点,如图 5-18 所示。

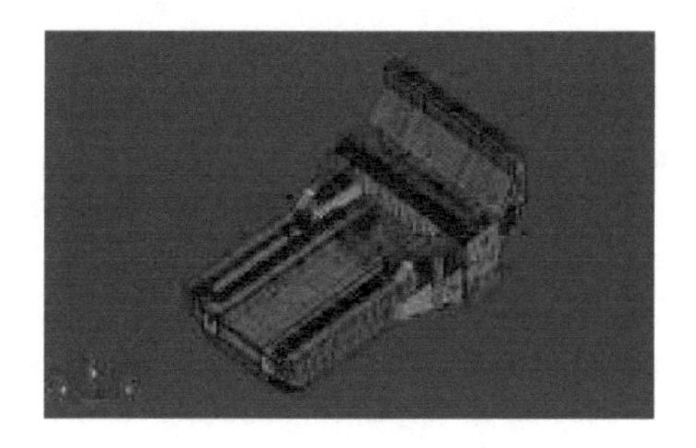
图 5-17　床身有限元模型

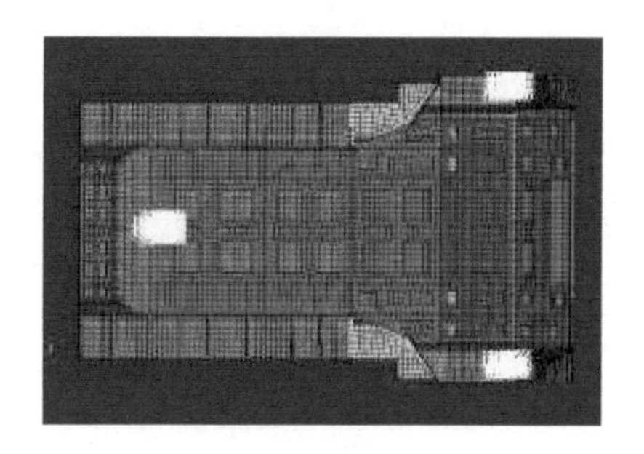
图 5-18　床身有限元模型施加约束位置

分析所得前12阶固有频率整理如表5-4所示。

表5-4　床身前12阶固有频率

阶数	频率/Hz	振型描述
1	68.472	绕 X 轴扭动
2	71.986	绕 Z 轴扭动
3	113.763	绕 X 轴扭动
4	116.018	床尾绕 Z 轴扭动
5	136.008	绕 Y 轴扭动
6	145.702	床尾绕 Z 轴扭动
7	188.342	床头绕 Y 轴扭动
8	189.187	绕 X 轴扭动
9	193.28	绕 Z 轴扭动
10	198.58	床尾反向扭动
11	220.88	反向扭动
12	222.48	反向扭动

2）立柱零件有限元分析

立柱简化三维模型如图5-19所示，采用Hypermesh划分立柱网格，如图5-20所示，此网格模型共有单元25236个，99%以上为六面体单元。

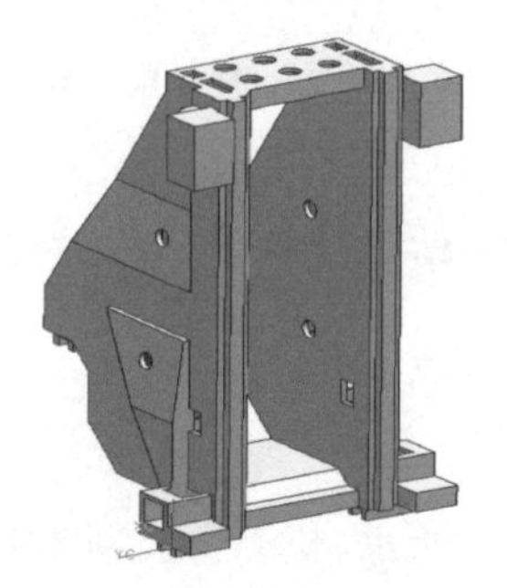

图5-19　立柱简化三维模型

图5-20　立柱有限元网格模型

通过分析得到前6阶固有频率如表5-5所示。

表5-5　立柱前6阶固有频率

阶数	频率/Hz	振型描述
1	42.848	摇头
2	123.022	两侧鼓动
3	149.907	绕 Y 轴扭转
4	162.342	弯曲
5	167.536	点头
6	218.760	两侧后部鼓动

3）主轴零件有限元分析

主轴零件简化模型如图 5-21 所示，简化零部件三维模型后，进行主轴的网格划分。本节采用 Hypermesh 进行零件网格划分，对于实体单元划为 Solid45 单元，结合部采用弹簧阻尼单元 Combin14 进行模拟，主轴零件的有限元网格模型如图 5-22 所示。

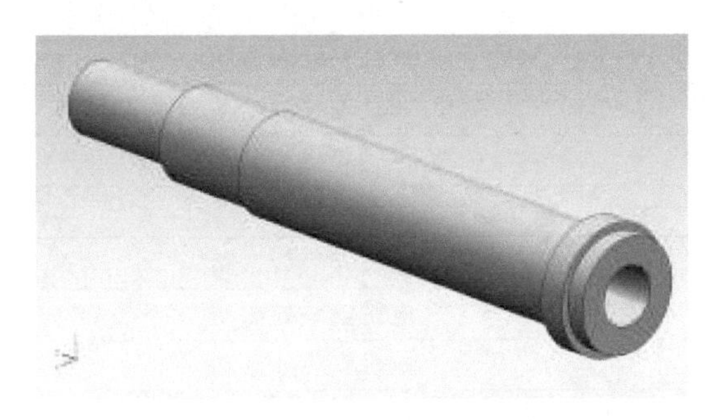

图 5-21　主轴零件简化模型

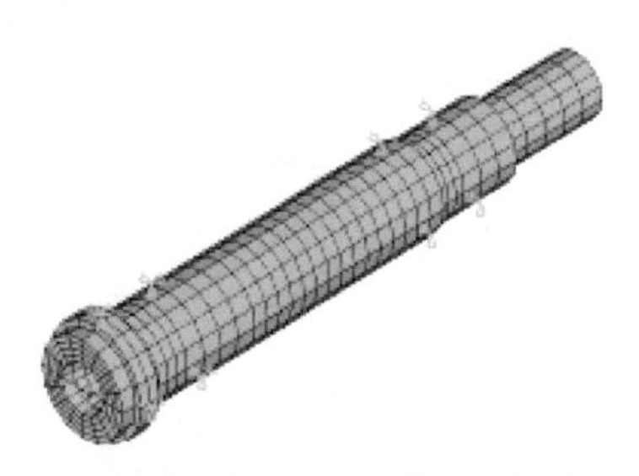

图 5-22　主轴零件的有限元网格模型

对主轴零件进行模态分析，结果如表 5-6 所示。

表 5-6　主轴零件模态分析结果

阶数	频率/Hz	振型描述
1	369.51	轴向窜动
2	744.35	一弯
3	744.36	一弯（正交）
4	785.26	二弯
5	785.26	二弯（正交）
6	1184	轴端弯曲

4）主轴箱零件有限元分析

主轴箱零件简化模型如图 5-23 所示，采用 Hypermesh 软件建立有限元模型，划分后获得单元 8741 个，如图 5-24 所示。

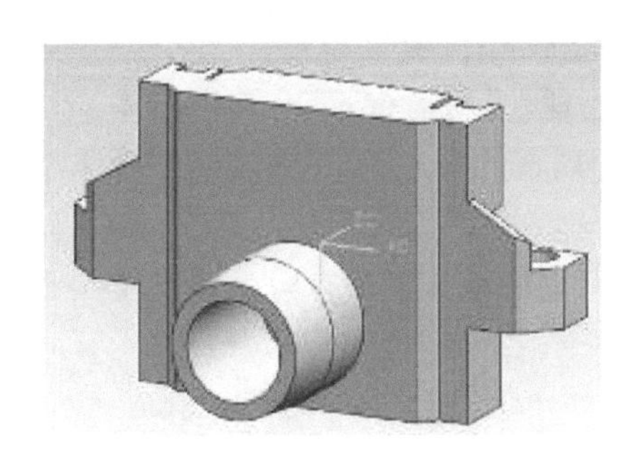

图 5-23　主轴箱零件简化模型

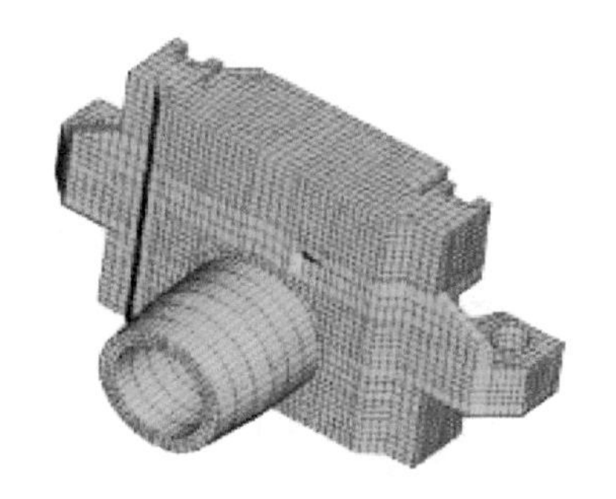

图 5-24　主轴箱零件有限元网格

对主轴箱零件进行有限元分析，模态分析结果如表 5-7 所示。

表 5-7　主轴箱零件模态分析结果

阶数	频率/Hz	振型描述
1	473.06	电机安装处振动
2	494	主轴箱摇头
3	606.77	丝杠安装部振动
4	610.71	丝杠安装部振动
5	669.38	主轴箱摇头
6	722.17	主轴箱摇头
7	872.45	电机安装处振动
8	950.56	电机安装处振动
9	1074.1	电机安装处振动
10	1099.8	丝杠安装部振动

2. 精密卧式加工中心整机有限元模型构建

整机的主要或重要结合面包括滑块-导轨结合面、滚珠丝杠结合面、螺栓结合面及轴承结合面。其中，滑块-导轨结合面和滚珠丝杠结合面存在于床身与立柱、立柱与主轴箱及工作台与床身之间，螺栓结合面存在于导轨固定螺栓处、主轴和轴壳固定处及丝杠螺母的轴向固定处，轴承结合面存在于主轴轴承和轴壳结合处。这 4 类结合面中，滚珠丝杠结合面与螺栓结合面在 3 个移动方向都有刚度及阻尼存在，滑块-导轨结合面在移动方向上的刚度及阻尼忽略，轴承结合面在转动方向上的刚度及阻尼忽略。由此，确定了 Combin14 单元的布置形式：

(1) 每个滑块的法向和切向各布置 4 个，分别模拟法向及切向的刚度及阻尼，其中法向 4 个并联，切向先 2 个并联，后串联。

(2) 滚珠丝杠螺母内孔按相隔 90°均布 4 个，其中相隔 180°的 2 个分别串联以模拟垂直于丝杠的两个方向的刚度及阻尼；丝杠螺母上螺栓结合面导致的轴向刚度用 4 个 Combin14 并联模拟。

(3) 主轴与轴壳之间的螺栓连接用 4 个 Combin14 并联模拟。

(4) 主轴前 4 个轴承的刚度及阻尼统一处理，圆周均布 4 个，其中相隔 180°的 2 个分别串联以模拟轴承的 2 个径向刚度；圆周再均布 4 个，设置其刚度及阻尼方向为主轴轴向，模拟轴承的轴向刚度及阻尼。

根据上述分析，整机的有限元模型如图 5-25 所示。整个有限元装配模型有三位实体单元 96112 个，一维弹簧阻尼单元 168 个。

1) 计算预处理

在进行计算前，需要对计算模型进行预处理。由于机床是固定放在地基上的，需对底面 3 处施加为“固定”约束，即将节点的 6 个自由度全部约束为 0，计算结果

图 5-25　THM63100 卧式加工中心整机的有限元模型

如图 5-26 所示。

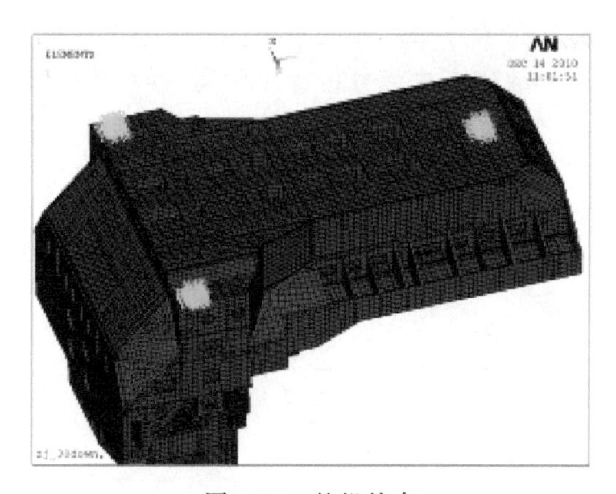

图 5-26　整机约束

2）模态分析

虽然 100 阶振型各异，但是大致可分为以下几类：

（1）轴端或主轴振动较大。此类振型是整机的薄弱振型。

（2）立柱振动较大。由于主轴、主轴箱均通过滑块及丝杠与立柱连接在一起，因此立柱振动较大会影响轴端振动。

（3）丝杠振动较大。丝杠在整个机床结构中属于细长杆件，易出现共振，因此 100 阶模态中较大部分振型是丝杠振动。

（4）床身振动较大。床身的振动主要集中在床身尾部，对轴端影响不大，但需注意某些阶模态是床头振动，将带动立柱振动，对轴端产生一定影响。

（5）整机振动较均匀。此类振型中，整个机床振动比较均匀，基本没有特别突出的振动点，可忽略。

5.5 精密卧式加工中心可靠性技术

5.5.1 基于任务的可靠性模型

本节结合基于GO法和元任务的可靠性分配理论在整机可靠性设计中的应用,论述设计失效模式及效应分析(DFMEA)、故障树分析(FTA)等技术,介绍智能机床的可靠性建模与分配方法。

1. 基于GO法的元任务可靠性模型

GO法是一种以成功为导向的系统可靠性分析技术,适用于多状态、有时序的系统,它的建模过程是从输入时间开始,经过一个GO模型的计算确定系统故障的最终概率。GO模型中的操作符遵循一定的算法,GO法将依据GO模型,沿着信号流方向,按照每个操作符的算法来完成对系统的可靠性建模和分析,进行可靠性或可用度的计算,并进行故障查找或分析最小割集,得到系统多种可靠性指标。在GO法理论中已定义了17种标准的操作符,如图5-27所示。

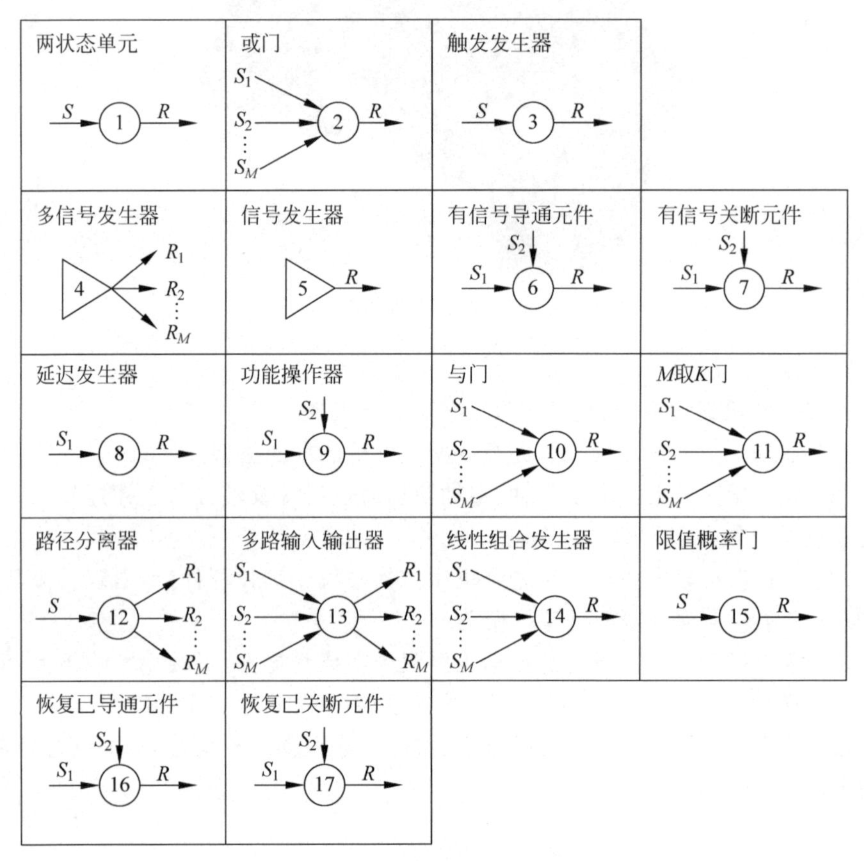

图5-27 GO法标准的操作符

2. X、Y、Z 轴传动元任务及传动反馈元任务可靠性模型的建立

X 轴传动元任务的 GO 图模型如图 5-28 所示,图中操作符内前一个数字是操作符类型号,后一个数字是操作符编号。

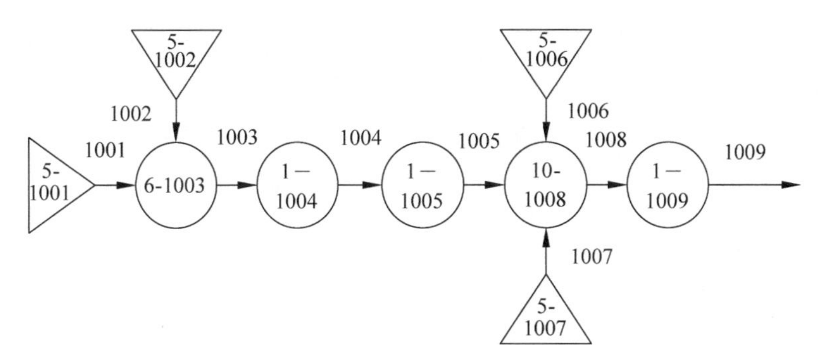

图 5-28 X 轴传动元任务的 GO 图模型

X 轴传动元任务可靠性数学模型为

$$P(I_{3.1.1.1})=P_{R1009}=P_{S1001}\cdot P_{S1002}\cdot\prod_{i=1003}^{1007}P_{Ci}\cdot P_{C1009}\tag{5-8}$$

式中,P_{S1001}——电源输入信号成功概率;

P_{S1002}——伺服电机控制信号成功概率;

P_{Ci}——编号为 i 的零部件本身的可靠度。

X 轴传动反馈元任务的 GO 图模型如图 5-29 所示。

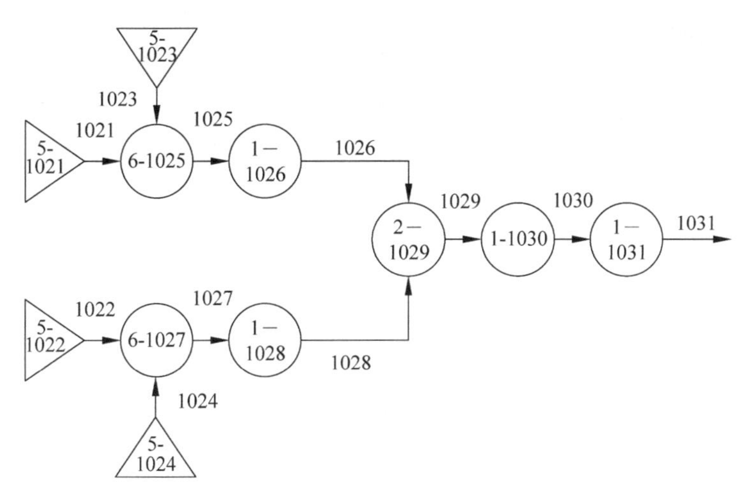

图 5-29 X 轴传动反馈元任务的 GO 图模型

X 轴传动反馈元任务可靠性数学模型为

$$P(I_{3.1.1.2})=P_{R1031}=P_{C1030}\cdot P_{C1031}\cdot$$
$$[P_{S1021}\cdot P_{C1023}\cdot P_{C1025}\cdot P_{C1026}+P_{S1022}\cdot P_{C1024}\cdot P_{C1027}\cdot P_{C1028}]-$$

$$P_{S1021} \cdot P_{S1022} \cdot \prod_{i=1023}^{1031} P_{Ci} \tag{5-9}$$

同理，Y 轴传动元任务可靠性数学模型为

$$P(I_{3.1.2.1}) = P_{R2009} = P_{S2001} \cdot P_{S2002} \cdot \prod_{i=2003}^{2007} P_{Ci} \cdot P_{C2009} \tag{5-10}$$

Y 轴传动反馈元任务可靠性数学模型为

$$\begin{aligned} P(I_{3.1.2.2}) = P_{R2031} = P_{C2030} \cdot P_{C2031} \cdot \\ [P_{S2021} \cdot P_{C2023} \cdot P_{C2025} \cdot P_{C2026} + P_{S2022} \cdot P_{C2024} \cdot P_{C2027} \cdot P_{C2028}] - \\ P_{S2021} \cdot P_{S2022} \cdot \prod_{i=2023}^{2031} P_{Ci} \end{aligned} \tag{5-11}$$

Z 轴传动元任务可靠性数学模型为

$$P(I_{3.1.3.1}) = P_{R1059} = P_{S1051} \cdot P_{S1052} \cdot \prod_{i=1053}^{1057} P_{Ci} \cdot P_{C1059} \tag{5-12}$$

Z 轴传动反馈元任务可靠性数学模型为

$$\begin{aligned} P(I_{3.1.3.2}) = P_{R1081} = P_{C1080} \cdot P_{C1081} \cdot \\ [P_{S1071} \cdot P_{C1073} \cdot P_{C1075} \cdot P_{C1076} + P_{S1072} \cdot P_{C1074} \cdot P_{C1077} \cdot P_{C1078}] - \\ P_{S1071} \cdot P_{S1072} \cdot \prod_{i=1073}^{1081} P_{Ci} \end{aligned} \tag{5-13}$$

3. *B* 轴传动元任务及传动反馈元任务可靠性模型的建立

B 轴传动元任务的系统配置如图 5-30 所示，其 GO 图模型如图 5-31 所示。

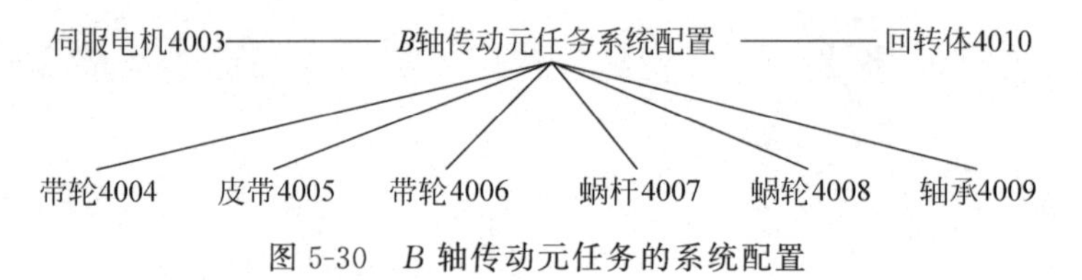

图 5-30　*B* 轴传动元任务的系统配置

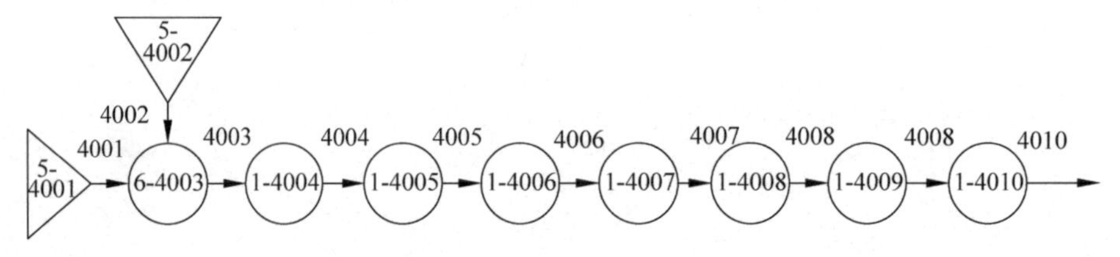

图 5-31　*B* 轴传动反馈元任务的 GO 图模型

B 轴传动元任务可靠性数学模型为

$$P(I_{3.1.4.1}) = P_{R4010} = P_{S4001} \cdot P_{S4002} \cdot \prod_{i=4003}^{4010} P_{Ci} \tag{5-14}$$

B 轴传动反馈元任务的系统配置如图 5-32 所示，其 GO 图模型如图 5-33 所示。

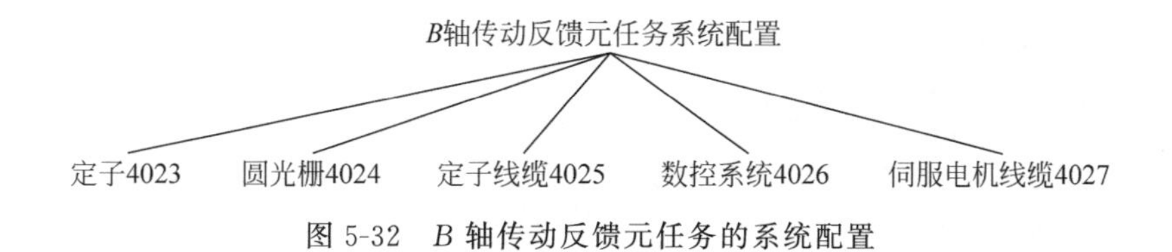

图 5-32　B 轴传动反馈元任务的系统配置

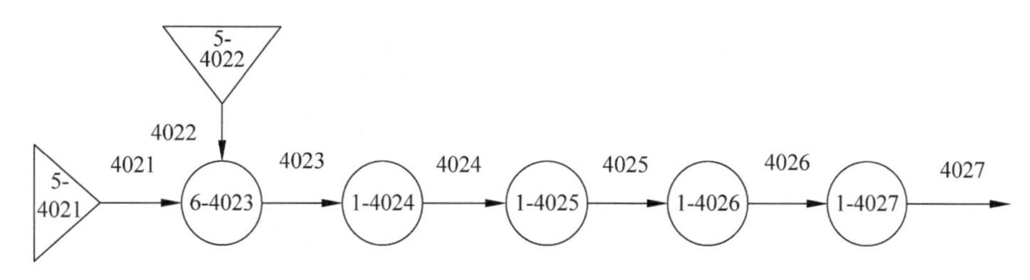

图 5-33　B 轴传动反馈元任务的 GO 图模型

B 轴传动反馈元任务可靠性数学模型为

$$P(I_{3.1.4.2})=P_{R4027}=P_{S4021}\cdot P_{S4022}\cdot\prod_{i=4023}^{4027}P_{Ci}\tag{5-15}$$

4. 主轴旋转元任务可靠性模型的建立

主轴旋转元任务的系统配置如图 5-34 所示，其 GO 图模型如图 5-35 所示。

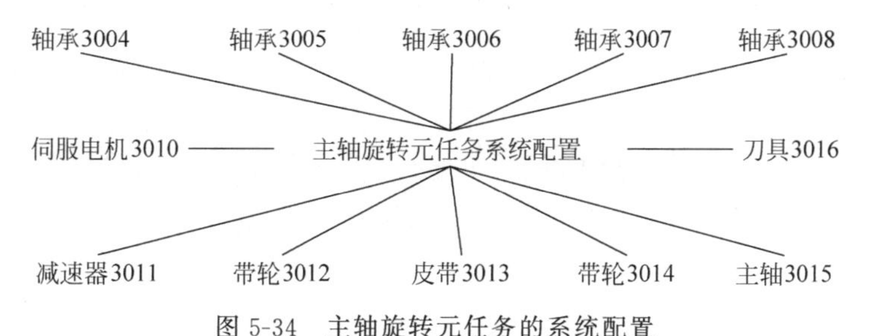

图 5-34　主轴旋转元任务的系统配置

主轴旋转元任务可靠性数学模型为

$$P(I_{3.1.5.1})=P_{R3016}=\prod_{i=3001}^{3008}P_{Si}\cdot\prod_{i=3010}^{3016}P_{Ci}\tag{5-16}$$

5. 主轴拉杆拉/松刀元任务可靠性模型的建立

拉杆拉刀元任务的系统配置如图 5-36 所示，其 GO 图模型如图 5-37 所示。
拉杆拉刀元任务可靠性数学模型为

$$P(I_{3.1.5.2.1})=P_{R3016}=\prod_{i=3051}^{3053}P_{Si}\cdot\prod_{i=3054}^{3060}P_{Ci}\cdot P_{C3016}\tag{5-17}$$

同理，主轴拉杆松刀元任务可靠性的 GO 图模型如图 5-38 所示。
拉杆松刀元任务可靠性数学模型为

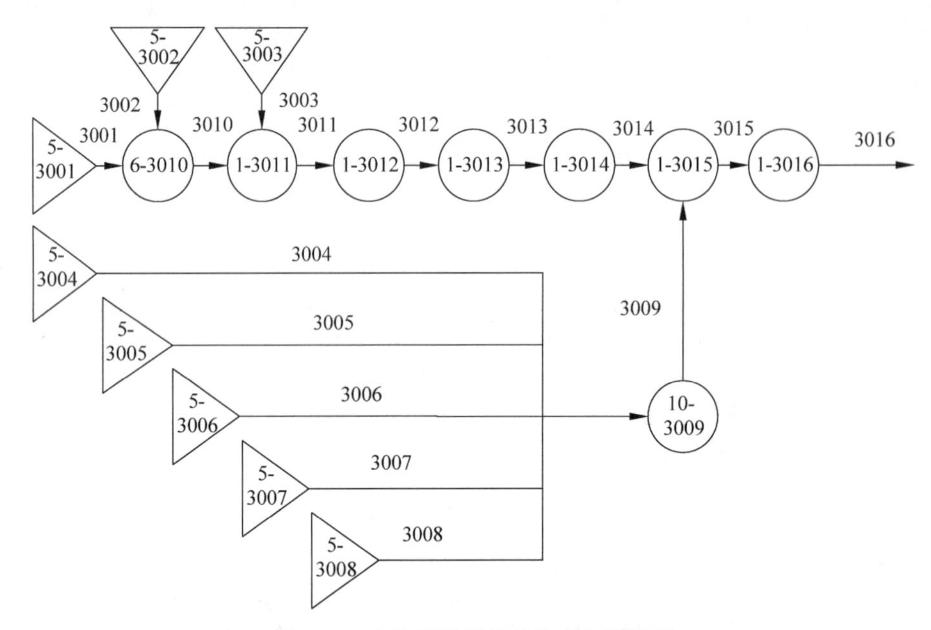

图 5-35　主轴旋转元任务的 GO 图模型

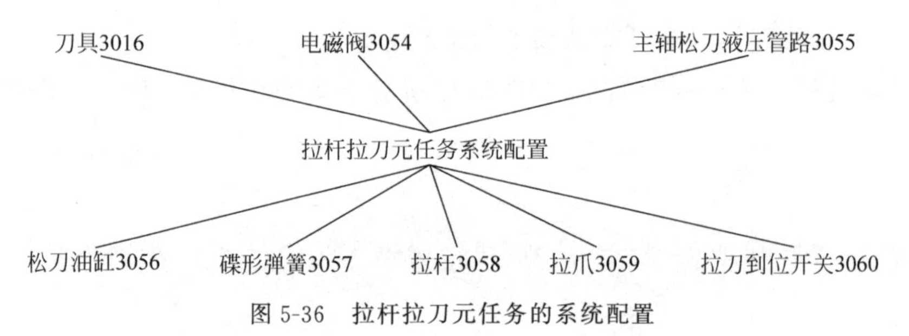

图 5-36　拉杆拉刀元任务的系统配置

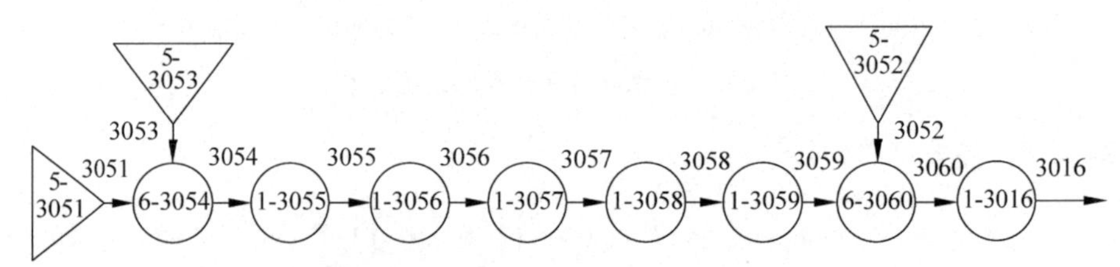

图 5-37　拉杆拉刀元任务的 GO 图模型

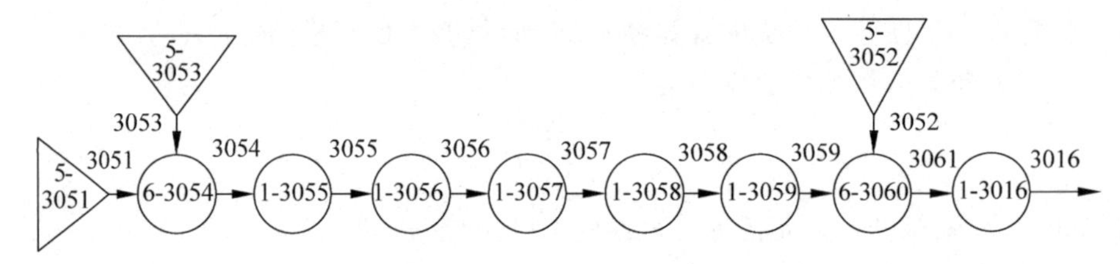

图 5-38　拉杆松刀元任务可靠性的 GO 图模型

$$P(I_{3.2.1.1.1})=P_{R3016}=\prod_{i=3051}^{3053}P_{Si}\cdot\prod_{i=3054}^{3059}P_{Ci}\cdot P_{C3016}\cdot P_{C3061}\tag{5-18}$$

6. 机械手换刀元任务可靠性模型的建立

机械手换刀元任务的系统配置如图 5-39 所示，其 GO 图模型如图 5-40 所示。

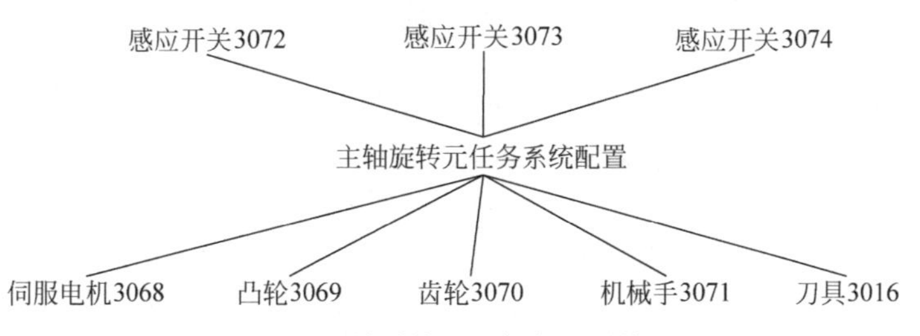

图 5-39　机械手换刀元任务的系统配置

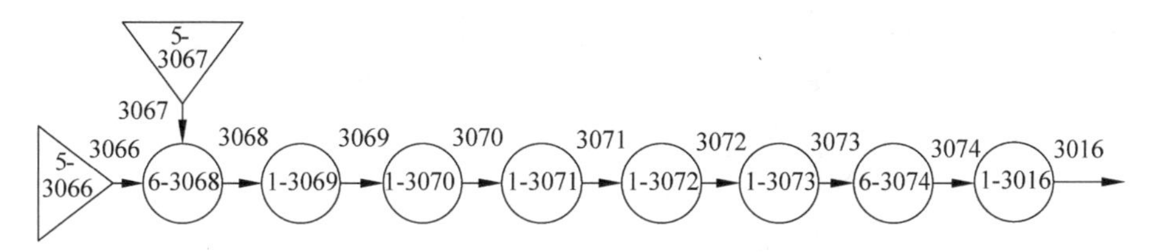

图 5-40　机械手换刀元任务的 GO 图模型

机械手换刀元任务可靠性数学模型为

$$P(I_{3.2.1.5.1})=P_{R3016}=\prod_{i=3066}^{3067}P_{Si}\cdot\prod_{i=3069}^{3074}P_{Ci}\cdot P_{C3016}\tag{5-19}$$

7. 刀具交换任务中各元任务可靠性模型的建立

刀库刀具到位元任务的 GO 图模型如图 5-41 所示。

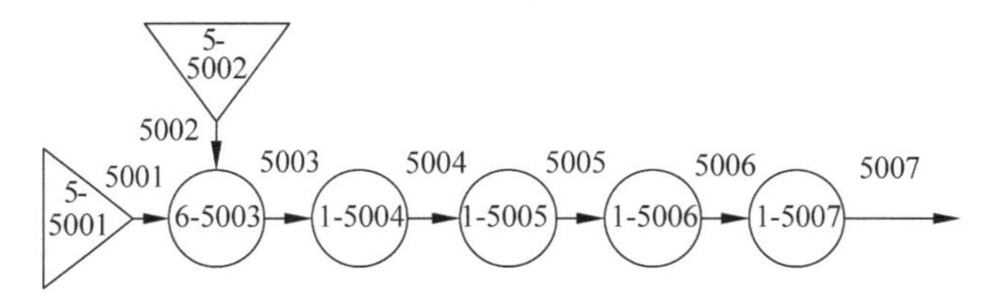

图 5-41　刀库刀具到位元任务的 GO 图模型

刀库刀具到位元任务的可靠性数学模型为

$$P(I_{3.2.1.2.1})=P_{R5007}=\prod_{i=5001}^{5002}P_{Si}\cdot\prod_{i=5003}^{5007}P_{Ci}\tag{5-20}$$

刀库门打开/关闭元任务的 GO 图模型及可靠性数学模型如图 5-42、图 5-43 所示。

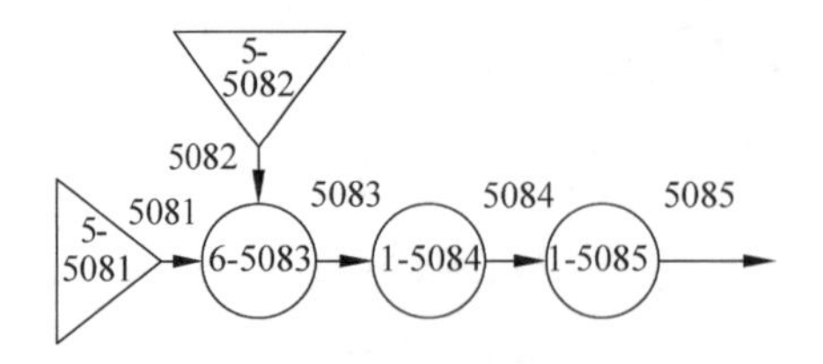

图 5-42　刀库门打开元任务的 GO 图模型

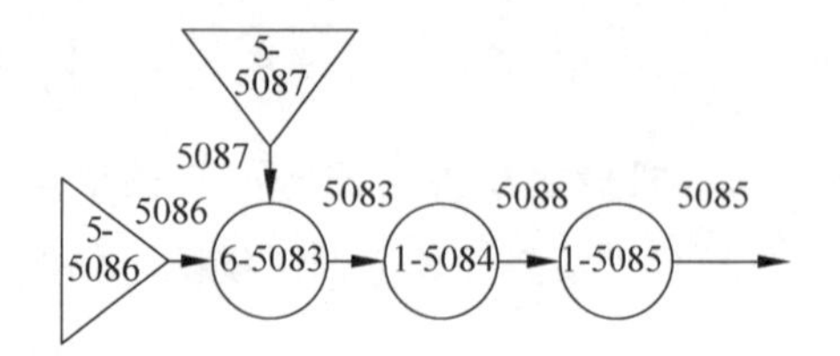

图 5-43　刀库门关闭元任务的 GO 图模型

其对应的可靠性数学模型分别为

$$P(I_{3.2.1.4}) = P_{R5085} = \prod_{i=5081}^{5082} P_{Si} \cdot \prod_{i=5083}^{5085} P_{Ci} \tag{5-21}$$

$$P(I_{3.2.1.4}) = P_{R5085} = \prod_{i=5086}^{5087} P_{Si} \cdot P_{C5083} \cdot P_{C5085} \cdot P_{C5088} \tag{5-22}$$

8. 托盘升降、旋转元任务可靠性模型的建立

托盘升降定位 0 元任务的 GO 图模型如图 5-44 所示。

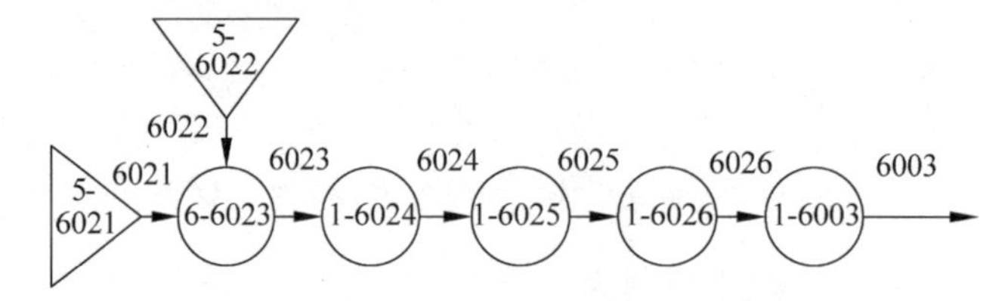

图 5-44　托盘升降定位元任务的 GO 图模型

托盘升降定位元任务的可靠性数学模型为

$$P(I_{3.2.2.2.1}) = P_{R6003} = \prod_{i=6021}^{6022} P_{Si} \cdot \prod_{i=6023}^{6026} P_{Ci} \cdot P_{C6003} \tag{5-23}$$

托盘旋转定位元任务的 GO 图模型如图 5-45 所示。

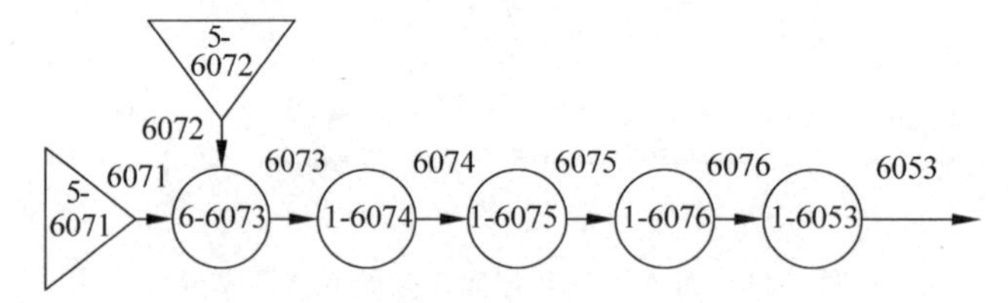

图 5-45　托盘旋转定位元任务的 GO 图模型

其对应的可靠性数学模型为

$$P(I_{3.2.2.3.1}) = P_{R6053} = \prod_{i=6071}^{6072} P_{Si} \cdot \prod_{i=6073}^{6076} P_{Ci} \cdot P_{C6053} \tag{5-24}$$

托盘升降元任务的 GO 图模型如图 5-46 所示。

托盘升降元任务的可靠性数学模型为

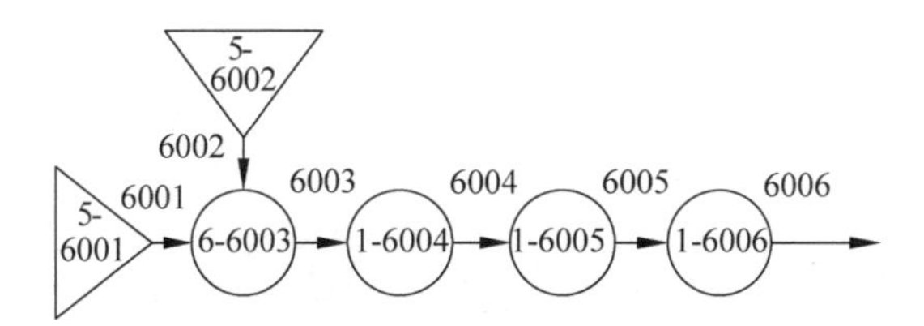

图 5-46 托盘升降元任务的 GO 图模型

$$P(I_{3.2.2.2.2.1})=P_{R6006}=\prod_{i=6001}^{6002}P_{Si}\cdot\prod_{i=6003}^{6006}P_{Ci}\tag{5-25}$$

托盘旋转元任务的 GO 图模型如图 5-47 所示。

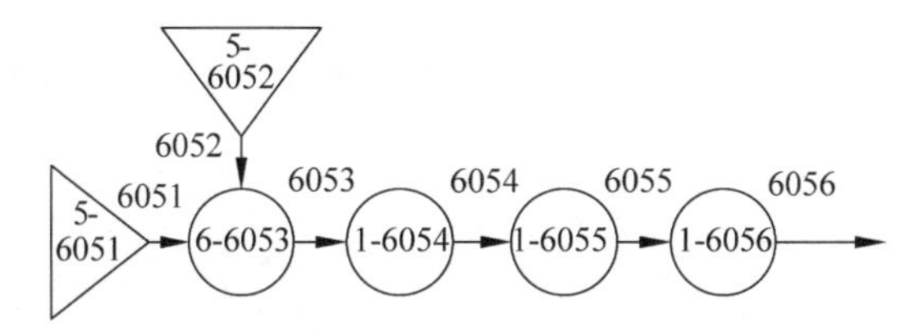

图 5-47 托盘旋转元任务的 GO 图模型

其对应的可靠性数学模型为

$$P(I_{3.2.2.3.2.1})=P_{R6056}=\prod_{i=6051}^{6052}P_{Si}\cdot\prod_{i=6053}^{6056}P_{Ci}\tag{5-26}$$

9. **辅助加工各元任务可靠性模型的建立**

液压动力元任务的 GO 图模型如图 5-48 所示。

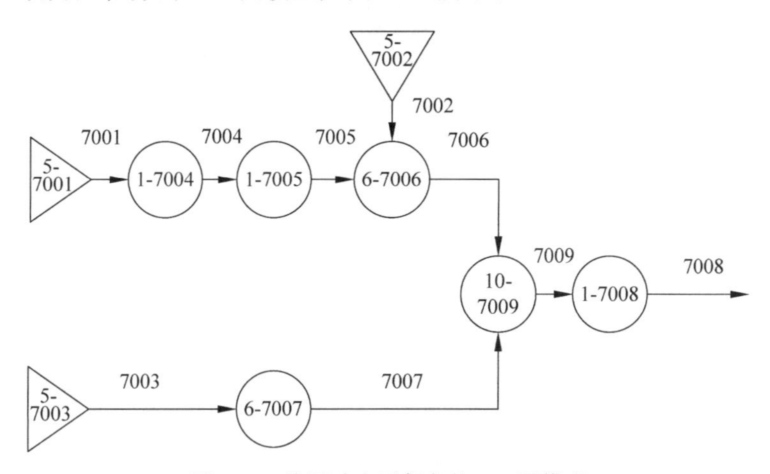

图 5-48 液压动力元任务的 GO 图模型

其对应的可靠性数学模型为

$$P(I_{3.1.2.3.1.1})=P_{R7008}=\prod_{i=7001}^{7003}P_{Si}\cdot\prod_{i=7004}^{7008}P_{Ci}\tag{5-27}$$

气压动力元任务的 GO 图模型如图 5-49 所示。

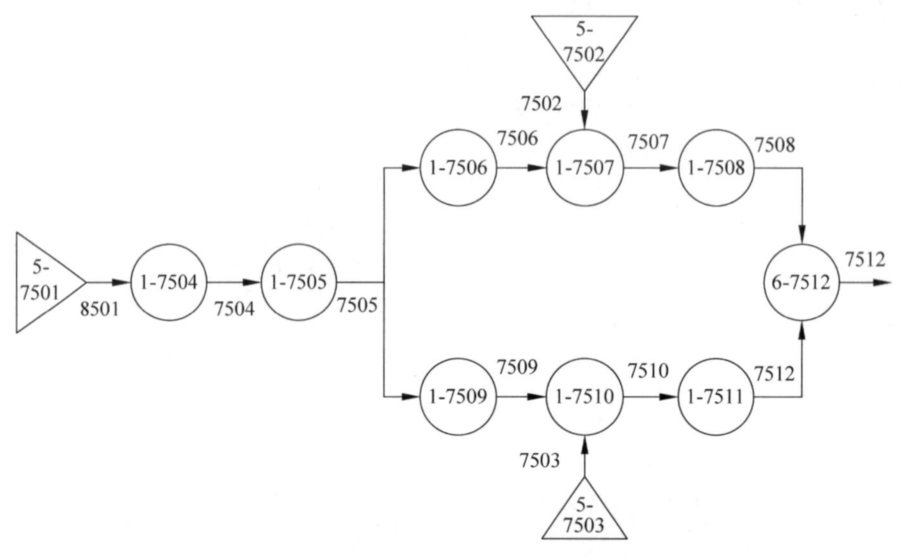

图 5-49　气压动力元任务的 GO 图模型

其对应的可靠性数学模型为

$$P(I_{3.2.4}) = P_{R7512} = P_{S7501}^{2} \cdot \prod_{i=7504}^{7505} P_{Ci}^{2} \cdot \prod_{i=7502}^{7503} P_{Si} \cdot \prod_{i=7506}^{7511} P_{Ci} \qquad (5\text{-}28)$$

冷却动力元任务的 GO 图模型如图 5-50 所示。

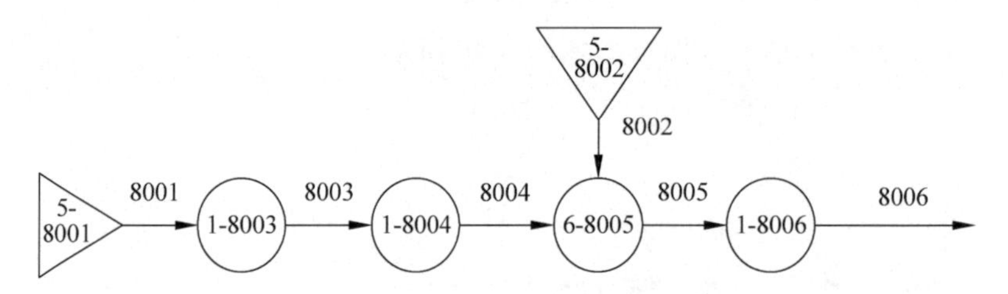

图 5-50　冷却动力元任务的 GO 图模型

其对应的可靠性数学模型为

$$P(I_{3.2.3}) = P_{R8006} = \prod_{i=8001}^{8002} P_{Si} \cdot \prod_{i=8032}^{8006} P_{Ci} \qquad (5\text{-}29)$$

润滑元任务的 GO 图模型如图 5-51 所示。

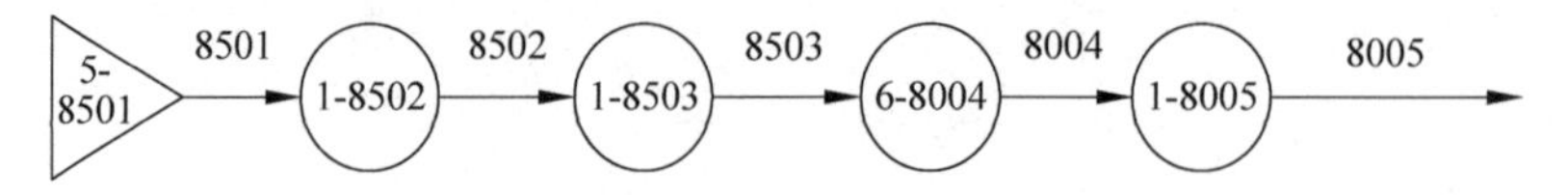

图 5-51　润滑元任务的 GO 图模型

其对应的可靠性数学模型为

$$P(I_{3.2.5}) = P_{R8505} = P_{S8501} \cdot \prod_{i=8502}^{8505} P_{Ci} \tag{5-30}$$

排屑动力元任务的 GO 图模型如图 5-52 所示。

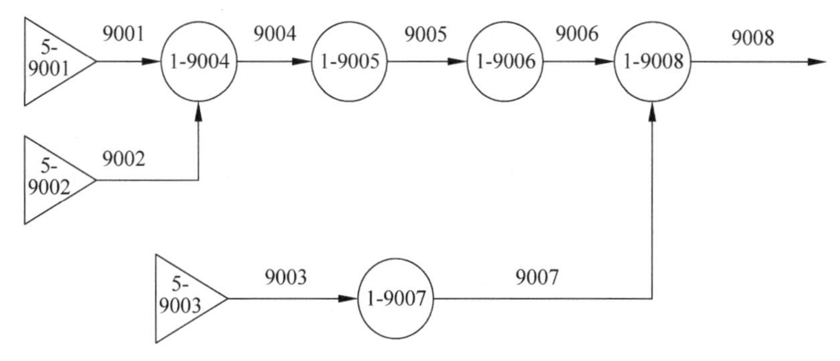

图 5-52 排屑动力元任务的 GO 图模型

其对应的可靠性数学模型为

$$P(I_{3.2.6}) = P_{R9008} = \prod_{i=9001}^{9003} P_{Si} \cdot \prod_{i=9004}^{9008} P_{Ci} \tag{5-31}$$

5.5.2 精密卧式加工中心故障率浴盆曲线优化

浴盆曲线是最常见的产品寿命周期故障的表现方式，故障率的变化趋势大体分为早期故障期、偶然故障期和损耗故障期 3 个阶段。这里运用三重威布尔分段模型建立精密卧式加工中心的早期故障期、偶然故障期、损耗故障期以及相互衔接的寿命分布模型，以 THM6380 精密卧式加工中心为对象，建立早期故障期和偶然故障期的寿命周期可靠性模型，在此基础之上，分别对早期故障期内与偶然故障期内所收集到的故障数据进行可靠性分析。

数据来源于四川普什宁江机床有限公司生产的精密系列 5 台加工中心在 3 个用户单位的现场故障数据与各自的维修记录，以建立浴盆曲线模型。时间为从安装调试完成后各自投入正式运行之日起近 1 年的考核时间，共统计得到 60 个故障数据。使用该产品在考核时间内的故障间隔时间观测值来拟合概率密度函数，并将故障间隔时间观测值分为 7 组，如表 5-8 所示。

表 5-8 精密卧式加工中心整机故障频率表

组号	频数/个	频率/%	累计频率/%
1	37	61.67	61.67
2	7	11.67	73.34
3	7	11.67	85.01
4	5	8.33	93.34

续表

组号	频数/个	频率/%	累计频率/%
5	3	5	98.34
6	0	0	98.34
7	1	1.67	100

THM6380 精密卧式加工中心的失效率函数为

$$\lambda(t)=\frac{f(t)}{R(t)}=\begin{cases}\frac{\beta_1}{\alpha_1}(t/\alpha_1)^{\beta_1-1}\\ \frac{\beta_2}{\alpha_2}(t/\alpha_2)^{\beta_2-1}\\ \frac{\beta_3}{\alpha_3}(t/\alpha_3)^{\beta_3-1}\end{cases}=\begin{cases}0.0027(t/331)^{-0.106}, & 0<t\leqslant 1412.67\\ 0.00228(t/445)^{0.014}, & 1412.67<t\leqslant t_2\\ \frac{\beta_3}{\alpha_3}(t/\alpha_3)^{\beta_3-1}, & t_2\leqslant t\end{cases}$$

(5-32)

由式(5-32)绘制 THM6380 精密卧式加工中心浴盆曲线,如图 5-53 所示。纵坐标 $\lambda(t)$为故障率,横坐标 t 为时间。从图中可以看出,加工中心在出厂 1300h 内故障率较高,然后故障率降低且趋于平缓,这与用户反映的使用初期的半年内故障频繁一致。

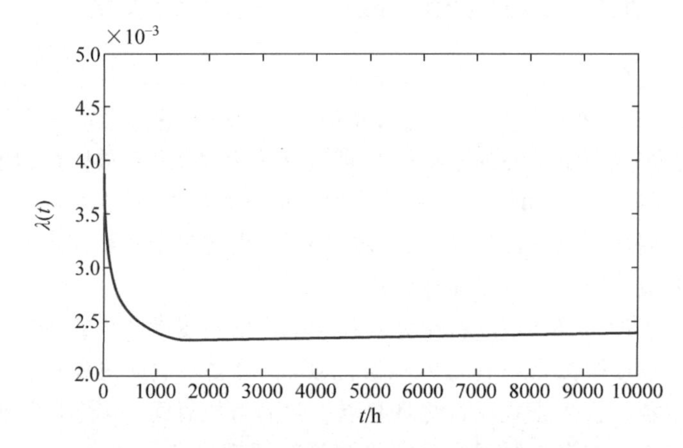

图 5-53 THM6380 精密卧式加工中心半浴盆曲线图

假设故障间隔时间服从威布尔分布且 $F_0(t_i)=1-\exp[-(t/306.7)^{0.877}]$,对该系列卧式加工中心故障率分布模型进行 d 检验。三重威布尔分段分布模型 D_n 的观察值为 0.0634,当取显著性水平 $\alpha=0.10$ 时,由经验公式得:当 $n=60$ 时,$D_{n,\alpha}=1.63/\sqrt{n}=0.2104$,可看出 D_n 要小于 $D_{n,\alpha}$,因此可以认为该系列加工中心平均无故障间隔时间服从三重威布尔分段分布模型。

5.5.3　机床故障消除与精度衰减模型

1. 早期故障快速消除技术

1）早期故障消除技术简介

早期故障消除技术是一种应用于产品的设计研发阶段，以可靠性设计分析为理论基础，用来指导可靠性实验，并以激发潜在故障为手段，通过提出和实施改进措施来达到消除实验中发生的故障为目的的可靠性技术。早期故障消除技术的框架如图 5-54 所示。图中实线表示实施早期故障消除技术的流程，虚线表示各流程中得到结论之间的联系。图 5-54 中所包含的内容分为 3 个阶段：可靠性设计分析阶段、可靠性实验阶段和故障消除阶段。

2）早期故障期精密卧式加工中心故障树分析

对四川普什宁江机床有限公司生产的精密卧式加工中心各关键功能部件进行早期故障期的故障树分析（FTA），通过对潜在故障的分析找到故障原因并分析故障对产品可靠性影响的重要度，提出有效的预防与改进措施，避免潜在故障发生，提高产品的可靠性水平。以刀库的故障树分析为例，刀库故障树总图如图 5-55 所示。

2. 精度衰减规律和衰减模型的建立

精密卧式加工中心的主要工作性能是加工精度和精度保持性，传统的精度分析主要集中在出厂时的加工精度上，对精度保持性研究不够。本节结合机床的使用过程，考虑机床的保养因素，讨论机床精度的衰减规律，建立精度的衰减模型，提出提高精度保持性的措施。

数控加工中心的精度是由各传动链的传动精度共同决定的，影响其精度保持性的因素较多，包括磨损、热变形、振动、数控系统精度等。为了从总体上了解精度的衰退趋势和规律，有必要先对精度的变化规律进行预测。神经网络技术可以处理非线性信息，是较为理想的预测精度的工具。

在神经网络模型中，BP 神经网络模型应用较广。它是一种前馈型神经网络，包含一个或多个隐含层，通过不断地反向传播修正误差，可以实现或逼近所希望的输入输出之间的映射关系，这种非线性的映射能力使其能以任意精度逼近一个非线性函数。图 5-56 是 BP 神经网络模型。

构建神经网络模型：隐含层为 36 个神经元，传递函数为“tansig”；输出层为 3 个神经元，传递函数为“purelin”；迭代次数 100，性能函数为 mse（均方误差）。

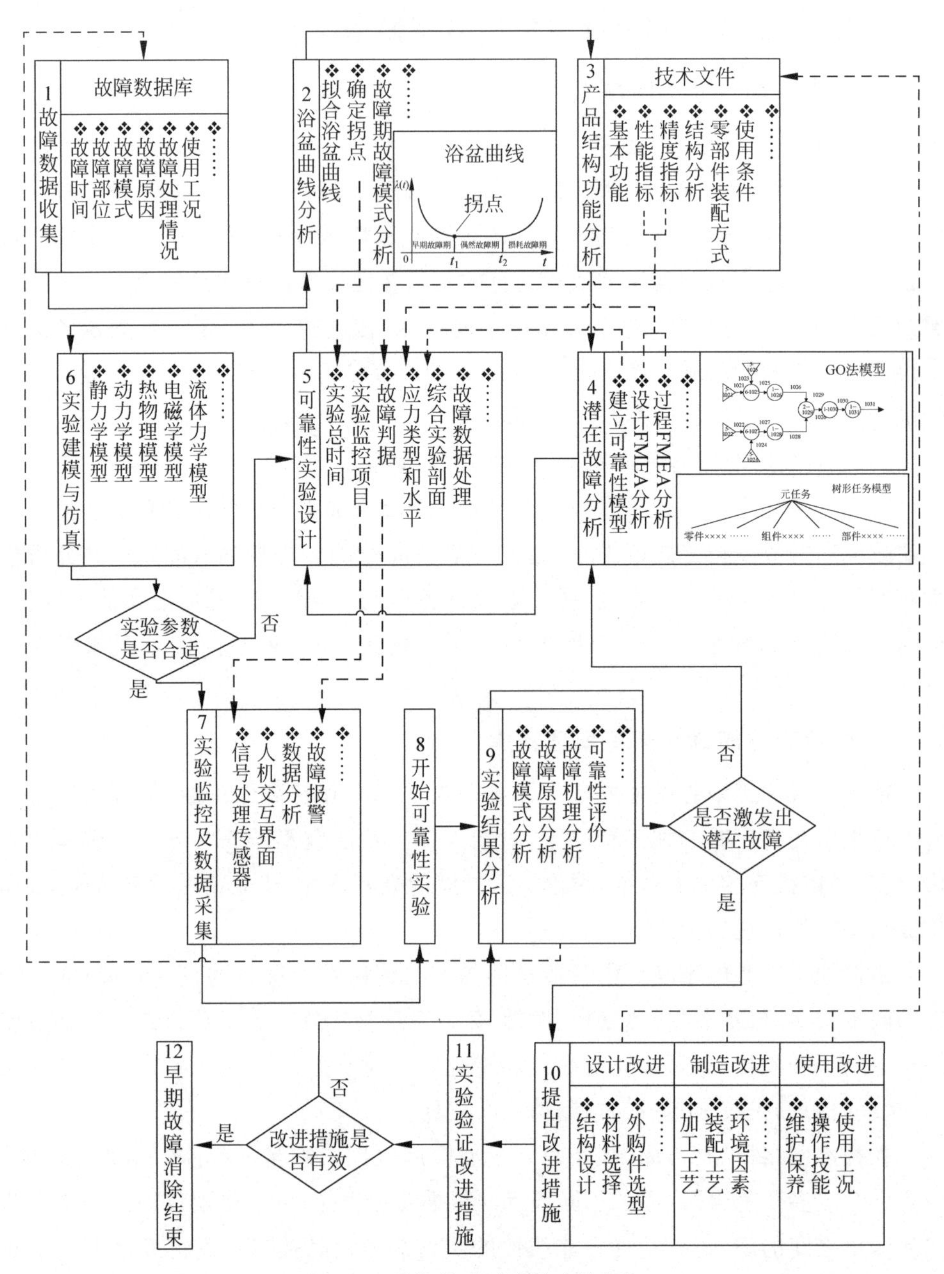

图 5-54 早期故障消除技术的框架

根据精密卧式加工中心提取的 36 项误差，构造输入向量。由于误差中包含线性误差、角度误差，量纲不统一，无法进行计算，因此，须对测得的数据进行无量纲化处理，处理采用实测值除以允许偏差的方法。处理后的结果如表 5-9 所示。

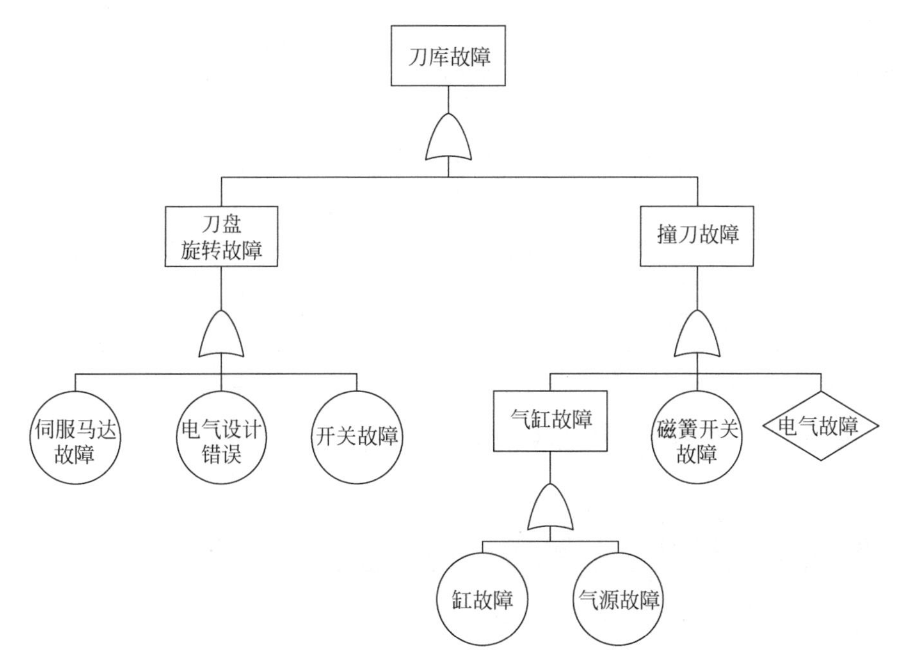

图 5-55　精密卧式加工中心刀库故障树总图

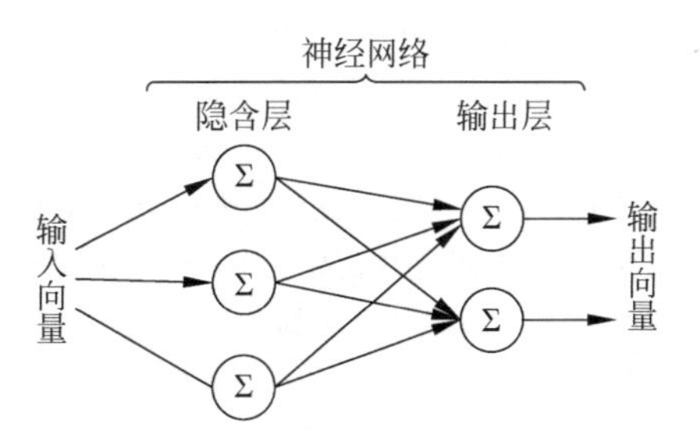

图 5-56　BP 神经网络模型

表 5-9　经过处理后的测试数据　　mm

允差	实验前	实验后	调试后	允差	实验前	实验后	调试后
$\delta_y(x)$	0.41	0.66	0.33	$\varepsilon_y(x)$	0.8	0.75	0.5
$\delta_z(x)$	0.33	0.25	0.33	$\varepsilon_z(x)$	0.75	1	0.65
$\delta_y(z)$	0.4	0.2	0.4	$\varepsilon_x(x)$	0.5	0.4	0.4
$\delta_x(z)$	0.4	0.3	0.4	$\varepsilon_y(z)$	0.65	0.155	0.45
$\delta_x(y)$	0.4	0.4	0.4	$\varepsilon_x(z)$	0.5	0.5	0.5
$\delta_z(y)$	0.3	0.3	0.4	$\varepsilon_z(z)$	0.35	0.3	0.45
$\varepsilon_z(y)$	0.65	0.85	1	$\varepsilon_z(s)$	0.5	0.5	0.67
$\varepsilon_x(y)$	0.85	0.7	0.6	$\varepsilon_y(s)$	0.5	0.5	0.5
$\varepsilon_y(y)$	0.35	0.9	0.5	$\varepsilon_x(s)$	0.5	0.4	0.4
ε_{xy}	0.58	0.5	0.33	ε_{sz}	0.38	1.88	1

续表

允差	实验前	实验后	调试后	允差	实验前	实验后	调试后
ε_{zy}	0.5	3.17	0.92	ε_{bz}	0.5	0.13	0.63
ε_{zx}	0.33	0.42	0.5	ε_{sx}	0.5	1	0.5
ε_{sy}	0.6	0.8	0.9	$\delta_y(b)$	0.53	0.8	1
ε_{bx}	0.5333	1.13	1.2	ε_{sb}	0.9	0.9	0.9
ε_{bz}	0.58	1.17	0.83	$\delta_x(x)$	0.8	0.8	0.8
ε_{by}	0.5	1.2	1	$\delta_y(y)$	0.6	0.6	0.6
ε_{sz}	0.6	0.8	0.9	$\delta_z(z)$	0.88	2.2	1.05
$\delta_x(b)$	0	0	0	$\theta_z(\beta)$	0.5	0.5	0.5

将表5-9中的数据代入神经网络模型，仿真结果如表5-10所示。

表5-10 神经网络仿真结果 mm

综合误差	实验前	调整后	120h	200h	300h
ΔX	−0.0913	−0.0670	−0.1008	0.0958	−0.1279
ΔY	−0.0430	−0.0189	−0.0629	−0.1060	0.1843
ΔZ	0.0331	0.0939	0.2862	0.3023	0.3725

说明：

(1) 表中数字表示当前值占设计公差值的百分比。从仿真结果看，机床综合误差ΔX、ΔY、ΔZ都有逐步增大的趋势。但并不能说明组成综合误差的每个误差分量都有增大的趋势。

(2) 负号表示误差方向与建模规定方向相反。

(3) 由于数据量太小，将机床装配调整后的测量数据作为切削实验过程中的一组测量数据，原因是调整后的数据值相对小于切削实验后的数据。此外，由于没有使用过程中的过程数据(如每两个月测量一次)，使得神经网络模型在大于300h趋于水平，这与实际情况不符，故在表格中没有体现。

(4) 假设前提是在机床正常工作(不包括人为事故、电气故障等因素引起的故障)下进行的预测。

5.5.4 机床运行可靠性监控及装配工艺设计

1. 可靠性监控技术

精密卧式加工中心的可靠性除了与设计过程、加工过程和装配过程密切相关外，还与其使用条件、工作环境和维护保养状况有非常大的关系。为此，可以构建机床可靠性监控系统，通过对关键运行参数进行监控，及时告知操作人员对机床进行相应处理，从用户使用的角度有效提高机床的可靠性。此外，可靠性监控系统可集成到数控系统中，增强机床的智能化程度。图5-57为监控系统的功能树。

1) 精密卧式加工中心运行状态监控

为了提高加工精度，对机床加工系统的运行状态进行综合监测是十分必要的。通过对机床加工过程中设备运行状态的实时监测，了解和掌握机床在运行过程中的状态，优化设备运行和加工过程，在出现异常时，可提供分析数据。

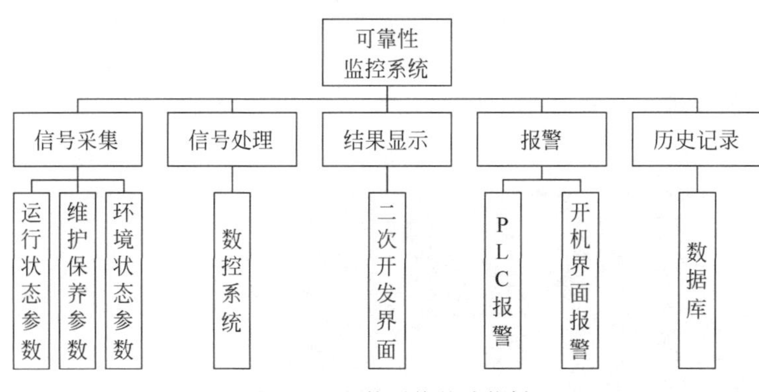

图 5-57　监控系统的功能树

智能精密卧式加工中心的可靠性测试结果.doc

(1) 主轴动态性能。通过对主轴运行状态的分析可知,由于主轴振动机理复杂,开发过程难度比较大,而主轴转速在数控系统内部已有监控,因此将主轴温度作为监控内容。传感器安装示意图如图 5-58 所示。

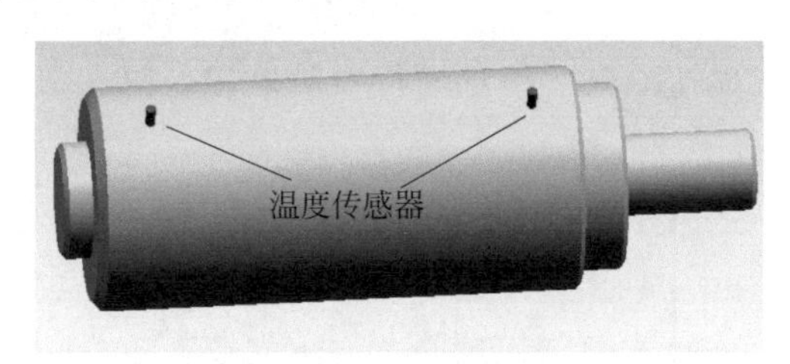

图 5-58　主轴温度传感器安装示意图

(2) 切削液状态。通过对切削液状态分析可知,切削液变质在线监控开发困难,因此采取定时提醒用户抽样检验,例如,对切削液 pH 值进行测试。冷却液温度可以在线监控。图 5-59 为传感器安装示意图。

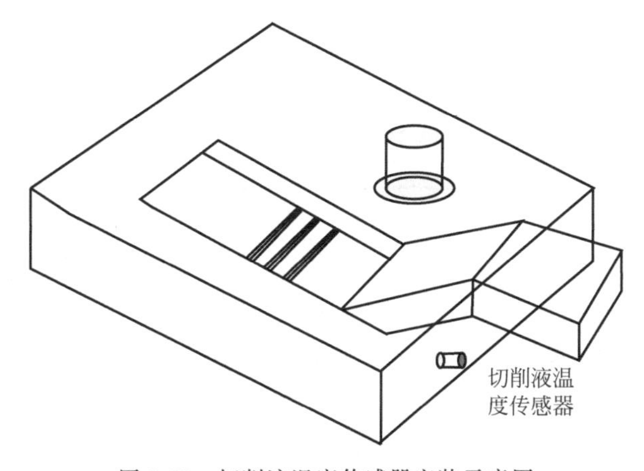

图 5-59　切削液温度传感器安装示意图

(3) 液压油状态。为了提高液压油压力的稳定性，在机床上需要更改液压油压力表的位置有三处：液压油系统压力、主轴箱液平衡压力、回油压力。另外，液压油温度和清洁度都需要进行在线监控。液压油状态监控各传感器安装示意图如图 5-60 所示。

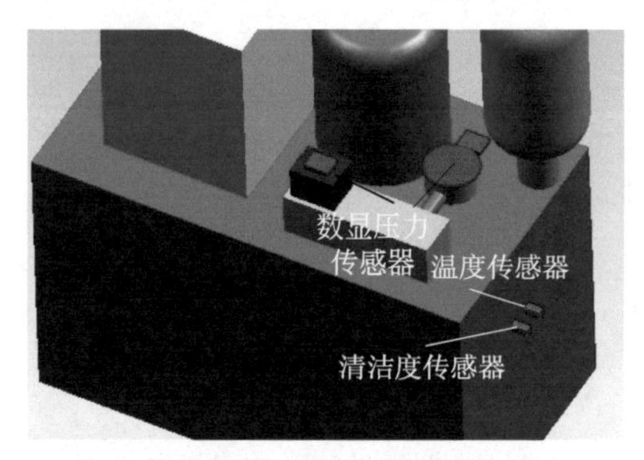

图 5-60　液压油状态传感器安装示意图

(4) 气源湿度。目前是气源应用在机床上采取了过滤、除湿等措施，但没有气源湿度反馈信息，当过滤装置失效后，不干燥的压缩气体直接进入机床且未及时告知用户。因此有必要对气源湿度信息进行实时监控。图 5-61 是气源湿度传感器安装示意图。

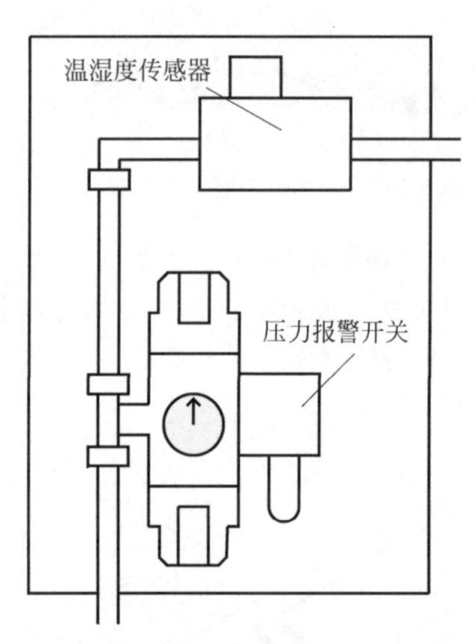

图 5-61　气源湿度传感器安装示意图

2) 精密卧式加工中心可靠性监控系统的开发

加工中心运行可靠性监控系统以 SINUMERIK 840D 数控系统为开发平台，需进行以下工作。

(1) 维修保养开机界面设计与开发。维修保养开机界面设计采用图 5-62 所示

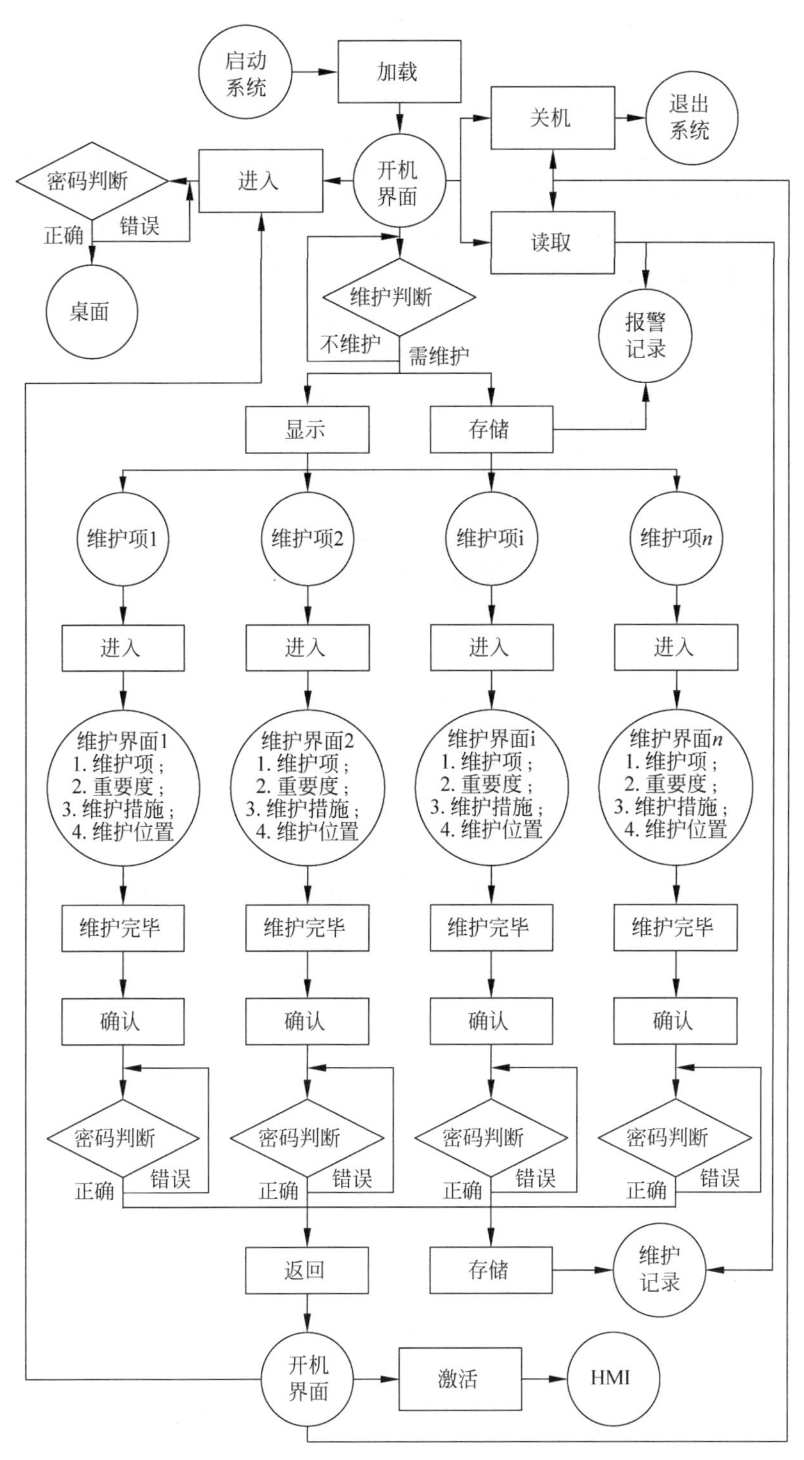

图 5-62　开机界面功能流程图

的开机界面功能流程图。系统启动后，首先加载开机界面，进入开机界面后，可以通过输入密码进入桌面，也可以关机退出系统。开机界面对每个零部件的维修保养情况进行定时判断，显示出需要维修保养的项数。用户可以单击进入详细的维修保养界面，在该界面中，显示出维修保养项、重要度、维修保养措施与维修保养的位置。当用户实施完维修保养措施后，要求第二方确认检查维修保养效果并输入密码退出该界面。开机界面实时记录显示需要维修保养的报警时间，以及维修保养完毕后的维修保养记录，以供用户查阅。当所有需要维修保养的项数都采取维修保养措施后，激活进入机床加工界面的按钮（HMI）。

（2）运行条件监控系统总体设计。数控机床运行可靠性监控系统利用 PLC 处理前期通过传感器采集到的信号，将信号数据显示在 HMI 环境下开发的 OEM 应用程序界面上，来完成对数控机床相关参数的监测。图 5-63 为该监控系统的功能流程图。

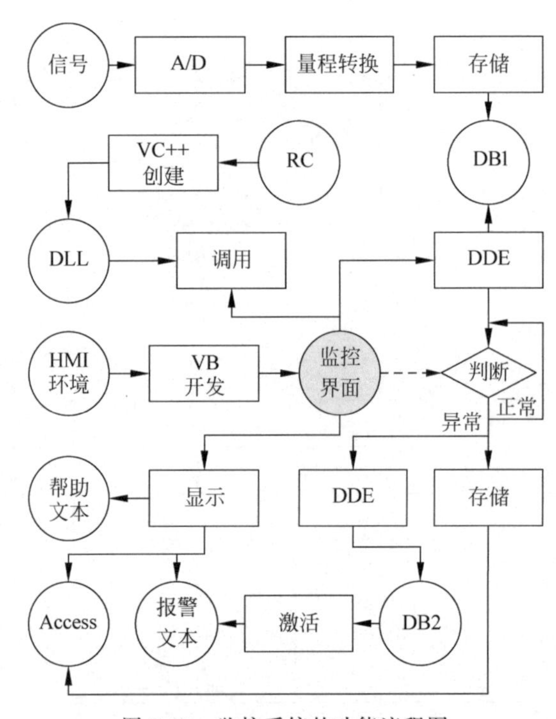

图 5-63　监控系统的功能流程图

根据图 5-64 所示的监控系统功能模块图，设计监控系统分为七大功能模块：数据采集模块、运算处理模块、中文显示模块、存储模块、报警模块、帮助模块和接口模块等。

（3）运行条件监控系统硬件设计与开发。本监控系统需要的硬件有传感器、模拟量输入模块和外接电源。电路设计时对传感器、模拟量输入模块和外接电源的接线进行合理分配，以满足测试要求。硬件安装设计时对传感器的安装位置进

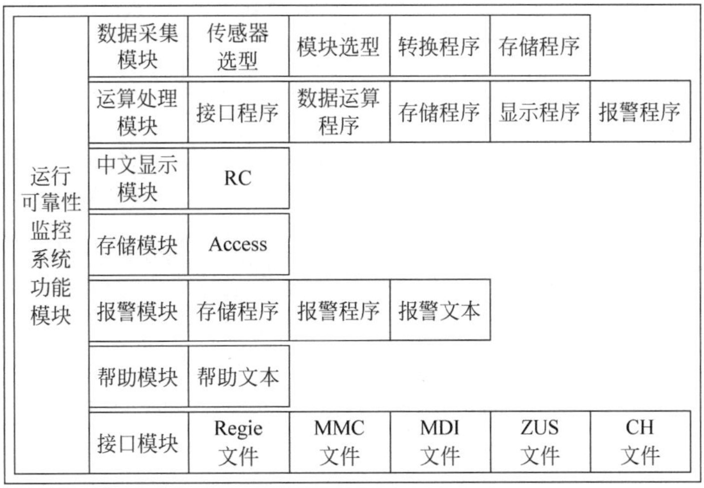

运行可靠性监控系统功能模块						
	数据采集模块	传感器选型	模块选型	转换程序	存储程序	
	运算处理模块	接口程序	数据运算程序	存储程序	显示程序	报警程序
	中文显示模块	RC				
	存储模块	Access				
	报警模块	存储程序	报警程序	报警文本		
	帮助模块	帮助文本				
	接口模块	Regie 文件	MMC 文件	MDI 文件	ZUS 文件	CH 文件

图 5-64　监控系统功能模块图

行设计，以保证传感器能长期正常工作。根据传感器的选择原则，选择出了加工中心运行可靠性监控系统所需传感器，如表 5-11 所示。

表 5-11　传感器参数表

监测项	变化范围	传感器型号	量程	精度	工作电源	输出方式
主轴温度	0～60℃	HRWZPKB236TH	0～100℃	B 级	—	2－DMU 4～20mA
液压油温度	10～60℃	HRWZPKB231FTH	0～100℃	B 级	—	2～DMU 4～20mA
切削液温度	0～40℃	HRWZPKB231FTH	0～100℃	B 级	—	2～DMU 4～20mA
系统压力	5.5～7MPa	YP-P2	0～10MPa	0.25%F.S	—	2～DMU 4～20mA
回油压力	0～0.2MPa	YP-P2	0～0.5MPa	0.1%F.S	—	2～DMU 4～20mA
平衡压力	4～6MPa	YP-P2	0～8MPa	0.25%F.S	—	2～DMU 4～20mA
液压油颗粒	NAS10 ISO18/15	IPD12322100	—	—	DC24V	4～DMU 4～20mA
电源电压	200～240V	PA24V604P2	0～500V	±0.2%	DC24V	4～DMU 4～20mA
气源湿度	0～75%RH	YP100B	0～100%RH	±3%RH	DC24V	4～DMU 4～20mA
环境温湿度	10～40℃ 0～75%RH	YP-WS	－10～60℃ 0～100%RH	±0.3℃ ±3%RH	—	2～DMU 4～20mA

根据上述电路设计原则以及监控系统实际所选元器件，电路设计如图 5-65 所示。

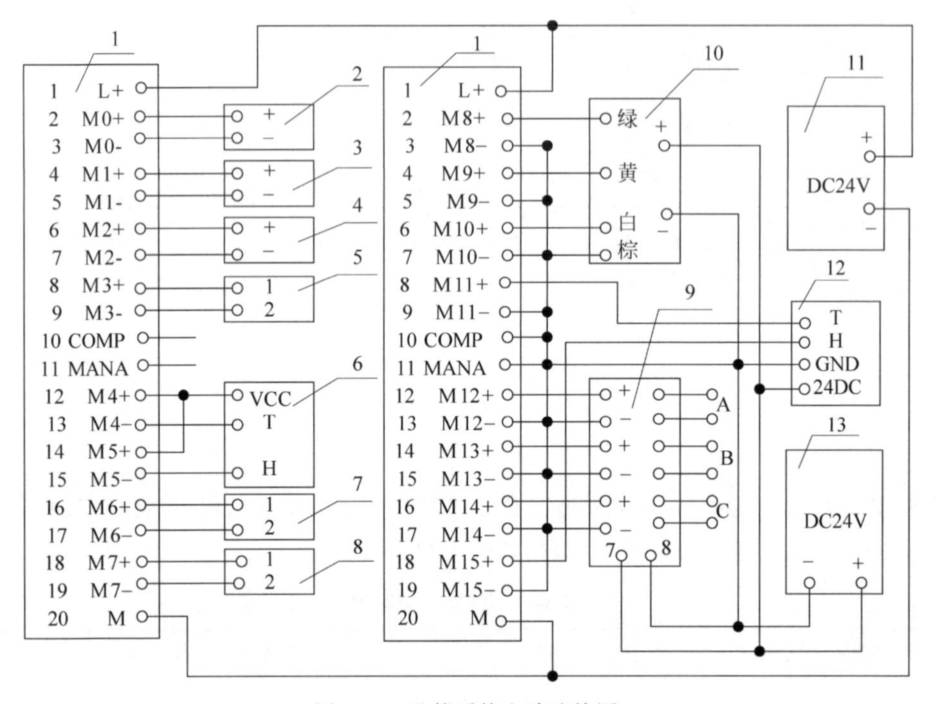

图 5-65　监控系统电路连接图

1—模拟量输入模块；2—主轴温度传感器；3—切削液温度传感器；4—液压油温度传感器；5—系统压力传感器；6—环境温湿度变送器；7—回油压力传感器；8—平衡压力传感器；9—电压传感器；10—液压油颗粒检测仪；11—西门子 PLC；12—气源湿度变送器；13—外接电源

(4) 运行条件监控系统软件设计与开发。在 SINUMERIK 840D 数控系统的 HMI 环境下，提供了 Sequence control 模式来开发西门子标准应用程序和兼容的 OEM 应用程序。在 Sequence control 模式下，将应用程序的一个界面定义为一个 State，每一个状态可以通过按下 softkeys、RECALL-key、mouse-click、change of operation model 和 State matrix 进行切换，实现特殊的状态功能，从而构成 OEM 的运行模式。

界面逻辑结构设计是为了实现界面之间相互切换。根据本监控系统功能要求，设计出如图 5-66 所示的监控界面窗体逻辑结构关系。根据该窗体逻辑结构关系，以 THM6380 精密卧式加工中心配置的西门子 840D 数控系统为平台，开发维护预警系统。

加工中心通过安装该预警系统后，当功能部件的实际可靠度值小于预警值时，通过 PLC 做出报警并显示在人机界面上，并在一定时间后进入维护状态，此时机床不能加工运行。维护活动完毕后，加工中心恢复正常状态，同时可靠度数据自动

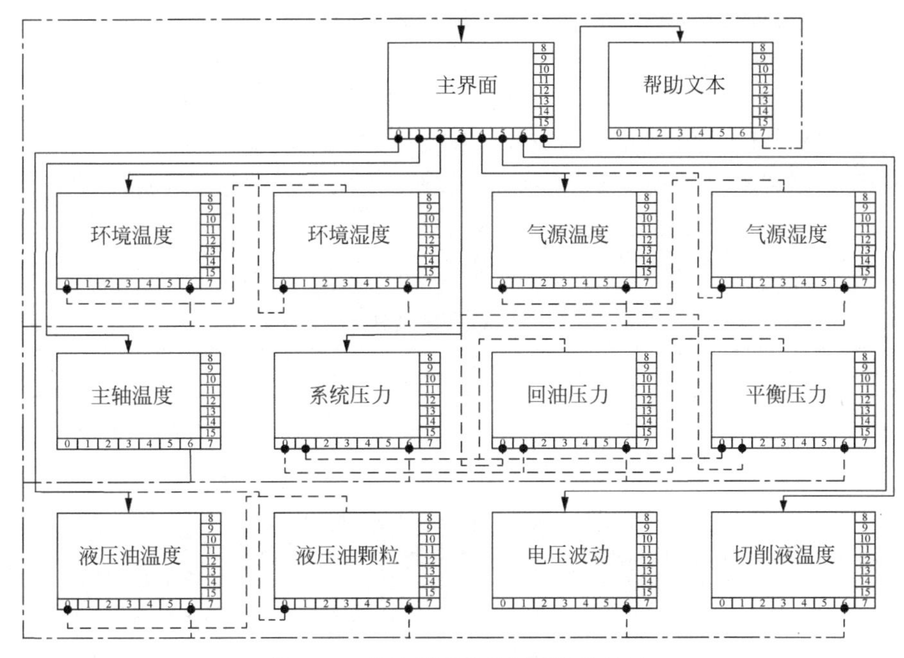

图 5-66　监控界面窗体逻辑结构关系

复位并进入下一轮监测，以此来强制用户对加工中心进行维护保养。因而延长了加工中心的寿命，提高了其可靠性。

2. 可靠性驱动的装配工艺设计

可靠性驱动的装配工艺主要从功能实现的可靠性方面来考虑装配工艺的制定，在装配过程中控制可靠性，对于提高产品的可靠性具有重要意义。

1）可靠性驱动的装配工艺制定步骤

（1）在制定装配工艺方案前应熟悉对应部件（产品）的图纸。

（2）分析功能部件的基本功能及基本要求，包括自身的功能和与其他单元相连接时所需要的外部功能。

（3）分析单元某一功能所必需的相关动作，包括一级动作、二级动作甚至三级动作等。一级动作主要是指实现基本功能的最直接动作，二、三级动作主要是指具体的某零件（小单元）的动作（如转台的转动是其一级动作，二级动作则是蜗杆和蜗轮的转动），同时分析对应动作应达到的基本要求。

（4）结合图纸和已产生的故障对最后一级动作进行潜在故障分析，可得故障的表现和相关原因（如转台夹紧动作可能发生不能夹紧的情况，而产生这种情况的原因可能是碟簧失效或油路回油不畅造成的）。

（5）针对这些故障原因分析相应的可靠性控制点，并在以后装配工艺编制时详细描述控制方法，着重检查。

(6) 将装配过程中相同的可靠性控制点提取为装配整体可靠性要求，如清洁度控制和密封性控制等。

(7) 在工艺方案编制中，采用逐级分析方法，其中控制点可能是重复的，在装配工艺编制时就不需重复描述。或者部分控制点在实际装配时是在各个动作间交叉进行的，则装配工艺编制时不需要完全按照工艺方案顺序进行编制。

2) 可靠性驱动的装配工艺方案及实施

表 5-12 为 THM6380 总装工艺部分。

表 5-12　THM6380 可靠性总装工艺方案

序号	部件	连接部位	总装连接方式	故障表现(故障原因)	可靠性控制方案
1	立柱	四组 X 向导轨滑块 X 向丝杠法兰	螺栓顶靠，与两组 X 向导轨滑块侧靠牢 与四组 X 向导轨滑块螺栓连接 螺栓连接	① 立柱或主轴在负载切削中有振动，精度不稳。(侧靠装配时，压块与滑块间隙大) ② 立柱或主轴在负载切削中有振动，精度不稳。(螺栓固紧力矩小或旋紧不到位) ③ 立柱沿 X 向匀速运动时电机电流不平稳。(丝杠可能有憋劲) ④ X 向反向间隙大。(螺栓连接松动)	① 用涂色法检查接触，或用塞尺控制最小间隙。 ② 用规定力矩扳手，控制各螺栓固紧大小值。螺栓固紧后，涂红漆定相位，防松动。 ③ 控制 X 向丝杠回转轴线与 X 向导轨平行。用涂色法检查 X 向丝杠法兰面与立柱连接面接触。X 向电机空载电流大小值应规定最小值。 ④ 控制丝杠法兰、立柱连接螺栓的力矩值
2	滑座	四组 Z 向导轨滑块	螺栓顶靠，与两组 Z 向导轨滑块侧靠牢 与四组 Z 向导轨滑块螺栓连接	① 转台在负载切削中有振动，精度不稳。(侧靠后，压块与滑块间隙大) ② 转台在负载切削中有振动，精度不稳。(螺栓固紧力矩小或旋紧不到位)	① 用涂色法检查接触，或用塞尺控制最小间隙。 ② 用规定力矩扳手，控制各螺栓固紧大小值。螺栓固紧后，涂红漆定相位，防松动

在实施可靠性驱动的装配工艺之后，对精密卧式加工中心进行可靠性实验，整机和各功能部件的故障率大幅度减少，实验前后加工中心的几何精度和位置精度变化非常小，精度保持性好，提升了精密卧式加工中心的可靠性。

5.6 智能精密卧式加工中心实例

本节以THMC6350精密卧式加工中心的研发为例,阐述精密卧式加工中心系列产品的主要技术参数。THMC6350精密卧式加工中心标准配置日本Fanuc 0i数控系统和华中HNC8C数控系统,还有HSV19D型伺服和主轴驱动装置以及华中数控的配套厂家武汉登奇机电公司生产的GK/GM系列伺服电机和主轴驱动电机。其整体结构分别如图5-67、图5-68所示。

THMC6350精密卧式加工中心.doc

针对本台高精密级卧式加工中心,在标准机型的基础上,另采取以下措施:

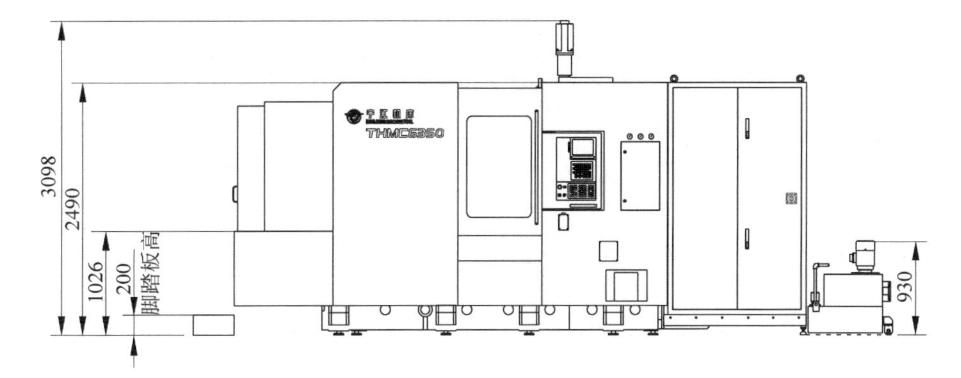

图5-67 THMC6350机床外形图

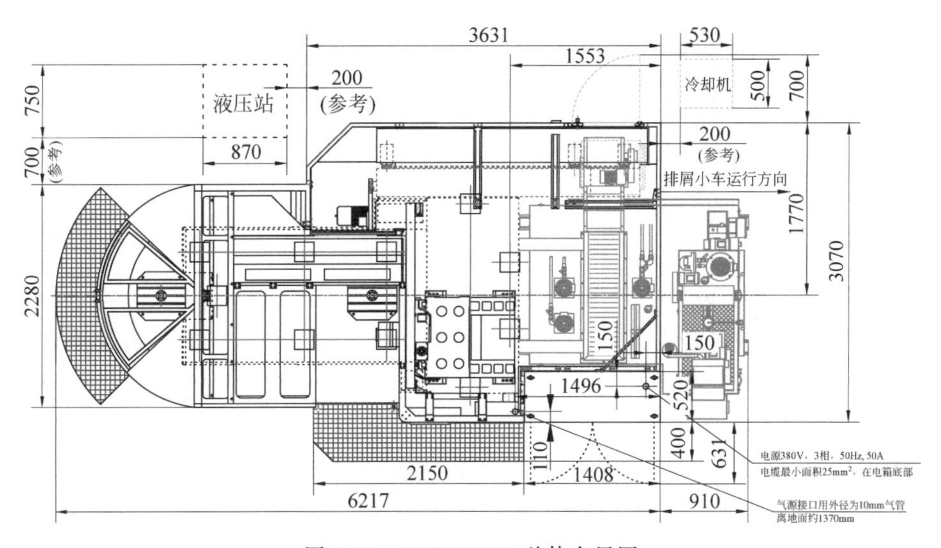

图5-68 THMC6350总体布局图

国内外 500 规格卧式加工中心参数对比.doc

(1) 几何精度在精密级卧式加工中心的基础上提高 20%；

(2) 滚珠丝杠采用中空内冷却丝杠，减小滚珠丝杠发热对机床精度的影响；

(3) 提高装配工艺要求，控制各部件的装配质量。

通过采取的具体措施，THM6350 精密卧式加工中心的性能指标全部达到要求，定位精度小于 0.002mm，重复定位精度小于 0.001mm。

1. THMC6350 机床主要技术规格指标

THMC6350 机床主要技术规格指标如表 5-13 所示。

表 5-13　THMC6350 机床主要技术规格指标

项　目		规格参数
主轴转速		20～8000(6000)r/min
速度选择		全范围可编程
主轴电机		18.5kW 200N·m
控制轴的驱动	进给速度范围	0～20m/min
	快进移动速度	48m/min
	伺服驱动电机(X、Y、Z)	
	Y 轴电机带制动器	4.0kW
	B 轴伺服驱动电机	3.0kW
机床精度 (ISO230—2：1997)	定位精度(X、Y、Z)	0.002mm
	重复定位精度(X、Y、Z)	0.001mm
	B 轴连续回转分度定位精度	4″
	B 轴连续回转分度重复定位精度	2″
	系统最小分辨率(X、Y、Z)	0.0001mm
	系统最小分辨率(B)	0.0001°
	系统最小输入单位(X、Y、Z)	0.0001mm
	系统最小输入单位(B)	0.0001°
	X、Y、Z、B 轴反馈	绝对式光栅尺(HEIDENHAIN)

2. THMC6350 机床的自制设备及实验装置

研发阶段完成了精密主轴实验装置、精密主轴、数控跑车架、转台装配跑车架、环面蜗杆测试装备、数控系统应用实验台、托盘交换可靠性运行台架、主轴可靠性检测实验台、B 轴可靠性测试实验台等设备。自制设备及实验装置为功能部件研制的验证、技术性能实验和可靠性提升提供保证，并采取有效的解决方法和手段，缩短了研制周期。各装置的现场实物如图 5-69～图 5-74 所示。

图 5-69　精密主轴实验装置

图 5-70　精密主轴数控跑车架

图 5-71　转台装配跑车架

图 5-72　环面蜗杆测试装备

图 5-73　Fanuc 数控系统实验台

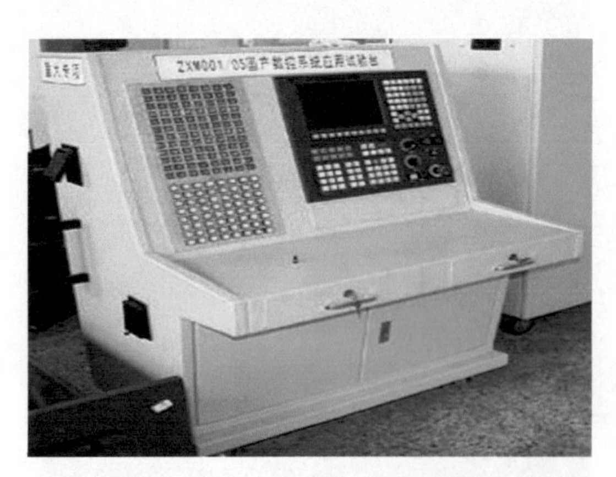

图 5-74　华中数控系统实验台

5.7　小结

本章主要从卧式加工中心优化设计、误差补偿技术、伺服驱动优化、抑振和可靠性技术等方面介绍智能精密卧式加工中心的结构设计与优化，并以四川普什宁江机床有限公司研发的精密卧式加工中心为例，介绍了精密卧式加工中心的结构设计及应用，为智能精密卧式加工中心的设计提供了相应的参考和指导意义。

参考文献

[1]　高通.精密数控车床主轴系统精度保持可靠性计算方法研究[D].西安：西安电子科技大学，2018.

[2]　皮永乐.数控机床误差综合补偿技术及应用[J].内燃机与配件，2018(12)：104-105.

[3]　曹永洁，傅建中.数控机床误差检测及其误差补偿技术研究[J].制造技术与机床，2007(4)：44-47.

[4]　陶洋，邓行，杨飞跃，等.基于 DTW 距离度量的层次聚类算法[J].计算机工程与设计，2019，40(1)：116-121.

[5]　刘严.多元线性回归的数学模型[J].沈阳工程学院学报(自然科学版)，2005，1(2)：128-129.

[6]　王维，杨建国，姚晓栋，等.数控机床几何误差与热误差综合建模及其实时补偿[J].机械工程学报，2012，48(7)：165-170+179.

[7]　陈志俊.数控机床切削力误差建模与实时补偿研究[D].上海：上海交通大学，2008.

第6章

机床箱体类零件智能制造系统

机床制造企业经常需要对各种箱体类零件进行加工，机床箱体类零件通常属于多品种、小批量加工，需要实现生产制造过程的柔性化。机床箱体类零件智能制造系统是一套包含了多种高、尖、精技术和设备的智能精密制造系统，实现多品种箱体类零件的单件或批量化柔性、高效、高精加工制造，通过在机床制造企业推广示范应用，可以推进国产智能制造生产线在机床等领域的广泛应用，促进国产数控机床制造水平的快速提升。

6.1 机床箱体类零件智能制造系统集成设计

为了完成机床箱体类零件智能制造系统的设计，需要在对典型机床箱体类零件工艺需求分析和加工工艺分析的基础上，完成机床箱体类精密智能制造系统的总体设计，并利用柔性生产制造技术，实现机床箱体类零件多品种、小批量的柔性、高效、高精混流加工。此外，还需要建立加工工艺参数数据库、进行机床箱体类零件加工特征的自动建模、掌握国产数控刀具切削性能和高效柔性夹具的应用技术，在满足零件高效优质加工的前提下，降低生产制造成本。

1. 箱体类零件加工工艺技术分析

该部分包括的主要内容如下：

(1) 典型机床箱体类零件工艺需求分析和加工工艺技术分析；

(2) 多品种、小批量柔性生产制造技术的应用；

(3) 智能制造系统的模块化、单元化设计；

(4) 集成化制造的生产线工艺设计；

(5) 创建加工工艺参数数据库或工艺专家库，以及加工特征的自动建模；

(6) 机床箱体类零件多品种、小批量的柔性、高效、高精混流加工的生产线总体布局设计。

2. 箱体类零件智能柔性制造系统总体布局设计

智能柔性制造系统(FMS)能按装配作业配套需要，及时安排所需零件的加工，实现及时生产，从而减少毛坯和在制品的库存量以及相应的流动资金占用量，缩短生产周期，提高设备的利用率，减少直接劳动力，在无人看管条件下可实现昼夜24h的连续“无人化生产”，提高产品质量的一致性。结合生产节拍、加工效率、自动化等要求，本章介绍能满足机床箱体类零件多品种、变批量柔性、自动加工要求的两套智能制造系统总体设计方案，并给出FMS63和FMS80两条智能柔性制造系统的建造过程。

FMS63由4台THM6363卧式加工中心、1条自动物流运输线、1个多工位托盘库、总控台及其他辅助设施等组成，控制系统采用华中数控系统。FMS80由4台THM6380卧式加工中心、1条自动物流运输线、1个多工位托盘库、总控台及其他辅助设施等组成，控制系统采用Fanuc数控系统。

两条智能柔性制造系统的布局形式如图6-1、图6-2所示。

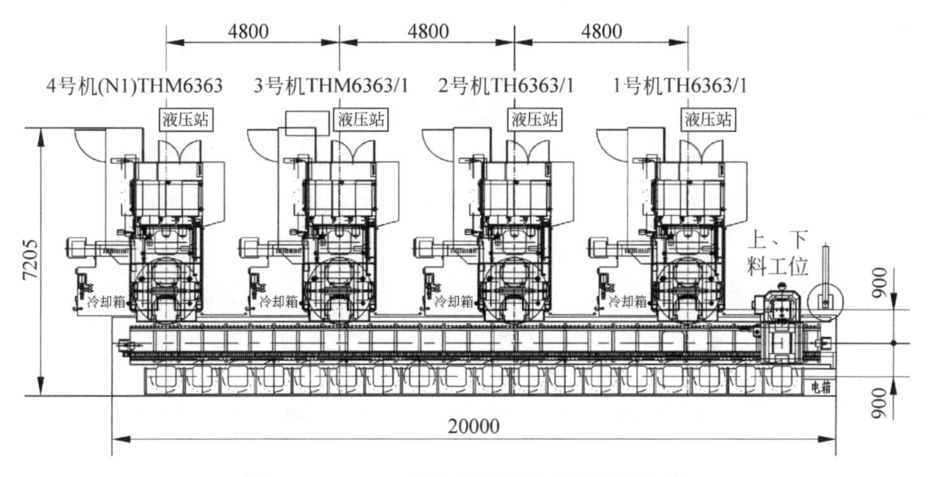

图 6-1　FMS63 智能柔性制造系统总体布局

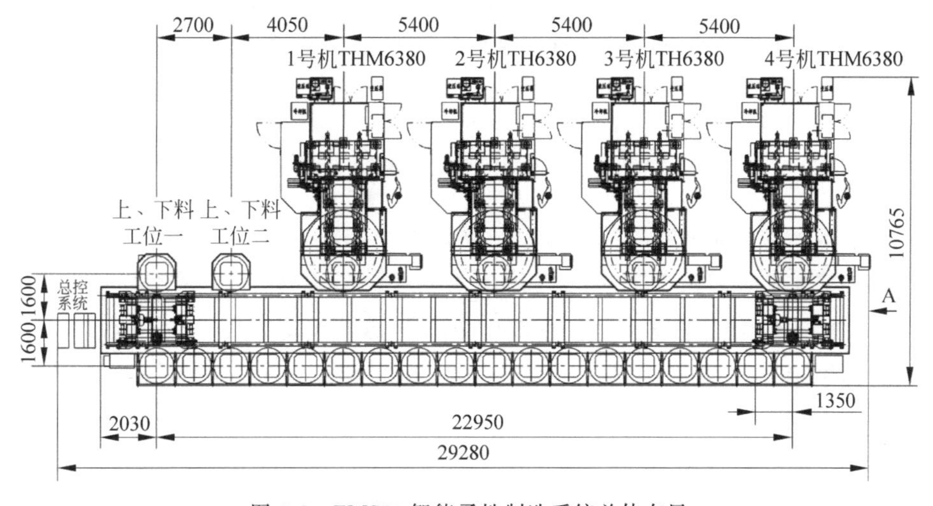

图 6-2　FMS80 智能柔性制造系统总体布局

6.2 智能柔性制造系统集成控制技术

采用开放式数控技术的智能柔性制造系统的集成控制，分别以国产数控系统和国外数控系统为控制平台，完成两条机床箱体类零件智能柔性制造系统的电气控制系统的开发设计、生产制造、调试改进、技术验证、车间应用、对比测试和验证。实现多品种箱体类零件的单件或小批量的柔性、高效、高精加工应用。

智能柔性制造系统是集数控化、自动化、智能化、网络化为一体的一类高技术产品。[1]电气控制系统是多个子系统的集成，而总控系统是智能柔性制造系统的控制中心和指挥调度中心。开放式数控的智能柔性制造系统集成控制技术，是智能制造系统电气控制系统开发过程中用到的核心技术之一，是普通单机数控技术的更高级和更复杂的运用。无论是进口数控系统还是国产数控系统的开放式运用，都代表数控系统外部扩展、二次开发、性能扩展的运用能力，具有较高的技术难度。通过应用开放式数控系统，可以实现从数控机床单机到多台数控机床、自动物流搬运系统、计算机总控系统的集成，实现具有自动化、网络化、智能化、柔性化特色的智能柔性制造系统集成的跨越。智能制造系统控制软件与机床单机相比，控制规模大、系统性强、控制信息多、内容复杂。

6.2.1 基于开放式数控系统的智能柔性制造系统集成控制技术

采用国产华中 HNC8 系列数控系统和日本 Fanuc 数控系统的数控机床，运用系统的开放式技术和网络连接扩展技术，开发卧式加工中心 THM6363/THM6380 电气控制系统、物流搬运系统、电气控制系统、智能柔性加工系统、计算机信息控制系统等。主要技术内容的拓扑结构如图 6-3 所示。

6.2.2 基于国产数控系统的智能柔性制造系统应用

围绕国产数控系统在智能柔性制造系统中的应用，开发了基于华中 8 型数控系统的功能扩展技术及基于 NCUC-BUS 总线的控制、物流、信息的网络融合方法，开发了智能柔性制造系统多数控系统的分布与协同控制方法，以及物流布局、节拍、流程、逻辑控制、托盘编码及自动识别、物流子系统安全控制方法，建立了刀具自动识别、监测及自动换刀方法，开发了综合精度测量技术，建立了网络化作业计划管理及智能调度模型，开发了机床箱体零件在线检测测量方法，实现了生产线的监控功能。主要内容如下：将 RFID 技术应用到数控加工生产的刀具管理中[2]，可以提高刀具管理的自动化程度和管理效率，实现精确快速识别、跟踪刀具，并将刀

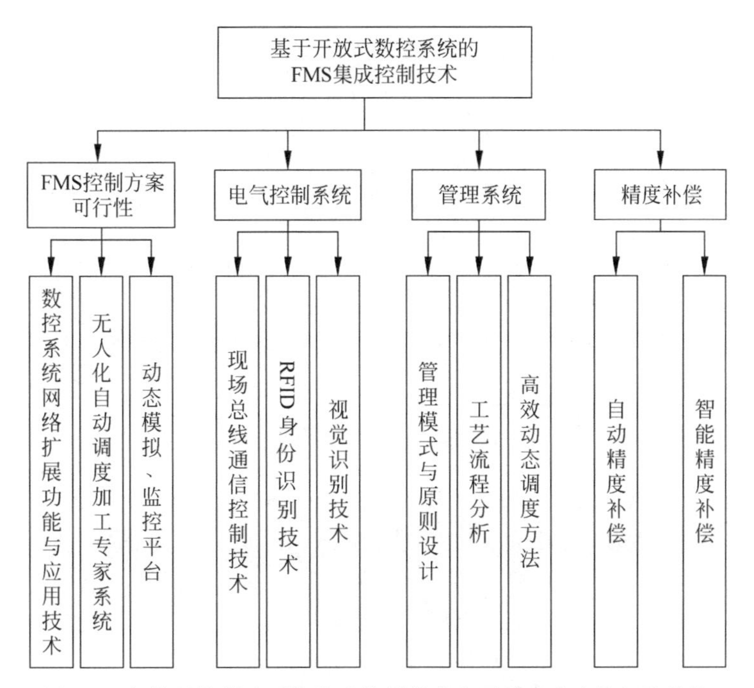

图 6-3　智能柔性制造系统集成控制技术主要技术内容的拓扑结构

具信息反馈给刀具管理系统，执行相应加工动作，如图 6-4 所示。

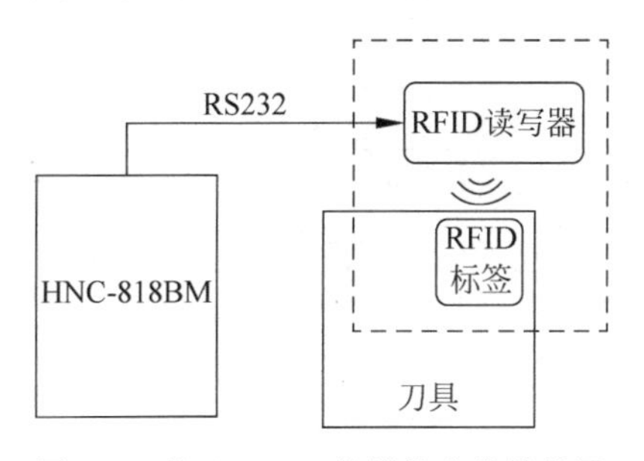

图 6-4　基于 RFID 的部件连接结构图

华中数控系统与 RFID 读写器采用串口连接，读写器与电子标签通过无线传输进行通信，电子标签安装在刀具中。由于每个电子标签都是唯一的，因此可以通过电子标签来唯一标识刀具。在刀具安装、卸载、换刀过程中完成刀具信息的获取与更新，关键技术包括以下几个方面。

(1) RFID 电子标签与刀柄的系统组成。针对刀具的物理属性，电子标签中的数据应包含如下信息：刀具号、刀具类型、长度补偿、半径补偿、长度磨损、半径磨损、寿命管理方式、最大寿命、预警寿命、已用寿命。

(2) 基于 RFID 电子标签的刀具信息识别。RFID 读写器通过串口与数控系统连接，通过 PLC 启动并完成数据读写，软件结构如图 6-5 所示。

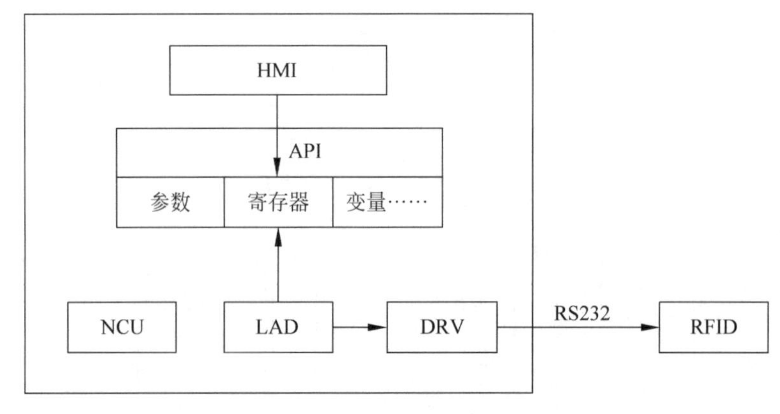

图 6-5 软件结构

(3) 基于 RFID 电子标签的刀具管理系统。RFID 相关的应用主要体现在三个过程中：装刀、卸刀、换刀，各功能流程如图 6-6、图 6-7 以及图 6-8 所示。

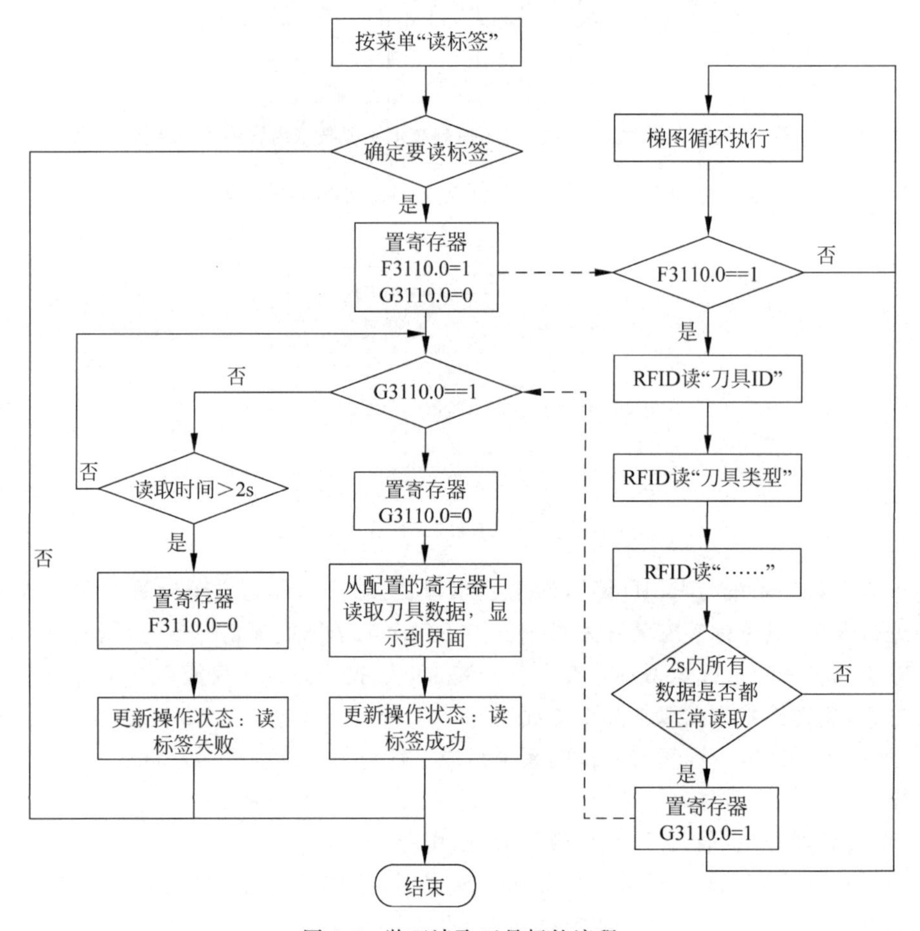

图 6-6 装刀读取刀具标签流程

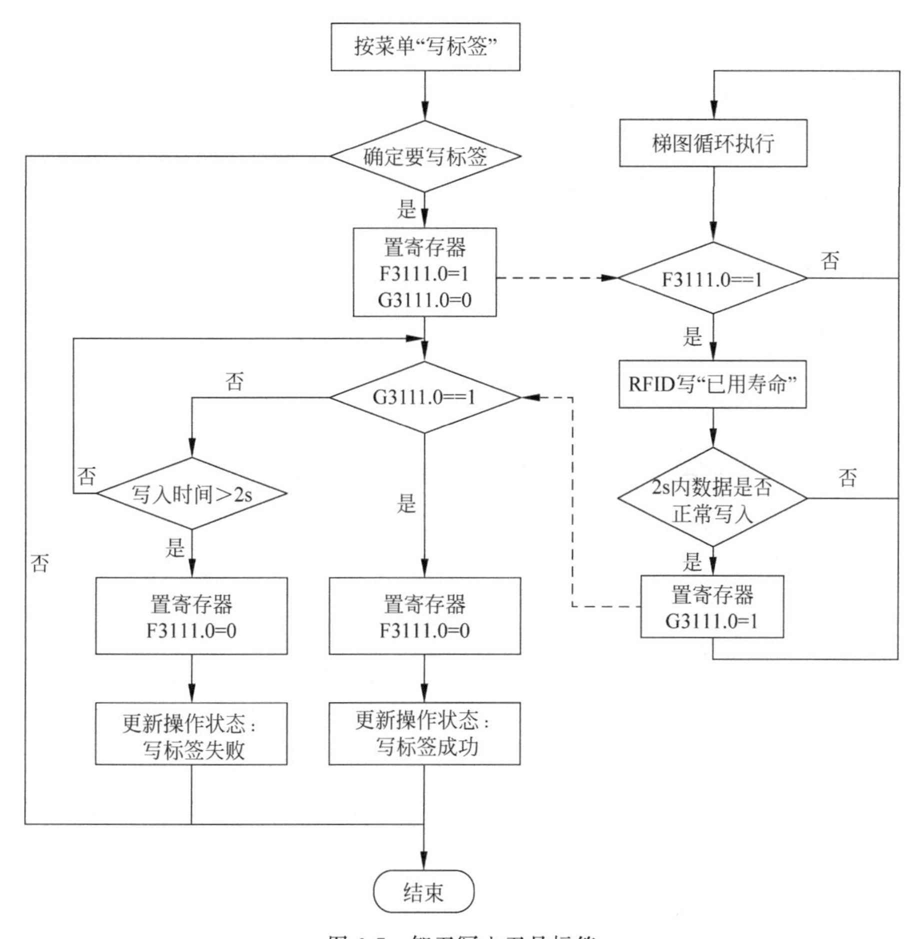

图 6-7　卸刀写入刀具标签

(4) 综合精度测量技术。分析机床在加工过程中对精度的影响因素，采用综合精度测量技术，从刀具测量和工件测量两部分来提升综合精度。

(5) 国产数控系统可靠性设计。可靠性是数控装置的关键属性之一，只有可靠性得到保证，数控装置的功能和性能才能得到稳定的发挥。可靠性设计是指从可靠性的角度出发进行产品设计和分析。按设计流程划分，可靠性设计主要包括可靠性预计、可靠性分配、可靠性建模等。以技术类型划分，可靠性设计包括简化设计、冗余设计、热设计、环境防护设计、健壮设计等。

数控装置是一个非常复杂的高科技产品，元器件数量多，若采用提升零部件的质量和制造精度的方法来提高系统整体可靠性，在有限空间内可行，但存

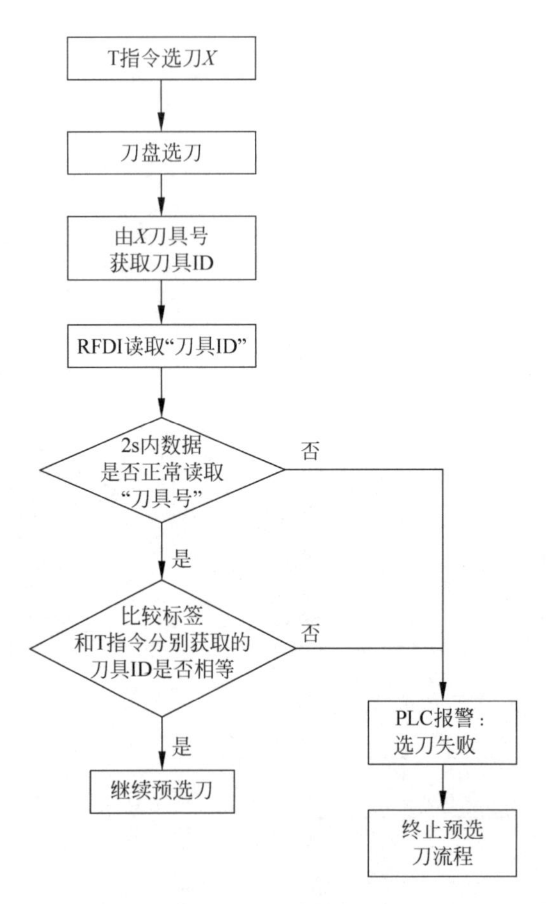

图 6-8　选刀确认流程

在着很大局限性。应该从结构、布局等方面出发，采用可靠性保障方法，提升数控装置的可靠性。可靠性设计流程如图 6-9 所示。该结构采用了高可靠性的工业计算机作为逻辑运算、处理和控制核心，自主研发了功能控制板，将与伺服、主轴、PLC 等有关的控制及通信环节转为现场总线方式，简化了数控装置的结构体系，不仅减少了系统元器件的数量，提升了可靠性，而且工业计算机的成熟技术也能使系统的运行可靠性具有足够的保障。此外，这种结构能够对数控系统故障的定位和及时维修维护得到很好的控制。该数控装置的结构原理和功能如图 6-10、图 6-11 所示。

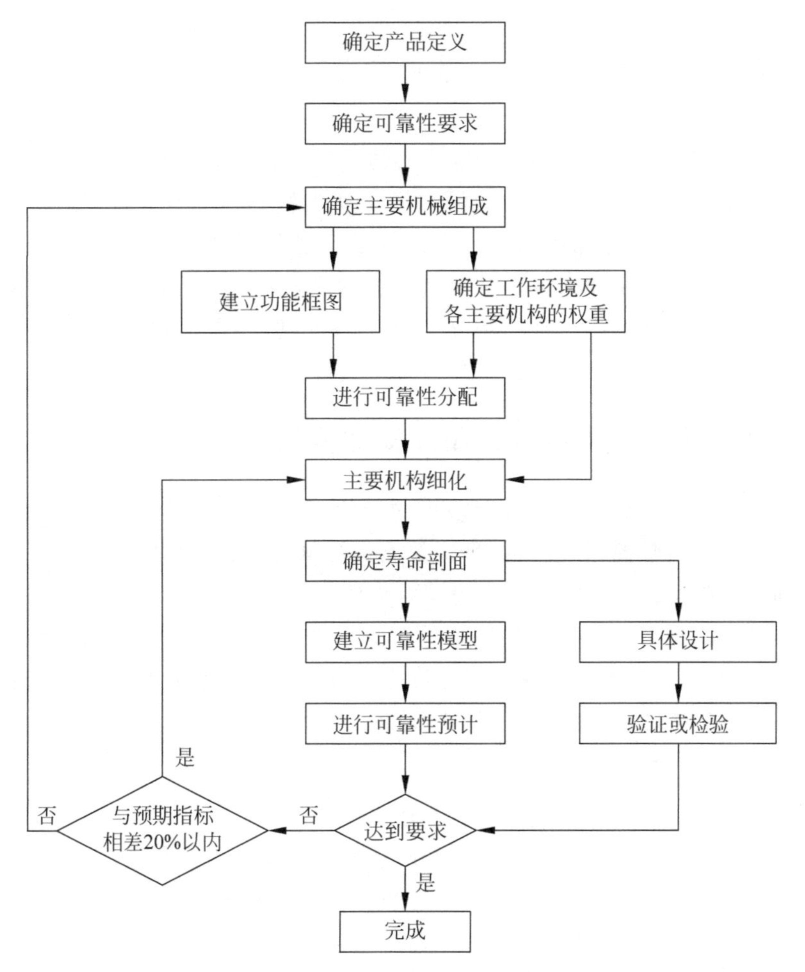

图 6-9　数控装置的可靠性设计流程

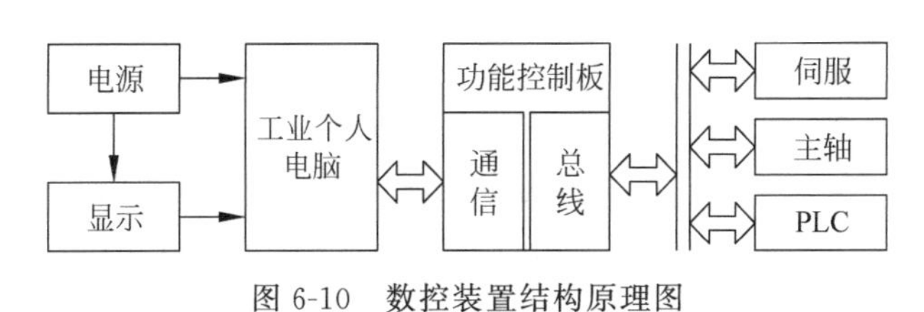

图 6-10　数控装置结构原理图

图 6-11　数控装置功能框图

6.3 智能柔性制造系统在线监控技术

本节论述智能柔性制造系统的在线检测与监控技术以及可靠性评估模型。运用国产精密卧式加工中心的数控系统和测头作为核心检测设备,对箱体类零件加工进行在线检测,实现了由国产数控系统组成的智能柔性制造系统运行状态的数字化和视频监控。数字化监控包括智能柔性制造系统的运行数据、运行状态、机床工作状态、运输线工作状态、加工程序管理等,视频监控是指对智能制造系统的关键部位进行监控,包括机床加工区、托盘交换、自动物流传输线以及排屑情况等。

6.3.1 基于数控系统的在线检测技术

在线测量主要完成零件自身误差检测、夹具和零件装卡检测、编程原点测量,通过对工件测头与数控系统分析,将工件测头的电源、高速跳转信号、启停、报警信号接入到机床中,在机床的 PLC 中编写对应的控制程序、测量宏程序,通过机床数控系统运动控制与工件测头中相关信号进行配合,实现工件的端面、内径、外径等位置的尺寸测量,并将测得的相关尺寸数据通过宏程序补偿到对应工件坐标系中,从而实现加工零件测量和误差补偿,提高加工精度。

1. 工件测量技术

在数控机床上对被加工工件进行在线自动测量是提高数控机床自动化加工水平和保证工件加工精度的有效方法,因此,数控机床工件在线自动测量系统是衡量数控机床技术水平的重要特征之一,已成为数控机床必不可少的功能配置。

通过工件的在线自动测量,在加工前可协助操作者进行工件的装夹找正,自动设定工件坐标系,可简化工装夹具,节省夹具费用,缩短辅助时间,提高加工效率。在加工中和加工后可自动对工件尺寸进行在线测量,能根据测量结果自动生成误差补偿数据反馈到数控系统中,以保证工件尺寸精度及批量工件尺寸一致性。采用机内在线测量还可避免将工件卸下送到测量机测量所带来的二次误差,从而可提高加工精度,通过一次切削即可获得合格产品,提高数控机床的加工精度和智能化程度。

2. 刀具信息及磨损监控技术

华中 8 型数控系统与 RFID 读写器采用串口连接,读写器与电子标签通过无线传输进行通信,电子标签安装在刀具中。通过 RFID 与刀具的结合,使得刀具自身带有相关物理信息,比传统的条形码信息更丰富、功能更强大。刀具管理 RFID 系统将 RFID 技术应用到数控加工生产的刀具管理中,可以提高刀具管理的自动化程度和管理效率,实现精确快速识别、跟踪刀具,并将刀具信息反馈给刀具管理系统,执行相应加工动作。将射频识别技术与数控系统刀具管理模块相结合,实现刀具信息的传输,避免人工操作的错误,从而实现刀具的自动识别、计算刀具剩余寿命信息以及剩余工件数的更新。

应用刀具测量技术可以实现刀具长度/直径的自动测量和参数更新,测量结果可自动更新到相应刀具的参数表中,避免人为对刀具参数输入带来的潜在风险,同时可实现刀具磨损/破损的自动监控,提高产品质量并降低刀具损耗或废品率。

6.3.2 基于数控系统的在线监控技术

通过数控系统、PLC、各种现场传感器等采集设备及系统运行的实时状况信息,并写入数据库,实现智能柔性制造系统现场各种设备的总控和调度。智能柔性制造系统在线监控布局示意图,如图 6-12 所示。开发智能柔性制造系统实时运行状态控制系统,实现对整个智能制造系统的运行状态、机床工作状态、运输线工作状态、加工程序的控制,并以图形方式实时模拟现场运行工况。在线监控模型如图 6-13 所示。

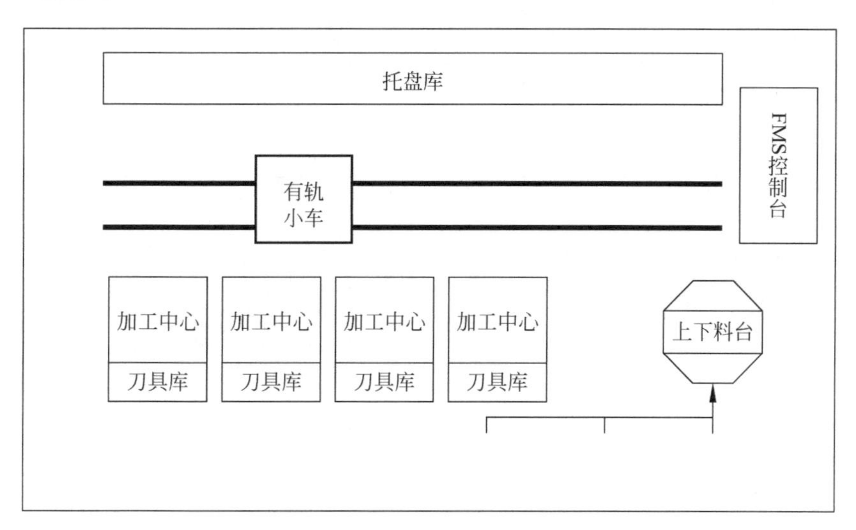

图 6-12　智能柔性制造系统在线监控布局示意图

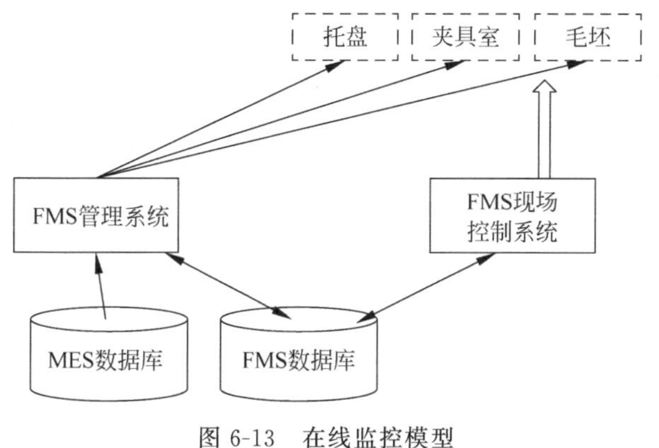

图 6-13　在线监控模型

6.3.3 智能柔性制造系统的可靠性技术

智能柔性制造系统除集成柔性、高效、高精加工外，提升系统及设备的可靠性也是非常重要的。[3]可靠性提升的内容主要包括以下四项技术：

(1) 智能制造系统可靠性技术，包括智能制造系统的可靠性建模、预计和分配。

(2) 加工设备可靠性技术，包括加工设备可靠性实验与评估技术以及关键功能部件失效模式。

(3) 智能柔性制造系统子系统可靠性技术，包括刀具系统、物流系统、辅助系统的可靠性技术。

(4) 智能柔性制造系统以及子系统可靠性实验技术，包括生产线总体及各分系统的可靠性强化实验技术，通过设计可靠性强化实验方案进行实验，得到准确有效的可靠性数据，从而为强化生产线总体及各分系统的可靠性提供依据。

上述四项技术依照其特性可以分解为更具体的技术，如图 6-14 所示。

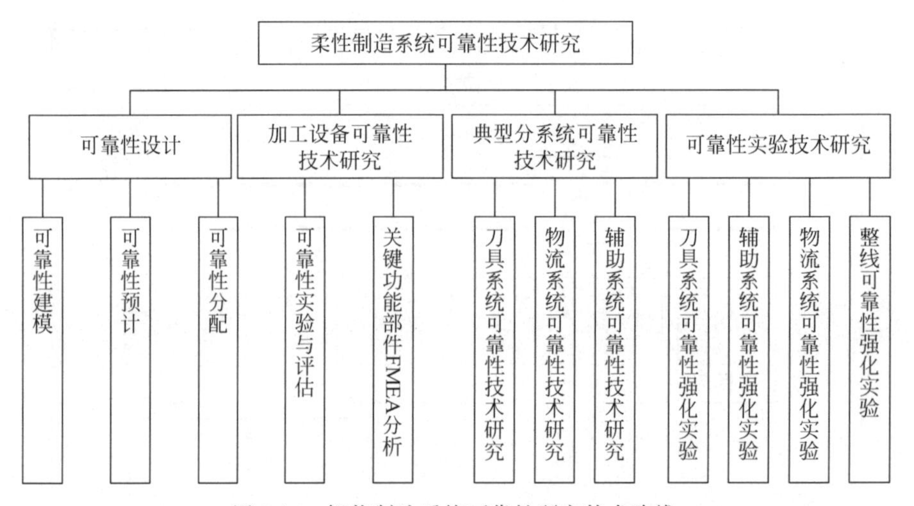

图 6-14 智能制造系统可靠性研究技术路线

1. 智能柔性制造系统的可靠性建模

Petri 网是对离散并行系统进行建模的一种工具，能够表达并发的事件，具有可达性、有界性、活性、回复性、公平性、可逆性、保守性、一致性等特性。[4] Petri 网的图形表示是一种有向图，包括两类节点：库所(用圆表示)和变迁(用短线表示)，弧用来表示流关系。Petri 网的状态由标识来表示，在某一时刻的标识决定该 Petri 网的状态，标识在 Petri 网中的变化遵循一定的规则——变迁规则：①一个变迁，如果它的每一个输入库所(库所到变迁存在有向弧)包含至少一个标记，则这个变迁是使能的；②一个使能变迁的激发，将引起其每个输入库所中标记减少，而每个输出库所(变迁到库所存在有向弧)中标记增加。智能柔性制造系统的广义随机 Petri 网可靠性模型如图 6-15 所示。

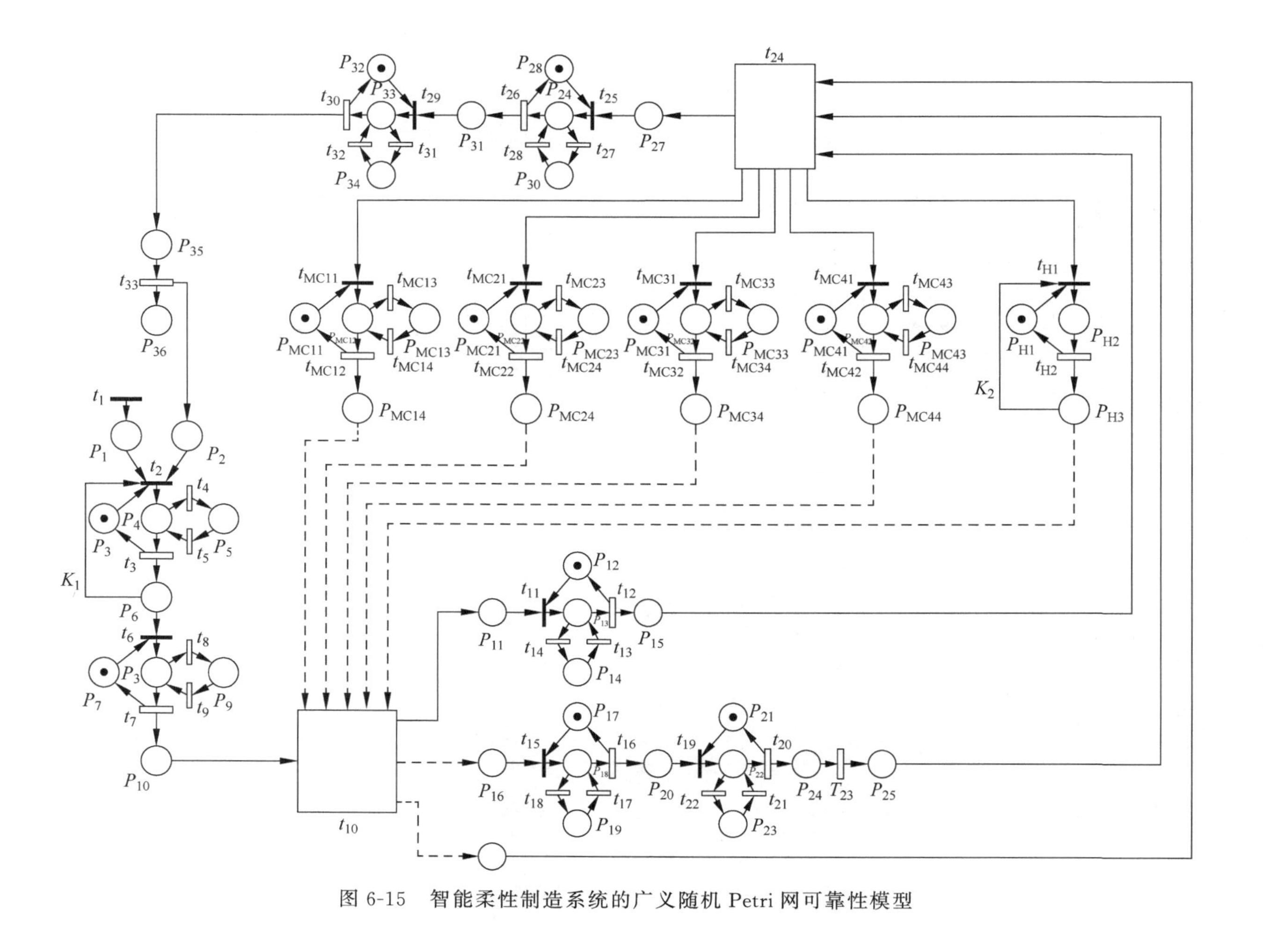

图 6-15　智能柔性制造系统的广义随机 Petri 网可靠性模型

该可靠性模型中各库所及变迁的释义如表6-1所示。

表6-1 智能柔性制造系统的广义随机Petri网可靠性模型各库所及变迁的释义

库所	释义	变迁	释义
P_1	外部工件等待进入系统	t_1	系统外部有工件输入
P_2	空闲的托盘	t_2	工件到达装卸站
P_3	工人空闲	t_3	工人正在装夹工件
P_4	工人准备开始装夹工件	t_4	工人装夹工件有误
P_5	工人纠正错误的工件装夹	t_5	工人开始纠正错误
P_6	装卸站容量 $K_1=2$	t_6	系统申请工件检测设备服务
P_7	检测装置空闲	t_7	检测装置开始检测工件
P_8	检测装置启动并准备检测	t_8	检测装置发生故障
P_9	检测装置处于故障状态并准备维修	t_9	对检测装置进行维修
P_{10}	工件检测完毕	t_{10}	程序判断
P_{11}	程序执行完毕准备命令物料运输AGV服务	t_{11}	系统申请物料运输AGV服务
P_{12}	物料运输AGV空闲	t_{12}	物料运输AGV开始运输工件
P_{13}	物料运输AGV启动并准备运输	t_{13}	物料运输AGV发生故障
P_{14}	物料运输AGV处于故障状态并准备维修	t_{14}	对物料运输AGV进行维修
P_{15}	物料运输AGV结束运输工作	t_{15}	系统申请刀具运输AGV服务
P_{16}	程序执行完毕准备命令刀具运输AGV服务	t_{16}	刀具运输AGV开始向刀库移动
P_{17}	刀具运输AGV空闲	t_{17}	刀具运输AGV发生故障
P_{18}	刀具运输AGV启动并准备运输	t_{18}	对刀具运输AGV进行维修
P_{19}	刀具运输AGV处于故障状态并准备维修	t_{19}	系统申请刀库提供刀具
P_{20}	刀具运输AGV到达刀库换刀位置并准备装夹刀具	t_{20}	换刀机械手将刀具从刀库提取并装夹到刀具运输AGV上
P_{21}	刀库空闲	t_{21}	刀库发生故障
P_{22}	刀库启动并开始提取刀具	t_{22}	对刀库进行维修
P_{23}	刀库处于故障状态并准备维修	t_{23}	刀具运输AGV正在运输刀具
P_{24}	刀具运输AGV装夹好刀具	t_{24}	程序判断
P_{25}	刀具运输AGV携刀具到达目的地	t_{25}	—
P_{26}	程序执行完毕且不需要从刀库中调取刀具	t_{26}	—
P_{27}	系统准备命令清洗机服务	t_{27}	—
P_{28}	—	t_{28}	—
P_{29}	—	t_{29}	系统申请物料运输AGV服务
P_{30}	—	t_{30}	物料运输AGV开始运输工件
P_{31}	—	t_{31}	物料运输AGV发生故障

续表

库所	释　义	变迁	释　义
P_{32}	物料运输 AGV 空闲	t_{32}	对物料运输 AGV 进行维修
P_{33}	物料运输 AGV 启动并准备运输	t_{33}	工人正在卸载工件
P_{34}	物料运输 AGV 处于故障状态并准备维修	t_{MCN1}	物料运输 AGV 向 N 号加工中心提供工件
P_{35}	物料运输 AGV 到达装卸站结束运输工件	t_{MCN2}	N 号加工中心正在对工件进行加工
P_{36}	加工完毕的工件输出系统	t_{MCN3}	N 号加工中心正发生故障停机
P_{MCN1}	N 号加工中心空闲	t_{MCN4}	对 N 号加工中心正进行维修
P_{MCN2}	N 号加工中心启动并准备开始加工工作	t_{H1}	物料运输 AGV 向缓冲站运输工件
P_{MCN3}	N 号加工中心处于故障状态并准备维修	t_{H2}	正在向缓冲站卸载工件
P_{MCN4}	工件在 N 号加工中心完成加工并等待输出	P_{H3}	缓冲站容量 $K_2=36$
P_{H1}	缓冲站有空位	P_{H2}	缓冲站准备接收工件

2. 智能柔性制造系统可靠性预测

利用可靠性模型得到所要加工工件的加工路径及机器设备的序列，根据任务可靠性的基本原理，可以建立智能柔性制造系统的任务可靠性预测模型。

3. 智能制造系统可靠性分配

通过对历史故障数据的统计与分析可以得到各个子系统的故障率以及整体系统的故障率；利用可靠性研究分析方法对故障率进行优化处理，可以得到新的各个分系统的故障率。

4. 可靠性指标验算

完成可靠性分配后，需对各分系统所分配到的可靠性指标进行验算，来验证分配结果是否满足系统的要求。

5. 加工设备可靠性实验与评估

1）加工设备可靠性实验

（1）非切削加工（空运转）实验。整机非切削可靠性实验采用空运转的方式，将主机和辅机联动以全方面地考察各个功能部件的性能和可靠性。实验考察的内容包括：①机床快速移动性能；②主轴在低速、中速、高速的运转性能；③$X/Y/Z/B$ 轴在全行程范围内运动的能力；④B 轴连续分度性能以及 B 轴罩壳的防漏性能；⑤模拟直线插补、圆弧插补、螺旋插补、3D 直线插补；⑥模拟刚性攻螺纹、钻孔、镗孔、铣削等工序；⑦辅机（液压站、油冷机、冷却系统、排屑器等）连续工作可靠性。

(2) 切削加工实验。切削加工实验是在非切削加工实验后进行的，在空运转实验后需要对机床检修并达到验收技术条件时才能选定典型零件进行切削加工实验。

2) 加工设备 *MTBF* 值的评估模型

根据 GB/T 23567.1—2009《数控机床可靠性评定　第 1 部分：总则》的规定，机床的 *MTBF* 应为

$$MTBF = K \cdot f\left(\frac{T_y}{r}\right) \tag{6-1}$$

式中，K——修正系数；

T_y——实验时间；

r——有效故障数。

其中修正系数 K 是评价的关键，它与以下因素有关：

(1) 运动件的疲劳，受力强度和时间有关；

(2) 运动件的磨损和电器件老化，与精度和时间有关；

(3) 运动件的摩擦，与温度等因素有关；

(4) 受力大小或加载强度，包括疲劳因素，如轴承、经常活动的部件；

(5) 循环次数，如加工中心的换刀次数，以及运动部件的往复次数、主轴的转速大小(转速越高，轴承循环越多)等；

(6) 部件温度，温度越高、机械磨损越快，电气老化越快。

因此，

$$K = K_1 K_2 K_3 K_4 K_5 K_6$$

式中，K_1——负载工况系数；

K_2——加工精度系数；

K_3——温度系数；

K_4——主轴转速修正系数；

K_5——换刀频繁度系数；

K_6——机床结构刚度系数。

6. 智能制造系统刀具系统可靠性技术

1) 刀库各元任务 GO 法建模

(1) 辅助机械手一段伸出元任务的 GO 图建模。辅助机械手一段伸出元任务的 GO 图模型如图 6-16 所示。

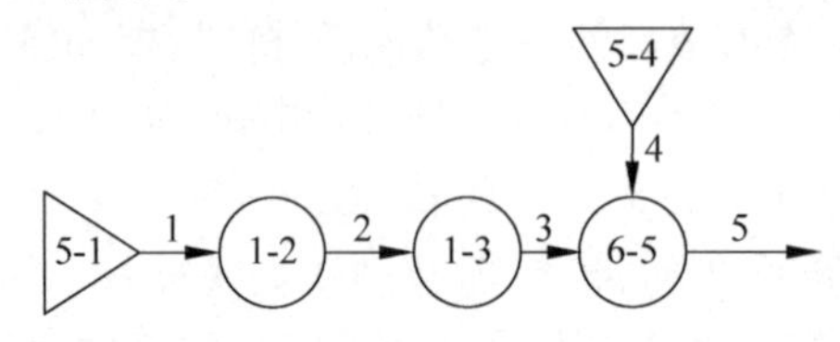

图 6-16　辅助机械手一段伸出元任务的 GO 图模型

1,4—控制信号；2,5—电磁阀；3—液压缸

其对应的可靠性数学模型为

$$P_5 = P_{S1} P_{S4} P_{C2} P_{C3} P_{C5} \tag{6-2}$$

（2）辅助机械手夹紧刀具元任务的 GO 图建模。辅助机械手夹紧刀具元任务的 GO 图模型如图 6-17 所示。

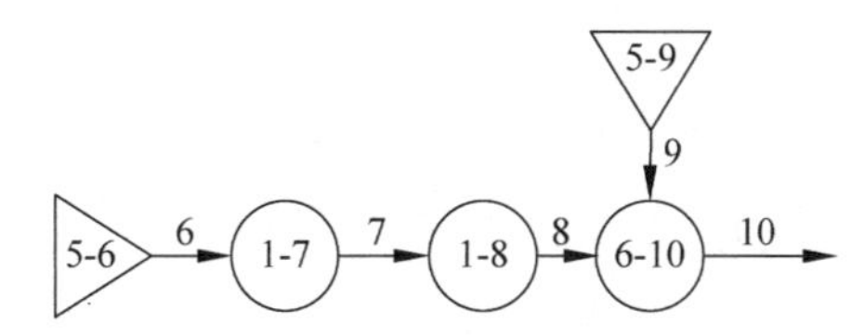

图 6-17　辅助机械手夹紧刀具元任务的 GO 图模型

6,9—控制信号；7,10—电磁阀；8—液压缸

其对应的可靠性数学模型为

$$P_{10} = P_{S6} P_{S9} P_{C7} P_{C8} P_{C10} \tag{6-3}$$

（3）拔出刀具元任务的 GO 图建模。拔出刀具元任务的 GO 图模型如图 6-18 所示。

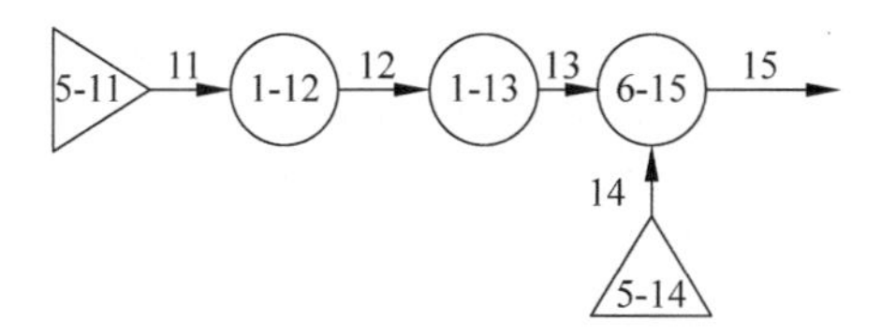

图 6-18　拔出刀具元任务的 GO 图模型

11,14—控制信号；12,15—电磁阀；13—液压缸

其对应的可靠性数学模型为

$$P_{15} = P_{S11} P_{S14} P_{C12} P_{C13} P_{C15} \tag{6-4}$$

（4）辅助机械手二段伸出元任务的 GO 图建模。辅助机械手二段伸出元任务的 GO 图模型如图 6-19 所示。

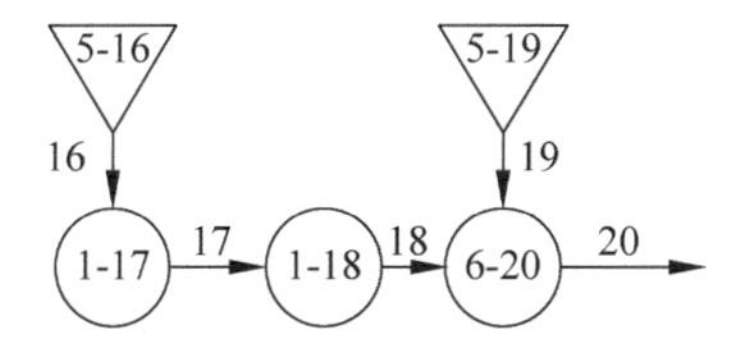

图 6-19　辅助机械手二段伸出元任务的 GO 图模型

16,19—控制信号；17,20—电磁阀；18—液压缸

其对应的可靠性数学模型为

$$P_{20} = P_{S16} P_{S19} P_{C17} P_{C18} P_{C20} \tag{6-5}$$

（5）辅助机械手松开刀具元任务的 GO 图建模。辅助机械手松开刀具元任务的 GO 图模型如图 6-20 所示。

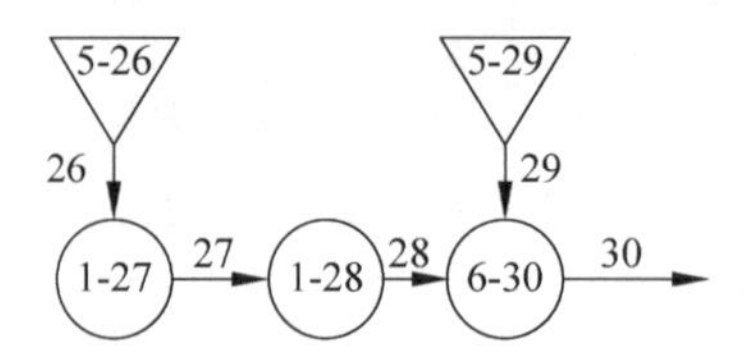

图 6-20　辅助机械手松开刀具元任务的 GO 图模型

26,29—控制信号；27,30—电磁阀；28—液压缸

其对应的可靠性数学模型为

$$P_{30}=P_{S26}P_{S29}P_{C27}P_{C28}P_{C30} \tag{6-6}$$

(6) 辅助机械手二段收回元任务的 GO 图建模。辅助机械手二段收回元任务的 GO 图模型如图 6-21 所示。

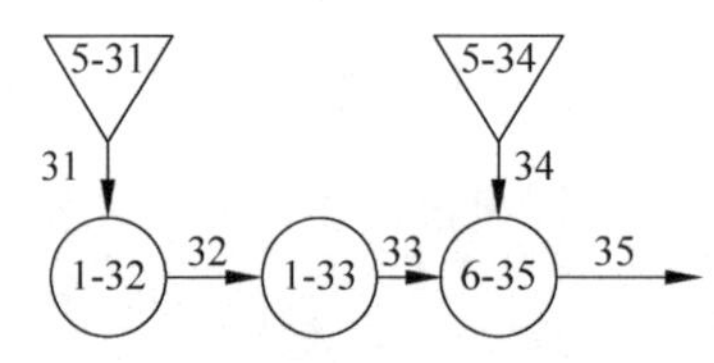

图 6-21　辅助机械手二段收回元任务的 GO 图模型

31,34—控制信号；32,35—电磁阀；33—液压缸

其对应的可靠性数学模型为

$$P_{35}=P_{S31}P_{S34}P_{C32}P_{C33}P_{C35} \tag{6-7}$$

(7) 辅助机械手一段收回元任务的 GO 图建模。辅助机械手一段收回元任务的 GO 图模型如图 6-22 所示。

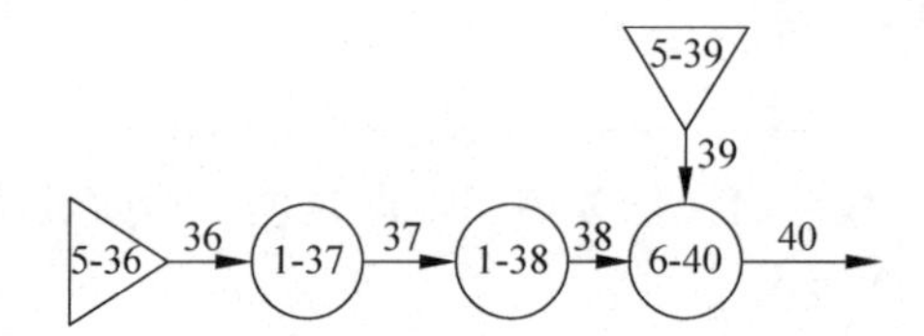

图 6-22　辅助机械手一段收回元任务的 GO 图模型

36,39—控制信号；37,40—电磁阀；38—液压缸

其对应的可靠性数学模型为

$$P_{40}=P_{S36}P_{S39}P_{C36}P_{C38}P_{C40} \tag{6-8}$$

2) GO 法的定性分析

辅助机械手换刀的整个动作被分解为八个任务，每个任务都要按时序分别完成，换刀的动作才能成功。所以辅助机械手换刀动作的可靠度表示为

$$P=P_{5}P_{10}P_{15}P_{20}P_{25}P_{30}P_{35}P_{40} \tag{6-9}$$

辅助机械手换刀动作的完成与每个元器件的可靠度有关，上述公式主要涉及两类元器件，一类是液压元器件，另一类是接近开关。液压元器件主要是液压缸和

电磁阀。液压缸故障主要表现为液压油泄漏,包括内泄和外泄。内泄大多是由于密封件损坏引起的,外泄主要是由于密封件磨损和老化造成的。电磁阀故障主要表现为无法正常运动,故障原因通常是弹簧疲劳失效和液压油杂质造成阀体堵塞。接近开关的作用是将位置检测信号发送给控制系统,接近开关自身的可靠性较高,故障主要表现为系统无法接收到检测信号,或是发出错误的检测信号。位置检测信号受感应距离的影响很大,一般为 2mm 以内,刀库在使用过程中处于振动的环境中,位置容易发生变化,从而造成无法发出感应信号,造成动作无法完成或产生误动作。

7. 智能柔性制造系统物流系统可靠性技术

FMS80 物流系统由传输导轨、1 台用于物料运输的自动搬运小车(有轨小车)、2 个工件装卸站(上下料工位)、1 个上下料机械手、36 个托盘存储库和物流控制系统等组成。机床箱体类零件加工 FMS80 的有轨小车以专用托盘为载体,在上下料工位、THM6380 精密卧式加工中心、托盘库之间进行工件的传送、交换与存储,如图 6-23、图 6-24 所示。

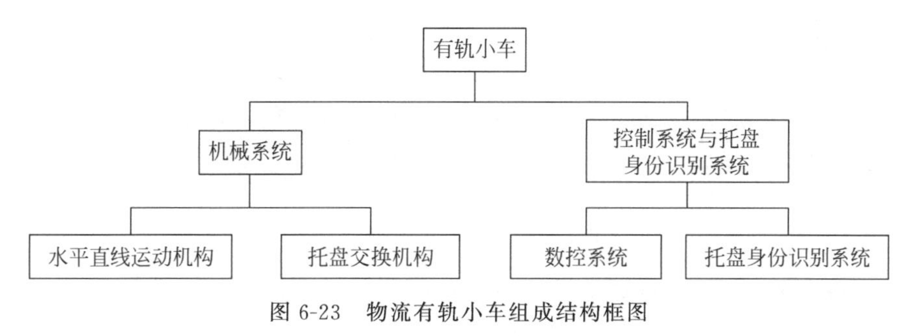

图 6-23　物流有轨小车组成结构框图

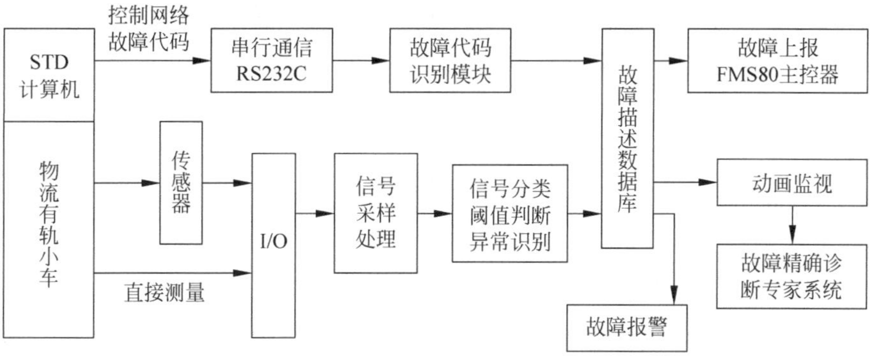

图 6-24　FMS80 有轨小车状态监测与故障诊断系统总体结构

故障诊断分析是对 FMS80 有轨运输小车实时检测的故障进行离线诊断,并给出维修措施。利用可靠性工程相关知识和现场故障信息对发生故障的设备或模块诊断寻找故障原因,并建立故障数据库、故障维修记录库及其管理系统等。

8. 可靠性实验

1）刀库可靠性验收实验

刀库可靠性验收实验是为了验证刀库系统的可靠性是否达到整机可靠性要求，并给出接收或拒绝的结论及理由。当实验中刀库系统出现故障时，实验人员应该按照图 6-25 所示的流程处理故障，对物流系统进行检查维修并做相关故障数据和故障处理记录。

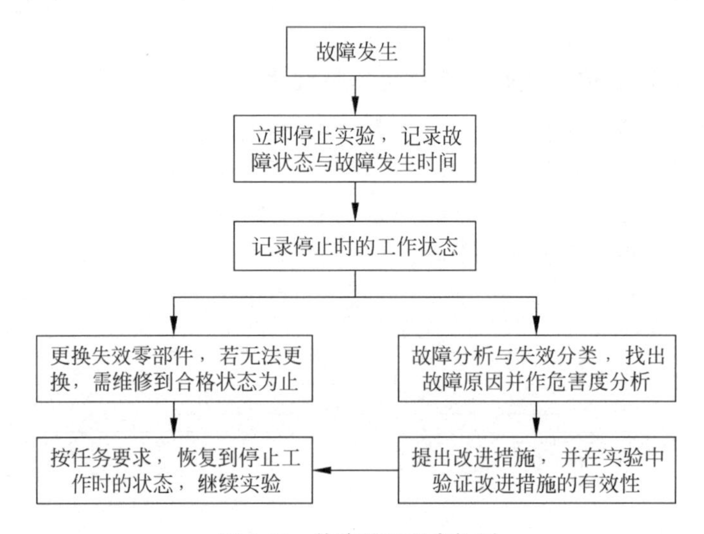

图 6-25　故障处理程序框图

2）智能柔性制造系统物流小车的可靠性强化实验

智能制造系统物流小车的可靠性强化实验是为了分析故障原因，暴露产品缺陷，并验证缺陷改进措施的有效性，最终使物流小车具备足够高的可靠性，以满足整机高可靠性的要求。实验的程序框图如图 6-26 所示。

3）智能柔性制造系统可靠性强化实验规范

智能柔性制造系统的可靠性强化实验的目的在于检验整线的匹配性，暴露整线混流生产时系统的故障，并验证缺陷改进措施的有效性，最终使智能柔性制造系统的可靠性得到保证。

4）智能柔性制造系统模拟工况可靠性实验

可靠性实验是提高智能柔性制造系统可靠性的重要途径，通过完善的实验设计、严格的实验规范执行以及细致的实验结果分析，智能制造系统在可靠性方面的薄弱环节能够得到充分暴露。以实验结果为依据的可靠性改进工作，是确保智能柔性制造系统稳定运行、提高加工生产效率和获得长期经济效益的关键。

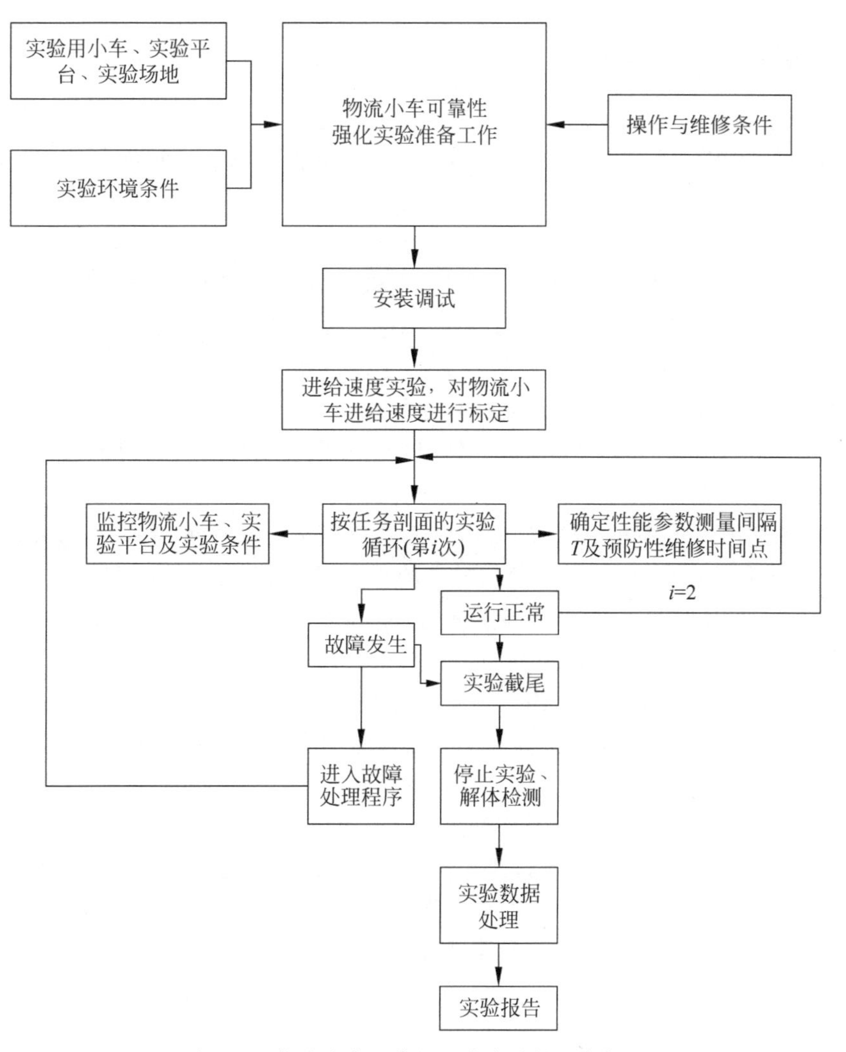

图 6-26　物流小车可靠性强化实验的程序框图

6.4　智能柔性制造系统刀具管理系统

刀具智能管理系统是智能柔性制造系统所必备的关键模块之一，特别是对于机械生产车间，刀具、夹具和量具的管理是否科学、合理，在很大程度上决定了智能柔性制造系统的可靠性、柔性程度和生产效率的高低。因此，刀具管理必须纳入物流和信息流之中。建立完整、实时的刀具数据库，实现无纸化的刀具管理和信息集成已经成为智能柔性化制造的一个重要内容。

6.4.1 刀具信息管理

刀具信息管理是指对组合刀具、散件刀具的参数信息、库存信息、使用信息、加工信息以及装配关系等方面的管理，该模块包含散件刀具信息管理、组合刀具信息管理以及配刀方案信息管理等。

对组合刀具和散件刀具采用刀具规格管理和库存刀具管理两层结构管理模式。刀具规格管理将相同品牌、相同参数的散件或者装配方式相同的组合刀具作为一个规格信息录入到系统中，以便实现对同种规格刀具的编辑、查询、统计等。库存刀具管理则将采购的刀具根据其规格进行分类并编码。库存刀具信息包含刀具的位置信息、使用寿命信息以及对刀后参数修正信息等。

(1) 散件刀具信息管理：组成一把组合刀具所需的散件分为刀柄、刀杆、刀头、刀片、拉钉等。在生产过程中，某些散件在使用之后便会产生磨损，进而失效。比如刀片，此类散件价格相对便宜，使用之后直接报废不需归库管理，可以将其归类为易损易耗件；而刀柄、刀杆等价格较贵的件使用周期较长，使用之后需要进行归库以便再次借用，将之归类为非易损易耗件。对易损易耗件，只对其进行批量编码处理；而对于非易损易耗件，要对每个散件进行编码处理以便管理。

(2) 组合刀具信息管理：组合刀具由散件装配而成。组合刀具管理包含了组合刀具基本信息的管理以及刀具配刀方案的管理，如刀具装配方式、刀具接口、刀具加工精度等。

(3) 配刀方案信息管理：散件通过配刀方案组合成一把组合刀具。相互装配的刀具必须具有相互配对的接口规格，否则不能装配。配刀方案的设计可以通过直接配刀、向导配刀来实现。使用直接配刀时，用户可以根据自己的经验知识选择相应的散件刀具、刀杆、刀头、刀柄等进行配刀；使用向导配刀时，系统根据用户需要的刀具信息以及机床接口信息，为用户提供可以装配的刀头、刀柄、刀杆等。对于已经装配好的刀具，如果需要替换某个散件，则通过替换刀具的方式，查找与被替换刀具类型相符、接口相同的散件。

1. 刀具多参数动态管理及刀具柔性编码

1) 刀具多参数管理

智能柔性制造系统面对的加工产品种类众多，需要更多的刀具类型。不同种刀具的类型、规格参数都不同，需对每种刀具进行相应的参数标识。虽然在刀具管理系统的刀具信息表中一一添加各种刀具对应的参数名称更准确，但是加大了数据库设计的复杂程度以及编程的工作量，不易于规格参数的增删修改等功能。为解决这个问题，本节提出刀具多参数管理方法。

多参数是指在工程应用领域中同类对象具有不同数量和不同种类的属性参数。属于同一类型的规格类型及数量往往有很大差别，而同一类型的对象又需要存储于同一数据表中，对数据库的设计提出了较高要求，需要一种多参数管理方法。在保证对象参数完全表达的基础上，又能合理地利用储存空间，提高数据库利用率。

2）刀具参数设置流程

添加一把新刀具的具体参数管理流程如下：

(1) 为该刀具设置刀具分类。如果没有该分类，则在刀具分类表中以树状结构进行该刀具类型的添加。

(2) 通过选择参数信息表中的数据为新添加的刀具分类设置参数信息。如果参数信息表中没有数据，则应在该信息表中添加该数据后进行设置。

(3) 给刀具设置刀具分类后，根据该分类对应的分类参数，在刀具参数表中为该刀具添加刀具参数信息，同时设置各个刀具参数值。

(4) 根据参数最大值与最小值，校验输入参数值是否正确。若正确，则保存该刀具信息；否则，进行参数值修改。

刀具参数管理流程如图 6-27 所示。

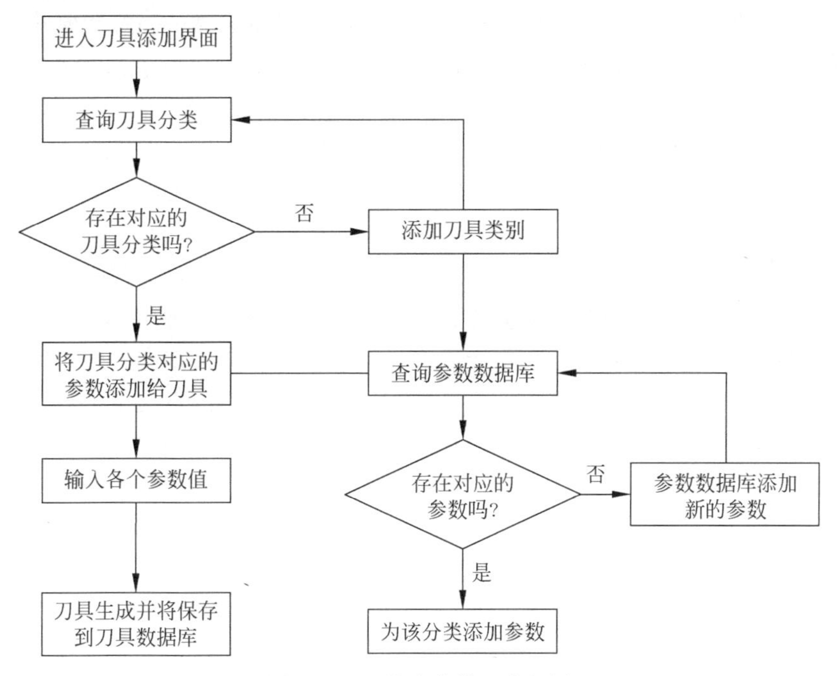

图 6-27　刀具参数管理流程图

3）参数继承性

为提高刀具管理系统的效率，针对刀具参数的相似性和差异性，需要利用刀具参数继承方法：将从属于同父类的刀具子类中重复使用最多的分类参数添加到父类的分类参数中，在添加该父类下子类时，为新添加的子类自动赋予其父类的分类参数，再进行子类分类参数修改，有利于避免对父类下子类重复添加参数的繁琐性。

2. 基于多参数的刀具柔性编码技术

1）刀具编码原则

刀具分类编码是开发刀具管理系统的关键技术之一，正确的刀具分类编码是实现刀具网络化管理的前提。智能柔性制造系统刀具种类繁多，为使刀具的分类和标识经济而有效地适应智能化生产的需要，实现对刀具整个生命周期进行管理，必须开发一个科学的、完整的切削刀具分类编码系统。

刀具编码必须遵循一定的原则，内容包括以下几个方面。

（1）唯一性：每一个编码对象仅有一个代码，一个代码只唯一标识一个编码对象，代码与所标识的信息主体之间必须具有对应关系。

（2）合理性：代码结构要与其所要标识的信息主体的特点相适应。

（3）扩充性：刀具的编码必须具有足够的容量，以保障随着刀具种类的增多而带来的编码的更新和扩充，同时需考虑新旧编码中的对应关系和继承性。

（4）简单性：代码结构应尽量简单，长度尽量短，以节省机器存储空间和减少代码出错率，提高机器处理的效率，同时应考虑代码系统的容量和可扩展性。

（5）实用性：代码应尽可能反映编码对象的特点，有助于记忆，便于填写。

（6）规范性：在一个编码标准中，代码的类型、结构以及编写格式必须统一，便于记忆、辨认和计算机处理。

2）刀具编码系统设计

（1）传统刀具编码方法。刀具编码应包含其分类信息、参数信息等相关信息，刀具的类型存在上下级归属关系，需采用树式编码。对于某一类刀具，刀具参数类型、数量相同，每个参数之间相互独立，因此，对参数编码可以采用链式结构。传统上采用综合树式编码和链式编码结构方式实现刀具编码。采用树式编码刀具分类信息，位数固定，一般设定为两级。此外，刀具的属性、特征以及加工等参数值采用刚性结构的链式编码，如表6-2所示。这种编码方式主要有以下不足：①刀具分类级别固定；②链式编码采用了刚性结构，缺乏可扩展性和柔性；③编码规则在系统设计过程中以程序代码的方式存放于服务器中，需要在系统使用之前编写所有刀具的分类信息、代码规则。

表6-2 传统刀具编码格式

刀具粗分类	刀具细分类	刀具参数	姊妹码
1	2、3	4、5、6、7	8、9

（2）改进的刀具编码方法。柔性编码结构不仅克服了数字编码、刚性编码的多义性和描述零件特征能力差的缺点，还继承了刚性编码简单明了、便于识别检索和记忆的优点，因此，推荐使用柔性编码结构对刀具进行编码。该编码主要包括刀具分类编码、刀具分类参数编码、附加序列代码、校验码以及姊妹码五个部分。

（3）编码方案的继承及设计流程。编码设计中会出现编码规则重复添加的情况，因此，编码方案可按照刀具多参数管理中根据刀具分类级别进行编码方案继承的方式，以提高刀具编码方案设计的效率。通过对刀具分类、分类参数、序列码、姊妹码、校验码等信息的编码设计，可得到完整的柔性编码设计方案，其流程如图 6-28 所示。

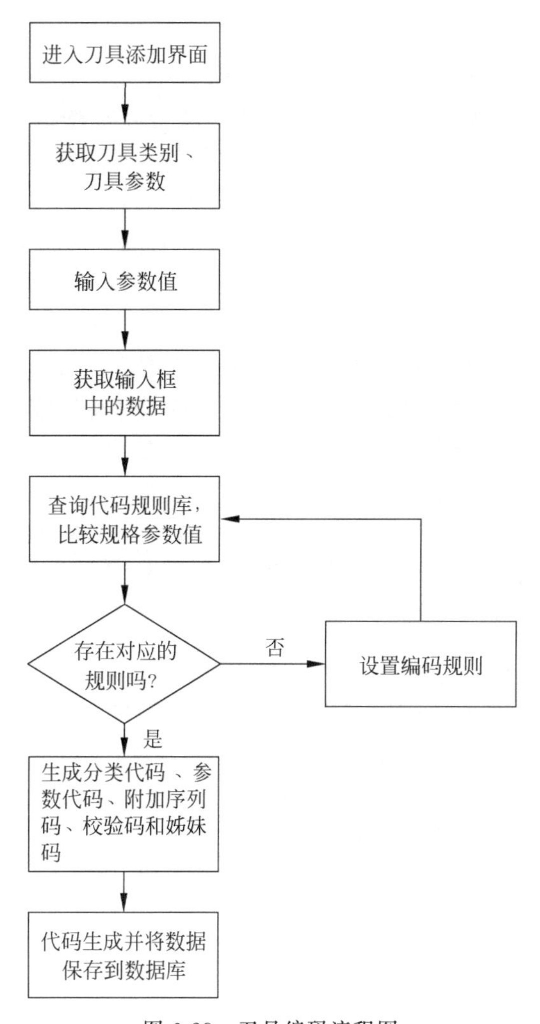

图 6-28　刀具编码流程图

3. 刀具识别

二维码作为一种现今应用非常广泛的信息载体，具有储存容量大、易识读、保密性强、抗损性强、成本低等优点，这些优点决定了其非常适合应用于智能制造系统生产线刀具管理系统。RFID 技术，又称无线射频识别，是一种通信技术，可通过无线电信号识别特定目标并读写相关数据，而无需在识别系统与特定目标之间建立机械或光学接触。RFID 技术高效的读写特性非常适用于刀具管理系统。但

RFID标签成本高，且损坏后无法识读，在复杂金属结构中易串扰。同时，由于智能柔性制造系统中刀具数量庞大，故推广应用有一定难度。

6.4.2 刀具在线实时调度技术

1. 车间调度问题概述

车间作业调度问题(JSP)既是实际生产中的一个重要问题，也是一个典型的NP-hard问题，目前已成为信息化、数字化及智能化领域内的重要技术。[5] 刀具作为生产制造系统的重要加工资源，对系统的生产率和利用率起着重要的作用，同时刀具的购买成本比较大，约占系统总费用的20%。另外由于生产加工的需要，刀具频繁地在各机床之间及机床与中央刀库之间进行交换和流动，因此迫切需要一个功能完善的刀具管理系统对刀具进行管理和调度，以实现系统中刀具资源的充分利用。

在车间作业调度中，刀具流和工件流同时存在并相互依附。工件流驱动刀具流以便准备所需刀具，而有限的刀具资源又制约着工件流的各项决策和运行过程，刀具流调度须考虑工件排序。目前，国内外对工件流研究比较多，但忽略了对刀具流的研究，所以目前刀具流的调度理论还比较薄弱，实际运行中的刀具流自动化水平也较低，较大程度上影响了智能柔性制造系统生产能力的进一步发挥。因此，为了提高系统的总体加工性能和充分发挥智能柔性制造系统本身的柔性，进一步深入研究刀具流调度技术十分必要。

2. JSP调度模型

针对智能柔性制造系统刀具流的JSP问题，以完成时间最短为主要目标，以缩短等刀时间为次要目标，建立刀具流的JSP综合调度数学模型。为了提高求解效率，应用改进的双向收敛蚁群算法并对模型进行优化求解。

刀具流的JSP优化按如下原则进行：

(1) 不考虑刀具的磨损；

(2) 每把刀具只占用一个刀位；

(3) 每台机床同一时刻只能加工一个工序；

(4) 每个工序只能由一台机床加工；

(5) 每个操作时间是确定的，且事先已知；

(6) 换刀时间相比于刀具等待时间和工序加工时间来说是很少的，可以忽略不计。

1) 析取图模型建立

析取图广泛应用于蚁群算法求解JSP调度问题的实例描述。使用析取图描述JSP问题时，需要定义有向图：

$G=(V,C\cup D)$

其中，V表示节点的集合，包括工件所有工序的节点和2个虚节点，2个虚节点分别为起始节点(表示为"0")和终止节点(表示为(＊)),对应的加工工时均为 0 且不需任何刀具；C 为所有合取弧的集合,对应于同一工件上的工艺路线顺序约束；D 为每条析取边的集合,析取弧连接的节点表示在同一台机床上加工的工序。

图 6-29 为考虑刀具流且规模为 3×3 的 JSP 问题析取图,用实线表示合取弧、虚线表示析取弧。其中,每一条合取弧的权值表示其对应的起点操作的加工时间。

图 6-30 为考虑了刀具因素且规模为 3×3 的 JSP 问题析取图,用单向实线表示合取弧、双向虚线表示析取弧、双向曲实线表示刀具相关弧。其中,每一条合取弧的权值表示其对应节点的操作时间与等刀时间之和。

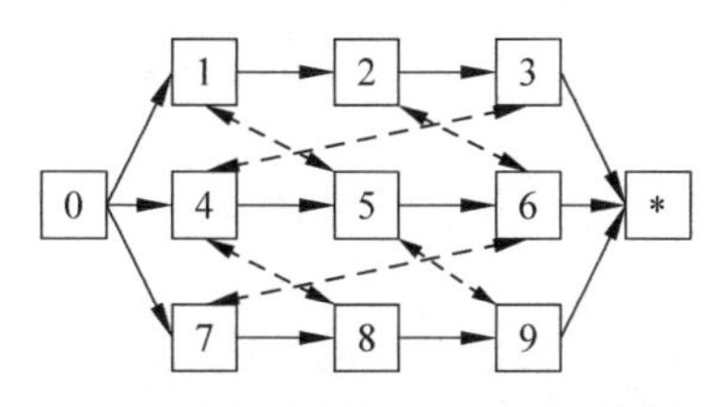

图 6-29　考虑刀具流的 JSP 问题析取图

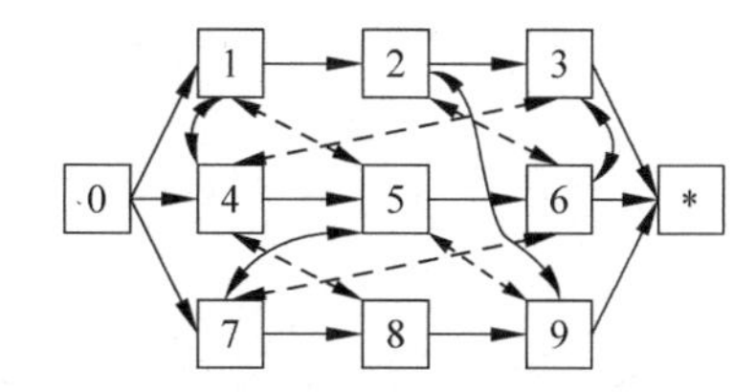

图 6-30　考虑刀具因素的 JSP 问题析取图

2）改进的蚁群算法设计

(1) 工序顺序优化。鉴于蚁群算法迭代前期计算量大、效率低等缺点,将所有工序按加工机床不同,分为不同集合。将析取图按机床分解为三个集合 G_1、G_2、G_3,首先寻找满足工艺路线的可行解,定义为初始解,蚁群分别在由每个工序集合构成的子图 G_j 上寻找使得总析取图上全局解得到优化的机床工序序列,进而将每台机床上得到的工序优化序列以析取图表示,如图 6-31 所示。蚁群算法每次迭代时,在子图中求解工序加工顺序时需为蚂蚁选择适当起点,本节选择每个工件工序号较小的节点作为起点。

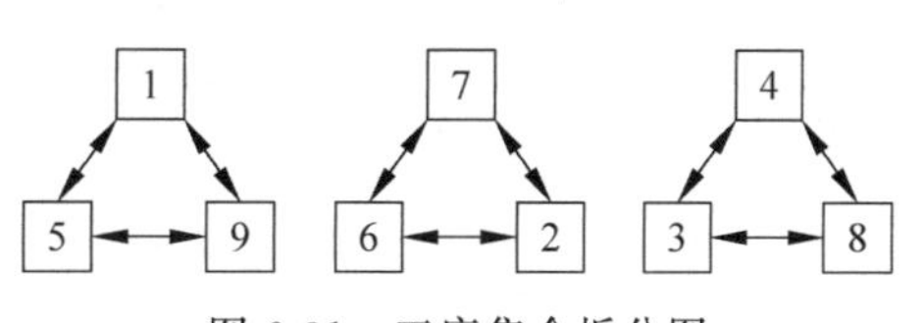

图 6-31　工序集合拆分图

(2) 刀具工步级优化分派。工序加工顺序优化为每台机床确定较优的加工顺序,应用蚁群算法将工序节点按机床划分,解决了同一机床上同一时间不同工序的互斥问题,但不同机床上同一时间不同工序对同一刀具的互斥问题依然存在。因此,当同一时刻不同工件对同一刀具的需求出现互斥问题时,还需确定刀具的优先使用顺序。

(3) 改进的双向收敛蚁群算法设计。由于刀具流 JSP 综合调度不是遍历问题,因此,每只蚂蚁搜索终止条件不是遍历所有节点,而是遍历对应的机床需加工的工序集合。由于刀具数量有限,蚂蚁到达后继点时间包括行走时间(加工时间)、等待时间(刀具等待时间)。综合考虑工序约束和刀具约束,算法需遵循如下原则：①图 6-31 中同一行节点遍历完成后,不能直接转向自身非直接后继点；②同一行的前节点必须在后继点的第一工步刀具配备后才能转向后继点；③前节点所有工步加工完后才能转向后继节点；④所经路径代表时间间隔，使用评价函数计算。

6.5 智能柔性制造系统性能测评技术

通过对智能柔性制造系统综合性能指标的评测，可以发现智能柔性制造系统精度稳定性和加工效率方面存在的问题，通过改进能有效提高智能制造系统的柔性和生产效率。本节介绍智能柔性制造系统的精度指标集建立技术、精度测试技术、综合性能评测技术等关键技术，最终目的是提高智能柔性制造系统的综合性能及运行效率。

在进行精度检测之前，需分析数控机床的误差源。加工误差是由刀具与工件相对运动中的非期望分量所引起的，即“机床按某种操作规程指令所产生的实际响应与该操作规程所预期产生的响应之间的差异”，也可定义为“机床误差是机床工作台或刀具在运动中，理想位置和实际位置的差异”。在切削加工中，零件的加工精度主要取决于工件和刀刃在切削成形运动中相互位置的正确程度。

根据误差产生机理和特性的不同，误差分类有多种描述方法。根据误差源的不同，可以将工件加工最终反映的误差划分为机床误差、工艺系统误差和检测误差三种。误差来源与比例如表 6-3 所示。

表 6-3　加工误差来源及比例

分　类		说　明	比　例
机床误差	几何误差	机械的制造、装配缺陷造成的机床零件间相对位置以及形状等误差。它是机床本身固有误差，影响机床的重复精度和运动精度	18
	热误差	机床温度变化引起变形造成的机床零件间相对位置及形状等误差	35
	切削力误差	机床受力(包括切削力、工件和夹具重力、装夹力、机床部件本身重力等)引起变形造成的机床零件间相对位置及形状等误差，也称刚度误差	12
工艺系统其他误差	刀具误差	如刀具磨损等产生的误差	10
	夹具误差	如夹具应力、热变形产生的误差	5
	工件热误差和弹性变形	工件自身变形造成的误差	8
	其他误差	机床控制器的轴系伺服匹配误差、数控插补算法误差、反向间隙、机床振动等	2
检测误差	不确定性误差	检测仪器的自身误差以及读数误差等	7
	安装误差	检测仪器与机床安装	3

6.5.1 智能柔性制造系统设备状态监测

机床运行状态监测是根据机床加工过程中的状态数据对机床状态进行监控，状态数据的获取、存储是状态监测的基础。目前，机床运行状态数据获取方法较多，从信号来源角度可分为两类：外部传感器和内部传感器。实际上，每一台数控机床都附带一些内部传感器，如位置编码器、电机电流传感器、温度传感器等。对于中低端数控系统而言，这些传感器信号直接反馈至数控系统内部用于数字控制，缺乏开放接口导致难以读取这些内置传感器信息。

近年来，随着数控技术的发展，主流数控系统厂商推出的高端数控系统都提供了开放接口可读取系统内部状态信息，包括内置传感器的信息。由于高档数控系统的开放性，运行状态监测与传统数控机床的状态监测在数据获取方面有着很大的不同，主要表现在以下几个方面：

(1) 在通信接口方面，高档数控系统普遍采用了工业以太网接口；

(2) 高档数控系统的状态数据很多来源于内置的传感器信号；

(3) PC 端系统结构，易开发数据采集软件。

1. 数控系统数据采集方法

Fanuc 数控系统数据采集方法包括 PLC 读取 NC 变量、使用 FOCUS 二次开发包等。

2. 数据分析方法

1) 通过主轴电流计算切削力

切削力作为反映机床切削过程的重要特征信号，不仅直接影响加工工件的加工精度和粗糙度，也是计算机床动力、系统刚度和强度，确定切削用量的主要参数。测力仪作为高精度测量切削力的工具，成本高且安装使用不方便。近年来，通过电机电流间接测量切削力的方法因实施简单、成本低，已经成为一种重要的切削力测量手段。

2) 通过主轴输入功率预测切削功率

功率监测是以机床传动系统功率消耗状态及变化特征作为监测量来监控机床的加工过程。

3) 通过主轴功率监测刀具磨损

在连续切削过程中，主轴功率反映刀具磨损状况。当主轴功率达到阈值时必须停机，否则将影响工件的尺寸精度和表面粗糙度，降低产品质量，甚至报废。

4) 根据主轴温度值控制冷却系统

通过实时采集主轴温度，研究主轴发热源的发热规律及对主轴变形的影响规律，进一步根据温度值来控制机床冷却系统。当主轴电机温度达到一定的上限值时，启动冷却系统；待温度降低到一定下限值时，则关闭冷却系统。一般会将电主轴的温度控制在20～40℃。控制过程的关键问题在于温度实时监测，以防止电主轴热量不断积聚使主轴机械效率下降、精度丧失、破坏电机线圈绝缘层和轴承。

5）根据两轴位置值计算插补圆的圆度误差和圆滞后误差

通过采集两轴联动在给定半径下的单/双向重复圆，可计算出两轴联动的圆度误差和圆滞后误差。

6）根据电流进行电机故障分析

综合利用傅里叶分析、小波分析和数理统计等多种信号处理手段，从各轴获得的电流信号中提取电机的故障特征并对其进行故障机理分析。

6.5.2 智能柔性制造系统精度检测技术

1. 基于激光干涉仪的数控机床空间误差检测技术

利用激光干涉仪等仪器检测机床各坐标轴的各项误差并建立空间误差模型，计算机床工作区域内的空间误差，根据机床空间误差的情况来预测机床误差发展趋势，并根据主要误差区域来制定机床的特定精度检测项目以实现对机床主要误差项的快速、高效检测。

2. 基于球杆仪的数控机床空间误差检测技术

QC20球杆仪及软件用于测量数控机床中的几何误差，并检测由控制器和伺服驱动系统引起的精度不准的问题。让机床运行一段圆弧或整圆周来"执行球杆仪测试"以测得误差。利用球杆仪自带软件半径的微小偏移量，将合成的数据显示在屏幕上，从而反映机器执行该项测试的结果情况。如果机器没有任何误差，绘制出的数据将显示出一个真圆。

3. 数控机床动态误差检测技术

机床的旋转刀具中心点(RTCP)精度是四轴联动数控机床的重要精度指标，直接影响机床的四轴联动加工精度，从而影响工件的质量。具有RTCP功能的数控机床，可以使刀具中心点始终保持在一个固定的位置上。刀具中心为了保持这个位置不变，转动坐标的每一个运动都会被 XYZ 的一个直线位移所补偿，因此通过检测机床的RTCP精度可得到四个轴在多轴联动时的一个累积定位精度，从而反映机床的动态精度。

4. 基于机器视觉的旋转轴误差检测技术

针对四坐标机床旋转轴误差检测的问题，建议利用机器视觉技术对四坐标机床旋转轴转角定位误差进行检测。首先，制定特定标志，采用机器视觉技术，利用CCD摄像机获取标志图像；其次，通过数字图像处理技术对所获得的图像进行分析处理；最后，根据标志在不同位置处的相对转角偏差计算机床旋转轴的转角定位误差，实现四坐标机床旋转轴转角定位误差的辨识和精确测量。

6.5.3　数控机床综合性能评价方法

1. 基于层次分析法的数控机床精度评价方法

层次分析法(AHP)又称为多层次权重解析方法,是由美国著名运筹学家、匹兹堡大学的萨蒂(T. L. Saaty)教授于 20 世纪 70 年代初首次提出来的。[6]该方法是一种定量与定性相结合的系统分析方法,不仅能够有效地对人们的主观判断做客观描述,而且简洁、适用。在对定性事件进行定量分析和模糊评价中,该方法应用比较广泛。比如在城市规划、招标评价、资源系统分析、科研成果评价、经济管理、社会科学等领域经常被使用。

层次分析法的主要步骤如下:

(1) 对构成评价系统的目的、评价指标(准则)及替代方案等要素建立多级递阶的结构模型;

(2) 对同属一级的要素以上一级的要素为准则进行两两比较,根据评价尺度确定其相对重要度,据此建立判断矩阵;

(3) 计算判断矩阵的特征向量以确定各要素的相对重要度;

(4)通过综合重要度计算,对各种方案要素进行排序,从而为决策提供依据。

2. 实际运用

1) 建立精度指标评价体系

数控机床精度指标主要分为几何误差、热变形误差、定位误差、加工误差,运用层次分析法的思想建立了如图 6-32 所示的评价指标体系。

2) 建立数控机床精度指标评价的评价集

评价集是评价人员对各层次评价指标所给出的评语集合,对于不同的评价指标,其评语等级所代表的含义各不相同。

3) 确定数控机床主指标和子指标权重系数

在进行数控机床性能模糊综合评判时,各项指标的权重系数对最终的评判结果有很大的影响,不同的权重系数会导致不同的评判结果,因此正确确定权重系数至关重要。

4) 测评计算过程

在对数控机床的综合精度进行评价时,根据机床单项精度指标的当前精度隶属度值,利用模糊综合评价法,用机床的单项精度隶属度值,结合该精度指标的权重,最终得到机床的综合精度值。如果某一项精度指标的精度值不存在,则将该指标隶属度置为 1。

5) 评价结果及说明

数控机床精度指标的评价集为 V={很好、较好、一般、较差、很差}。

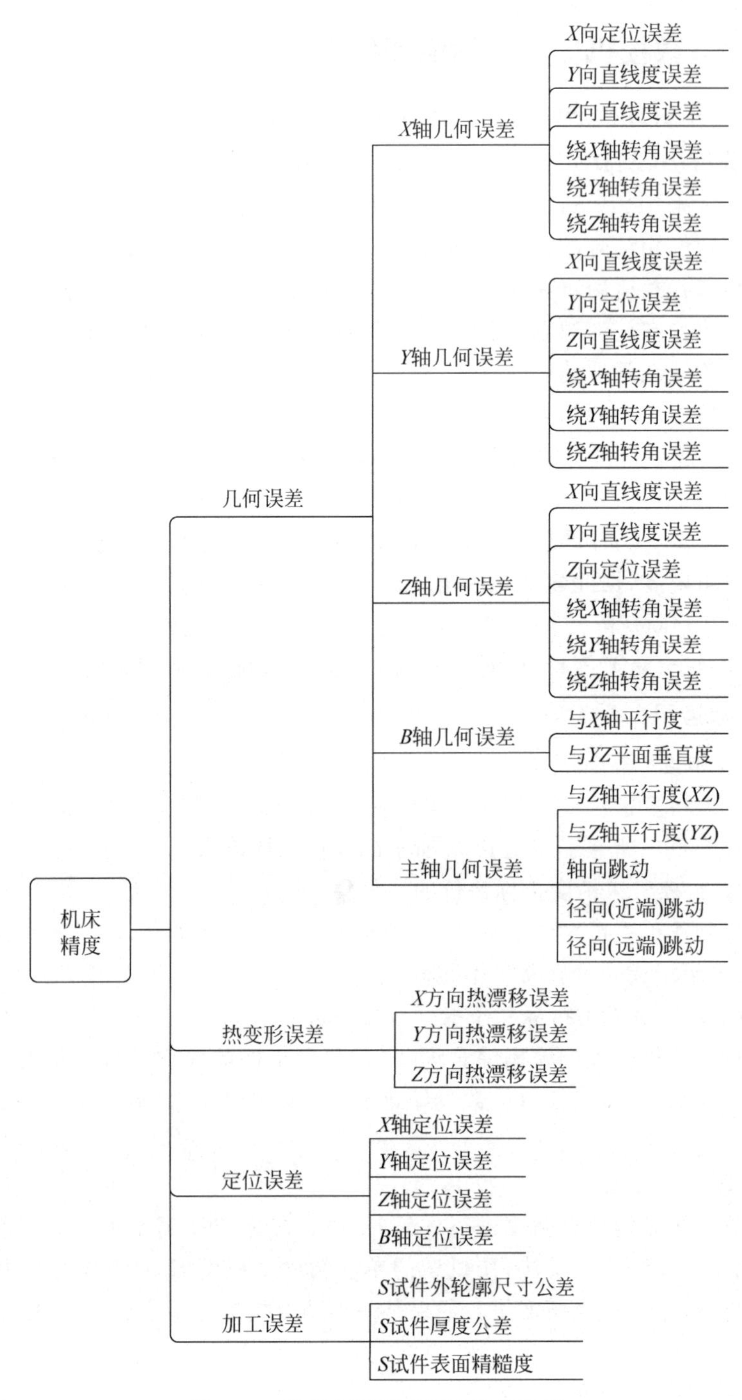

图 6-32 数控机床精度评价指标体系

6.5.4　智能柔性制造系统评价方法

要发挥智能柔性制造系统的潜在优势，就必须让智能柔性制造系统的各项性能指标达到最优化，比如设备利用率。尽管智能柔性制造系统中的设备利用率较单机作业环境下的设备利用率高，但在追求制造低成本的趋势下，有必要研究智能柔性制造系统调度问题，以提高设备利用率。提高智能柔性制造系统设备利用率的前提是对设备利用率及加工效率进行测评。

1. 模糊参数随机 Petri 网

模糊参数随机 Petri 网是在普通随机 Petri 网的基础上，用模糊化的变迁激发率参数代替以前的固定参数，从而实现对制造过程时间参数随机性与模糊性的全面描述，有利于系统性能的准确评价。

2. 模糊参数下的系统性能评价方法

模糊参数随机 Petri 网是将普通随机 Petri 网中的变迁激发率用模糊数表示，将系统测量数据的模糊性也纳入考虑范围，从而更准确地对系统进行性能分析。因此，模糊参数随机 Petri 网的分析过程是在普通随机 Petri 网分析的基础上，将激发率参数合理模糊化，然后进行模糊分析。

3. 模糊参数评价理论的可靠性分析

模糊参数随机 Petri 网是在普通随机 Petri 网的基础上，利用可以较好描述时间参数测量过程中数据模糊性的梯形模糊数来表示随机 Petri 网中的变迁激发率参数，用模糊参数代替以前的固定参数，全面考虑了制造过程时间参数的随机性与模糊性，从数据来源上尽可能保证系统性能评价所采用数据的准确性，从而避免普通随机 Petri 网由于数据可靠性不足带来的分析结果不准确的问题。

智能柔性制造系统的评价指标包括自动化及柔性、成本、可靠性、风险性及运行参数等方面，评价指标的选取应遵循下述原则：

(1) 完整性，指标应能反映智能柔性制造系统的主要特征；

(2) 可操作性，评价指标应易于计算及评估；

(3) 清晰性，评价指标应具有明确含义；

(4) 非冗余性，同一特性不应用多个指标来度量；

(5) 可比性，指标的确定应便于对不同厂家同类产品进行比较。

智能柔性制造系统的综合评价指标体系如图 6-33 所示。

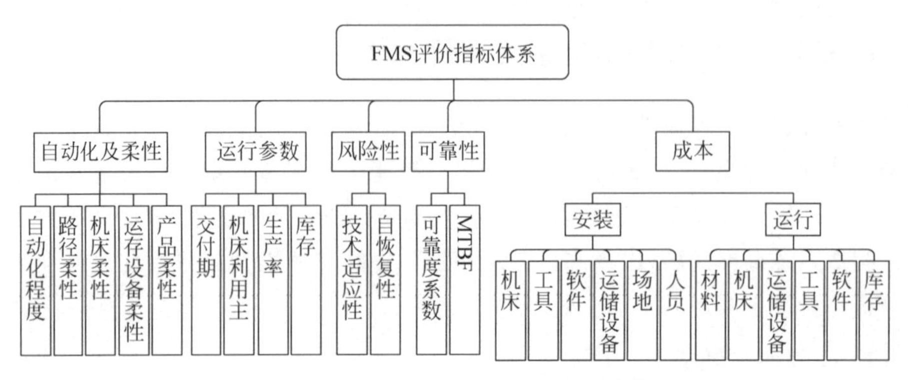

图 6-33 智能柔性制造系统的综合评价体系

6.6 机床箱体类零件智能柔性制造系统实例

本节以四川普什宁江机床有限公司设计建造的生产线为例，作为机床箱体类零件智能柔性制造系统的应用实例，主要包括智能柔性制造系统、子系统等 27 项关键技术。

1. 系统关键技术

从智能柔性制造系统关键技术分类，分为系统设计、网络构建、电气控制、集成控制等，具体包括以下内容。

(1) 智能柔性制造系统设计：根据总体设计要求，确定智能柔性制造系统加工设备(卧式加工中心)、自动物流运输线、多工位托盘库、总控台及其他辅助设施，优化卧式加工中心的可靠性，优化高精度回转工作台、主轴等关键的功能部件，实现数控加工设备单机的精度指标、可靠性指标、适合连线等性能指标，达到多种箱体类零件产能、多种工艺路线并行的生产示范要求。

(2) 智能柔性制造系统的网络体系结构构建技术：构建了基于以太网及现场总线技术的分布式网络结构，即在智能制造系统底层采用现场总线技术，保证系统控制的实时性，智能制造系统上层，即生产信息管理及调度层，采用以太网结构，以方便智能制造系统与企业信息网的无缝集成。

(3) 智能制造系统总体功能模型及数据流程设计技术：规划智能柔性制造系统的总体框架，在深入分析系统应用需求的基础上，完成了系统应用支撑系统的总体框架设计，构建了系统总体功能模型及数据流程。

(4) 智能柔性制造系统资源信息的集成化管理策略：实现了智能柔性制造系统工艺资源的集成化管理，对智能柔性制造系统的主要工艺资源，如工装、刀具、数控程序及加工设备等资源，实现了统一化、标准化、结构化集中管理，为智能柔性制造系统的快速工艺生成、现场工艺资源的及时调度响应等打下基础。

(5) 智能柔性制造系统电气控制方案和集成性：利用国产华中HNC8和日本Fanuc两种数控系统平台的控制技术，集成了智能柔性制造系统的无人化自动调度加工专家系统。该系统以计算机软件开发技术、以太网和工业现场总线网络通信技术为基础，按照智能柔性制造系统的机械加工特色特征和托盘动态智能调度要求，开发计算机控制软件，建立用于智能柔性制造系统和机床的远程实时动态模拟和监控平台。

(6) 智能柔性制造系统的控制系统开发：开发了两套以国产华中HNC8数控系统和日本Fanuc数控系统为控制平台的物流搬运电气控制系统。智能柔性制造系统的物流搬运系统中，运用多种物流防撞功能和物流安全性保障、托盘身份识别及人工视觉纠错功能的物流正确性保障控制技术，运用PROFIBUS工业现场总线通信和控制技术、工业视觉识别技术、RFID工业无线身份识别等先进的控制技术，确保智能柔性制造系统物流运行的安全和稳定可靠。

(7) 智能柔性制造系统计算机信息系统：在智能柔性制造系统的实时动态模拟监控系统中，采用效率优先、先进先出、特事优先、安全第一等多种原则和智能控制技术，运用有效的智能柔性制造系统故障处理及恢复机制，采用计算机进行智能柔性制造系统事件查询分析，实现了智能柔性制造系统事件历史记录查询分析。按照基于精密卧式加工中心和机床箱体类零件智能柔性制造系统制造工艺流程的分析，形成了混流加工和并行加工工艺内容。集成在智能柔性制造系统计算机信息系统中的托盘动态调度和监控软件，实现了智能柔性制造系统实时、高效、高柔性并行的机械零件加工混流工艺路线控制和智能柔性制造系统无人化自动调度运行。

(8) 智能柔性制造系统的电气控制系统：在国产华中HNC8和日本Fanuc机床数控系统不同的控制平台上，开发了THM6380、THM6363精密卧式加工中心机床的电气控制系统。完成了机床主机的控制技术功能和技术指标要求，并开发了智能制造系统集成电气控制接口，实现了卧式加工中心单机和连线的稳定运行，达到了相应的可靠性技术指标。

(9) 智能柔性制造系统的动态管理技术：结合智能柔性制造系统生产管理的需要及调度要求，工艺人员在MES系统中制定排产计划时，根据系统中现有刀具规格为每道工序选择所需刀具。制定排产计划后，刀具管理系统会根据MES系统中所选刀具生成借用清单，并填写期望的配送时间，实现柔性线与库房之间的刀具调度.对于数量不足的刀具规格会生成相应的采购清单，实现库房之间的刀具调度。在生产计划之前，可根据相应的借用清单结合柔性线上的刀具实际使用情况，生成相应的配送清单，完成刀具的配送流程。

(10) 智能柔性制造系统资源信息的集成化管理策略：实现了智能柔性制造系统工艺资源的集成化管理，对智能柔性制造系统的主要工艺资源，如工装、刀具、数控程序及加工设备等资源，实现了统一化、标准化、结构化集中管理，为智能柔性制造系统的快速工艺生成、现场工艺资源的及时调度响应等打下基础。

(11) 智能柔性制造系统智能调度算法：采取了基于约束理论的方式对生产计划进行排产，整个排产过程中，包括两个层级的计划排产调度管理，一个是基于智能柔性制造系统的高层宏观排产，另一个是基于智能柔性制造系统生产现场的底层排产。

(12) 智能柔性制造系统生产工艺规范：工艺规范主要集中在智能柔性制造系统工艺资源的结构化、工艺规范的标准化等方面，通过工艺标准化来实现现场工艺资源与制造需求资源之间自动匹配的需求。

(13) 智能柔性制造系统与车间其他制造资源的集成：建立了MES和智能柔性制造系统的集成模式以及物流、信息流、工具流的交互实现技术。根据MES的功能需求，开发了智能柔性制造系统应用支撑系统中的物流、工具流、信息流与MES的无缝集成技术，实现了智能柔性制造系统与车间其他制造资源的集成。

(14) 智能柔性制造系统精度指标检测技术：确定了以激光干涉仪、球杆仪、数控机床用测头、机器视觉技术及机床传感器等为核心检测设备和方法的智能柔性制造系统精度的检测方法，进行智能柔性制造系统精度检测的实验验证，建立了智能柔性制造系统精度检测评定方法。

(15) 智能柔性制造系统的在线监控技术：采集并以图形化的形式显示机床的设备状况、加工状态和信号数据的实时信息；开发了智能柔性制造系统的历史数据管理系统，同步记录智能柔性制造系统的重要事件，包括机床的报警、托盘的物流、设备的在线/离线等，便于历史追溯和问题分析；开发了智能柔性制造系统的动态运动视频监控与存储系统；形成了基于国产数控系统的智能柔性制造系统监控技术的通用解决方案。

2. 子系统关键技术

从智能柔性制造子系统关键技术分类，分为刀具管理、零件工艺、精度补偿、在线测量等，具体包括以下内容。

(1) 零件加工工艺技术分析：通过对YK3610Ⅱ-20001B主轴箱等8种机床箱体类零件的工艺特点、加工要求、传统加工和柔性加工的对比等研究，结合生产节拍、加工效率、自动化要求等，确定了具体的加工工艺。

(2) 集成与快速建模技术：通过分析用户需求、产品结构及结构工艺性，确定了智能制造系统模块化、单元化设计技术以及集成化制造的装配工艺技术；通过分析箱体类零件及卧式加工中心类机床的工艺技术特性，并结合在机械加工和装配领域积累的应用经验，在CAPP平台上初步建立了加工工艺参数数据库，并在此基础上编制加工和装配工艺。对Solid Edge进行了二次开发，引用Solid Edge类型库，调用Solid Edge应用程序，创建轮廓和特征，在Solid Edge平台上用VB开发了箱体上需要加工特征的快速建模系统。

(3) 刀具管理系统：开展国产数控刀具切削性能和高效柔性夹具的分析，明确影响智能制造系统加工效率的因素，开发了刀具和夹具的智能化管理、夹具的定位和装夹等技术，采用刀具卡片、夹具卡片等形式固化刀具、夹具的定位和装夹等；通过"智能柔性制造系统刀具及工装夹具管理系统"进行高效的刀具、夹具准备，通过刀具管理系统对刀具进行管理和调度，实现了系统中刀具资源的充分利用。

(4) 典型零件选择：根据成熟批量的产品零件、零件结构主要是箱体类零件、加工要素能实现自动加工、一次装夹完成的加工内容要尽量多、应不低于装夹时间等条件，选择 YK3610Ⅱ-20001B 主轴箱等 8 种典型机床箱体类零件作为典型零件。

(5) 精密卧式加工中心选择：THM800 和 THM630 精密卧式加工中心的控制系统分别选用日本 Fanuc 0i-MD 和国产华中 8 型数控系统，数控系统系列伺服和主轴系统配备 PROFIBUS 总线连接单元。可选配全闭环控制，四轴四联动。机床上配置的刀具测头，用来测量刀具长度和半径，并可对刀具破损情况进行检测。机床上配置的工件测头，可快速完成在线检测和工件的自动找正。

(6) 托盘库设计：托盘库由容量为 18～36 个托盘的托盘库、RGV 搬运小车和上下料工位组成。托盘仓库采用位置固定的控制方式。搬运小车分别采用日本 Fanuc 0i-TD 和国产华中 8 型数控系统进行控制。FMS63 托盘库采用国产华中 8 型数控系统控制，RGV 搬运小车两个伺服轴分别用于搬运小车的横向和纵向驱动。FMS80 托盘库采用日本 Fanuc 0i-TD 数控系统控制，RGV 搬运小车三个伺服轴分别用于搬运小车的横向、纵向和上下驱动。RGV 搬运小车控制系统根据总控计算机下发的执行计划以各卧式加工中心、上下料工位的状态信息实时动态调度搬运托盘，数控系统的显示器设置在上料工位一侧，以便于上料工人观察搬运小车的位置和工作状态，并在上料工位处设置操作面板，实现托盘的自动运输。

(7) 加工精度补偿：分析智能制造系统的加工特点和生产特点，在国产华中 HNC8 和日本 Fanuc 数控系统不同的控制平台上实现了多种用于智能柔性制造系统中确保零件加工精度的方法，实现了智能柔性制造系统托盘误差自动补偿和找正，实现了多机床、多托盘连线加工的零件精度的智能精度补偿。

(8) 在线测量技术：以国产精密卧式加工中心机床为核心检测设备，充分利用其精密特点和测量功能，实现了智能柔性制造系统的在线测量；形成了基于国产系统设备对刀、刀具破损检测、工件找正、序中测量和首件检测的解决方案；开发了国产数控系统的刀具在线检测、工件在线检测技术，实现了工件、刀具的在线检测和补偿。整个过程都由测量软件控制自动进行，避免人为误差，构建了基于国产数控系统配套在机测量设备的可行性分析和验证体系，为将来国产数控系统在机测量提供更新依据。

(9) 故障预测技术：通过大量针对性实验，得到了故障产生类型和原因，并对故障进行相关分析，找到了解决方法。主要故障类型有托盘交换架升降故障、拉钉松动造成卡刀、液压油温度过高、刀库乱刀、编码器错误报警等。最后对每种类型的故障都生成了相应的解决方案。

（10）库静态管理技术：实现了库存的静态管理。静态管理包括刀具及夹具管理、库存管理、刀具采购、成本管理、刀具及夹具参数及组件管理等。

（11）刀具寿命管理技术：对刀具进行动态的寿命管理。当刀具进入柔性线库时，会将刀具的寿命等信息录入柔性线主机；当刀具加工完毕，进行卸刀时，会将刀具的剩余寿命等信息传输到平台服务端，从而实现了对刀具寿命的动态管理。

（12）实际产品和生产线：研制了以THM630、THM800（卧式加工中心8台，每条线各4台）精密加工中心为核心的两条精密智能柔性制造系统FMS63、FMS80，如图6-34所示，其中FMS80配套进口数控系统，FMS63配套国产数控系统，能实现8种以上箱体类零件混流制造，总产能不低于1200件/年，4种以上工艺路线并行，实现了作业计划制定、任务分配、可视化操作和监控等功能。

图6-34　FMS63、FMS80精密智能柔性制造系统

FMS63、FMS80智能制造系统应用情况.doc

FMS63、FMS80智能制造系统.mp4

FMS63、FMS80智能制造系统详细介绍.pdf

四川普什宁江机床有限公司研制的两套智能柔性制造系统FMS63、FMS80，一个系统全部采用日本Fanuc数控系统，另一个全部采用国产华中数控系统，通过将日本Mazak、韩国Doosan、芬兰Fastems的智能柔性制造系统与FMS63、FMS80作比较，结果如表6-4和表6-5所示，可以看到四川普什宁江机床有限公司研制的两条精密智能制造系统与国际同类产品的水平相当。

表 6-4　FMS63 与其他智能制造系统对比结果

序号	项　　目		规格参数			
			宁江 FMS63	日本 Mazak FMS63	韩国 Doosan LPS630 Ⅱ	芬兰 Fastems FPC-1000
1	托盘台面尺寸/(mm×mm)		630×630	630×630	630×630	630×630
2	托盘最大承重/kg		800	800	1200	1000
3	托盘库容量/工位		18	18	10～70	10～20
4	加工中心数量/台		4	2	1～7	2
5	搬运小车快速移动速度/(m/min)	X 轴	70	70	30	60
		Y 轴	10	10	3	8
		Z 轴	15	15	10	12

表 6-5　FMS80 与其他智能制造系统对比结果

序号	项　　目		规格参数			
			宁江 FMS80	日本 Mazak FMS80	韩国 Doosan LPS630 Ⅱ	芬兰 Fastems FPC-1000
1	托盘台面尺寸/(mm×mm)		800×800	800×800	800×800	800×800
2	托盘最大承重/kg		1200	1200	2000	1500
3	托盘库容量/工位		48	36	8～72	10～20
4	加工中心数量/台		5	1	1～7	2
5	搬运小车快速移动速度/(m/min)	X 轴	70	50	20	40
		Y 轴	20	20	2	15
		Z 轴	30	30	6	20

6.7　小结

本章主要从系统集成设计与控制、系统在线监控技术、刀具管理系统及性能测评技术等方面介绍了机床箱体类柔性智能制造系统，以四川普什宁江机床有限公司研发的典型机床箱体类零件柔性智能制造系统为应用实例，通过介绍各子系统的设计与开发过程，为箱体类零件及其他零件柔性智能制造系统的开发应用提供了参考。

参考文献

[1]　郭聚东，钱惠芬. 柔性制造系统的优势及发展趋势[J]. 轻工机械，2004(4)：4-6.
[2]　周光辉，王杰，韩占磊，等. 基于 RFID 的车间刀具自动识别技术与系统实现[J]. 四川兵工

学报,2011,32(3):50-52.

[3] 王智明.数控机床的可靠性评估与不完全预防维修及其应用[D].上海:上海交通大学,2011.

[4] 乐晓波,陈黎静.Petri网应用综述[J].长沙交通学院学报,2004,20(2):51-55.

[5] 高亮,李新宇.工艺规划与车间调度集成研究现状及进展[J].中国机械工程,2011,22(8):1001-1007.

[6] 郭金玉,张忠彬,孙庆云.层次分析法的研究与应用[J].中国安全科学学报,2008,18(5):148-153.

第7章

智能伺服压力机

7.1 引言

冲压生产介绍.ppt

冲压生产是一种无切屑和少切屑的先进加工工艺，具有生产效率高、产品质量高、材料消耗少等优点，是汽车生产制造四大工艺之首。机械压力机[1]是汽车冲压生产中最广泛使用的装备，图 7-1(a)、(b)所示分别为典型的多连杆机械压力机及其传动系统。机械压力机由飞轮提供冲压能量，一旦传动系统确定，冲压曲线便固定、不可调，因此，机械压力机存在生产柔性差、工艺适应性差的问题。车身轻量化已成为汽车工业发展的主要方向，带动了高强度钢板、镁铝合金板、非等厚焊接钢板等新材料的推广应用，这些材料冲压回弹力大、成形特性各异，对冲压装备提出了更高的要求。传统机械压力机由于冲压曲线固定不可调，无法实现多材质多品种工件的高品质共线融合生产[2]，已不能满足当代汽车工业的发展需求。

机械压力机运行动画.mp4

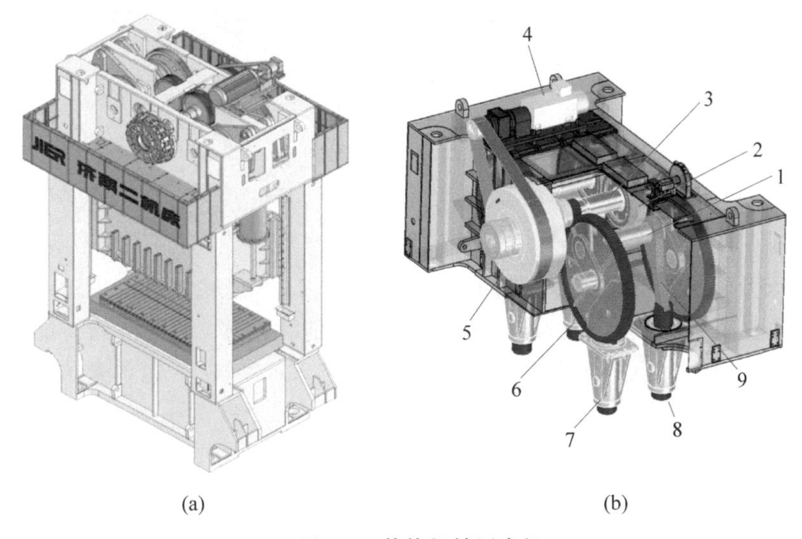

图 7-1　传统机械压力机

(a) 多连杆机械压力机；(b) 多连杆机械压力机传动系统

1—中间轴；2—惰轮；3—高速轴；4—变频电机；5—飞轮；6—偏心齿轮；7—导套；8—导柱；9—连杆

伺服压力机是一种新型冲压装备[3]，其结构组成如图 7-2 所示。与机械压力机相比，伺服压力机摒弃了飞轮、离合器等部件，由伺服电机直接提供能量，通过执行机构将伺服电机的旋转运动转换为滑块的直线运动。伺服压力机可根据工艺和模具要求，对滑块运动曲线进行控制和优化，实现了冲压曲线的柔性可控[4]，极大地提升了冲压工艺适应性，可以满足多种新型材料的高品质共线生产。此外，伺服压力机还具有以下突出优点[5-7]：①通过降低模具与工件的接触速度，避免冲击，减小振动，延长模具寿命；②滑块位置精度一般可达到 0.01mm，保证了零件的加工精度；③伺服电机比普通电机效率高、损耗小，减速时采用电磁制动，制动能量可存储、回收利用。

伺服压力机运行动画.mp4

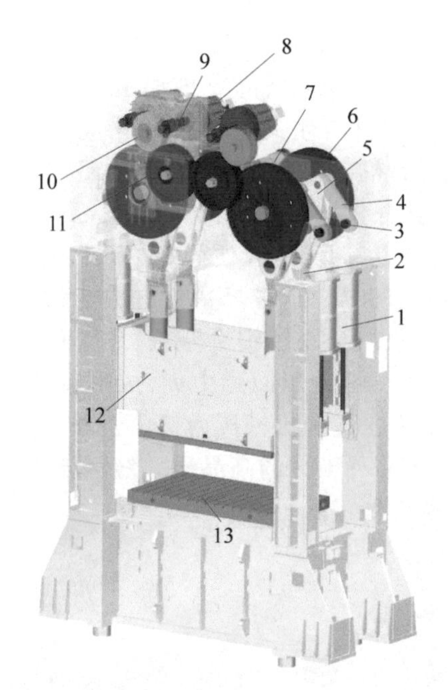

图 7-2 伺服压力机结构组成

1—平衡器；2—连杆；3—销轴；4—拉杆；5—角架；6—偏心齿轮；7—中间齿轮轴；8—伺服电机；9—高速轴；10—惰轮；11—中间齿轮；12—滑块；13—工作台

伺服压力机在保持机械压力机原有优点的基础上，通过规划滑块运动曲线以满足不同的加工工艺需求，提高了冲压装备的智能化水平，是典型的智能制造装备。但智能伺服压力机的研发涉及多学科交叉，技术难度极大，尤其是传动系统设计、性能优化及运动曲线规划等关键技术亟待突破。

本章以济南二机床集团有限公司多年来的技术研发为基础，系统地对智能伺服压力机进行介绍。7.2 节为伺服压力机传动系统设计与性能优化；7.3 节为智能伺服压力机的运动曲线规划；最后在 7.4 节中给出智能伺服压力机实例。

7.2　伺服压力机传动系统设计与性能优化

伺服压力机由伺服电机提供冲压能量,通过改变传动系统的速度,赋予了滑块速度多变的运动特性,成为了一定意义上的自由行程压力机。传动系统作为伺服压力机的重要组成部分,发挥着改变速度、传力做功的重要作用,其设计与性能优化是伺服压力机研发过程中的重要环节。本节将介绍伺服压力机传动系统设计与性能优化技术,主要内容包括连杆机构设计与优化、公称力行程优化、齿轮传动机构运动惯量优化及平衡器风压调节与优化等技术。

7.2.1　伺服压力机连杆机构设计与优化

连杆机构是传动系统的核心部件,本节讨论伺服压力机连杆机构的最佳设计方案,通过多目标、多约束条件下的优化设计,使连杆机构与伺服运动模式相适应。

四连杆、六连杆和八连杆是连杆机构的主要形式[8],如图 7-3 所示。为确定最

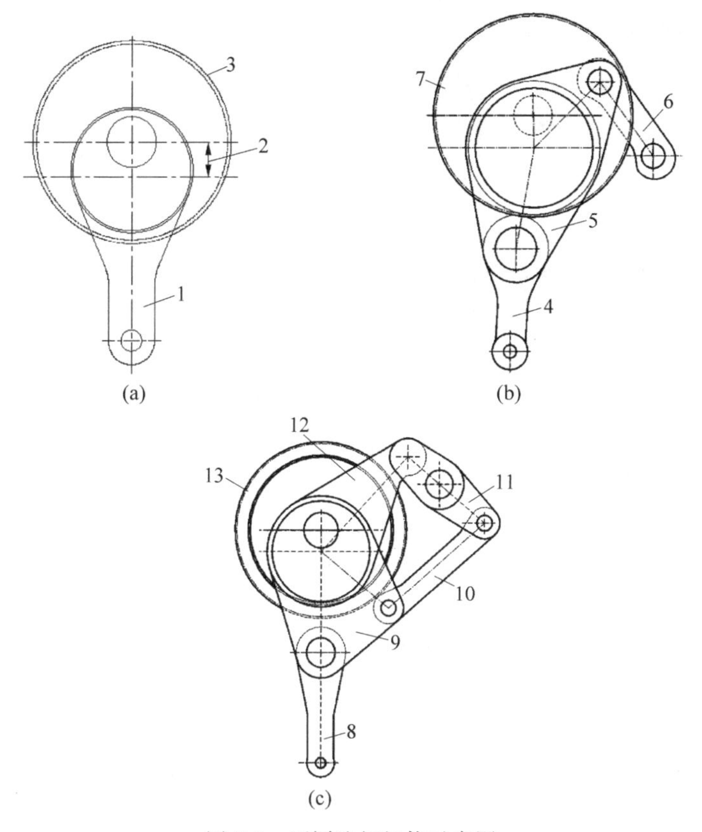

图 7-3　不同连杆机构示意图

(a) 四连杆机构；(b) 六连杆机构；(c) 八连杆机构

1—连杆Ⅰ；2—偏心距；3—偏心齿轮Ⅰ；4—连杆Ⅱ；5—角架Ⅰ；6—拉杆；7—偏心齿轮Ⅱ；8—连杆Ⅲ；9—角架Ⅱ；10—下拉杆；11—摆杆；12—上拉杆；13—偏心齿轮Ⅱ

佳设计方案，首先基于ADAMS仿真软件对不同连杆机构下的滑块行程及速度进行分析，仿真条件均设置为：20000kN伺服压力机，滑块行程1300mm，生产节拍15次/min，结果如图7-4所示。从图中的曲线可以看出，采用上述三种连杆机构时，滑块距下死点300mm时的拉伸速度分别是995mm/s、489mm/s和425mm/s。在不超过材料最大许用拉伸速度的前提下，机构的拉伸速度越低，越有利于最大限度地提高滑块的每分钟行程次数，保证拉伸件质量。六连杆、八连杆压力机滑块在拉伸过程中保持一段低而均匀的拉伸速度，有利于工件的拉伸成形，而四连杆压力机滑块不具有这种速度特性。

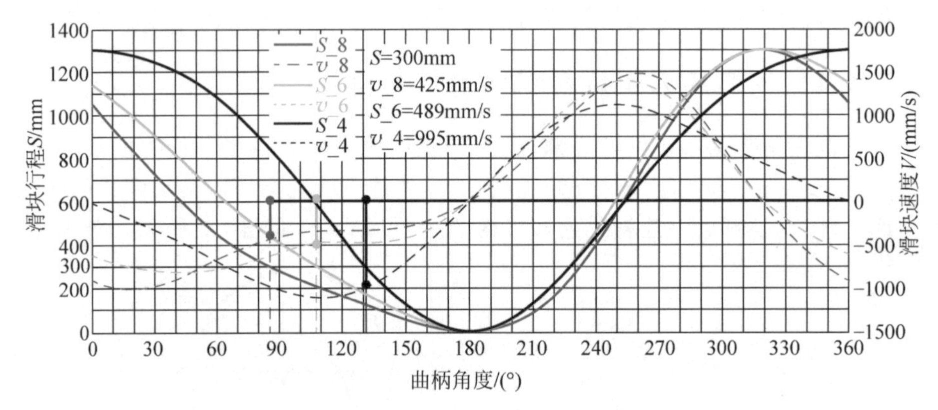

图7-4　不同连杆机构下的滑块运动曲线

八连杆机构与六连杆机构，都能使压力机滑块在拉伸过程中保持一段低而均匀的拉伸速度，拉伸结束后，滑块快速回程，运行通过上死点后，滑块快速接近坯料，进入下一个拉伸过程。这种速度特性，能够使滑块最大拉伸速度在不超过材料最大许用拉伸速度的前提下，大幅地提高滑块每分钟行程次数，在保证拉伸件质量的同时，提高伺服压力机的生产效率。当滑块行程相同时，六连杆压力机的模具开启角度大于八连杆压力机的模具开启角度。当冲压线配备双臂快速送料线时，八连杆压力机的最小滑块行程要大于六连杆压力机的最小滑块行程，如果滑块行程相同，六连杆压力机比八连杆压力机更可能提高滑块行程次数。虽然连杆机构杆件数量越多，相对柔性越高，但随着连杆机构的复杂化，滑块运行精度的保证以及滑块行程曲线的优化将非常困难。八连杆机构与六连杆机构相比，杆件数量多，结构复杂，质量和惯量增大，运动副多，影响压力机精度的因素增多，对保障零件的加工精度提出了更高的要求，也提高了安装调试难度与制造成本；同时，八连杆机构的伺服控制相对困难，启动加速和制动减速所需的扭矩大、时间长。

综上所述，四连杆机构简单，利于控制，但低速拉伸特性不佳；六连杆机构、八连杆机构均能以较小的曲柄半径实现大行程，获得较高的机械增益；但八连杆机构的杆件数量多，结构复杂，质量、惯量相对较大，提高了对伺服电机的功率要求，同时滑块运行精度难以保证，滑块行程曲线优化困难，因此，建议智能伺服压力机采用六连杆机构。

在确定传动系统采用六连杆机构后，需要进一步开展机构优化。图 7-5 所示为六连杆机构简图，其中曲柄为原动件，伺服电机经减速系统将力传递给曲柄，驱动连杆机构并使滑块具有确定的直线运动。

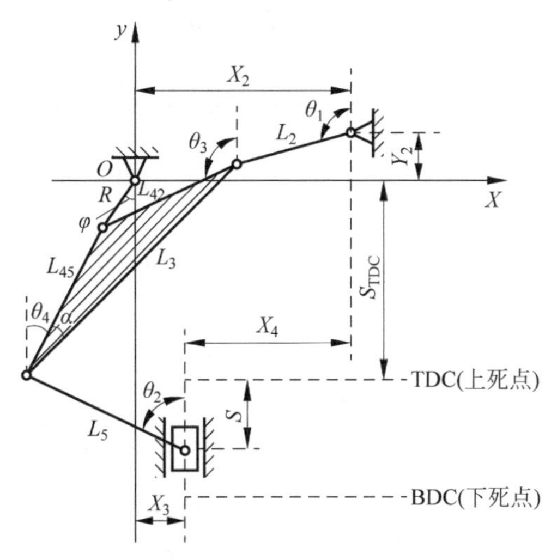

图 7-5　六连杆机构简图

根据图 7-5，建立六连杆机构的运动方程如下：

$$
\begin{cases}
-R\sin\varphi + L_{42}\sin\theta_3 + L_2\sin\theta_1 = X_2 \\
-R\cos\varphi - L_{45}\cos\theta_4 + L_3\cos(\theta_4 + \alpha) - L_2\cos\theta_1 = Y_2 \\
-R\sin\varphi + L_5\sin\theta_2 - L_{45}\sin\theta_4 = X_3 \\
-L_5\sin\theta_2 + L_3\sin(\theta_4 + \alpha) + L_2\sin\theta_1 = X_4 \\
R\cos\varphi + L_{45}\cos\theta_4 + L_5\cos\theta_2 - S_{\mathrm{TDC}} = S
\end{cases}
\tag{7-1}
$$

式中，R——曲柄长度(偏心轮的偏心距)；

L_2——拉杆长度；

L_{42}——角架上臂长度；

L_{45}——角架下臂长度；

L_3——角架上、下臂轴线间的长度；

L_5——连杆长度；

φ——曲柄转角；

θ_1——拉杆与 Y 方向的摆动角；

θ_2——连杆与 Y 方向的摆动角；

θ_3——角架上臂与 Y 方向的摆动角；

θ_4——角架下臂与 Y 方向的摆动角；

α——角架下臂与底部的夹角；

X_2——拉杆轴对偏心轴的水平位移；

X_3——连杆小端轴线对偏心轴的水平位移；

X_4——连杆小端轴线对拉杆固定端轴线的水平位移；

Y_2——拉杆轴对偏心轴的垂直距离；

S_{TDC}——滑块上死点位置与曲柄中心的距离；

S——滑块行程长度。

对运动方程进行微分，可以得到六连杆机构的速度方程如下：

$$\boldsymbol{A}_1\begin{bmatrix}\omega_1\\\omega_2\\\omega_3\\\omega_4\\v\end{bmatrix}=\begin{bmatrix}R\omega\cos\varphi\\-R\omega\sin\varphi\\R\omega\cos\varphi\\0\\-R\omega\sin\varphi\end{bmatrix}\tag{7-2}$$

式中，$\boldsymbol{A}_1=\begin{bmatrix}L_2\cos\theta_1 & 0 & L_{42}\cos\theta_3 & 0 & 0\\L_2\sin\theta_1 & 0 & 0 & -L_3\sin(\theta_4+\alpha)+L_{45}\sin\theta_4 & 0\\0 & L_5\cos\theta_2 & 0 & -L_{45}\cos\theta_4 & 0\\L_2\cos\theta_1 & -L_5\cos\theta_2 & 0 & L_3\cos(\theta_4+\alpha) & 0\\0 & L_5\sin\theta_2 & 0 & L_{45}\sin\theta_4 & 1\end{bmatrix}$；

ω——曲轴角速度；

ω_1——拉杆固定端的摆动角速度；

ω_2——连杆底端的摆动角速度；

ω_3——角架绕上臂轴线的摆动角速度；

ω_4——角架绕下臂轴线的摆动角速度；

v——滑块线速度。

对速度方程进行微分，可以得到六连杆机构的加速度方程如下：

$$\boldsymbol{A}_2\begin{bmatrix}a_1\\a_2\\a_3\\a_4\\a\end{bmatrix}=\begin{bmatrix}-R\omega^2\sin\varphi+L_{42}\omega_3^2\sin\theta_3+L_2\omega_1^2\sin\theta_1\\-R\omega^2\cos\varphi-L_2\omega_1^2\cos\theta_1+\omega_4^2(L_3\cos(\theta_4+\alpha)-L_{45}\cos\theta_4)\\-R\omega^2\sin\varphi+L_5\omega_2^2\sin\theta_2-L_{45}\omega_4^2\sin\theta_4\\0\\-R\omega^2\cos\varphi-L_5\omega_2^2\cos\theta_2-L_{45}\omega_4^2\cos\theta_4\end{bmatrix}\tag{7-3}$$

式中，$\boldsymbol{A}_2=\begin{bmatrix}L_2\cos\theta_1 & 0 & L_{42}\cos\theta_3 & 0 & 0\\L_2\sin\theta_1 & 0 & 0 & -L_3\sin(\theta_4+\alpha)+L_{45}\sin\theta_4 & 0\\0 & L_5\cos\theta_2 & 0 & -L_{45}\cos\theta_4 & 0\\L_2\cos\theta_1 & -L_5\cos\theta_2 & 0 & L_3\cos(\theta_4+\alpha) & 0\\0 & L_5\sin\theta_2 & 0 & L_{45}\sin\theta_4 & 1\end{bmatrix}$；

a——滑块加速度；

a_1——拉杆固定端的摆动角加速度；

a_2——连杆底端的摆动角加速度；

a_3——角架绕上臂轴线的摆动角加速度；

a_4——角架绕下臂轴线的摆动角加速度。

任意给定原动件的驱动角度 φ 与转动角速度 ω，根据式(7-1)～式(7-3)即可求出各构件的位置、速度及加速度。进一步根据虚功原理，可得六连杆机构的力平衡方程为

$$\sum_{i=1}^{5}(\boldsymbol{F}_i^{\mathrm{T}}\delta\boldsymbol{q}_i+\boldsymbol{M}_i^{\mathrm{T}}\delta\boldsymbol{\theta}_i)+\boldsymbol{T}^{\mathrm{T}}\delta\boldsymbol{\theta}+\boldsymbol{M}^{\mathrm{T}}\delta\boldsymbol{q}=0 \tag{7-4}$$

式中，$\boldsymbol{F}_i$—— 杆件 i 所受的惯性力；

$\boldsymbol{M}_i$—— 杆件 i 所受的惯性力矩；

$\delta\boldsymbol{q}_i$——杆件 i 的虚位移；

$\delta\boldsymbol{\theta}_i$——杆件 i 的虚角位移；

$\boldsymbol{M}$——滑块所受的外部载荷；

$\boldsymbol{T}$——所需的驱动力矩。

以曲柄角度为自变量，在一次冲压运动过程中，自变量由0变化至360°，进一步将整圈360°分为4个区间段，即工作段、上下料段、减速段及回程加速段，如图7-6所示，得到伺服压力机的分相运动模型。连杆机构优化是保证伺服压力机性能的关键步骤，在伺服压力机分相运动模型基础上，结合工作相运动规划原则构建连杆机构的优化模型，综合考虑各种几何、运动与力约束，同时引入生产节拍与效率，完成对伺服压力机六连杆机构的优化。各区间段的运动规划要求及机构优化原则如表7-1所示。

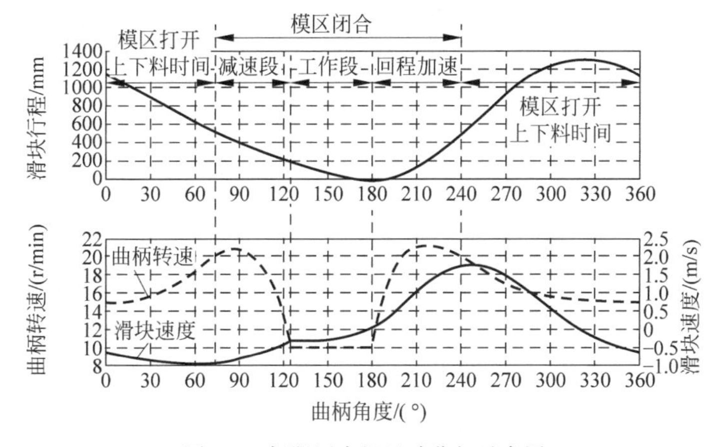

图7-6　伺服压力机运动分相示意图

表 7-1　各区间段的运动规划要求及机构优化原则

区间段	运动规划要求	机构优化原则
工作段	满足滑块工艺速度的前提下，时间最短	曲柄匀速运转时工作段滑块速度与位移关系逼近理想曲线
	尽量降低机构摩擦能耗	设定载荷下，尽量减小机构各关节摩擦功之和与理想当量力臂
上下料段	满足送料机构在模区内运动所需时间和空间	考虑模区打开高度与角度、滑块最大加速度与连杆压力角约束
	尽量降低曲柄速度波动	
减速段、回程加速段	满足工作节拍要求，并尽量降低能耗	降低连杆机构与考虑滑块和上模重量后的最大等效惯量
	提供充足的急停制动时间	尽量降低考虑滑块及上模重量后的下行等效惯量峰值

根据机构优化原则，可以定义相应的目标函数 f_i 及约束条件 g_i、h_i，具体包括滑块位置与速度之间的关系、工作段关节摩擦功、理想当量力臂、送料相约束、等效惯量、工作段定速，这些目标函数及约束均可由六连杆机构运动、速度、加速度方程及相应的运动分相规划要求获得。以滑块位置与速度关系为例，相关目标函数可表示为

$$f_1(\boldsymbol{X})=\int_{\varphi_{S_C}}^{\varphi_{S_p}}(V_s(\varphi)-V_{s_{\mathrm{WkC}}})^2\mathrm{d}\varphi \tag{7-5}$$

式中，S_p ——公称力行程；

S_C ——最大工作行程；

$V_s(\varphi)$ ——滑块速度函数；

$V_{s_{\mathrm{WkC}}}$ ——工作段定速度；

φ_{S_C} ——最大工作行程对应的角度；

φ_{S_p} ——公称力行程对应的角度；

$\boldsymbol{X}$——优化参数向量。

S_C 与 S_p 满足以下约束：

$$\begin{cases} h_1(\boldsymbol{X})=s(\varphi_{S_C})-S_C=0 \\ h_2(\boldsymbol{X})=s(\varphi_{S_p})-S_p=0 \end{cases} \tag{7-6}$$

式中，$s(\varphi)$ ——滑块位移函数。

所需要优化求解的变量 $\boldsymbol{X}$ 包含六连杆机构的 9 个尺寸变量，即 R、X_2、X_3、Y_2、L_2、L_{42}、L_{45}、L_5 以及 Ang_4，其中前 8 个变量已在图 7-5 中给出，Ang_4 表示角架上、下臂夹角。六连杆机构优化问题可表示为

$$\begin{aligned} &\min_{X\in R^{15}} F(\boldsymbol{X})=\sum_i w_i f_i(\boldsymbol{X}) \\ &\text{s.t.}\quad g_u(\boldsymbol{X})\leqslant 0,\quad u=1,2,\cdots \\ &\qquad\ \ h_v(\boldsymbol{X})=0,\quad v=1,2,\cdots \end{aligned} \tag{7-7}$$

针对该多目标多约束优化问题，为保证求解过程的稳定性，借助 MATLAB 软件中的非线性约束优化函数 fmincon 进行求解。

在每次迭代过程中都需要准确地计算各杆件在尺寸参数变化后的质量与转动惯量，此过程中，采用形状分解法，首先将复杂形状杆件按圆心位置划分为不同的轴域，进而将各轴域分解成梯形和圆台形等基本元素，结合基本元素的原点矩表达式，即可快速、精确地求得复杂形状杆件的质量与转动惯量。

基于所提出的方法对六连杆机构进行优化，并选择济南二机床集团有限公司设计制造的伺服压力机 SL4-2000A（公称力 20000kN）作为比较对象。SL4-2000A 的杆系在设计时进行了精良的优化，其杆系参数可认为是较优的，因此，与其进行对比能够充分验证优化算法的有效性。

1. 按伺服压力机基本工作模式的优化

工作段曲柄匀速（以下简称曲柄匀速模式）是伺服压力机的基本工作模式。曲柄匀速模式下，连杆执行机构的理想曲线是滑块速度在最大工作行程内尽量保持恒定。接下来分别在与 SL4-2000A 同等设计参数条件下及改变设计参数条件下进行六连杆机构的优化。

1）同等设计参数下的优化

SL4-2000A 杆系的工作段定速度 $V_{s_{\mathrm{WkC}}}$ 约为 303mm/s（曲柄转速为 1rad/s），按照 $S_{\mathrm{C}}=300\mathrm{mm}$，$V_{s_{\mathrm{WkC}}}=300\mathrm{mm/s}$ 进行优化，得到优化尺寸 $\boldsymbol{S}_1$，其详细值在表 7-2 中给出，而用于曲线规划的 800kJ 模拟滑块工作载荷，如图 7-7 所示。

表 7-2　六连杆优化结果

参数	初始值	优化结果 $\boldsymbol{X}_{\mathrm{OPTIMAL}}$		
	$\boldsymbol{X}_0$	$\boldsymbol{S}_1$	$\boldsymbol{S}_2$	$\boldsymbol{S}_3$
R/mm	260	333.369	328.498	332.853
L_2/mm	1274	871.589	1309.244	1173.824
X_2/mm	1700	1345.486	1800.000	1653.934
Y_2/mm	−260	138.929	−239.767	−175.091
X_3/mm	140	51.280	260.000	258.486
L_{42}/mm	899	998.369	993.498	997.853
L_{45}/mm	1510	1291.617	1527.851	1367.032
Ang_4/(°)	−140	−153.794	−138.841	−139.191
L_5/mm	2025	1501.651	1832.239	1682.866

$\boldsymbol{S}_1$ 与 SL4-2000A 的基本参数在表 7-3 中给出。可以看到，$\boldsymbol{S}_1$ 的各项基本参数与 SL4-2000A 较为接近。

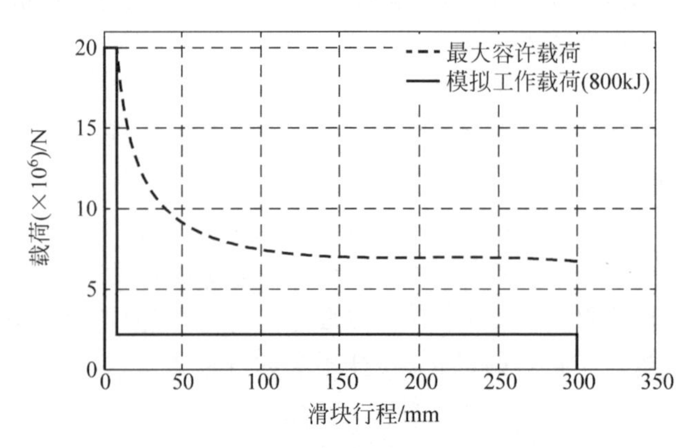

图 7-7 800kJ 模拟滑块工作载荷

表 7-3 S_1 与 SL4-2000A 的基本参数对比

机构	工作段定速度 $V_{s_{WkC}}$/(mm/s)	系统惯量 $J_{e_{Max}}$/(kg·m²)	机构惯量 $J_{e_{LkMax}}$/(kg·m²)	工作段摩擦功 W_{FrcWk}/kJ	模区打开角 $\Delta\varphi_{feed}$/(°)	理想当量力臂	
						m_{IE13}/mm	m_{IE8}/mm
SL4-2000A	303	19900.6	4398.7	6040.3	175.3	130.7	104.5
$\boldsymbol{S}_1$	300	20229.7	4371.2	6037.6	175	130.0	104.08

将上述两个机构用于运动规划，工作行程 S_{Wk} 分别为 300mm、250mm。以 $S_{Wk}=300$mm 为例，运动曲线及扭矩情况如图 7-8 所示。从图中可以看到，两种机构下的滑块行程、曲柄转速及电机扭矩基本一致。进一步在表 7-4 中给出对比结果，根据表中数据，优化机构在工作参数相同、生产节拍相同的情况下，伺服电机的均方根扭矩(反映伺服电机及驱动器的热负荷)比原机构降低 2.7%～3.4%，验证了同等参数下所提出优化方法的有效性。

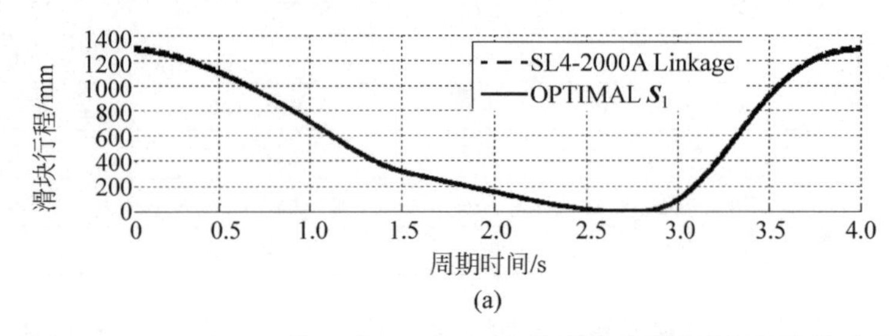

图 7-8 $S_{Wk}=300$mm 时 $\boldsymbol{S}_1$ 与 SL4-2000A 的运动曲线以及扭矩情况对比

(a) 滑块行程；(b) 曲柄转速以及电机扭矩

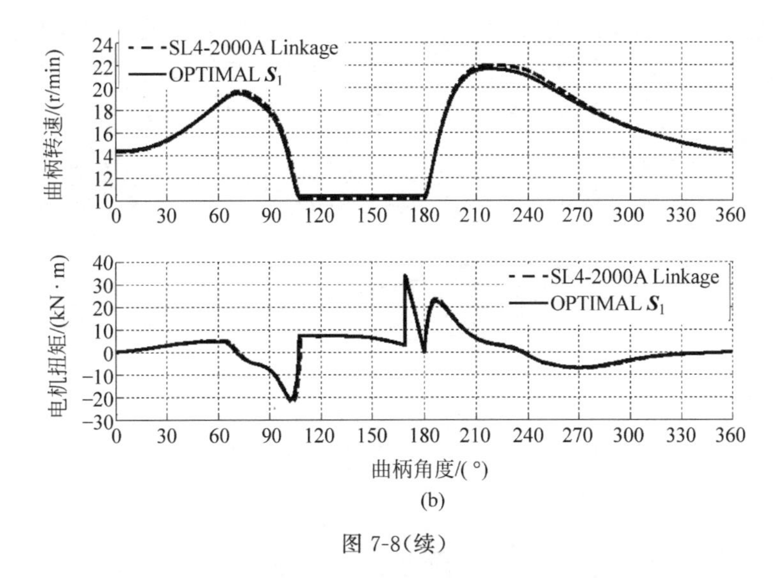

(b)

图 7-8(续)

表 7-4　S_1 与 SL4-2000A 的运动规划结果对比

机构	最高节拍规划 N_{cmax}/(次/mm)		按定速规划优化均方根扭矩 T_{drms}/(N·m)	
	S_{Wk}=300mm N_c=15/(次/mm)		S_{Wk}=250mm N_c=15.5/(次/mm)	
SL4-2000A	15.189	15.663	8215.4	8581.7
$\boldsymbol{S}_1$	15.242	15.738	7934.7	8349.4

2）改变设计参数下的优化

在进行改变设计参数下的优化时，考虑降低 $V_{s_{WkC}}$ 的同时尽可能控制等效惯量，以降低加减速段的能耗。按照 S_C=300mm，$V_{s_{WkC}}$=280mm/s，及不同的模区打开角、工作行程，优化得到方案 $\boldsymbol{S}_2$ 和 $\boldsymbol{S}_3$（其值在表 7-2 中给出）。优化后的连杆机构基本参数，如表 7-5 所示，相比 SL4-2000A，$\boldsymbol{S}_2$ 与 $\boldsymbol{S}_3$ 的工作段定速度均下降至 280mm/s，而系统惯量与机构惯量都出现了一定程度的增长。

表 7-5　$\boldsymbol{S}_2$、$\boldsymbol{S}_3$ 与 SL4-2000A 的基本参数对比

机构	最大工作行程 S_C/mm	工作段定速度 $V_{s_{WkC}}$/(mm/s)	模区打开角 $\Delta\varphi_{feed}$/(°)	系统惯量 $J_{e_{Max}}$/(kg·m²)	机构惯量 $J_{e_{LkMax}}$/(kg·m²)	工作段摩擦功 W_{FrcWk}/kJ	理想当量力臂	
							m_{IE13}/mm	m_{IE8}/mm
SL4-2000A	300	303	175.3	19900.6	4398.7	6040.3	130.7	104.5
$\boldsymbol{S}_2$	300	280	170	24636.6	4974.4	6037.6	125.6	100.9
$\boldsymbol{S}_3$	300	280	167.5	21555.8	4565.5	6037.6	124.8	100.2

在 $S_{Wk}=300$mm 时，以 S2 为例，给出其与 SL4-2000A 的运动曲线及扭矩情况对比，如图 7-9 所示。可以看到，二者的运动曲线及扭矩情况较为相似。进一步在表 7-6 中给出三种连杆机构方案下的运动规划结果对比。

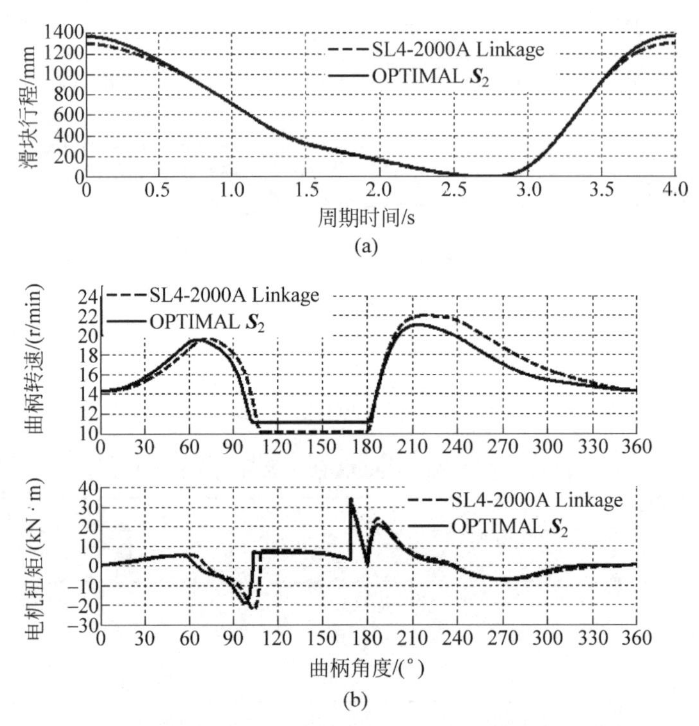

图 7-9 $S_{wk}=300$mm 时 $\boldsymbol{S}_2$ 与 SL4-2000A 的运动曲线及扭矩情况对比

(a) 滑块行程；(b) 曲柄转速以及电机扭矩

表 7-6 $\boldsymbol{S}_2$、$\boldsymbol{S}_3$ 与 SL4-2000A 的运动规划结果对比

机构	最高节拍规划 N_{cmax}/(次/min)		按定速规划优化 均方根扭矩 T_{drms}/(N·m)	
	$S_{Wk}=300$mm	$S_{Wk}=250$mm	$S_{Wk}=300$mm，$N_c=15$ 次/min	$S_{Wk}=250$mm，$N_c=15.5$ 次/min
SL4-2000A	15.189	15.663	8215.4	8581.7
$\boldsymbol{S}_2$	15.317	15.803	7383.0	7725.0
$\boldsymbol{S}_3$	15.229	15.600	7787.9	8041.2

注：工艺参数为工作段拉伸速度 $V_{bWk}\leqslant 20$m/min，送料模区打开高度 600mm，打开时间 1.87s。

根据表 7-6 中的数据，在同样的生产节拍与工作参数下，$\boldsymbol{S}_3$ 的均方根扭矩比 SL4-2000A 机构减小 5.2%～6.3%；$\boldsymbol{S}_2$ 的均方根扭矩比 SL4-2000A 减小 10%以上。同时，结合表 7-5 中的数据，两种优化方案的理想当量力臂相比 SL4-2000A 均减小，因此，齿轮系统的设计负荷也将相应降低，有利于延长齿轮系统的寿命。

通过以上算例可知，在按伺服压力机基本工作模式进行优化时，所得到的连杆机构优化方案可以较好地逼近工作相的理想滑块速度特性。另一方面，优化机构能够降低理想力臂与工作段摩擦功，在节能、高效运行等方面比原有机构更具优势。因此，基于所提出的分相组合优化方法，将伺服运动规划技术与机构优化相结合，可以有效改善各相的综合特性。

2. 按工作段滑块匀速模式的优化

传统设计方法确定的基本工作模式存在以下缺点：①滑块速度围绕定速度 $V_{s_{\mathrm{WkC}}}$ 有波动；②滑块保持定速度的行程太短，仅占最大工作行程的 1/2 左右。传统机械压力机难以克服上述缺点，而对伺服压力机，通过运动规划实现工作段滑块匀速模式，可有效克服上述缺点。

滑块匀速模式如图 7-10 所示，利用曲柄位置及速度伺服控制，实现工作段匀速区向下和向上拓展，并且使得匀速区内滑块的速度波动较小。对于工作段匀速控制，必须满足力矩包容性原则，即工作段的滑块速度控制不能影响伺服压力机输出公称扭矩的能力，仅利用伺服电机的富余扭矩进行工作段的滑块速度控制，如图 7-11 所示。

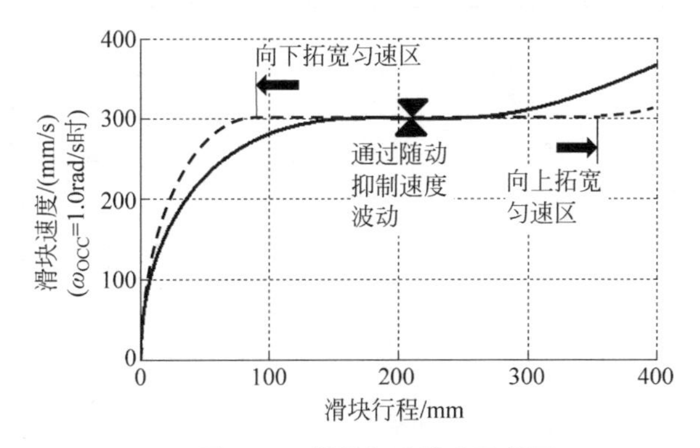

图 7-10　滑块匀速模式示意图

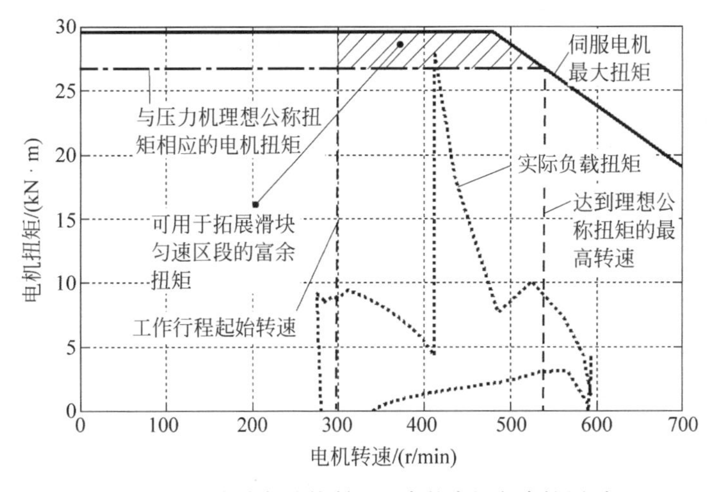

图 7-11　滑块匀速控制过程中的力矩包容性原则

滑块匀速模式的意义在于可以在伺服压力机承载能力与伺服电机输出能力不变的情况下，提升生产节拍，并且大幅降低伺服电机与驱动系统的能耗。以 SL4-2000A 为例，图 7-12 中给出了其在滑块匀速模式下的运动曲线。结果表明，滑块在拉伸段的匀速区较长，而曲柄转速也持续增大。针对 SL4-2000A、$\boldsymbol{S}_1$、$\boldsymbol{S}_2$、$\boldsymbol{S}_3$ 四种连杆机构参数，在表 7-7 中给出了曲柄匀速模式与滑块匀速模式下的参数对比。可以看到，在拉伸行程、拉伸速度、送料时间相同的情况下，滑块匀速模式下各连杆机构每分钟均可提高 1 个生产节拍，而伺服电机与驱动器的能耗却降低了 40%。因此，滑块匀速模式可弥补连杆机构曲线方面的缺点，扩大关键参数的取值范围，使伺服压力机在提速与节能方面获得更大的选择性。

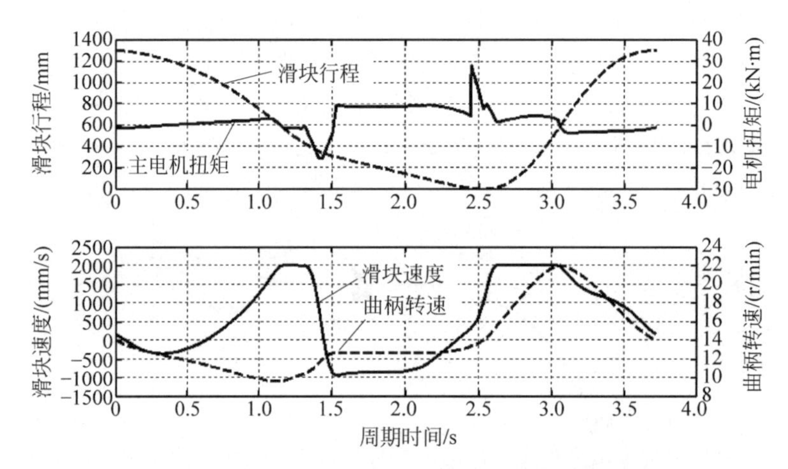

图 7-12　SL4-2000A 在滑块匀速模式下的运动曲线

表 7-7　曲柄匀速模式与滑块匀速模式下不同连杆机构运动规划结果对比

机构	曲柄匀速模式(S300)		滑块匀速模式(S300)		
	$n_{c_{max}}$/(次/min)	T_{dr}/(N·m)	$n_{c_{max}}$/(次/min)	T'_{dr}/(N·m)	$\frac{T'_{dr}}{T_{dr}}-1$
SL4-2000A	15.189	9433.8	16.118	6075.4	−36%
$\boldsymbol{S}_1$	15.242	9451.3	16.152	5964.2	−37%
$\boldsymbol{S}_2$	15.317	9224.2	16.119	5786.9	−37%
$\boldsymbol{S}_3$	15.229	9124.2	16.124	5632.1	−38%

为了与工作段滑块匀速模式相适应，可以对连杆机构自身惯量增加以下约束以改善机构在工作段的加速特性：

$$f_{3b}(\boldsymbol{X})=\frac{1}{\varphi_{BDC}-\varphi_{WkS}}\int_{\varphi_{WkS}}^{\varphi_{BDC}} J_{eLk}(\varphi)\mathrm{d}\varphi \tag{7-8}$$

式中，φ_{BDC} ——下死点对应的角度；

φ_{WkS} ——开始拉伸对应的角度；

J_{eLk}——机构惯量。

在滑块匀速模式下，按照不同的最大工作行程、工作段定速度及模区打开角进行连杆机构优化，得到新的机构参数 $\boldsymbol{S}_4$ 与 $\boldsymbol{S}_5$，如表 7-8 所示。

表 7-8　滑块匀速模式下连杆机构优化结果

参　数	初始值	优化结果 $\boldsymbol{X}_{OPTIMAL}$	
	$\boldsymbol{X}_0$	$\boldsymbol{S}_4$	$\boldsymbol{S}_5$
R/mm	260	334.526	295.785
L_2/mm	1274	1210.901	1241.66
X_2/mm	1700	1711.542	1683.383
Y_2/mm	−260	−296.513	−368.349
X_3/mm	140	260.000	35.061
L_{42}/mm	899	999.526	960.785
L_{45}/mm	1510	1319.051	1598.283
Ang_4/(°)	−140	−133.073	−137.104
L_5/mm	2025	1651.916	1558.529

优化机构的基本参数如表 7-9 所示。根据表中数据，在滑块匀速模式下进行机构优化，可以降低工作段定速度与理想当量力臂，并保证等效惯量基本不变。表 7-10 中给出了各机构的运动规划结果，可以看到，在同样工艺行程、工艺速度、送料时间的要求下，$\boldsymbol{S}_4$ 与 $\boldsymbol{S}_5$ 的生产节拍不低于 SL4-2000A，而伺服电机与驱动器的能耗降低 11%以上，峰值扭矩等也大幅降低。进一步以 $\boldsymbol{S}_5$ 为例，给出其按滑块匀速与 SL4-2000A 按曲柄匀速的运动曲线及扭矩情况对比，如图 7-13 所示，在同样的工艺参数下，$\boldsymbol{S}_5$ 的能耗降低 34.3%，生产节拍提高 1.12 次/min，提升了冲压效率并降低了能耗。

表 7-9　$\boldsymbol{S}_4$、$\boldsymbol{S}_5$ 与 SL4-2000A 的基本参数对比

机　构	最大工作行程	工作段定速度	模区打开角	系统惯量	机构惯量	工作段摩擦功	理想当量力臂	
	S_C/mm	V_{sWkC}/(mm/s)	$\Delta\varphi_{feed}$/(°)	J_{eMax}/(kg·m^2)	J_{eLkMax}/(kg·m^2)	W_{FrcWk}/kJ	m_{IE13}/mm	m_{IE8}/mm
SL4-2000A	300	303	175.3	19900.6	4398.7	6040.3	130.7	104.5
$\boldsymbol{S}_4$	300	275	165	21889.1	4555.3	6037.6	123.4	99
$\boldsymbol{S}_5$	260	250	161	21088.2	4398.9	5945.6	119.5	96.2

表 7-10　$\boldsymbol{S}_4$、$\boldsymbol{S}_5$ 与 SL4-2000A 的运动规划结果对比

机构	S_{Wk}=300mm		S_{Wk}=250mm	
	N_{cmax}/(次/min)	T_{drms}/(N·m)	N_{cmax}/(次/min)	T_{drms}/(N·m)
SL4-2000A	16.118	6075.4	16.482	6204.1

续表

机构	$S_{Wk}=300$mm		$S_{Wk}=250$mm	
	N_{cmax}/(次/min)	T_{drms}/(N·m)	N_{cmax}/(次/min)	T_{drms}/(N·m)
$\boldsymbol{S}_4$	16.087	5637.7	16.419	5694.0
$\boldsymbol{S}_5$	16.120	5395.1	16.457	5390.5

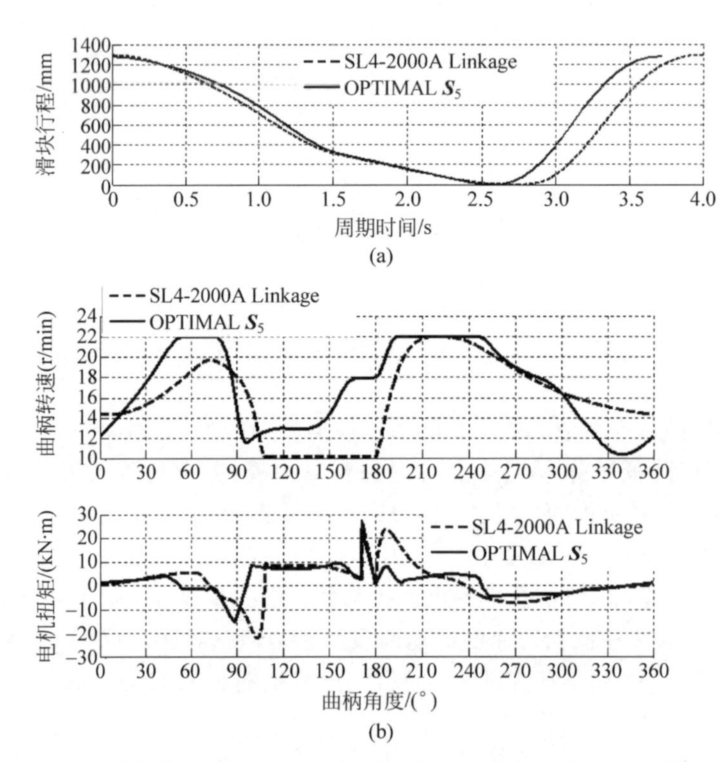

图 7-13 $\boldsymbol{S}_5$ 按滑块匀速与 SL4-2000A 按曲柄匀速的运动曲线及扭矩情况对比

(a) 滑块行程曲线对比；(b) 曲柄转速及电机扭矩曲线对比

至此，在伺服压力机两种典型的工作模式下完成了连杆机构的优化，对比结果有力地证明了所提出分相组合优化方法的有效性。同时，相比曲柄匀速模式，滑块匀速模式下的优化更能有效降低伺服压力机的能耗，并提升生产节拍，在生产能效方面更具先进性，是值得推广的优化技术。

7.2.2 伺服压力机公称力行程优化

公称力和公称力行程是滑块承载的重要参数。公称力是压力机允许承受的最大冲压能力；公称力行程指压力机承受公称力时，滑块距下死点前某一特定距离。压力机在公称力行程以上的任何位置均不能承受公称力，否则会引起压力机曲轴扭矩超载，导致部分传动件损坏。压力机的许用负荷曲线如图 7-14 所示，图中 P_g

为公称力，S_p 为公称力行程，任何冲压工艺的工艺力曲线都必须在压力机的许用负荷曲线以下。

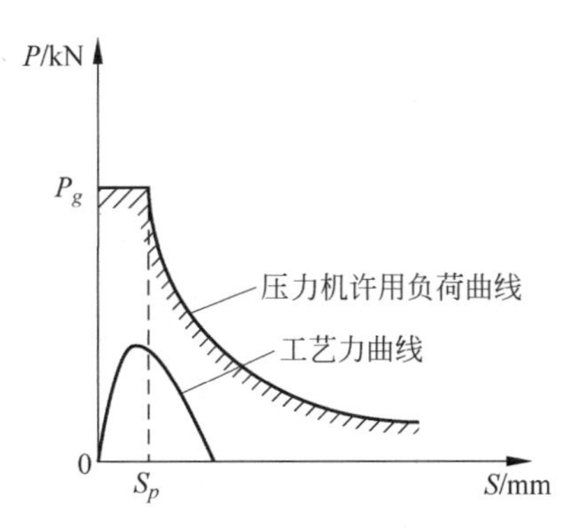

图 7-14　压力机的许用负荷曲线

公称力行程是设计计算传动系统的基础。传统机械压力机的公称力行程标准为 13mm，当模具复杂、成形负载大时，公称力行程取值会大于 13mm。但是，伺服压力机的公称力行程并没有统一标准，其设定的合理性还有待进一步研究。公称力行程过小会导致压力机无法满足冲压工艺需求，过大则会造成压力机设计困难和制造成本增加。为对公称力行程进行优化，首先需要完成工艺力曲线规律研究。

随着测试仪器的完善，目前可以对压力机角度进行跟踪并能实时记录压力机的吨位变化，从而对公称力行程设定的合理性进行研究。在最大拉伸速度条件下，以 20000kN 机械压力机为平台，开展拉伸不同工件实验，以测试工艺力曲线规律，具体步骤如下：

(1) 将等高垫放置在移动工作台的四个角上，用标定仪对压力机吨位进行标定；

(2) 将吨位仪、旋变器等安装好，并与计算机连接，测试软件的工作状态；

(3) 将模具装好后启动压力机的寸动模式，在最大拉伸速度下对三种工件进行拉伸，分别记录压力机吨位曲线。

在相同拉伸速度条件下，20000kN 机械压力机拉伸不同工件时的工艺力曲线如图 7-15 所示。从图中可以看出，在相同拉伸速度条件下，不同工件的工艺力曲线外形相似，最大工艺力发生在滑块距下死点前 4.6mm 以内，且最大值处较为尖锐。上述结果表明，20000kN 机械压力机实际公称力行程选择偏大，理论上在 6mm 公称力行程下即可以满足使用要求。

伺服压力机的公称力行程越大则伺服电机的扭矩越大，对伺服系统的配置要求越高。因此，在满足使用要求的前提下，应尽量减小伺服压力机的公称力行程。与机械压力机相比，伺服压力机冲压过程中所需能量全部由伺服电机提供。由于伺服电机的传递效率高且可以低速满扭矩运行，工艺力曲线可以更接近压力机的许用负荷曲线，甚至可以按照许用负荷曲线的 100%运行，因此与机械压力机吨位

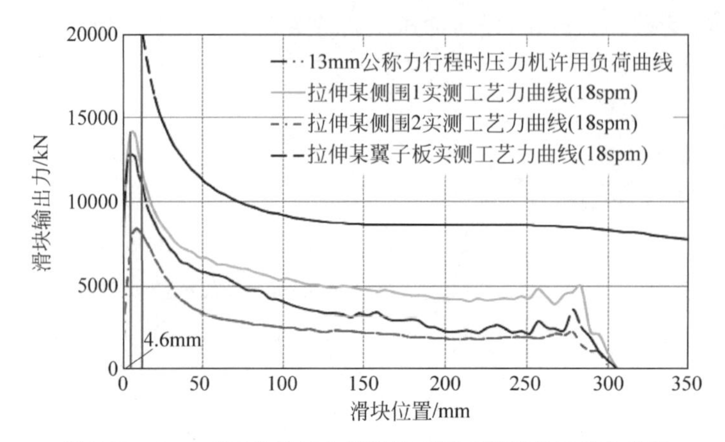

图 7-15　20000kN 机械压力机拉伸不同工件时的工艺力曲线

相同时，伺服压力机可以选择更小的公称力行程。

设计 20000kN 六连杆伺服压力机时，参考 20000kN 机械压力机公称力实测曲线，同时调研若干国外厂家大型伺服压力机公称力行程设定值，充分考虑未来模具、高强度材料发展，在满足不同材料要求的前提下确定 20000kN 伺服压力机的公称力行程为 8mm。图 7-16 所示为 20000kN 伺服压力机公称力行程为 8mm 时的许用负荷曲线。

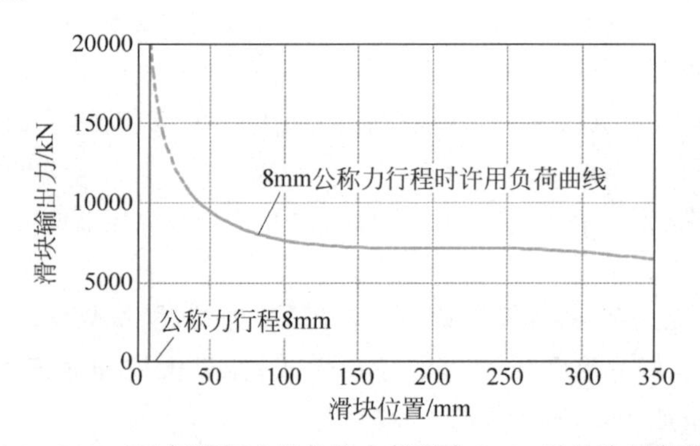

图 7-16　20000kN 伺服压力机公称力行程为 8mm 时的许用负荷曲线

通过研究不同冲压件的工艺力曲线规律，最终确定了 20000kN 伺服压力机的公称力行程为 8mm，相比传统的公称力行程（13mm），有效降低了伺服电机的扭矩、减小了整流功率及进线电流。需要说明的是，伺服冲压线首台拉伸压力机输出工艺力较大，公称力行程采用 8mm；后序用于冲裁、落料的伺服压力机工艺力小，公称力行程可采用 6mm。

7.2.3　齿轮传动机构运动惯量优化

伺服电机作为伺服压力机的驱动单元，将电能转换为执行机构非线性的变速运动。在拉伸成形过程中，通过控制伺服电机的加减速，使滑块的行程、速度曲线满足板料拉伸成形的工艺需求。这就要求伺服电机能够提供拉伸成形过程中的转矩和转速，并快速跟踪指令的变化，在驱动负载的定位过程中，以最大的功率变化率将输入功率转换为输出功率，而负载惯量(机械系统的转动部分及其负载的合成转动惯量)对伺服电机的性能有较大影响。因此，对运动惯量进行优化显得尤为重要。

首先分析传动机构运动惯量对伺服电机性能的影响。以伺服电机的功率变化率作为衡量伺服电机快速性能的指标，可表示为

$$\frac{\mathrm{d}P_{\mathrm{L}}}{\mathrm{d}t}=\frac{J_{\mathrm{L}}T_{\mathrm{P}}^{2}}{(J_{\mathrm{m}}+J_{\mathrm{L}})^{2}} \tag{7-9}$$

式中，J_{L} ——负载惯量；

J_{m} ——电机惯量；

T_{P} ——电机峰值转矩。

当伺服电机以峰值转矩加减速运动时，其功率变化率最大。若峰值转矩一定，当 $J_{\mathrm{L}}\gg J_{\mathrm{m}}$ 时，$\mathrm{d}P_{\mathrm{L}}/\mathrm{d}t=T_{\mathrm{p}}^{2}/J_{\mathrm{L}}$，$J_{\mathrm{L}}$ 越大，负载的功率变化率越小；当 $J_{\mathrm{L}}\ll J_{\mathrm{m}}$ 时，$\mathrm{d}P_{\mathrm{L}}/\mathrm{d}t=J_{\mathrm{L}}\cdot T_{\mathrm{p}}^{2}/J_{\mathrm{m}}$，$J_{\mathrm{L}}$ 越大，负载的功率变化率越大。当负载惯量 J_{L} 相对伺服电机惯量 J_{m} 变化时，负载的功率变化率存在一个最大值，根据极值定理，当 $\mathrm{d}(\mathrm{d}P_{\mathrm{L}}/\mathrm{d}t)/\mathrm{d}J_{\mathrm{L}}=0$ 时，即 $J_{\mathrm{L}}=J_{\mathrm{m}}$，负载的功率变化率最大，此时响应最快。

根据上述分析，负载惯量与电机惯量之比(即惯量比)对伺服电机的输出特性有重要影响，直接决定了伺服压力机的响应速度和动作精度。因此，在伺服电机选型时，为了充分发挥机械及伺服系统的最佳性能，除了考虑伺服电机的扭矩、额定速度等参数外，还需要合理设计传动机构和执行机构，进而优化负载惯量，最后结合滑块实际动作的工艺要求及加工板料的特性选择合适的伺服电机。

大型伺服压力机负载惯量主要来源于传动齿轮、连杆机构、滑块以及模具。根据功能原理，即等效力或等效力矩所做的功与所有外力做功相等，可将杆系、导柱、滑块以及模具的惯量折算到输入主轴上，进而得到伺服压力机负载惯量表达式如下：

$$J_{\mathrm{L}}=\sum_{j=1}^{M}J_{j}\left(\frac{\omega_{j}}{\omega}\right)^{2}+m_{\mathrm{h}}\left(\frac{V_{\mathrm{h}}}{\omega}\right)^{2} \tag{7-10}$$

式中，J_{j} ——各转动件的惯量；

ω_{j} ——各转动件的角速度；

m_{h} ——滑块质量；

V_{h} ——滑块速度；

ω ——伺服电机的角速度。

为了降低伺服压力机传动系统的转动惯量，提高动态特性，需要合理设计传动系统的参数。当伺服电机的工作周期可以与其发热时间常数相比较时，需要考虑

伺服电机的热定额问题，通常以负载的均方根力矩作为确定伺服电机发热功率的指标。根据载荷的形式，将伺服电机需要克服的负载力矩分为两种情况：一种是峰值力矩 M_{LF}，也就是对应滑块拉伸成形工作阶段；另一种就是均方根力矩 M_{Lr}，对应的是滑块非成形辅助动作阶段。具体表示为

$$M_{LF}=\frac{M_{LP}}{i\eta}+\frac{M_{fP}}{i\eta}+\left(J_m+\frac{J_L}{i^2\eta}\right)i\varepsilon_{LP} \tag{7-11}$$

式中，M_{LP}——作用在负载轴上的峰值作用力矩；

M_{fP}——作用在负载轴上的峰值摩擦力矩；

J_m——伺服电机轴上的转动惯量；

J_L——传动装置折算到电机轴上的转动惯量；

η——传动装置效率；

ε_{LP}——负载轴的峰值角加速度；

i——传动比。

$$M_{Lr}=\sqrt{\left(\frac{M_{Lr}}{i\eta}\right)^2+\left(\frac{M_{fr}}{i\eta}\right)^2+\left[\left(J_m+\frac{J_L}{i^2\eta}\right)i\varepsilon_{Lr}\right]^2} \tag{7-12}$$

式中，M_{fr}——负载轴上的均方根摩擦力矩；

ε_{Lr}——负载轴的均方根角加速度。

由式(7-11)和式(7-12)可知，折算到伺服电机轴上的负载峰值力矩是传动比及负载惯量的函数。对于一定负载转速要求，当伺服电机与负载通过“折算峰值力矩最小”以及“折算均方根力矩最小”的总传动比和负载惯量匹配时，伺服电机克服负载消耗的功率也较小。因此，最佳总传动比可以实现功率的最佳传递，而最佳负载惯量可以实现能量的最佳分配。

在前述六连杆机构优化的基础上，进一步完成齿轮传动机构惯量优化。图 7-17 为伺服压力机齿轮传动机构示意图，采取四轴式三级齿轮传动，由高速级、中间级和低速级组成。动力输入轴与伺服电机输出轴连接，齿轮 1 和 2 为高速级，采用斜齿轮传动；齿轮 3 和 4 为中间级，采用斜齿轮传动；齿轮 5 和 6 为低速级，为了增加传动的稳定性采用直齿轮传动。

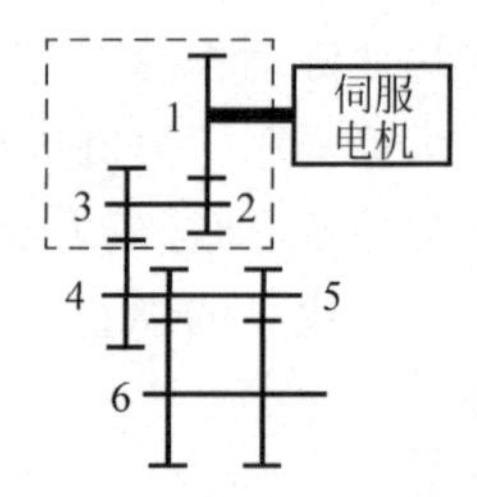

图 7-17　伺服压力机齿轮传动机构示意图

各齿轮的传动惯量为 J_i，$i=1,2,\cdots,6$，则齿轮副在伺服电机轴上的折算惯量为

$$J_G=J_1+\frac{J_2+J_3}{i_1^2}+\frac{J_4+2J_5}{i_1^2\cdot i_2^2}+\frac{2J_6}{i_1^2\cdot i_2^2\cdot i_3^2} \tag{7-13}$$

设定各齿轮折算到伺服电机轴上的惯量目标函数如下：

$$F_1(\boldsymbol{X})=J_1\left(1+\frac{J_2+J_3}{J_1\cdot i_1^2}+\frac{J_4+2J_5}{J_1\cdot i_1^2\cdot i_2^2}+\frac{2J_6}{J_1\cdot i_1^2\cdot i_2^2\cdot i_3^2}\right) \tag{7-14}$$

轴和轴承的惯量与所在轴上齿轮的惯量成正比，可以一起考虑；而齿圈可近似为圆环，圆环半径分别为 R_w 和 R_r，$R_r=\lambda R_w$ 且齿宽为 B，腹板的半径为 r、厚度为 σ、密度为 ρ，则齿轮转动惯量可表示：

$$J=\frac{\pi\rho[B(R_w-R_r)^4+\sigma r_f^4]}{2} \tag{7-15}$$

在大型伺服压力机中，传动齿轮的设计对伺服系统的快速性、稳定性和准确性将产生较大的影响，同时还影响到结构布局、体积、重量和成本。因此，以齿轮机构中心距作为第二目标函数。设定伺服压力机中第 n 组传动齿轮副的中心距为 a_n，则

$$a_n=\frac{m_n(z_i+z_{i+1})}{2} \tag{7-16}$$

式中，m_n ——第 n 组齿轮组的模数；

z_i,z_{i+1}——第 n 组齿轮组相啮合的齿轮齿数；

a_n ——第 n 组齿轮组齿距，$n=1,2,3$，$i=1,3,5$。

进一步得到最小中心距目标函数如下：

$$F_2(\boldsymbol{X})=\sum_{n=1}^{3}a_n=\frac{m_1(z_1+z_2)+m_2(z_3+z_4)+m_3(z_5+z_6)}{2} \tag{7-17}$$

需要优化设计的变量主要包括齿轮的齿数、模数、齿宽和各齿轮腹板厚度，而同一组齿轮的模数相同。针对上述齿轮传动副，m_1、m_2 及 m_3 为模数设计变量。

在一组齿轮传动中，齿轮的传动比为齿数的反比，且齿轮分度圆直径与齿轮模数和齿数间有以下关系：

$$D_i=m\cdot z_i,\quad i=1,2,\cdots,6 \tag{7-18}$$

齿轮的转动惯量与齿宽有关，并且在一定程度上影响齿轮的传动强度。在设计齿轮副时，为了提高小齿轮的强度，延长使用寿命，一般采取增大小齿轮齿宽的措施。为简化齿轮传动的优化模型，可设定斜齿轮齿宽均为 B_1 和 B_2，直齿轮齿宽为 B_3，齿轮腹板厚度为 σ。

综上，在进行齿轮副优化设计时共有 14 个变量，可表示为

$$\begin{aligned}\boldsymbol{X}&=[m_1\quad m_2\quad m_3\quad z_1\quad z_2\quad z_3\quad z_4\quad z_5\quad z_6\quad B_1\quad B_2\quad B_3\quad \sigma\quad \lambda]^{\mathrm{T}}\\&=[x_1\quad x_2\quad x_3\quad \cdots\quad x_{14}]^{\mathrm{T}}\end{aligned} \tag{7-19}$$

式中，各变量均大于 0。

为了规范约束函数，将函数式无量纲化，使函数值在 0～1 之间变化。在齿数方面，取斜齿轮的最小齿数为 19，最大齿数为 99；直齿轮的最小齿数为 23，最大齿数为 149，则约束条件可写为

$$\begin{cases}g_u(\boldsymbol{X})=\dfrac{19}{z_i}-1\leqslant 0,\\ g_u(\boldsymbol{X})=\dfrac{z_i}{99}-1\leqslant 0,\end{cases}\quad i=1,2,3,4 \tag{7-20}$$

$$\begin{cases} g_u(\boldsymbol{X}) = \dfrac{23}{z_i} - 1 \leqslant 0, \\ g_u(\boldsymbol{X}) = \dfrac{z_i}{149} - 1 \leqslant 0, \end{cases} \quad i = 5,6 \tag{7-21}$$

式中，z_i 为最小齿数齿轮的齿数，而最小齿数齿轮为各传动组中产生最小传动比的主动轮和产生最大传动比的从动轮。

在齿轮模数方面，斜齿轮端面模数满足 $10 \leqslant m_t \leqslant 18$，直齿轮模数满足 $12 \leqslant m_n \leqslant 18$，则约束条件可写为

$$\begin{cases} g_u(\boldsymbol{X}) = \dfrac{10}{m_t} - 1 \leqslant 0 \\ g_u(\boldsymbol{X}) = \dfrac{m_t}{18} - 1 \leqslant 0 \end{cases} \tag{7-22}$$

$$\begin{cases} g_u(\boldsymbol{X}) = \dfrac{12}{m_n} - 1 \leqslant 0 \\ g_u(\boldsymbol{X}) = \dfrac{m_n}{18} - 1 \leqslant 0 \end{cases} \tag{7-23}$$

斜齿轮 1 与 2 啮合，3 与 4 啮合，直齿轮 5 与 6 啮合，由于啮合齿轮组模数相等，且小齿轮齿面载荷相对大，对小齿轮模数进行约束即可。

在齿宽方面，考虑齿轮精度，要求斜齿轮宽度不大于端面模数的 18 倍，直齿轮宽度不大于模数的 14 倍，则约束条件可写为

$$g_u(\boldsymbol{X}) = \frac{B}{18 \cdot m_t} - 1 \leqslant 0 \tag{7-24}$$

$$g_u(\boldsymbol{X}) = \frac{B}{14 \cdot m_n} - 1 \leqslant 0 \tag{7-25}$$

由于啮合齿轮组的齿宽相等，且小齿轮齿面载荷相对大，对小齿轮齿宽进行约束即可。

在齿轮的线速度方面，直齿轮的允许线速度为 1.8～2.2m/s，斜齿轮的允许线速度为 5.5～6.0m/s，则约束条件可写为

$$g_u(\boldsymbol{X}) = \frac{v_i}{2.2} - 1 \leqslant 0, \quad i = 5 \tag{7-26}$$

$$g_u(\boldsymbol{X}) = \frac{v_i}{6} - 1 \leqslant 0, \quad i = 1,3 \tag{7-27}$$

式中，线速度 $v_i = \dfrac{\pi \cdot z_i \cdot m_i \cdot n}{60}$，相关约束只需考虑各传动组中的主动轮。

在传动比方面，确定总传动比的方法有多种，最常用的是负载加速度最大法，即应保证负载加速度在工作时最大，以提高伺服系统的快速性。为了避免齿轮直径和降速过大导致的传动误差，综合考虑大、小齿轮等强度，对齿轮副的传动比进行约束，即低速级的传动比为 4.76～6.5，高速级的传动比为 3～5.5，相关约束条

件可写为

$$\begin{cases} g_u(\boldsymbol{X})=\dfrac{4.76}{i_\mathrm{L}}-1\leqslant 0 \\ g_u(\boldsymbol{X})=\dfrac{i_\mathrm{L}}{6.5}-1\leqslant 0 \end{cases} \tag{7-28}$$

$$\begin{cases} g_u(\boldsymbol{X})=\dfrac{3}{i_\mathrm{H}}-1\leqslant 0 \\ g_u(\boldsymbol{X})=\dfrac{i_\mathrm{H}}{5.5}-1\leqslant 0 \end{cases} \tag{7-29}$$

$$g_u(\boldsymbol{X})=\frac{i_\mathrm{H}\cdot i_\mathrm{M}\cdot i_\mathrm{L}}{57}-1\leqslant 0 \tag{7-30}$$

式中，$i_\mathrm{H}=\dfrac{z_2}{z_1}$，$i_\mathrm{M}=\dfrac{z_4}{z_3}$，$i_\mathrm{L}=\dfrac{z_6}{z_5}$。

在齿轮强度计算方面，首先基于各齿轮传动组的功率 P_i 和转速 n_i，写出以下关系：

$$P_i=P_\mathrm{D}\cdot \eta_i,\quad i=1,2,3 \tag{7-31}$$

式中，P_D——伺服电机功率；

η_i——伺服电机至第 i 个传动组的效率。

进一步考虑齿轮的中心距决定齿面接触承载能力，而齿轮的模数决定齿根弯曲承载能力，则约束条件可写为

$$g_u(\boldsymbol{X})=\frac{P_i}{P_{i1(2)}}-1\leqslant 0 \tag{7-32}$$

$$g_u(\boldsymbol{X})=\frac{P_i}{P_{i3}}-1\leqslant 0 \tag{7-33}$$

式中，$P_{i1(2)}$——第 i 个传动组按接触强度求得的齿轮传递功率，其中 P_{i1} 为直齿传动组，P_{i2} 为斜齿传动组；

P_{i3}——第 i 个传动组按弯曲强度求得的齿轮传递功率。

具体计算方法为

$$\begin{cases} P_{i1}=\dfrac{a_i^3 n_i i_i \psi_\mathrm{A}[\tau]_\mathrm{cn}^2}{10^{10}(i_i+1)^3} \\ P_{i2}=\dfrac{a_i^3 n_i i_i \psi_\mathrm{A}[\tau]_\mathrm{cn}^2}{64\times 10^8(i_i+1)^3} \\ P_{i3}=\dfrac{m_i^3\xi[\sigma]n_i E_i y\psi_\mathrm{m}}{48500\cos^2\beta} \end{cases} \tag{7-34}$$

式中，$[\tau]_\mathrm{cn}$——传动齿轮表面接触的许用接触剪切力；

ψ_A——齿宽系数(按接触强度计算)，通常为 0.2～0.3；

β——圆柱齿轮的螺旋角，对于直齿 $\beta=0$；

y——齿形系数；

ψ_{m}——齿宽系数(按弯曲强度计算)，切削齿取值10～25；

ξ——修正系数。

综上内容，共可建立26个约束方程，则伺服压力机的齿轮传动副优化设计问题可描述为

$$\begin{aligned}&\min_{X\in R^{11}} F(\boldsymbol{X})=\sum_{i} w_i f_i(\boldsymbol{X})\\&\text{s.t.}\quad g_u(\boldsymbol{X})\leqslant 0,\quad u=1,2,\cdots,26\end{aligned}\tag{7-35}$$

与六连杆机构优化类似，为保证求解过程的稳定性，借助MATLAB软件中的非线性约束优化函数fmincon进行求解，结果如表7-11所示。

表7-11 传动齿轮优化结果

参数	原始值		优化结果	
	$\boldsymbol{X}_0$	传动参数	$\boldsymbol{X}$	传动参数
m_1	17	$i_1=2.676$	17	$i_1=2.696$
B_1	364	$a_1=1062.5$	359.892	$a_1=1038.281$
Z_1	34	$J_{Z_1}=3.646\mathrm{kg\cdot m^2}$	33	$J_{Z_1}=2.924\mathrm{kg\cdot m^2}$
Z_2	91	$J_{Z_2}=257.755\mathrm{kg\cdot m^2}$	89	$J_{Z_2}=233.145\mathrm{kg\cdot m^2}$
m_2	18	$i_2=2.697$	17.036	$i_2=2.903$
B_2	360	$a_2=1098$	363.129	$a_2=1030.678$
Z_3	33	$J_{Z_3}=3.621\mathrm{kg\cdot m^2}$	31	$J_{Z_3}=3.621\mathrm{kg\cdot m^2}$
Z_4	89	$J_{Z_4}=912.832\mathrm{kg\cdot m^2}$	90	$J_{Z_4}=865.832\mathrm{kg\cdot m^2}$
m_3	18	$i_3=6.732$	18.051	$i_3=6.208$
B_3	340	$a_3=1602$	341.357	$a_3=1561.412$
Z_5	25	$J_{Z_5}=910.745\mathrm{kg\cdot m^2}$	24	$J_{Z_5}=9.392\mathrm{kg\cdot m^2}$
Z_6	168	$J_{Z_6}=7027.157\mathrm{kg\cdot m^2}$	149	$J_{Z_6}=6977.190\mathrm{kg\cdot m^2}$
原始中心距3762.500mm，转动惯量94.594kg·m^2				
优化后中心距3637.371mm，转动惯量89.512kg·m^2				

根据表7-11中数据，在总传动比不变的条件下，优化后的等效转动惯量比原始值减少了5.37%，验证了所提出优化方法的有效性。

7.2.4 平衡器风压调节与优化

平衡器(已在图7-2中标出)的作用是平衡连杆、导柱、滑块等部件的重量，消除连杆机构的间隙，避免运动过程中因间隙导致的冲击，保证滑块运动平稳，且具有较高的精度。

与传统机械压力机相比，伺服压力机摒弃了飞轮和离合器，由伺服电机直接提

供能量。与此同时,滑块、上模等部件的重力和惯性力对伺服电机的响应速度有较大影响,因此,平衡器风压的正确调整与设定十分重要。

以 6300kN 伺服落料压力机为实验平台,其主要技术参数如表 7-12 所示,进一步采用控制变量法开展测试实验。在实验过程中,改变平衡器风压数值,其他条件保持不变,记录伺服电机扭矩、转速、进线电流、母线电压等参数的变化情况,同时采用测温仪对伺服压力机关键部件的温升进行测量,并采用振动测试仪对拉紧螺栓、高速轴、伺服电机等处的振动进行测量。通过对比分析测试数据,研究平衡器风压对伺服压力机系统性能的影响。

表 7-12　6300kN 伺服压力机主要技术参数

名　　称	数　　值	名　　称	数　　值
驱动形式	偏心	滑块行程	200mm
点数	4	空载连续行程次数	1～80 次/min
公称力	6300kN	台面尺寸	4750mm×2750mm
公称力行程	6mm	工作能量	60kJ
伺服电机额定扭矩	12379N・m		

首先在不同的平衡器风压条件下测试伺服电机的输出扭矩,结果如图 7-18 所示。可以看出,随着平衡器风压的减小,伺服电机的输出扭矩逐渐增大;同时在非工作段加减速时扭矩的变化量较大,而在工作段的变化不明显。这是因为随着平衡器风压的减小,伺服压力机负载增大,导致在非工作段加减速时伺服电机的扭矩增大。对比平衡器风压为 0.4MPa 和 0MPa 时的伺服电机输出扭矩曲线,可以发现在非工作段加减速时,平衡器风压为 0MPa 时伺服电机的输出扭矩约为平衡器风压为 0.4MPa 时的 2 倍。

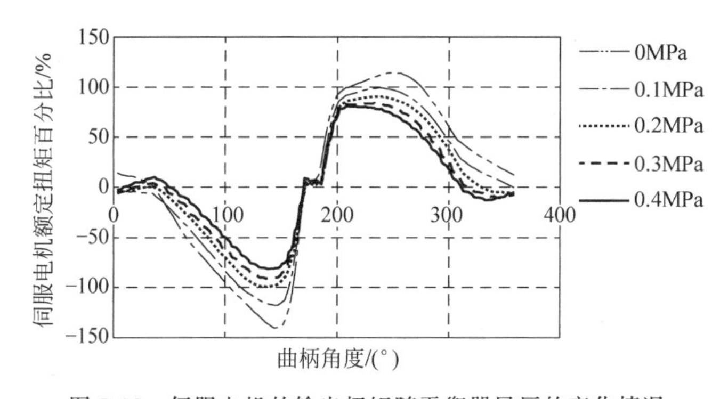

图 7-18　伺服电机的输出扭矩随平衡器风压的变化情况

进一步在不同平衡器风压条件下,通过在进线处连接示波器的方法测试进线电流,进线电流的最大值如图 7-19 所示。由图可知,随着平衡器风压的减小,进线电流明显增大,平衡器风压为 0MPa 时的进线电流约为 0.49MPa 时进线电流的 2 倍。

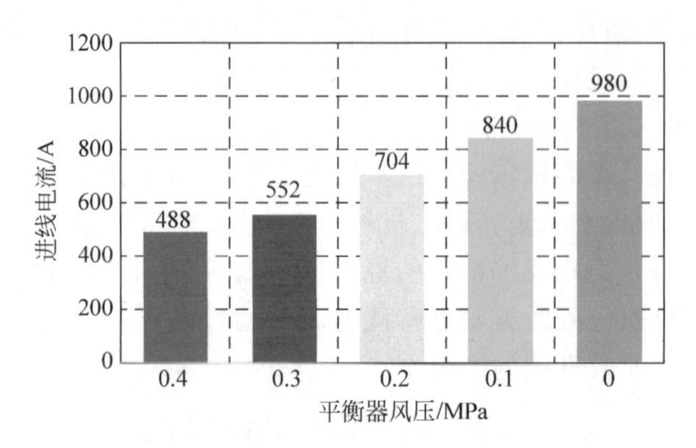

图 7-19 进线电流的最大值随平衡器风压的变化情况

以上实验结果表明，平衡器风压的设置将对伺服压力机性能稳定性产生重要影响。因此，需要合理设置伺服压力机的平衡器风压值。

对于大型伺服压力机，由于滑块行程长、装模高度大，平衡器风压在整个冲压工作循环过程中的变化较大，因此，对平衡器风压的调整也具有较大难度。在考虑风压波动的情况下，结合动力学方程，得到在任意装模高度时平衡器风压大小的关系式为

$$(P_0+0.1)(V_1+V_2+V_3+V_4)=(P+0.1)(2V_1+V_2+V_3+V_4) \tag{7-36}$$

式中，P_0——1/2 行程时的风压值；

P——上死点处设定的风压；

V_1——1/2 行程时的平衡器容积；

V_2——储气罐容积；

V_3——平衡器管路容积；

V_4——由于装模高度调整所造成的平衡器容积。

考虑 $V=V_2+V_3+V_4$ 后可得到如下关系：

$$(P_0+0.1)(V_1+V)=(P+0.1)(2V_1+V) \tag{7-37}$$

$$\begin{aligned} P &= [(P_0+0.1)(V_1+V)/(2V_1+V)]-0.1 \\ &= P_0-(P_0+0.1)[V_1/(2V_1+V)] \end{aligned} \tag{7-38}$$

$$K=V_1/(2V_1+V)=V_1/(2V_1+V_2+V_3+V_4) \tag{7-39}$$

由于 $2V_1+V_3+V_4$ 远小于 V_2，式(7-39)可简化为 $K=V_1/V_2$，进而可将式(7-38)重新写为

$$P=P_0-(P_0+0.1)K \tag{7-40}$$

式中，$P_0=(G+G_m)/A$。G 为需要平衡的压力机自重，G_m 为磨具重量；

A——平衡器总面积。

通过该式即可完成对平衡器风压的设定。

对于不同类型的压力机，G 的取值不同，针对多连杆式压力机，G 为经计算机模拟后的重量；而对于偏心式压力机，G 为滑块重量、导柱重量、连杆重量、平衡器本身需平衡的重量以及折算到偏心体未平衡重量之和。

根据上述方法，在无模具条件下对 6300kN 伺服压力机的平衡器风压进行理论计算，其值为 0.389MPa。为了验证上述理论值的正确性，通过实验测量了 6300kN 伺服压力机在不同平衡器风压下的峰值电流，结果如图 7-20 所示。可以看到，当平衡器风压为 0.4MPa 时，上、下行程的伺服电机峰值电流相同，因此，0.4MPa 是伺服压力机平衡器风压的理想值。理论计算值与实际测量值仅相差 0.011MPa，表明所提出伺服压力机的平衡器风压设计方法是有效的。

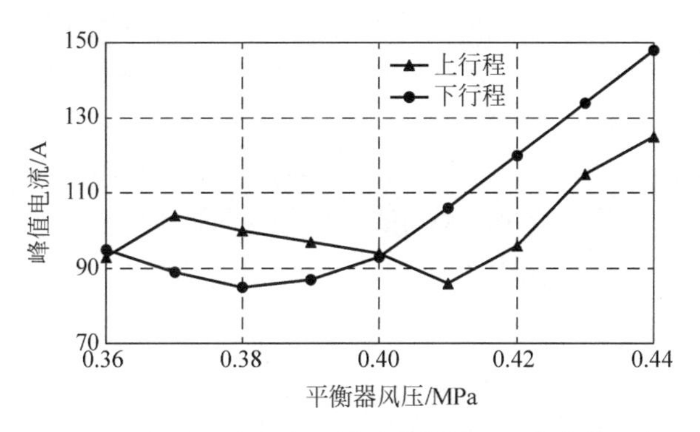

图 7-20　伺服压力机在不同平衡器风压下的峰值电流

传动系统是伺服压力机的重要组成部分，对其进行设计与优化是保证机械系统与伺服系统性能匹配的关键步骤，也是伺服压力机智能化的重要基础。针对连杆机构、公称力行程、齿轮传动机构运动惯量及平衡器风压，提出了设计与优化方法，并通过算例与实验对所提出方法的有效性进行了验证，这些内容为智能伺服压力机的研发提供了理论基础与技术支撑。

7.3　智能伺服压力机的运动曲线规划

伺服压力机与传统机械压力机相比，可对冲压曲线进行编程，实现复杂、多样的滑块运动，提高成形质量与工艺适应性，也是智能伺服压力机智能化水平的主要体现，而运动曲线规划是实现这一过程的关键技术。

7.3.1　伺服压力机的运动模式与运动统一描述

伺服压力机运动曲线规划需要综合考虑冲压生产对滑块运动、行程功、总节拍等指标的要求，求解出伺服驱动轴的运动曲线，并将运动指令传递给控制系统。上述过程即为在驱动与传动系统约束条件下，求解曲柄的运动曲线，使得各期望指标达到或接近最优。因此，运动曲线规划问题本质上是一个多约束优化问题，在优化过程中必须考虑传动系统的运动学、动力学特性以及伺服驱动特性，并根据不同冲压工艺特点，对优化指标进行适当调整。

按照曲柄运动规律，伺服压力机的运动模式可分为以下 3 类：

(1) 单向整周运动模式。如图 7-21(a)所示，以曲柄回转一周为一个周期，运行过程中一定通过上死点，而曲柄在运行中间位置可以有停顿，但是没有逆向回转，是常见的运动模式。

(2) 自由编程模式。在一个运动周期内，曲柄可完成多次正向 逆向的运动组合，同时该模式可以整周运转，也可以只在部分圆周上运行。理论上，自由编程模式可充分发挥伺服压力机滑块曲线可编程的特点，实现不同的复杂运动规律。如图 7-21(b)、(c)所示分别为自由编程模式下的多次模压和脉冲运动。

(3) 摆动模式。如图 7-21(d)所示，在一个运动周期内，曲柄先进行正向运动，随后完成逆向运动，该模式是典型非整周运转的周期性运动。通常要求曲柄正向运动与逆向运动所实现的滑块运动曲线一致。当伺服压力机采用非偏置的曲柄滑块执行机构或肘杆机构时，适用摆动模式。

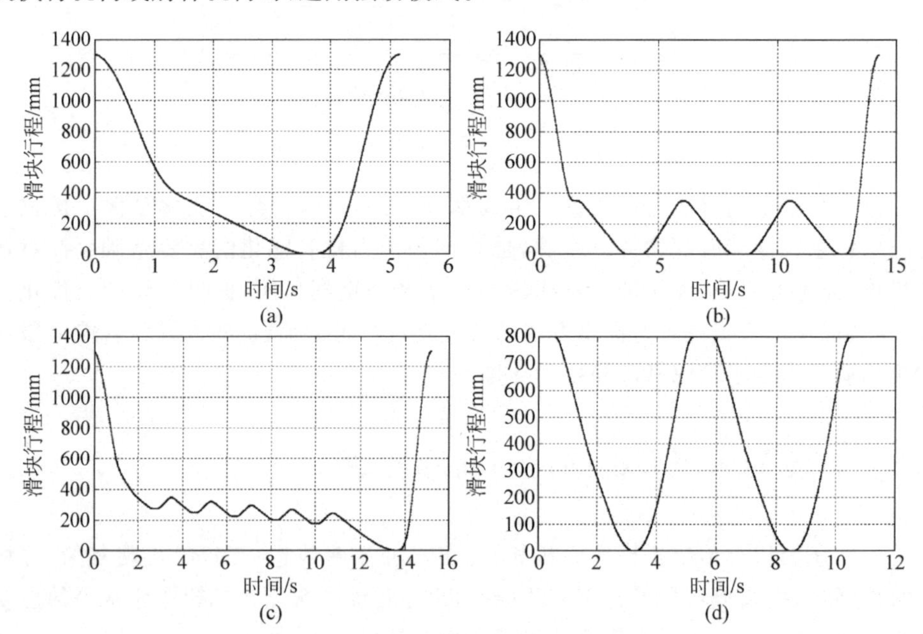

图 7-21 伺服压力机的典型滑块运动模式

(a) 单向整周运动模式；(b) 自由编程模式——多次模压；
(c) 自由编程模式——脉冲运动；(d) 摆动模式

为保证伺服压力机的工艺适应性，所研发的运动曲线规划技术需要能够适用于不同的运动模式，而伺服压力机的运动模式具有以下特点：

(1) 压力机滑块或曲柄的运动是分步的，因此，伺服压力机的运动可以看成是分步依次执行的，如图7-22所示；

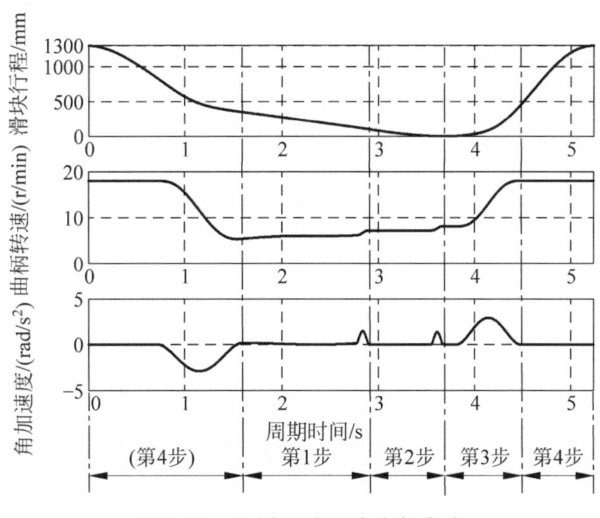

图7-22　整周运动的分步与合成

(2) 伺服压力机的运动步有不同的类型，基本运动应从使用者角度进行定义；

(3) 步与步之间，应以合理的方式实现光滑连接，如图7-23所示；

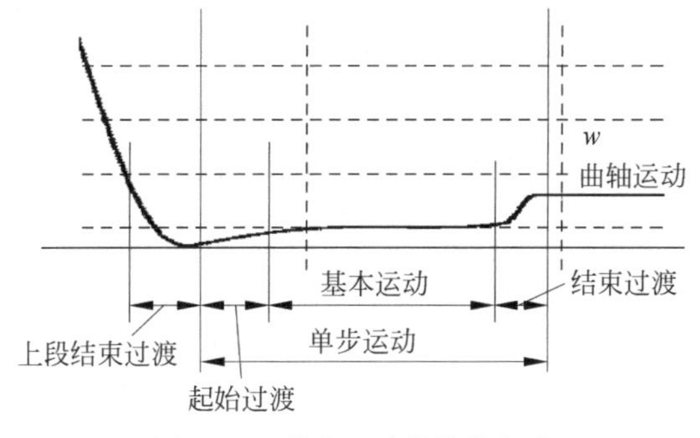

图7-23　单步运动的结构组成

(4) 在单个运动步内允许停顿，此时若该步的基本运动不变，将因为停顿而增加新的过渡段；

(5) 步间分界点的运动状态一般是事先明确的，可以由使用者指定；

(6) 虽然单向整周运动模式在逻辑上是顺序结构，但与自由编程模式相比，存在循环、递推、分支等不同的逻辑结构。

运动描述语言是适用于伺服压力机的高级运动编程语言，对运动的参数、组合方式、求解要求做了清晰、充分的描述。运动规划系统应该能够基于对运动描述语言的解析在非交互情况下求解出满足用户要求的伺服压力机运动曲线。运动描述语言应在冲压运动特点研究基础上提出，需要基于用户视角表达，能够充分表达用户对工艺运动、辅助运动的需求。通过对目前伺服压力机滑块运动模式、滑块运动规律的归纳,并借鉴已有运动规划系统,提出伺服压力机滑块运动的统一描述语言,对各种伺服运动以统一的数据结构描述,为规划算法提供基础。

表7-13所示为所提出伺服压力机运动描述语言的架构与主要指令参数,语言的指令集参考了工业机器人编程语言体系,而语法格式借鉴了工程上常用的命令流格式,具有简明、紧凑、表达能力强的优点。

表7-13 伺服压力机运动描述语言的架构与主要指令参数

分组	命令	参数	描述
任务配置	JOB … ENDJ	MTNMODE =[{CM}|FLEX|FR]! 运行模式 BASESPM=ncRef ! 基准速度 NCSET=ncSet ! 期望节拍 FEEDTIME=timeFd ! 设计送料时间 HDCLOSE=hc ! 模区闭合高度 HDOPEN=ha ! 模区打开高度 SIMSTROKE=sFR ! 摆动模式模拟行程 SIMTDCPAUSE=tm ! 摆动模式上死点停顿时间 ⋮	定义了运动任务的整体配置
	CONS	TQRATIO=tRatio ! 应用扭矩系数 JRATIO=jRatio ! 加加速度系数 ⋮	全局约束
	SOL	ABSTOL=tol ! 绝对误差 RELTOL=tol ! 相对误差 MAXITER=n ! 最大迭代求解次数	算法设置与配置
运动指令	MOVE	POS=sPos ! 起始滑块位置 VELRATIO=vRatio ! 起始时刻滑块相对速度 MTYPE=[{CW}|CV|CA|SP|SS] ! 基本运动类型 SHIFT=[thisStart | {lastEnd}] ! 起始过渡段的位置 STARTACT:PAUSE=time ! 起始等待时间 STARTACT:SILENT=decVRatio ! 起始减速系数 CONS:... ! 本步过渡部分的约束	定义一个运动步
流程控制	REPEAT... THROUGH... ENDREP	ITER=num ! 迭代次数 SPOSADJ=ds ! 迭代的每次各步滑块位置调整量	实现运动的迭代
	IF...THEN... ELSE...ENDIF	判断条件或表达式	实现运动的分支
辅助	TAB	LABEL,DATA,...	数据表;用于迭代过程

7.3.2　伺服压力机的最优运动规划模型及算法

目前,常用的伺服压力机运动规划方法主要有最优规划法和实用规划法两类。其中,最优规划法是在理论上利用最优算法获得的唯一解,能够反映驱动系统与传动系统相匹配的极限能力;而实用规划法则是面向实际应用,以最优规划法的结果为逼近目标,获得的近似最优解。最优规划法的规划结果适于在设计阶段评估不同的设计方案,以及用于对硬件系统的优化。同时,最优规划法的规划结果不依赖于具体的实用规划方法,而是作为实用规划技术需要逼近的目标和极限,是评估实用规划技术的绝对基准,可以促进实用规划技术的不断改进。表 7-14 所示为最优规划法与实用规划法的特点对比。

表 7-14　最优规划法和实用规划法特点对比

比较内容	最优规划法	实用规划方法
解的最优性与唯一性	最优;理想情况下有唯一解;反映驱动与传动配置的极限能力	近似最优;随组合模型不同,解是多样的
优化变量数	>1000	<100~200
求解效率	较低	高(10~30s)
优化结果	非均匀插值数据点表示存储传输不便	解析曲线的参数组合;传输数据量小,可实时解算
算法复杂度	复杂	简单
灵活性	变化分段工作量大	变化分段工作量小

在伺服压力机的设计过程中,需要重视基于最优规划法的运动规划技术,而在开发面向用户实际使用的伺服压力机运动配置软件时,则需要提供适用的实用规划程序,后续将深入介绍上述两种规划方法。

最优规划方法的本质是一个工作循环整体上的最优。为了展示该方法用于整个工作循环优化的求解格式与过程,以含一个工作段的单向连续整周模式求解模型为例进行说明,如图 7-24 所示。

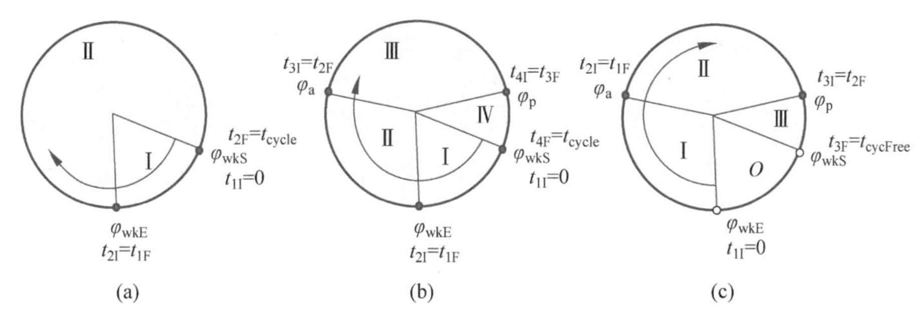

图 7-24　整周连续模式一个工作段运动规划问题的模型

(a) 不约束送料时间;(b) 约束送料时间,工作段运动未知;(c) 工作段运动已知

以曲柄转角 φ、转速 ω 作为状态变量,以伺服电机等效驱动扭矩 T_d 作为控制变量,则伺服压力机的动力学方程可写为

$$\begin{cases}\dot{\varphi}=\omega \\ J_e(\varphi)\dot{\omega}+\dfrac{1}{2}\dfrac{dJ_e(\varphi)}{d\varphi}\omega^2=T_d-T_r(\varphi,\omega,t)-T_{work}(s(\varphi),v_{slide},\dot{v}_{slide},t)-T_G(\varphi)\end{cases} \tag{7-41}$$

式中,$J_e(\varphi)$——传动系统各部件及惯性负载等效到曲柄的总惯量,是曲柄角度的函数;

i_{sys}——电机轴到曲柄的总减速比;

$s(\varphi)$——滑块行程,由曲柄唯一确定,是滑块的运动参数;

v_{slide}——滑块速度,是滑块的运动参数;

$\dot{v}_{slide}$——滑块加速度,是滑块的运动参数;

T_{work}——工作力矩;

T_G——重力矩;

T_r——阻力矩。

通常采用多项式拟合伺服电机的扭矩特性,在整个速度范围内不易获得理想的多项式时,也采用多项式和固定界限共同约束的方法,具体可表示为

$$\begin{cases}T_{min}\leqslant T_d(t)\leqslant T_{max} \\ T_{d,rms}\leqslant T_{rate}(n_{mtr,av}) \\ n_{mtr,av}=\dfrac{30i_{sys}}{\pi\cdot t_{cycle}}\displaystyle\int_0^{t_{cycle}}|\omega(t)|dt\end{cases} \tag{7-42}$$

式中,$T_{d,rms}$——均方根扭矩;

$n_{mtr,av}$——一个循环内伺服电机的平均速率;

T_{rate}——均方根扭矩上限;

i_{sys}——系统传动比;

T_{cycle}——循环周期。

关于均方根扭矩约束的评估一般要考虑载荷模型与行程功,所以载荷模型也是伺服压力机运动规划问题的一个重要内容。对于单向整周回转的情况,状态变量的约束如下:

$$\varphi_{kI}\leqslant\varphi^{(k)}(t)\leqslant\varphi_{kF},0\leqslant\omega^{(k)}(t)\leqslant W_{kU},|\dot{\omega}^{(k)}(t)|\leqslant\alpha_{kLim},$$
$$\left|\frac{d\dot{\omega}^{(k)}(t)}{dt}\right|\leqslant j\text{-}ekLimk_{kLim},\quad k=1,2,3,4 \tag{7-43}$$

式中,k 代表分相 k,而分相主要出于逻辑考虑,便于定义边界条件,也便于对工作段动力学模型进行处理。

滑块的运动约束可表示为

$$V_{\text{simWk}}(s) \leqslant v_{\text{slide}}^{(1)}(t), V_{k,\text{L}} \leqslant v_{\text{slide}}^{(k)}(t) \leqslant V_{k,\text{U}}, \left|\dot{v}_{\text{slide}}^{(k)}(t)\right| \leqslant a_{k\text{Lim}}, \quad k=2,3,4 \tag{7-44}$$

式中，$V_{\text{simWk}}(s)$——期望的工作段滑块运动规律。

时间变量的约束条件可写为

$$\begin{cases} t_{i,\text{F}} = t_{i+1,\text{I}}, \quad i=1,2,3 \\ t_{\text{feed}} \equiv t_{3\text{F}} - t_{3\text{I}} \geqslant t_{\text{FeedMin}} \\ t_{\text{cycle}} \equiv t_{4\text{F}} - t_{1\text{I}} \leqslant 60/n_{c,\text{Set}} \end{cases} \tag{7-45}$$

式中，各等式分别代表时间连续性条件、送料时间约束条件及工作节拍约束条件。

通常，分段点的位置及部分运动参数是确定的，则优化问题的边值条件如下：

$$\begin{cases} \varphi^{(1)}(t_{1\text{I}}) = \varphi^{(4)}(t_{4\text{F}}) = \varphi_{\text{WkS}} \\ \varphi^{(1)}(t_{1\text{F}}) = \varphi^{(2)}(t_{2\text{I}}) = \varphi_{\text{WkE}} \\ \varphi^{(2)}(t_{2\text{F}}) = \varphi^{(3)}(t_{3\text{I}}) = \varphi_{\text{a}} \\ \varphi^{(3)}(t_{3\text{F}}) = \varphi^{(4)}(t_{4\text{I}}) = \varphi_{\text{p}} \end{cases} \tag{7-46}$$

$$\begin{cases} \omega^{(1)}(t_{1\text{I}}) = \omega^{(4)}(t_{4\text{F}}), \omega^{(i)}(t_{i,\text{F}}) = \omega^{(i+1)}(t_{i+1,\text{I}}), \quad i=1,2,3 \\ \dot{\omega}^{(1)}(t_{1\text{I}}) = \dot{\omega}^{(4)}(t_{4\text{F}}), \dot{\omega}^{(i)}(t_{i,\text{F}}) = \dot{\omega}^{(i+1)}(t_{i+1,\text{I}}), \quad i=1,2,3 \end{cases} \tag{7-47}$$

$$W_{k,\text{IL}} \leqslant \omega^{(i)}(t_{i,\text{I}}) \leqslant W_{k,\text{IU}}, \alpha_{k,\text{IL}} \leqslant \dot{\omega}^{(i)}(t_{i,\text{I}}) \leqslant \alpha_{k,\text{IU}}, \quad i=1,2,3,4 \tag{7-48}$$

式(7-46)～式(7-48)分别代表位置边界值约束、速度、加速度连续性约束与速度、加速度边界值约束，同时式(7-47)隐含着控制变量(即驱动扭矩)在相边界位置连续的约束条件。

伺服压力机运动规划常用的最小化目标函数包括：

$$J_1 = t_{\text{cycle}} \tag{7-49}$$

上式可用于求解最高节拍问题。

$$J_2 = T_{\text{d,rms}}^2 = \frac{1}{t_{\text{cycle}}} \int_0^{t_{\text{cycle}}} T_{\text{d,motor}}(t)^2 \text{d}t \tag{7-50}$$

上式也可用于求解最小均方根扭矩问题。

$$J_3 = \max_{0 \leqslant t \leqslant t_{\text{cycle}}} \left| T_{\text{d,motor}}(t) \cdot \omega \right| \tag{7-51}$$

上式还可用于求解峰值功率最小问题，即如何减小驱动容量。

$$J_4 = \max_{0 \leqslant t \leqslant t_{\text{cycle}}} \left| \dot{\omega} \cdot \omega \right| \tag{7-52}$$

上式用于对最小峰值功率问题的运动学近似。所谓运动学近似，是指优化问题基于运动学参量建立，而结果却可以逼近式(7-51)所定义的峰值功率最小问题。

在将驱动扭矩作为控制变量的最优控制问题模型中，约束间接包含了控制变量的微分形式，而为了获得更平滑的曲线，还可将曲柄加加速度 j_{e} 作为控制变量，此时动力学方程还包括：

$$\ddot{\omega}=j_{\mathrm{e}} \tag{7-53}$$

一般地，以 j_{e} 为控制变量的问题，求解效率也相对更低，此时，不要求 j_{e} 在跨过段边界时保持连续。此外，连续模式的分相点中不包括上死点，若增加上死点处的分相，会相应增加问题的复杂度，对于经过上死点的准确时刻，完全可以在优化结果的后处理插值中解决。若是求解单次模式，则必须增加上死点位置的分相，且上死点的速度、加速度均为 0。

在最优规划算法中，应遵循以下原则：

(1) 应采用直接法对原优化问题做离散和求解，将最优问题直接转换为非线性规划问题。直接法对各种问题的适应性强，无需推导、易于扩展。由于伺服压力机的运动分段有不同方法且分段数多，直接法容易对各种分段方式做转换，使程序对复杂规划问题的适应力增强。

(2) 若整周内包含数百个求解离散点，则在转换为非线性规划(NLP)问题后，不宜通过通用的 NLP 程序进行求解，如 MATLAB 的 fmincon 函数，因为这些方法不能利用直接法离散格式的稀疏性，因而在插值点多时求解效率低。另一方面，若离散点数在 200 以下时，可以采用 fmincon 等函数直接求解最优问题。

(3) 对结果的细化分析必须采用非均匀插值，因为控制变量的大范围改变一般发生在短时间内，即某些局部点的邻域内，而在一个周期内大部分区段上的变化较为缓慢，因而均匀插值会导致求解效率的降低，非均匀细化迭代则可以用最少的点数获得高精度的结果，且求解速度较快。细化必须基于各相邻离散点间基本间隔上的误差分析，因此，误差分析技术是细化算法的一部分。

(4) 逐次二次规划的求解格式，步长估计采用 Newton 法，而不是拟牛顿法，即 QP 子问题求解采用 Newton-Lagrange 格式。因为根据数值计算经验，基于稀疏差分的 Newton 法更简洁，而拟牛顿迭代无法充分利用问题的稀疏性，求解效率较低。

(5) 应结合低阶离散格式与高阶离散格式各自的特点，在细化分析的初期采用低阶格式，而后采用高阶格式以加快收敛速度。

根据上述原则，确定采用稀疏逐次二次规划法(Sparse SQP)。图 7-25 所示为求解算法流程图，可以看到，求解过程本身包含误差分析机制，而后处理除了解释运动规划结果，还可以分析与评估整个迭代求解过程。

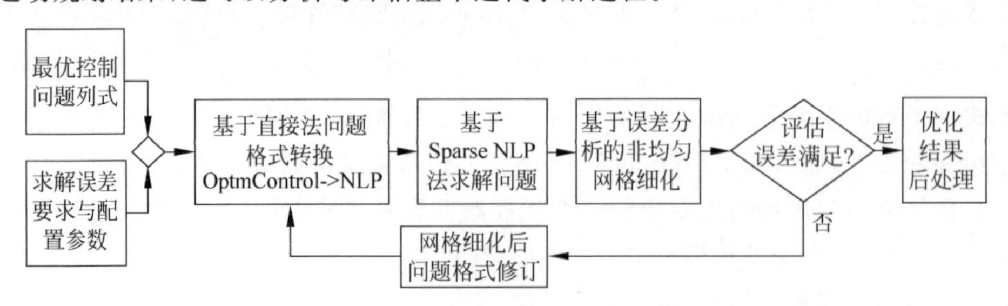

图 7-25　Sparse SQP 算法求解最优问题的过程

该算法由 3 个模块构成，即问题离散化与格式转化（含稀疏差分部分）、Sparse SQP、误差分析与网格细化算法。求解过程如下。

对动力学方程进行离散，粗离散格式采用梯形格式（ $O(h^2)$ ）：

$$\boldsymbol{\zeta}_i^{(k)} = \boldsymbol{y}_{i+1}^{(k)} - \boldsymbol{y}_i^{(k)} - \frac{\boldsymbol{h}_i^{(k)}}{2}(f_{i+1}^{(k)} + f_i^{(k)}) = 0, \quad k = 1,2,3,4 \tag{7-54}$$

式中，$\boldsymbol{y}_i^{(k)} = [\varphi_i^{(k)}, \omega_i^{(k)}]^{\mathrm{T}}$，$h_i^{(k)} = (\tau_i^{(k)} - \tau_i^{(k)})(t_{k,\mathrm{F}} - t_{k,\mathrm{I}})$，$\boldsymbol{\zeta}_i^{(k)}$ 为 Defect 约束。进而可将系统的动力学方程写为

$$\frac{\mathrm{d}\boldsymbol{y}_i^{(k)}}{\mathrm{d}t} = f_i^{(k)}(\boldsymbol{y}_i^{(k)}, \boldsymbol{u}_i^{(k)}, t_i^{(k)}) = \begin{bmatrix} \omega_i^{(k)} \\ \dfrac{1}{J_{\mathrm{e}}(\varphi_i^{(k)})}\left(\boldsymbol{u}_i^{(k)} - \dfrac{(\omega_i^{(k)})^2}{2}\dfrac{\mathrm{d}J_{\mathrm{e}}(\varphi_i^{(k)})}{\mathrm{d}\varphi} - T_{r\Sigma,i}^{(k)}\right) \end{bmatrix} \tag{7-55}$$

式中，$u_i^{(k)} = T_{\mathrm{d}i}^{(k)}$ 为控制变量。

精细差分采用 Hermite-Simpson 格式（Compressed，HSC，$O(h^4)$ ）：

$$\boldsymbol{\zeta}_i^{(k)} = \boldsymbol{y}_{i+1}^{(k)} - \boldsymbol{y}_i^{(k)} - \frac{h_i^{(k)}}{6}(f_{i+1}^{(k)} + 4\bar{f}_{i+1}^{(k)} + f_i^{(k)}) = 0, \quad k = 1,2,3,4 \tag{7-56}$$

式中，$\bar{f}_{i+1}^{(k)} = f_{i+1}^{(k)}\left[\bar{\boldsymbol{y}}_i^{(k)}, \bar{u}_i^{(k)}, t_i^{(k)} + \dfrac{h_i^{(k)}}{2}\right]$，$\bar{\boldsymbol{y}}_{i+1}^{(k)} = \dfrac{1}{2}(\boldsymbol{y}_{i+1}^{(k)} + \boldsymbol{y}_i^{(k)}) + \dfrac{h_i^{(k)}}{8}(f_i^{(k)} - f_{i+1}^{(k)})$。

在最初几次迭代中，采用低阶格式，而在各子部误差较小且均匀之后，采用高阶格式。

进一步给出 SQP 的松弛变量-Schur 补偿法求解格式。对局部 QP 问题：

$$\begin{aligned} &F(\boldsymbol{p}) = \boldsymbol{g}^{\mathrm{T}}\boldsymbol{p} + \frac{1}{2}\boldsymbol{p}^{\mathrm{T}}\boldsymbol{H}_{\mathrm{L}}\boldsymbol{p} \\ &\text{s. t. } \boldsymbol{b}_{\mathrm{L}} \leqslant \begin{bmatrix} \boldsymbol{G} \cdot \boldsymbol{p} \\ \boldsymbol{p} \end{bmatrix} \leqslant \boldsymbol{b}_{\mathrm{U}} \\ &\boldsymbol{b}_{\mathrm{L}} = \begin{bmatrix} \boldsymbol{c}_{\mathrm{L}} - \boldsymbol{c} \\ \boldsymbol{X}_{\mathrm{L}} - \boldsymbol{x} \end{bmatrix}, \quad \boldsymbol{b}_{\mathrm{U}} = \begin{bmatrix} \boldsymbol{c}_{\mathrm{U}} - \boldsymbol{c} \\ \boldsymbol{X}_{\mathrm{U}} - \boldsymbol{x} \end{bmatrix} \end{aligned} \tag{7-57}$$

对不等式约束，如 $\boldsymbol{a}_k^{\mathrm{T}}\boldsymbol{p} \geqslant b_k$，引入松弛变量 s_k，令 $s_k = \boldsymbol{a}_k^{\mathrm{T}}\boldsymbol{p} - b_k$，则可将不等式约束转换为等式约束和变量的简单范围约束，即 $\boldsymbol{a}_k^{\mathrm{T}}\boldsymbol{p} - s_k = b_k, s_k \geqslant 0$，考虑到 $\tilde{\boldsymbol{p}} = [p; \boldsymbol{s}]$，则问题可转化为

$$\begin{aligned} &F(\tilde{\boldsymbol{p}}) = \tilde{\boldsymbol{g}}^{\mathrm{T}}\tilde{\boldsymbol{p}} + \frac{1}{2}\tilde{\boldsymbol{p}}^{\mathrm{T}}\widetilde{\boldsymbol{H}} \cdot \tilde{\boldsymbol{p}} \\ &\text{s. t. } \widetilde{\boldsymbol{G}} \cdot \tilde{\boldsymbol{p}} = \tilde{\boldsymbol{b}} \\ &\tilde{\boldsymbol{p}}_{\mathrm{L}} \leqslant \tilde{\boldsymbol{p}} \leqslant \tilde{\boldsymbol{p}}_{\mathrm{U}} \end{aligned} \tag{7-58}$$

提取其中不含松弛变量的等式约束 $\widetilde{\boldsymbol{G}}_{\mathrm{f}}$ 及相应的 Hessian 矩阵 $\widetilde{\boldsymbol{H}}_{\mathrm{f}}$，则关于此自由变量的 KKT(Karush-Kuhn-Tucker)矩阵如下：

$$\boldsymbol{K}_0 = \begin{bmatrix} \widetilde{\boldsymbol{H}}_{\mathrm{f}} & \widetilde{\boldsymbol{G}}_{\mathrm{f}}^{\mathrm{T}} \\ \widetilde{\boldsymbol{G}}_{\mathrm{f}} & \boldsymbol{0} \end{bmatrix} \tag{7-59}$$

利用 Active-Set 法进行若干次迭代,KKT 条件变为

$$\begin{bmatrix} \boldsymbol{K}_0 & \boldsymbol{U} \\ \boldsymbol{U}^{\mathrm{T}} & \boldsymbol{V} \end{bmatrix} \cdot \begin{bmatrix} \boldsymbol{y} \\ \boldsymbol{z} \end{bmatrix} = \begin{bmatrix} \boldsymbol{f}_0 \\ \boldsymbol{w} \end{bmatrix} \tag{7-60}$$

$\boldsymbol{K}_0$ 的 Schur 补偿矩阵为

$$\boldsymbol{C} = \boldsymbol{V} - \boldsymbol{U}^{\mathrm{T}} \boldsymbol{K}_0 \boldsymbol{U} \tag{7-61}$$

该方程求解过程如下:

$$\begin{cases} \boldsymbol{K}_0 \boldsymbol{v}_0 = \boldsymbol{f}_0 \\ \boldsymbol{C} \cdot \boldsymbol{z} = \boldsymbol{w} - \boldsymbol{U}^{\mathrm{T}} \boldsymbol{v}_0 \\ \boldsymbol{K}_0 \boldsymbol{y} = \boldsymbol{f}_0 - \boldsymbol{U} \cdot \boldsymbol{z} \end{cases} \tag{7-62}$$

上述求解格式的优点是 KKT 矩阵中变量较少,因此计算量较小。

下面介绍稀疏差分格式。动力学方程离散后的优化变量为

$$\boldsymbol{x}^{\mathrm{T}} = [t_{\mathrm{S1}}, t_{\mathrm{S2}}, t_{\mathrm{S3}}, t_{\mathrm{S4}}, \boldsymbol{y}_1^{(1)}, \boldsymbol{u}_1^{(1)}, \boldsymbol{y}_2^{(1)}, \boldsymbol{u}_2^{(1)}, \cdots, \boldsymbol{y}_{M_4-1}^{(4)}, \boldsymbol{u}_{M_4-1}^{(4)}, \boldsymbol{y}_{M_4}^{(4)}, \boldsymbol{u}_{M_4}^{(4)}] \tag{7-63}$$

相应的约束为

$$\boldsymbol{c}(\boldsymbol{x}) = [\boldsymbol{\zeta}_1^{(1)}, \boldsymbol{\zeta}_2^{(1)}, \cdots, \boldsymbol{\zeta}_{M_4-1}^{(4)}, \boldsymbol{\psi}_{1\mathrm{I}}, \boldsymbol{\psi}_{1\mathrm{F}}, \boldsymbol{\psi}_{2\mathrm{F}}, \boldsymbol{\psi}_{3\mathrm{F}}, \boldsymbol{\psi}_{4\mathrm{F}}, \boldsymbol{g}_{\mathrm{QESJ},1}^{(1)}, \cdots, \boldsymbol{g}_{\mathrm{QESJ},M_4-1}^{(4)}]^{\mathrm{T}} \tag{7-64}$$

式中,下标 QESJ——力矩、偏心运动、滑块运动与加加速度约束;

$\boldsymbol{\psi}_{i,\mathrm{I}}$、$\boldsymbol{\psi}_{i\mathrm{F}}$ ——边界值约束。

绝大部分约束均在基本区间上,因此,约束的 Jacobi 矩阵 $\boldsymbol{G}$ 具有稀疏形式。图 7-26 所示为稀疏形式举例,段离散点数总计为 128,前 3 列为段的时间,n_z 为矩阵非零元的个数,针对该例,即使优化变量数大于 1000,$\boldsymbol{G}$ 每行的非零元仍小于 20 个。

矩阵的结构是事先已知的,差分求解中利用这种稀疏性,将 $\boldsymbol{G}$ 按列拆分成序号组的集合 $\Gamma^k, k=1,2,\cdots,\gamma$,使得每一组相应子阵的每行内至多有一个非零元素。由此,定义组内扰动向量:

$$\boldsymbol{\Delta}^k = \sum_{j \in \Gamma^k} \delta_j \boldsymbol{e}_j \tag{7-65}$$

稀疏差分的定义为

$$\boldsymbol{D}_{ij} \approx \frac{1}{2\delta_j} [q_i(\boldsymbol{x} + \boldsymbol{\Delta}^k) - q_i(\boldsymbol{x} - \boldsymbol{\Delta}^k)], \quad i = 1,2,\cdots,v, j \in \Gamma^k \tag{7-66}$$

由于 $\gamma \ll v = \mathrm{cols}(\boldsymbol{G})$,此格式可以极大地节省约束函数求解次数,而对于 Hessian 矩阵的稀疏差分估计原理也是类似的。[9]

最后给出误差分析与细化再求解技术。由于精确解未知,在数值方法的迭代求解过程中,假定当前对控制变量的估计结果是准确的,即

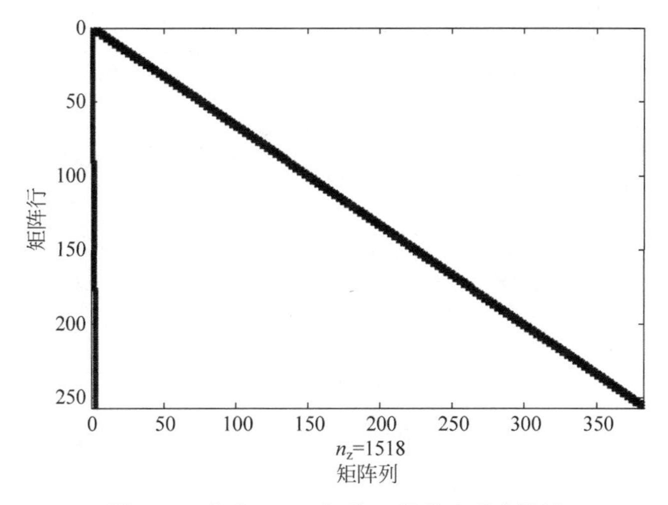

图 7-26　约束 Jacobi 矩阵 $\boldsymbol{G}$ 的稀疏形式举例

$$\begin{cases}\eta_{i,j}^{(k)}=\int_{t_j^{(k)}}^{t_{j+1}^{(k)}}\left|\varepsilon_i^{(k)}(t)\right|\mathrm{d}t\\ \boldsymbol{\varepsilon}^{(k)}(t)=\dot{\tilde{\boldsymbol{y}}}^{(k)}(t)-f^{(k)}\left[\dot{\tilde{\boldsymbol{y}}}^{(k)}(t),\tilde{\boldsymbol{u}}^{(k)}(t),t\right]\end{cases}\tag{7-67}$$

式中，$\tilde{\boldsymbol{y}}^{(k)}$ ——对当前迭代步优化结果状态变量的样条插值函数；

$\tilde{\boldsymbol{u}}^{(k)}(t)$ ——对控制变量的线性或二次插值函数。

细化算法的基本思路是根据各区间评估误差 $\eta_{i,j}^{(k)}$ 的相对大小，选择评估误差大的区间做细化拆分，保留其余划分不变。

7.3.3　伺服压力机的实用运动规划算法

理论上，前述最优控制法可获得整周期上的最优运行曲线，但这种算法较为复杂、求解效率低，而在实际生产中，用户需要更为实用的运动规划算法，在满足不同工艺需求的条件下，能够快速求解出光滑且具有良好性能指标的运行曲线。本节后续将基于分相分割和分段逼近，提出实用运动规划算法，对最优控制求解模型进行简化，并逼近最优结果。

运动分步是伺服压力机运行的基本特点，且步间的分界位置一般是已知的。若步间分界点（节点）的运动状态完全已知，则整体运动优化问题就被分割成不同小段上的优化问题，而单步运动规律简单，其优化问题更易快速解决。图 7-27 所示为分相分割运动规划示意图，各节点状态已知，各步的规划在一定程度上是相互独立的，可以分别完成后再进行组合。

分段逼近是指用参数化简单曲线（可获得解析表达式）的组合去逼近最优控制法的结果曲线，此时简单曲线间拼接的位置一般为分相的位置。通常用曲柄角度的五次多项式曲线或七次多项式曲线来定义各段内的运动规律，利用优化方法来

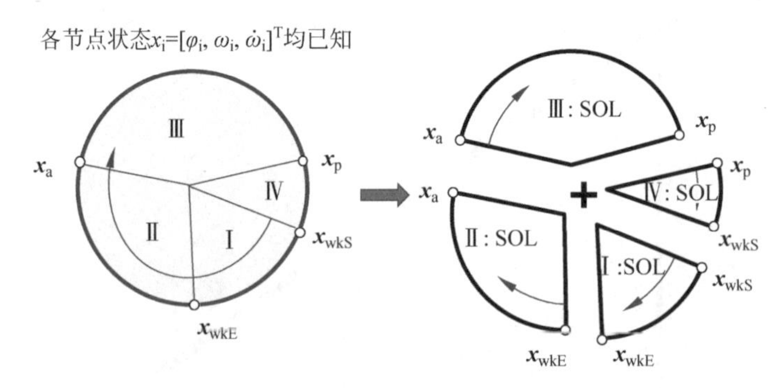

图 7-27　分相分割运动规划示意图

确定各段曲线的参数(即多项式的系数)。以 SL4-2000A 为例,图 7-28 所示为在同等条件下,以分段逼近与最优控制法获得的运行曲线。从图中可以看到,在中间的一段模区闭合部分,分段逼近结果与最优控制法结果十分接近。同时,分段逼近结果具有较好的光滑性。

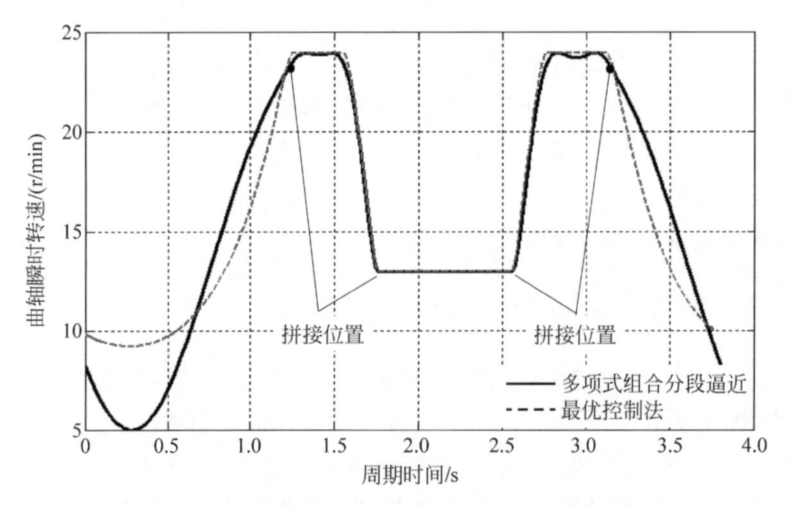

图 7-28　分段逼近与最优控制法获得的运行曲线对比

实用规划算法可分为整周期优化与局部优化,下面对相关方法进行具体介绍。

1. 基于多项式曲线拼接的整体规划方法

求解原则如下:

(1) 各相内仅含有一条曲线,即相内不存在拼接,拼接只在相的边界点上;

(2) 各段曲线的多项式系数通常由其两端点的运动状态参数确定,工作相两个端点的运动状态一般已知,但其他相边界点的运动状态一般未知(除曲柄角度外),速度、加速度等状态参数需要优化求解,而相边界点处的加加速度(Jerk)一般根据实际经验按照某种策略处理;

（3）曲线的全部时间都要满足其所在段的各种约束条件，而曲线组合起来需要满足整体的约束条件，并且按照整周期的性能指标进行优化。

按照上述原则，可以将运动规划问题转化为简单的非线性优化问题。连续整周运转的常用模型（也称为标准模型）如图 7-29 所示。

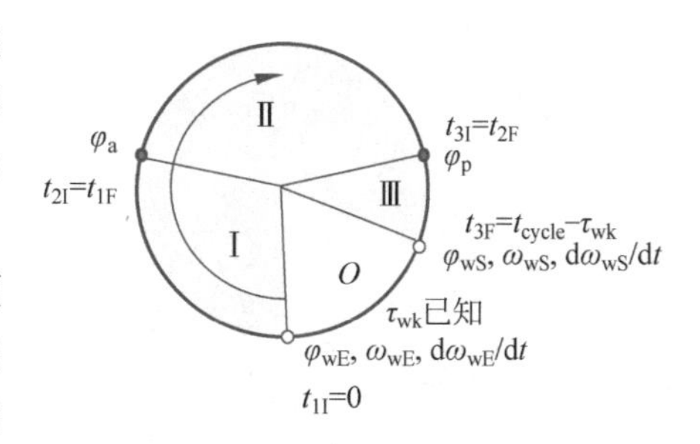

图 7-29 伺服压力机连续整周运转模式运动规划的标准模型

根据标准模型，待求解的三相为：Ⅰ——回程模区打开前；Ⅱ——模区打开，留给送料的部分；Ⅲ——从模区闭合到开始工作的过渡段。以所有未知的段边界状态参数为设计变量，则有

$$\boldsymbol{x}^{\mathrm{T}}=[t_{1F},t_{2F},t_{3F},\omega_a,\dot{\omega}_a,j_{1F},j_{2I},\omega_p,\dot{\omega}_p,j_{2F},j_{3I},j_{1I},j_{3F}] \tag{7-68}$$

通常不要求加加速度（Jerk）在相边界点处连续。此外，加加速度也可以根据经验按照一定的策略处理，而不作为设计优化变量。

若假定各段的曲轴角度变换过程均选用时间的 7 次方曲线，则由设计变量 $\boldsymbol{x}$ 结合工作段两端点的已知状态，即可得到曲线方程的全部系数，即 3 条曲线随这些参数是唯一确定的。实际上，9 个参数可唯一确定一条 7 次方曲线，如下所示：

$$\begin{cases}\varphi^{(k)}(t)=\mathrm{poly7}(t\mid t_{k,F}-t_{k,I},\varphi_{k-1},\omega_{k-1},\dot{\omega}_{k-1},j_{k,I},\varphi_k,\omega_k,\dot{\omega}_k,j_{k,F})\\ \omega^{(k)}(t)=\dot{\varphi}^{(k)}(t),\quad \dot{\omega}^{(k)}(t)=\ddot{\varphi}^{(k)}(t),\quad k=1,2,3\end{cases} \tag{7-69}$$

主要的约束条件包括各相的曲轴运动学约束、滑块运动学约束、伺服电机的扭矩约束，而时间约束可表示为

$$\begin{cases}t_{feed}\equiv t_{2F}-t_{2I}\geqslant t_{FeedMin},\quad t_{k,F}-t_{k,I}>0,\quad k=1,2,3\\ t_{cycle}\equiv t_{3F}-t_{1I}+\tau_{wk}\leqslant 60/n_{c,Set}\end{cases} \tag{7-70}$$

优化目标通常选用式（7-49）和式（7-50）。

用户在设置压力机工作参数时，需要两个相关的结果：①当前参数下，伺服压力机所能达到的最高节拍以及最短送料时间；②在给定的节拍条件下，规划程序应当能够重新规划曲线，使其综合性能达到最优。

由于用户的信息需求是多方面的，配置伺服压力机实际运行曲线的决策过程是渐进的多次交互过程，所以整个规划过程要分步解决。如图 7-30 所示，图中实线部分是单台伺服压力机使用时的配置过程，而整线使用时配置过程为虚线部分（将在第 8 章中详细介绍）。在求解过程中，涉及多次求解不同的优化问题。

由于是多次交互过程，要求求解时间尽可能短，所以算法加速策略非常重要。常用措施包括将非光滑约束改为光滑的等效形式、在最初几步用运动学约束近似

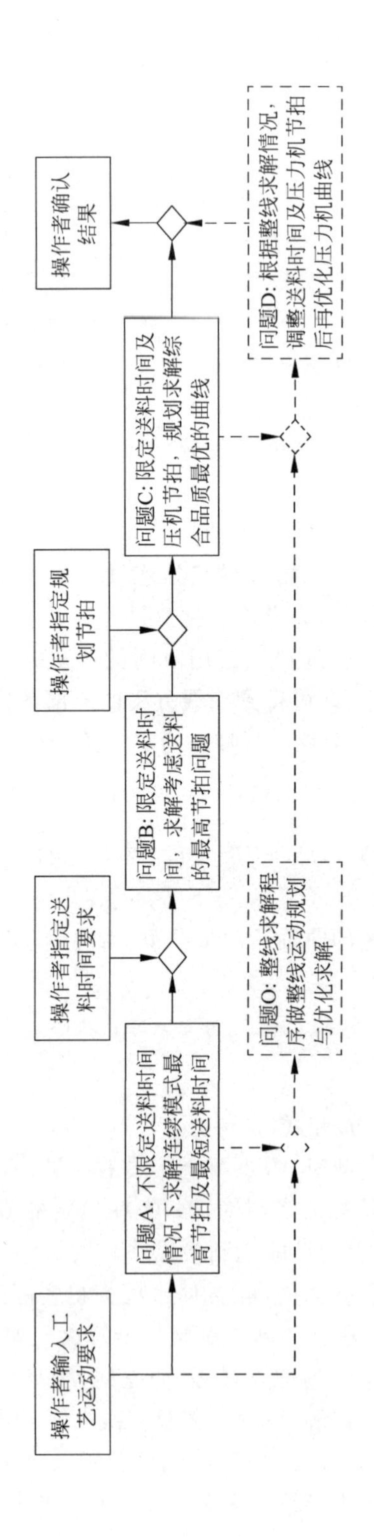

图 7-30 伺服压力机实用规划程序的求解过程

替代动力学约束等。通过对算法的优化，可以在 10s 内完成求解，效率可以满足现场规划需要。

2. 基于分步局部优化的曲线组合法

该方法的基本特征是运动规划的灵活性、适应性好，一套程序能够支持整周模式、自由编程模式、摆动模式等不同模式下的伺服压力机运动曲线规划，因此，在原则上可实现一个工作循环内包含任意多步且可以自由组合。

分步组合的主要原则如下：

(1) 各步端点的位置与运动状态在规划时已知，一般是在交互规划时由用户指定；

(2) 各步基础运动的特征参数由该步起始点的运动参数确定，或者结合一定的优化规则进行确定；

(3) 相邻两步的基础运动间的过渡曲线不跨越步间的邻接端点，而是唯一从属于上一步或下一步，具体从属于何者，由用户指定的步的类型与过渡类型所决定，也是在规划求解时已确定，而单个过渡运动常采用单一表达式的简单曲线；

(4) 如果步的基础运动与过渡运动不相容，则根据一套详尽的“不可实现性解决机制”，决定采用退化性规划还是做具体的改进；

(5) 步的组合顺序受伺服压力机运动模式的制约；

(6) 步的基础运动速度与其目标位置要有相容性。

基础运动是对冲压成形过程与自由行程中滑块或曲柄的一小段简单运动的抽象，伺服压力机常见基础运动的特征参数及特点如表 7-15 所示。

表 7-15　常见基础运动的特征参数及特点

名称	标记	特征参数	特点与要满足的约束
曲柄匀速段	CW	ω	曲柄保持速度不变；受本步的角度范围与过渡段加减速能力限制
滑块匀速段	CV	v_{slide}	滑块保持线速度不变；在下死点、上死点区域附近受压力机最高速度的限制；受伺服电机最大扭矩与做功能力限制
曲柄匀加速段 曲柄匀减速段	CA	$\dot{\omega}$	一般是与两个过渡段结合使用；一般要求始、末速度区无超调
滑块模拟其他压力机曲线	SS	$s_{\text{sim}}(t)$	滑块在规定的行程区间内模拟一个给定的运动规律，可以是解析表达式或点表，用于伺服试模压力机
曲柄按单一多项式曲线过渡	SP	τ_F, $\varphi_I,\omega_I,\dot{\omega}_I$, $\varphi_F,\omega_F,\dot{\omega}_F$	简单的定解问题，或者结合优化方法确定。一般可作为其他基本运动模式无法实现(不相容)时的替代

关于滑块匀速模式的求解。对于单自由度执行机构来说，滑块行程由曲柄角度唯一确定，如下所示：

$$\begin{cases} s \equiv s(\varphi(t)) \\ v_{\text{slide}} = \dfrac{\mathrm{d}s}{\mathrm{d}t} = \dfrac{\mathrm{d}s(\varphi)}{\mathrm{d}\varphi}\omega = v_{\mathrm{b}}(\varphi) \cdot \omega \\ a_{\text{slide}} = \dfrac{\mathrm{d}v_{\text{slide}}}{\mathrm{d}t} = \dfrac{\mathrm{d}s(\varphi)}{\mathrm{d}\varphi}\dot{\omega} + \dfrac{\mathrm{d}^2 s(\varphi)}{\mathrm{d}\varphi^2}\omega^2 = v_{\mathrm{b}}(\varphi) \cdot \dot{\omega} + g_{\mathrm{b}}(\varphi) \cdot \omega^2 \end{cases} \tag{7-71}$$

式中，$v_{\mathrm{b}}(\varphi)$——滑块类速度；

$g_{\mathrm{b}}(\varphi)$——滑块类加速度。

通过这一组公式，可以将滑块的运动要求转换为对曲柄的运动要求。类速度与类加速度在伺服压力机运动规划中很重要，一般是用杆系参数编制基于杆组法递推格式的类速度与类加速度精确解函数，而在第三方开发运动规划程序时，则采用近似运动学的方法。

过渡运动的求解比较简单。根据前述原则(3)，过渡部分是单一曲线，按角度为时间的6次方曲线，其两个端点一个为段的端点，而另一个在段内的基本曲线上，只是位置未知，可以按照一定的优化原则来搜索确定过渡段与基本曲线转接点位的合适位置。以SL4-2000A伺服压力机为例，给出滑块匀速向曲轴匀速的过渡分析，如图7-31所示。

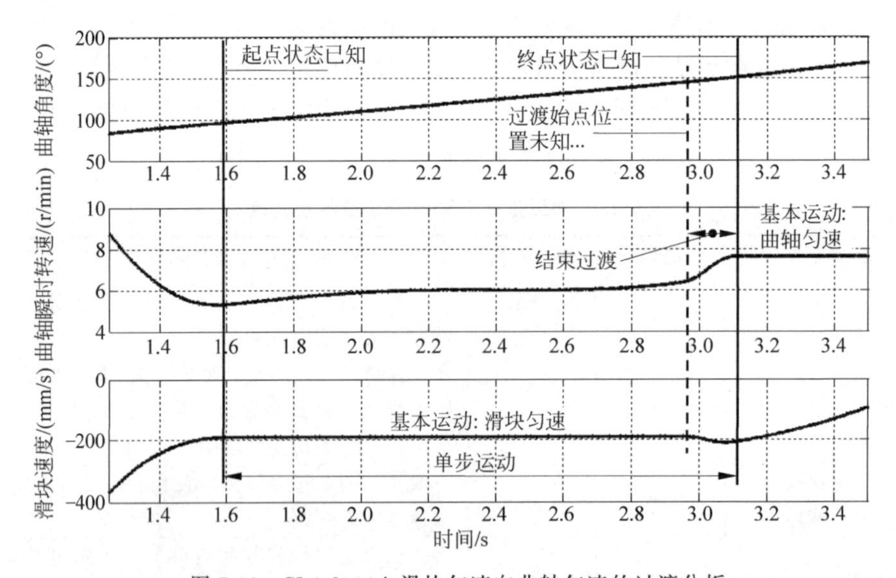

图7-31 SL4-2000A滑块匀速向曲轴匀速的过渡分析

图7-31中为一处结束过渡，若过渡曲线按角度为时间的6次方曲线，则进一步可给出优化问题的求解格式。

优化变量为

$$\boldsymbol{x}^{\mathrm{T}} = [t_{\mathrm{Shf}}, \varphi_{\mathrm{Shf,I}}, j_{\mathrm{Shf,I}}, j_{\mathrm{Shf,F}}] \tag{7-72}$$

因为过渡终点状态 $\varphi_{\mathrm{Shf,F}}, \omega_{\mathrm{Shf,F}}, \dot{\omega}_{\mathrm{Shf,F}}$ 已知，根据基本曲线的运动规律，过渡始点 $\omega_{\mathrm{Shf,I}}$ 和 $\dot{\omega}_{\mathrm{Shf,I}}$ 的状态可以由 $\varphi_{\mathrm{Shf,I}}$ 的位置确定，表达式如下：

$$\omega_{\text{Shf,I}}=\omega_{\text{Shf,I}}(\varphi_{\text{Shf,I}}),\quad \dot{\omega}_{\text{Shf,I}}=\omega_{\text{Shf,I}}(\varphi_{\text{Shf,I}}) \tag{7-73}$$

据此可以确定过渡曲线表达式为

$$\omega_{\text{Shf}}(t)=\text{poly5}(t \mid t_{\text{Shf}},\omega_{\text{Shf,I}},\dot{\omega}_{\text{Shf,I}},j_{\text{Shf,I}},\omega_{\text{Shf,F}},\dot{\omega}_{\text{Shf,F}},j_{\text{Shf,F}}) \tag{7-74}$$

需要满足以下角位置相容性约束：

$$c_{\varphi}=\int_0^{t_{\text{Shf}}}\omega_{\text{Shf}}(t)\mathrm{d}t-\varphi_{\text{Shf,F}}+\varphi_{\text{Shf,I}}=0 \tag{7-75}$$

由于速度为多项式曲线，故此积分可以写成精确的代数表达式，无需通过数值积分进行估计。优化目标常选取过渡段的时间最短，而比较复杂的过渡问题是匀加速运动步，首尾两个过渡与中间的匀加速段，需要一起优化求解，但即使这样优化变量也在 10 个以下。

过渡曲线求解是少参数优化问题，用一般 NLP 函数很容易求解。若按一定策略选取加加速度，则优化问题有可能转换为单变量优化问题，用普通循环迭代即可求解。

算法的求解分为解释、分步求解、调整、组合等几部分。其中，在调整模块时，可以考虑送料时间、跨几步的扭矩优化等全局性约束和指标，如图 7-32 所示。

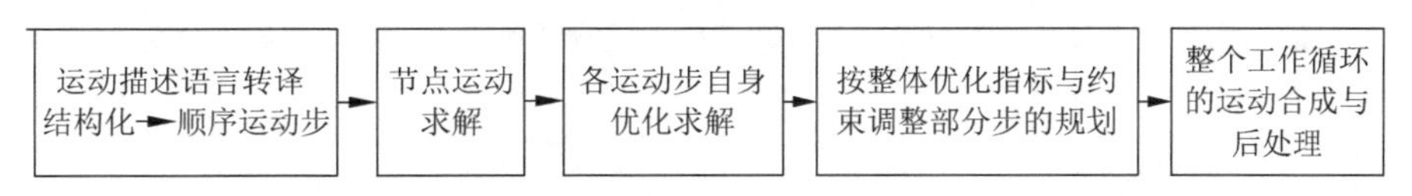

图 7-32 基于分步局部优化的曲线组合法的求解流程

进一步给出相关算例：如图 7-33 所示，滑块运动在上模与压边圈将要接触时减速到接近 0 以减小冲击；如图 7-34 所示，滑块运动在上死点附近以较低速度运动从而留给送料更多时间；如图 7-35 所示，多段冲压与多次停顿相结合。可以看到，局部法在生成高质量多样化曲线方面具有很强能力，可以最大限度地发挥伺服压力机的运动编程柔性。

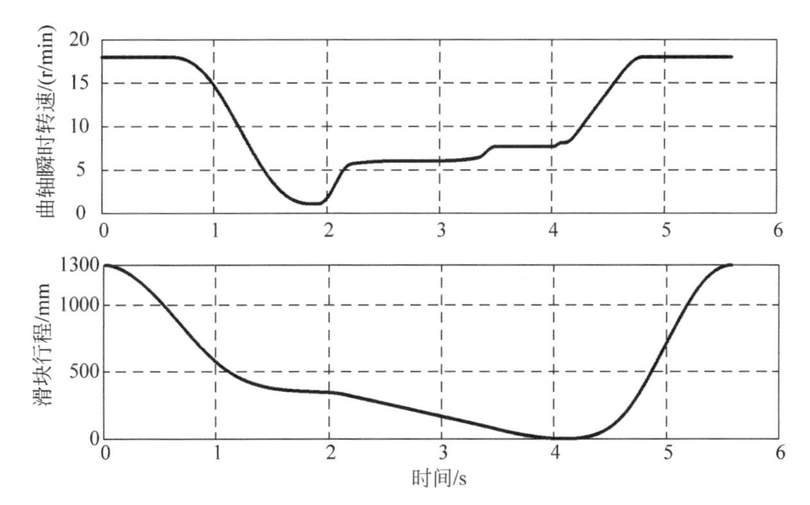

图 7-33 滑块运动规划：滑块运动在上模与压边圈将要接触时滑块减速到接近 0

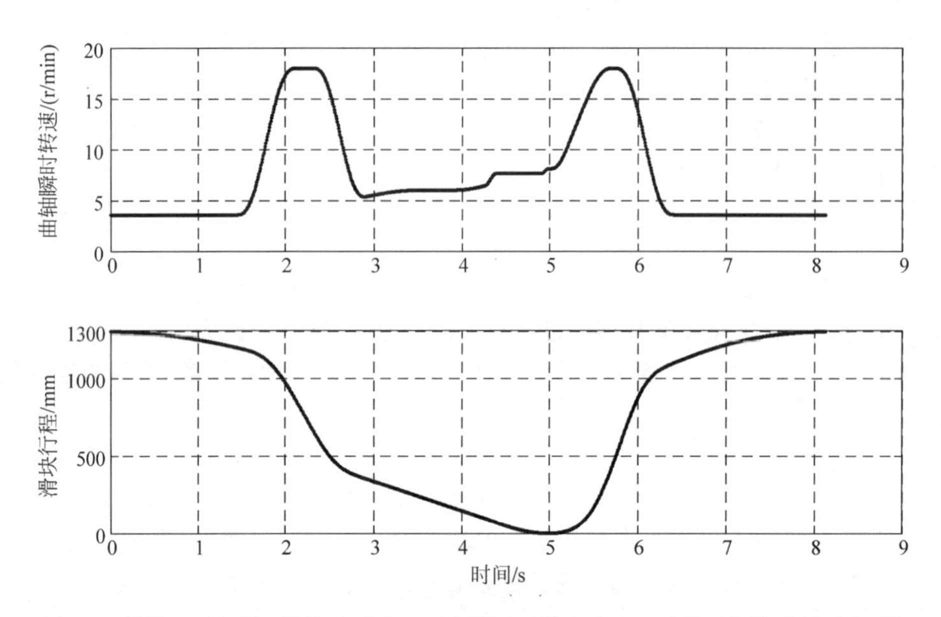

图 7-34 滑块运动规划：滑块运动在上死点附近以较低速度运动从而留给送料更多时间

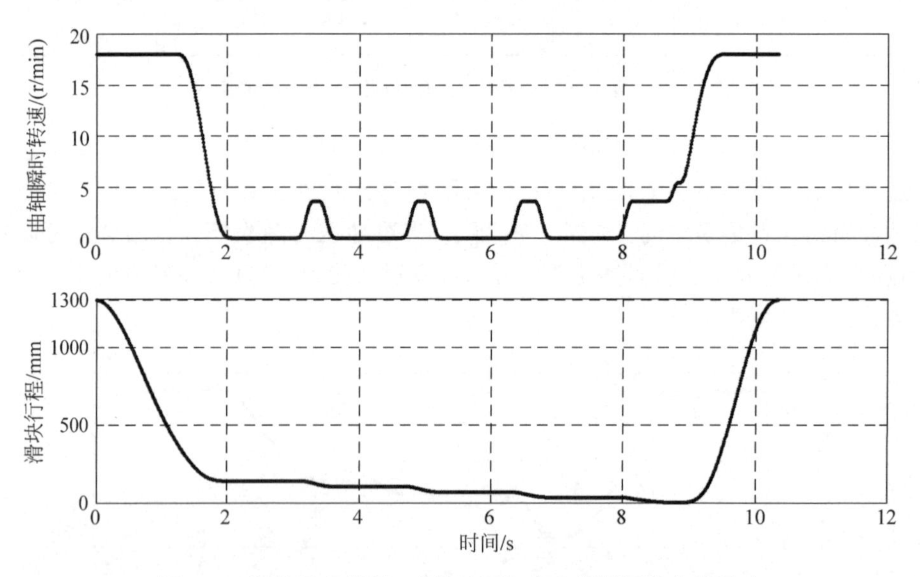

图 7-35 滑块运动规划：多段冲压与多次停顿相结合的运动

7.3.4 实用运动规划算法的分析与评估

基于实用规划方法，开发了具有自主知识产权的伺服压力机运动规划软件 JIER JSPP_V1.0，其主要界面如图 7-36 所示。为验证相关方法的有效性，在同等条件下对 JIER JSPP_V1.0 与 Siemens OACamV2.0 的规划结果进行对比，而 Siemens OACamV2.0 是一款成熟的规划软件，研发周期长达 7 年，已被业界认可。

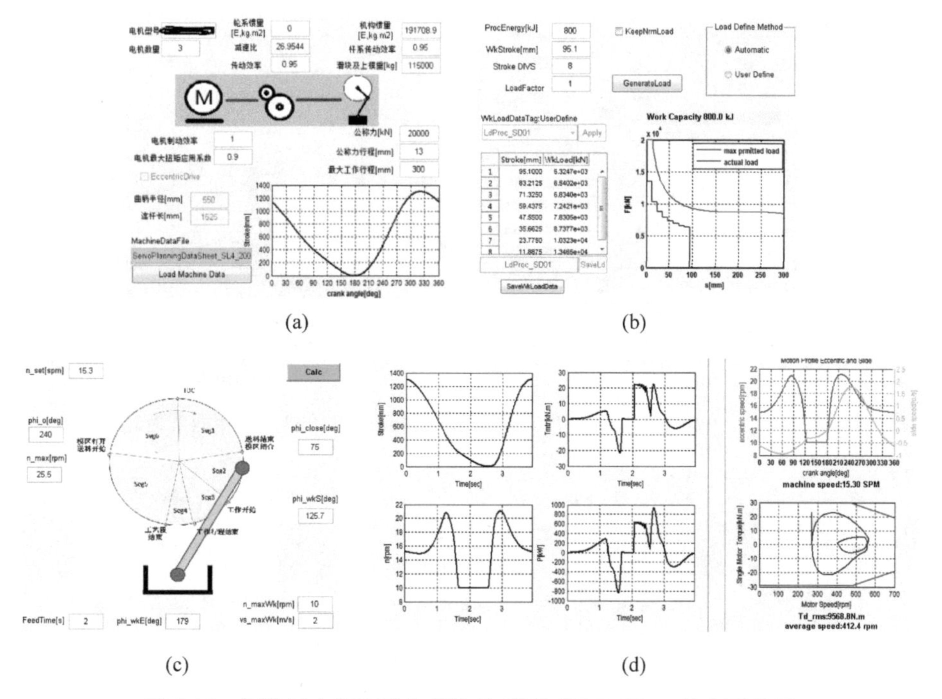

(a)　　(b)

(c)　　(d)

图 7-36　伺服压力机运动规划软件 JIER JSPP_V1.0 的主要界面

根据 Siemens 为某伺服压力机项目提供的规划计算报告,在同等载荷与工艺参数条件下,设定同样的总节拍与送料时间要求,首先确认求解过程均收敛,进而对比 JIER JSPP_V1.0 与 Siemens OACamV2.0 的规划结果。

在两种典型工况条件下(即工况 1、工况 2),得到伺服压力机运行曲线对比,分别如图 7-37～图 7-40 所示,包括曲柄转速与滑块速度曲线及伺服电机的扭矩特性曲线。图中左侧结果由 JIER JSPP_V1.0 得到,而右侧结果由 Siemens OACamV2.0 得到。可以看到,在不同工况下,两种规划软件输出曲线的幅值、变化规律是基本一致的。

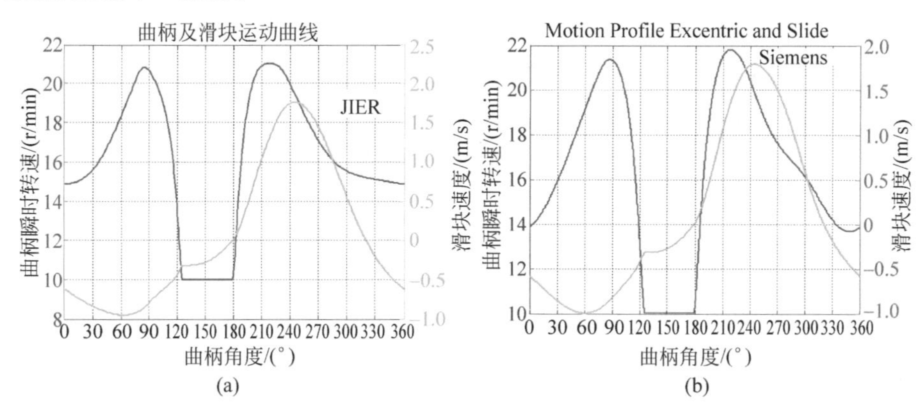

(a)　　(b)

图 7-37　工况 1 条件下两种规划软件的曲柄转速与滑块速度曲线对比

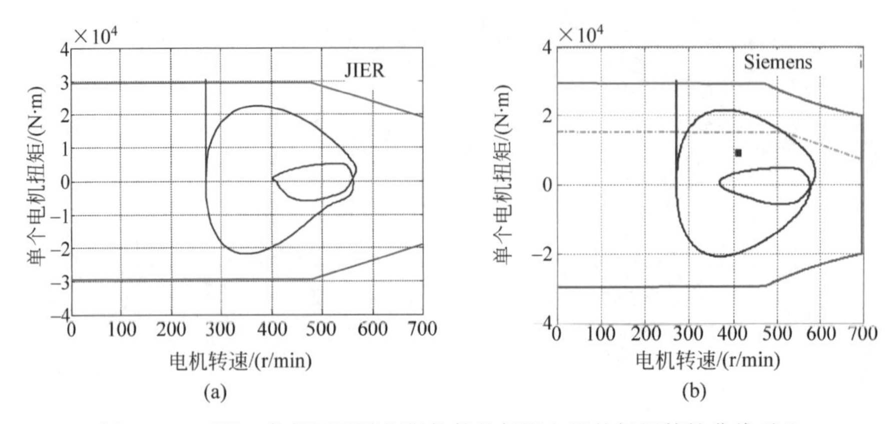

图 7-38　工况 1 条件下两种规划软件的伺服电机的扭矩特性曲线对比

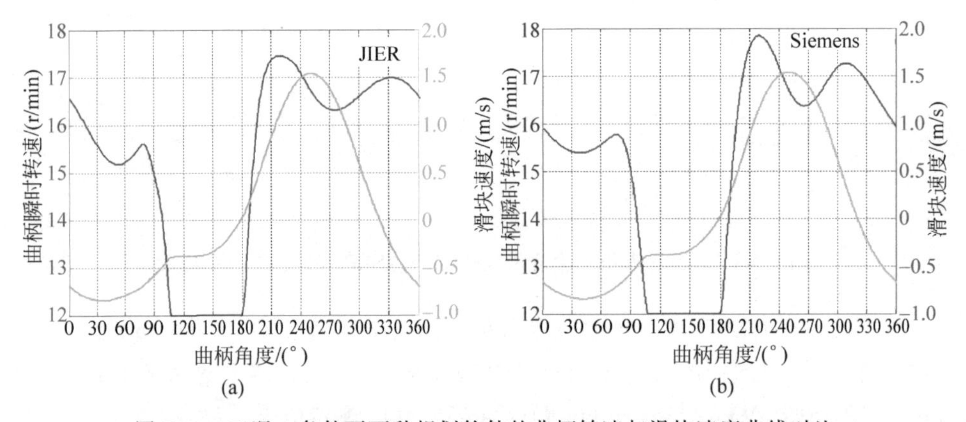

图 7-39　工况 2 条件下两种规划软件的曲柄转速与滑块速度曲线对比

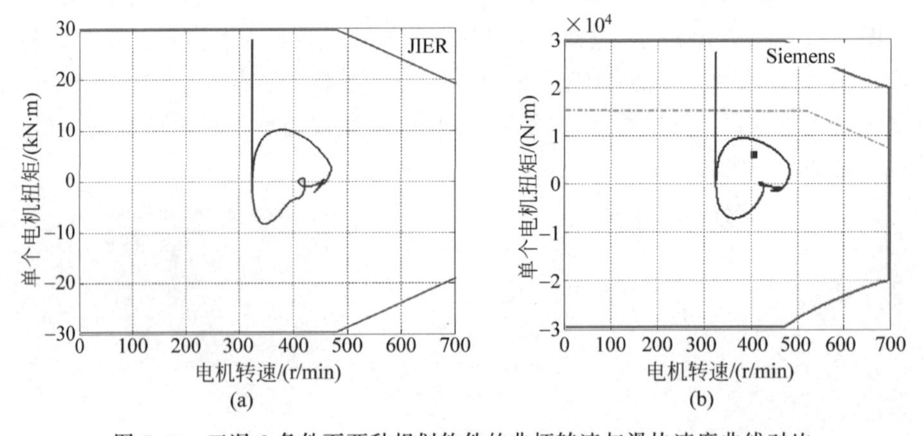

图 7-40　工况 2 条件下两种规划软件的曲柄转速与滑块速度曲线对比

由于一个循环的均方根扭矩反映驱动系统的发热情况，因此，均方根扭矩可以作为能耗指标。进一步给出 JIER JSPP_V1.0 与 Siemens OACamV2.0 所得到伺服压力机运行曲线的均方根扭矩对比结果，如表 7-16 所示。根据表中结果，在 13 种工况条件下，JIER JSPP_V1.0 与 Siemens OACamV2.0 的均方根扭矩基本一致。

表 7-16 两种规划程序在 13 种工况条件下的均方根扭矩对比

指标	$T_{rms,JSPP}$/(N·m)	$T_{rms,OACam}$/(N·m)	差值/(N·m)	百分比/%
1	9275.4	9391.3	−115.9	−1.2
2	6518.8	6226.5	292.3	4.7
3	7042.5	7081.4	−38.9	−0.5
4	7546.7	7572.8	−26.1	−0.3
5	8413.2	7914.6	498.6	6.3
6	5708.3	5404.8	303.5	5.6
7	6208.9	6070.8	138.1	2.3
8	6100.9	5989.9	111	1.9
9	6064.8	5978.7	86.1	1.4
10	8504.5	8664.4	−159.9	−1.8
11	7129.1	7218.9	−89.8	−1.2
12	7882.3	7801.5	80.8	1.0
13	6097.8	5932.3	165.5	2.8
平均				1.62

综合上述对比结果，可以认为 JIER JSPP_V1.0 具有优异的运动规划能力，达到了与 Siemens OACamV2.0 相当的水平，也证明了所提出实用规划方法的有效性。

为了提高伺服规划程序的通用性，要求一套规划程序能够适用于不同的机构类型。因此，曲线规划所基于的压力机运动学模型应不依赖于杆系参数，而根据随机器提供的压力机滑块行程、速度及加速度数据表，提取压力机连杆机构的近似运动学模型。伺服压力机滑块行程、速度及加速度数据表如图 7-41 所示。

常用傅里叶级数来近似执行机构的运动学模型：

$$F_{\mathrm{S}}^{(N)}(\varphi)=A_0+\sum_{i=1}^{N}(A_i\cos(i\varphi)+B_i\sin(i\varphi)),\quad \varphi\in[0,2\pi] \tag{7-76}$$

由于傅里叶级数是正交的，相关系数可以用最小二乘法得到，进而定义逼近偏差为

$$\begin{cases}\varepsilon_s^{(N)}=\max\limits_{\varphi}\left|F_{\mathrm{S}}^{(N)}(\varphi)-s(\varphi)\right| \\ \varepsilon_v^{(N)}=\max\limits_{\varphi}\left|\dfrac{\mathrm{d}F_{\mathrm{S}}^{(N)}(\varphi)}{\mathrm{d}\varphi}-v_{\mathrm{b}}(\varphi)\right| \\ \varepsilon_a^{(N)}=\max\limits_{\varphi}\left|\dfrac{\mathrm{d}^2F_{\mathrm{S}}^{(N)}(\varphi)}{\mathrm{d}\varphi^2}-g_{\mathrm{b}}(\varphi)\right|\end{cases} \tag{7-77}$$

基于上述思路，给出利用傅里叶级数逼近某六连杆机构运动学模型的偏差，如表 7-17 所示，可以看到，10～15 阶级数的逼近精度即可满足运动规划需求。

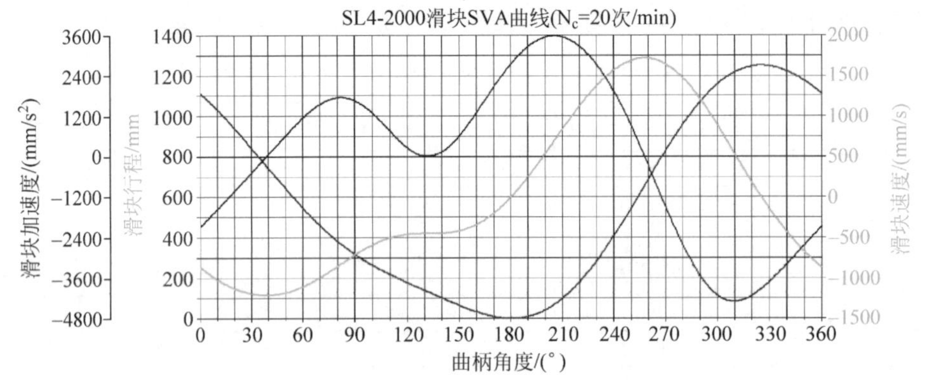

SL4-2000A_SVA_at_10d0spm.xls [兼容模式] -

布局 公式 数据 审阅 视图 负载测试 Au

E25

B	C	D	E
Phi[deg]	S[mm]	V[mm/s]	A[m/ss]
0	1141.215	-415.29	-0.37798
0.1	1140.522	-415.919	-0.37702
0.2	1139.829	-416.546	-0.37607
0.3	1139.134	-417.172	-0.37511
0.4	1138.438	-417.797	-0.37416
0.5	1137.741	-418.42	-0.3732
0.6	1137.043	-419.041	-0.37225
0.7	1136.344	-419.66	-0.3713
0.8	1135.645	-420.279	-0.37035
0.9	1134.944	-420.895	-0.3694
1	1134.242	-421.51	-0.36845
1.1	1133.539	-422.123	-0.36751
1.2	1132.834	-422.735	-0.36656
1.3	1132.129	-423.345	-0.36562

图 7-41　某伺服压力机滑块行程、速度、加速度曲线图与数据表

表 7-17　利用傅里叶级数逼近某六连杆机构运动学模型的偏差

傅里叶级数阶次	$\varepsilon_s^{(N)}$/mm	$\varepsilon_v^{(N)}$/mm	$\varepsilon_a^{(N)}$/mm
5	3.61E−01	2.30E＋00	1.44E＋01
10	1.17E−03	1.35E−02	1.57E−01
15	6.37E−06	1.05E−04	1.75E−03
20	4.10E−08	8.83E−07	1.92E−05
25	2.86E−10	7.49E−09	2.02E−07
30	3.77E−12	6.81E−11	2.09E−09

本节所介绍的伺服压力机运动曲线规划方法为提升伺服压力机的智能化水平提供了重要的保障，满足智能伺服压力机的需求。

7.4　智能伺服压力机实例

7.4.1　20000kN 智能伺服压力机

在前述关键技术的支撑下，济南二机床集团有限公司设计、制造了 20000kN 智能伺服压力机(SL4-2000)，如图 7-42 所示，并在表 7-18 中给出了其主要技术参数。

图 7-42 20000kN 智能伺服压力机

表 7-18 20000kN 智能伺服压力机主要技术参数

名　　称	技术参数
公称力	20000kN
公称力行程	8mm
滑块行程	1250mm
连续行程次数	1～20
行程功	800kJ
模垫吨位	450t
模垫有效行程	350mm
工作台板(左右×前后)	5000mm×2500mm
工作气压	0.46MPa

20000kN 智能伺服压力机用六连杆机构,主传动系统由 4 台伺服电机、2 台储能电机、2 台减速机、2 套中间齿轮轴、2 套偏心齿轮轴、4 套偏心体和滑块组成。该智能伺服压力机的主传动结构如图 7-43 所示,包含减速机传动结构与六连杆传动结构。

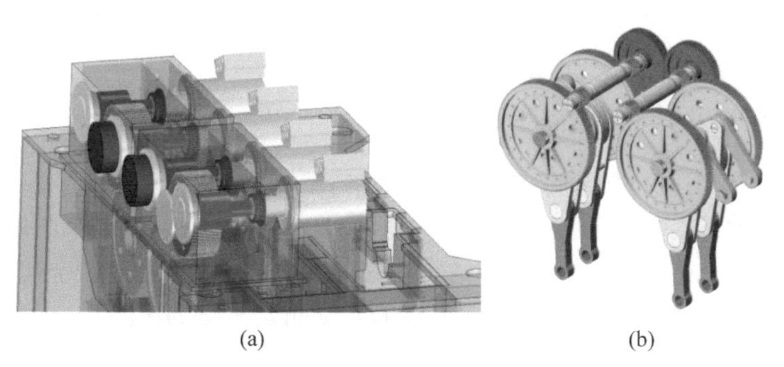

(a)　　(b)

图 7-43 20000kN 智能伺服压力机主传动结构

(a) 减速机传动结构;(b) 六连杆传动结构

伺服系统的配置参数如表 7-19 所示。

表 7-19　伺服系统的配置参数

名　　称	额定	过载
整流器功率/kW	630	945
母线工作电压/V	650	—
伺服电机个数/个	4	—
伺服电机扭矩/(N·m)	6050	10200
伺服电机功率/kW	380	—
储能电机个数/个	2	—
储能电机扭矩/(N·m)	4466	8931
储能电机功率/kW	505	1010

7.4.2　智能伺服压力机的振动测试

伺服压力机在运行过程中的振动特性与传动系统的设计、加工、装配相关，也受到运动曲线规划结果的影响，因此，进一步对所研发的智能伺服压力机进行振动测试，以反映机械系统与伺服系统的匹配情况。

利用加速度传感器，在伺服压力机运行过程中选取若干关键位置进行振动测试，测点布置如图 7-44 所示。

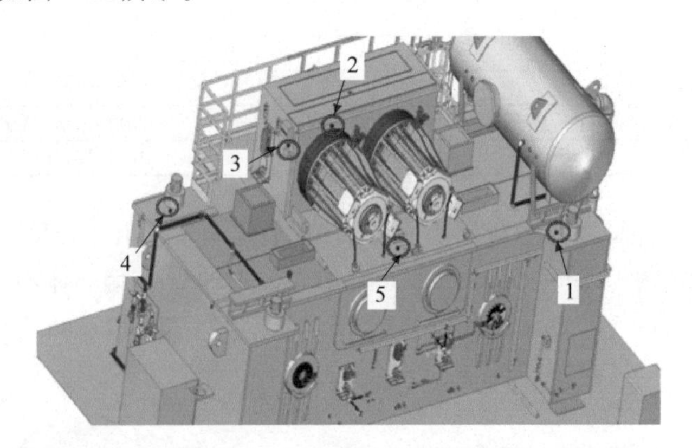

图 7-44　振动测点布置示意图

1—右前拉紧螺栓；2—电机径向及轴向；3—减速箱径向及轴向；4—左前拉紧螺栓；5—横梁顶板

规划不同加速时间与加加速度条件下，伺服电机从 0 扭矩加速变化至最大值扭矩的运动曲线，并采集此过程中的测量信号。以加速时间与加加速度分别为[0.291s　2000m/s^3]与[0.112s　5200m/s^3]为例，测量结果如图 7-45 所示。

进一步在表 7-20 中给出完整的测试数据。可以看到，在不同的加速时间与加加速度条件下，测量信号的幅值均小于 1.2g，而当传动系统的振动加速度小于 1.5g 时不会影响滑块的运行精度，因此，测试结果充分说明了所研发智能伺服压

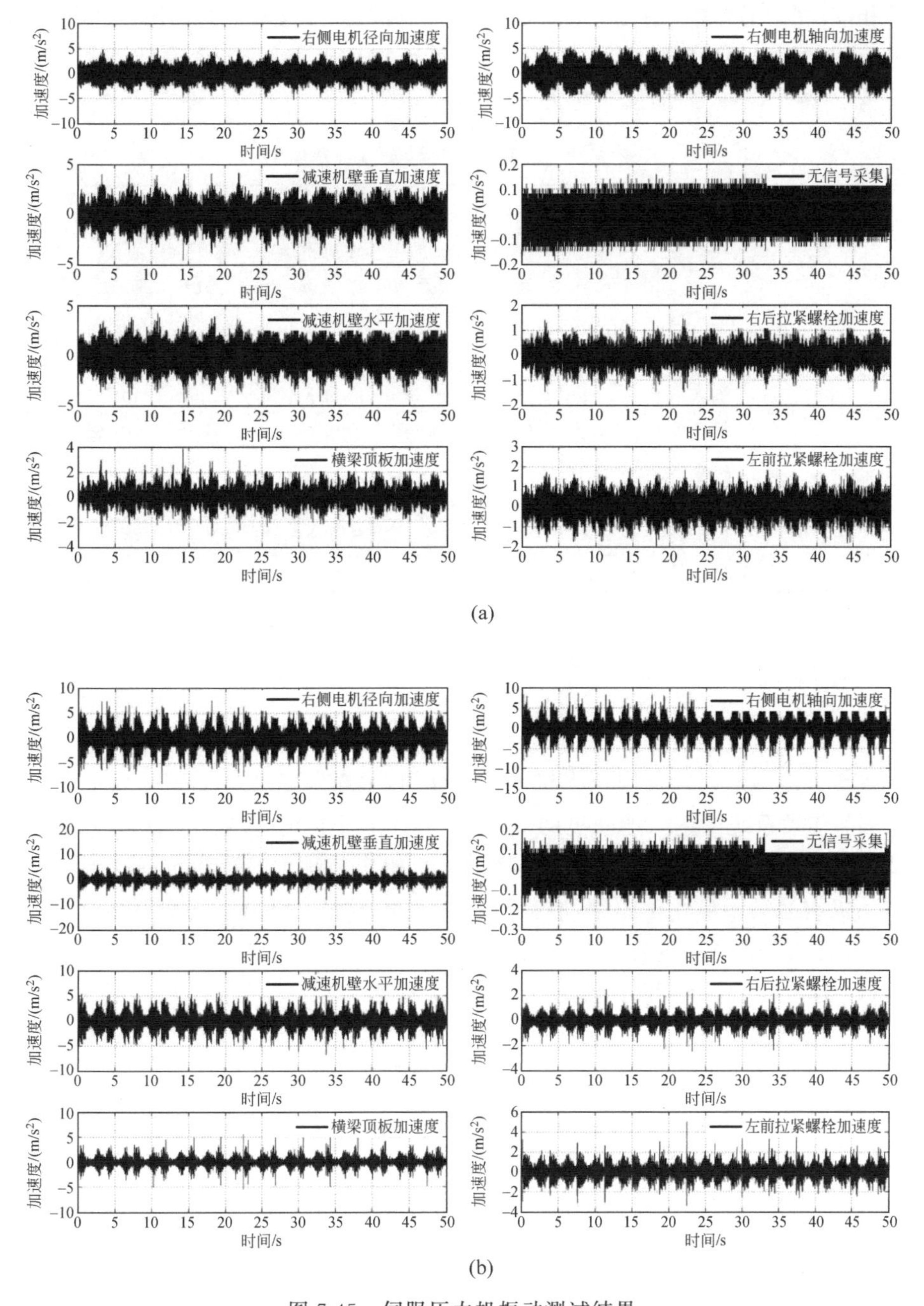

图 7-45 伺服压力机振动测试结果

(a) 加速时间与加加速度为[0.291s 2000m/s^3]时的测量结果；

(b) 加速时间与加加速度为[0.112s 5200m/s^3]时的测量结果

力机具有稳定的运行性能，能够适应不同的工作条件。此外，随着加速时间增大，振动情况逐渐变弱，但也会导致生产节拍变慢，而如何选取合适的伺服电机加速时间及相应的加加速度目前没有具体标准。针对该 20000kN 智能伺服压力机，综合考虑生产节拍及系统稳定性，选定伺服电机由 0 扭矩加速变化至最大扭矩的加速时间为 0.194s，对应的加加速度为 3000m/s^3。

表 7-20 伺服压力机振动测试结果

加速时间与加速度/(s m/s^3)	数值类型	测试结果						
		电机径向	电机轴向	减速机壁垂直方向	减速机壁水平方向	右后拉紧螺栓	横梁顶板	左前拉紧螺栓
[0.291 2000]	最大值	$0.51g$	$0.56g$	$0.42g$	$0.42g$	$0.15g$	$0.38g$	$0.20g$
	最小值	$-0.52g$	$-0.61g$	$-0.45g$	$-0.47g$	$-0.18g$	$-0.35g$	$-0.19g$
[0.194 3000]	最大值	$0.70g$	$1.00g$	$0.78g$	$0.60g$	$0.26g$	$0.63g$	$0.47g$
	最小值	$-0.78g$	$-1.01g$	$-1.06g$	$-0.58g$	$-0.25g$	$-0.61g$	$-0.39g$
[0.145 4000]	最大值	$0.69g$	$0.96g$	$0.86g$	$0.57g$	$0.28g$	$0.67g$	$0.36g$
	最小值	$-1.15g$	$-1.04g$	$-1.01g$	$-0.63g$	$-0.27g$	$-0.67g$	$-0.28g$
[0.112 5200]	最大值	$0.73g$	$1.00g$	$1.00g$	$0.60g$	$0.25g$	$0.70g$	$0.50g$
	最小值	$-0.91g$	$-1.12g$	$-1.39g$	$-0.68g$	$-0.25g$	$-0.55g$	$-0.34g$

7.5 小结

本章系统地对智能伺服压力机进行了介绍，主要内容总结如下：

(1) 传动系统采用六连杆机构，并提出了基于分相组合的优化方法，提高了生产节拍并降低了能耗；基于工艺力曲线规律，确定公称力行程为 8mm；建立了齿轮传动机构运动惯量优化模型，有效降低了系统惯量；提出了平衡器风压调节方法，指导实际中的风压设置。

(2) 建立了伺服压力机运动规划的最优控制模型，提出了一种伺服压力机最优运动求解算法；提出了参数化曲线组合的整体优化法与适于高柔性运动规划问题的分步局部优化的曲线组合法，并开发了伺服压力机运动规划软件 JIER JSPP_V1.0，为伺服压力机的智能化运行奠定了基础。

(3) 给出了 20000kN 智能伺服压力机实例，并开展了振动测试，测试结果表明，智能伺服压力机能够规划不同的运动曲线，并具有良好的运行稳定性。

参考文献

[1] MUNDO D, DANIELI G, YAN H S. Kinematic optimization of mechanical presses by optimal synthesis of cam-integrated linkages[J]. Transactions of the Canadian Society for Mechanical Engineering, 2006, 30(4): 519-532.

[2] SOONG R C. A new design method for single DOF mechanical presses with variable speeds

and length-adjustable driving links [J]. Mechanism and Machine Theory, 2010, 45 (3): 496-510.

[3] HALICIOGLU R, DULGER L C, BOZDANA A T. Mechanisms, classifications, and applications of servo presses: A review with comparisons[J]. Proceedings of the Institution of Mechanical Engineers Part B Journal of Engineering Manufacture,2015,230(7): 64-69.

[4] OSAKADA K,MORI K,ALTAN T,et al. Mechanical servo press technology for metal forming[J]. CIRP Annals - Manufacturing Technology,2011,60(2): 651-672.

[5] 李新忠. 1100kN 交流伺服曲柄压力机噪声控制[J]. 机电工程技术,2010,39(8): 186-187+204.

[6] 夏敏,向华,庄新村,等. 基于伺服压力机的板料成形研究现状与发展趋势[J]. 锻压技术,2013,38(2): 1-5+13.

[7] 叶春生,侯文杰,张军伟,等. 数字伺服压力机控制系统的研究[J]. 锻压技术,2009,34(6): 117-121.

[8] HSIEH W H,TSAI C H. On a novel press system with six links for precision deep drawing [J]. Mechanism and Machine Theory,2011,46(2): 239-252.

[9] BETTS J T. Practical Methods for Optimal Control and Estimation Using Nonlinear Programming[M]. Phiadelphiai Society for Industrial and Applied Mathematics,2010.

第8章

智能冲压生产线

8.1 引言

汽车覆盖件.jpg

汽车覆盖件的冲压成形需要通过冲压生产线完成。图 8-1(a)所示为济南二机床集团有限公司研发的由 1 台 20000kN 智能伺服压力机(SL4-2000)与 3 台 10000kN(J39-1000)机械压力机组成的伺服机械混合冲压生产线,其布局情况如图 8-1(b)所示。

(a)

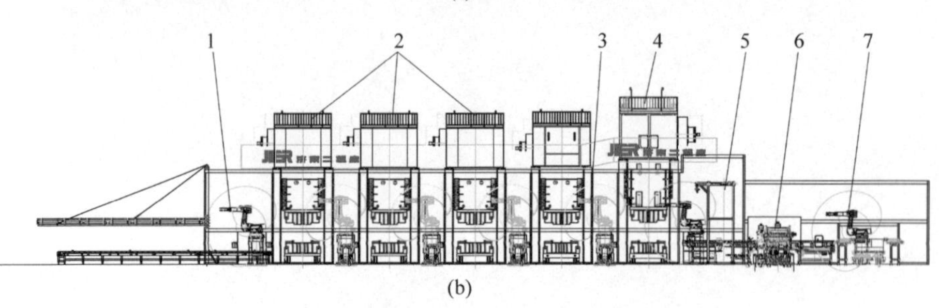

(b)

图 8-1 伺服机械混合冲压生产线及其布局图

(a) 伺服机械混合冲压生产线;(b) 伺服机械混合冲压生产线布局图

1—下料机器人;2—机械压力机;3—送料机器人;4—伺服压力机;5—光学对中装置;6—清洗涂油机;7—上料机器人

如图 8-2(a)所示为济南二机床集团有限公司研发的国内首条 50000kN 全伺服冲压生产线，包含 1 台 20000kN 智能伺服压力机(SL4-2000)与 3 台 10000kN (SL4-1000)智能伺服压力机，其布局情况如图 8-2(b)所示。

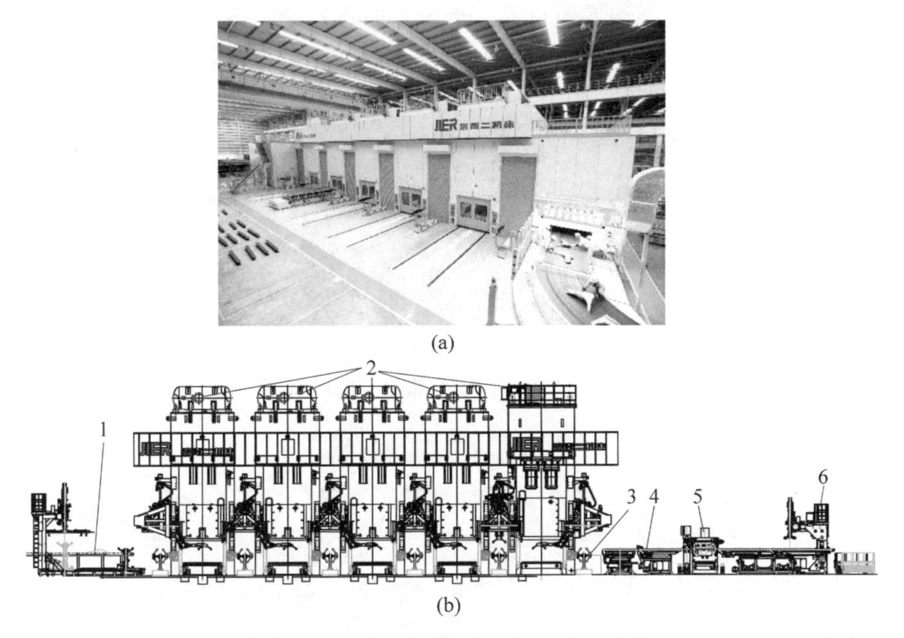

图 8-2　全伺服冲压生产线及其布置图

(a) 全伺服冲压生产线；(b) 全伺服冲压生产线布置图

1—线尾收料；2—伺服压力机；3—双臂送料装置；4—视觉对中装置；5—清洗机；6—上料装置

可以看到，不论是混合机型冲压生产线，还是全伺服冲压生产线，均是以伺服压力机为核心[1-2]，同时配备上料装置、清洗装置、对中装置、送料装置与下料装置等辅助设备的复杂系统。为实现多种新型材料的高品质共线柔性生产，就必须突破冲压生产线的智能化技术，提升冲压生产线的智能化水平。

本章将在第 7 章的基础上，进一步介绍以智能伺服压力机为核心的智能冲压生产线，8.2 节为冲压生产线的智能化技术；8.3 节为智能冲压生产线的运动规划；8.4 节为冲压生产线管理的智能化；最后在 8.5 节中给出智能冲压生产线运行实例。

8.2　冲压生产线的智能化技术

冲压生产线的主要智能化技术包括：

(1) 智能化不间断拆垛技术。通过设计双工位拆垛，结合感应装置，由拆垛机器人自动更换拆垛工位，实现整线连续运转的不间断拆垛。

（2）智能化板料视觉对中技术。利用影像学原理，对比扫描仪成像结果与板料位置数据，利用对中台的精确运动补偿板料位置，确保板料传递质量。

（3）智能化整线全自动换模技术。基于现场总线控制与多压力机间协同换模网络通信，实现整线不同功能部件的有序动作，保证换模质量与效率。

8.2.1 智能化不间断拆垛技术

传统拆垛技术与装置在垛料高度识别、垛料高度调整及双料检测准确性等方面均存在不足，且无法自动识别、自动更换拆垛工位，造成板料浪费，导致生产效率下降，更为重要的是，无法满足多品种材质共线生产的要求。

为解决上述问题，对混合智能化不间断拆垛技术进行了研究。首先设计了如图 8-3 所示的板料分张装置，主要包含吹气部件、掀料部件及接料部件。

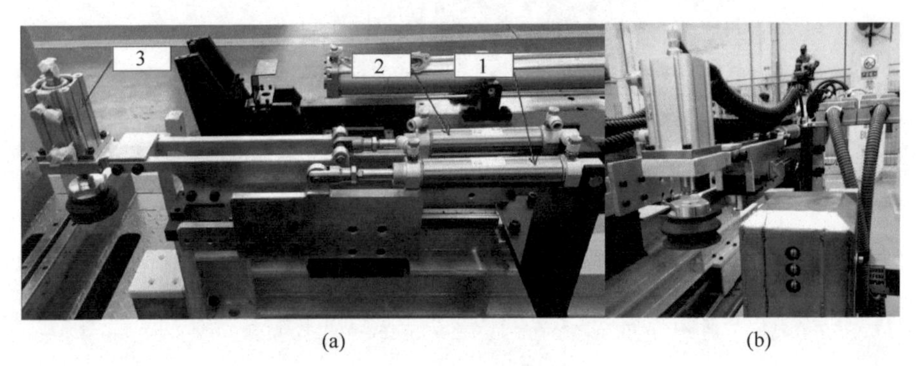

图 8-3　板料分张装置

1—2 号气缸；2—1 号气缸；3—3 号气缸

分张工作流程描述如下：当垛料放置之后，板料分张装置整体移动，1 号气缸推动掀料部件运动（吸盘位于板料区域），前端吹气部件（喷嘴）开始通气，同时带吸盘的气缸（3 号气缸）开始动作（落下），由真空系统控制吸住表面第一张板料，然后抬起，此时第一张板料和第二张板料的边缘将产生一定的间隙，2 号气缸推动接料铲，伸入第一张板料和第二张板料之间的间隙，托住第一张板料的边缘，3 号气缸杆端的吸盘松开板料，气缸抬起，同时喷嘴吹出的压缩空气顺着产生的间隙不断吹气，使间隙面积不断增大，最终在第一张板料和第二张板料之间形成空气层，此时分张任务完成，拆垛手落下吸住板料，1 号气缸回动，掀料装置到位，拆垛手抬起将板料送走，完成一个循环动作。分张装置不断重复前序动作，实现拆垛手的不间断拆垛。

进一步布置拆垛单元，如图 8-4 所示。图中皮带机位置为整线物流位置，皮带机两侧各有一个垛位。

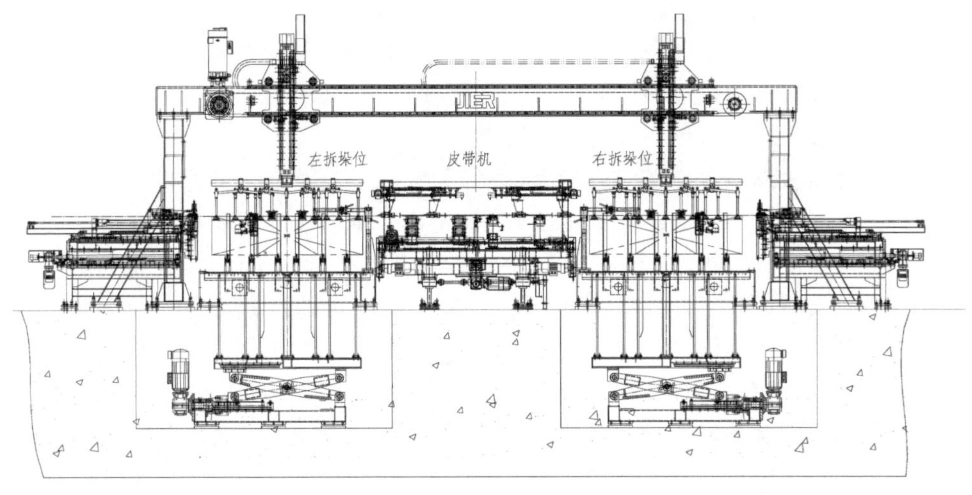

图 8-4　拆垛单元布置

拆垛单元的工作流程描述如下：首先假设从左侧开始生产第一垛料，当整线开始工作时，左侧垛位放好料后，举升台将垛料整体举升到取料位置，系统进入板料分张模式，板料分张完成之后，拆垛手将板料吸起，送到皮带机上，然后拆垛手返回取下一张料，如此重复循环，当取完最后一张料后，系统将信息发送给拆垛手，拆垛手将最后一张板料放到皮带机上后，向右移动到右侧垛位，此时右侧垛位已经做好拆垛准备，进而开始拆垛，不断循环"取料—送料—放料—返回"的动作。

拆垛手在左右两个垛位之间切换时不影响整线的生产节拍，实现了连续拆垛功能。由于整线节拍要求较高，同时拆垛提升行程大，送进时速度较快，而直线导轨的速度特性较差，最终选用滚轮导轨以满足使用要求。

通过板料分张装置与拆垛单元，实现了冲压生产线混合智能化连续拆垛功能，改变了过往汽车制造企业更换板料材质时需要重新更换送料系统的落后模式，实现了自动识别板料材质与自动更换送料系统，大大提升了冲压生产效率。

8.2.2　智能化板料视觉对中技术

传统的冲压板料定位方法包括重力对中和机械对中，但上述两种方法均会产生较大的定位误差，进一步导致机器人无法准确抓取工件。此外，传统对中方法缺少柔性且智能化水平较低，无法满足智能冲压生产线的要求。为了实现板料的快速、精确定位，提升生产效率与智能化水平，研发了智能化板料视觉对中技术。

对冲压生产线首的机器人自动上料过程进行分析。由拆垛机器人拆卸下来的冲压板料经过传送带后停止于压力机前的某一个固定位置，然后由上料机器人自动抓取冲压板料并放进压力机模腔。在实际应用过程中，由于传送装置的系统误差，尤其是当冲压板料需要经过清洗涂油时，每块冲压板的停止位置并不能保证完全一致，即该“固定位置”并不固定。如果误差较大，将导致上料机器人无法准确地将冲压板料放进压力机，此时，对中系统需要确定冲压板的当前方位，才能保证上料机器人准确地将冲压板料放进压力机。

由于冲压板总是紧贴在传送带上，而传送带是一个固定的平面，因此，板料定位实际上是一个典型的二维视觉定位问题，涉及平面平移运动和垂直方向上的运动。为解决该定位问题，首先以对中台的基坐标系作为参考坐标系，并将标定后的扫描仪垂直安装；当传送一个新的冲压板料时，对获得的位置、大小、运动轨迹等数据进行分析与计算，通过对中台示教出合适的抓取姿态，定义并存储该冲压板的零位置，同时视觉系统为该冲压板料定义了相应的工件坐标系，并计算出冲压板上的各个固有标记点在该坐标系下的坐标；针对不同工件型号，通过扫描仪分别搜索识别出该冲压板料上引入时定义的各个固有特征标记点，即可计算出其相对于示教位置的偏差矢量。

上述工作过程可描述如下：皮带机传送板料经过扫描仪，扫描仪实时地获取板料位置、大小、速度、加速度、运动轨迹等信息，计算机对这些信息进行理解和分析，并对影像进行匹配；PLC 将匹配数据传送给对中台，板料经皮带机送入对中台后，对中台通过侧移和旋转纠正板料的位置，相关运动由伺服电机驱动；对中后的板料由上料机械手送入压力机。图 8-5 所示为单张板料对中图与双张板料对中图。

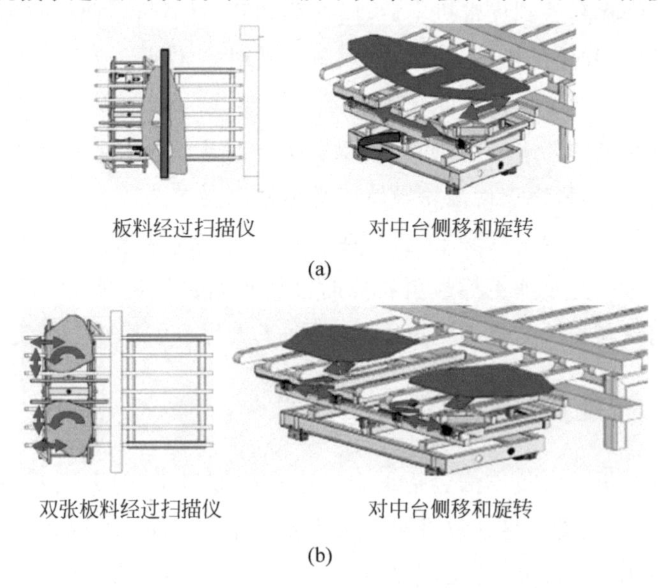

图 8-5　单张板料对中图与双张板料对中图

(a) 单张板料对中图；(b) 双张板料对中图

智能化板料视觉对中技术的关键步骤包括：图像采集与处理；对中台纠偏。

1．**图像采集与处理**

当一个新的冲压板料从首台压力机模具中取出放回对中台时，视觉软件对该板料在扫描仪中的画面点位与对中台示教点位的关系进行标定，同时完成初始板料的特征识别，而示教完成的上料位置为板料零位置，此时板料的上料偏差值为零。此外，视觉系统为冲压板料定义了一个工件坐标系，并计算出冲压板料上各个固有标记点在该坐标系下的坐标。

当抓取其他板料后，板料位置发生变化，视觉系统通过扫描仪搜索和识别出该冲压板料上的各个特征点，通过系统软件计算出其相对于示教位置的偏差矢量，包括横坐标偏移量、纵坐标偏移量与偏转角度。对中台把该偏差值存入位置寄存器中，进一步将偏差值补偿到初始位置来实现工件的精准上料。

2．**对中台纠偏**

板料经磁性皮带机送入对中台，对中台设计成上下两层结构，上层整体可以实现前、后、左、右四个方向的侧移和水平旋转运动，当 PLC 将扫描仪的匹配数据传送给对中台后，对中台通过侧移和旋转纠正板料位置。对中台的上层又分为左、右两个单元，每个单元可单独实现前、后、左、右四个方向的侧移和水平旋转运动，以便对双张板料进行快速对中，而对中后的板料由上料机械手送入压力机。

智能化板料对中技术是一种动态目标视觉定位技术，其优点包括：

(1) 无机械挡块，避免对板料边缘造成损伤；

(2) 可对任意形状的板料进行对中；

(3) 单/双张板料均可对中；

(4) 不受环境光线变化的影响；

(5) 在板料传送过程中就可进行图像采集，速度更快；

(6) 示教简单方便，只需反向将板料从首台压力机模具中取出放回对中台即可。

基于所研发的智能化板料视觉对中技术，可对任意形状的单/双张板料进行快速、精确对中，且示教简单，有效缩短了定位时间，提高了板料对中的智能化水平，弥补了传统对中方法的不足，满足智能冲压生产线的需求。

8.2.3　智能化整线全自动换模技术

传统的人工换模方式和半自动换模技术均已不能满足智能冲压生产线的要求，因此，需要进一步通过软硬件优化，研发智能化整线全自动换模技术，拓展自动换模形式，全面提升换模速度，使换模时间减少至 2.5min 以内，提升冲压生产效率。

整线全自动换模包含近百个动作，涉及多台压力机与几十个功能部件。例如，主机参数根据识别的模具参数信息自动调整，滑块装模高度依据模具参数通过编码器反馈进行自动调整，液压模具夹紧器自动行走、夹紧或放松，双移动工作台自动调速、交换和对接，端拾器自动更换等。为保证整线换模过程顺利进行，首先需要优化调整换模时序，制定详细的换模时序图，对换模过程中的每一个动作进行分解，计算相应的时间，并保证各部件能够达到相应的分解目标。

下面以工作台移动为例，进行时间计算。拟选用减速机的额定功率与扭矩分别为 5.5kW 与 3250N·m，滚轮直径为 345mm，小车与模具总质量为 63t，摩擦系数范围为 0.02～0.03，小车移动的理想速度为 15m/min。首先对减速机功率与扭矩进行校核，当转速为 16r/min 时，小车的实际移动速度为 17m/min，此时减速机的功率与扭矩分别为 4.86kW 与 2662.5N·m，均在额定范围内，因此，小车移动速度可取 17m/min。进一步计算移动过程的总时间，加速段与减速段的时间分别为 5.3s 与 5s，而匀速段的行程为 6800mm，运动时间为 24s，则可得该动作的总时间为 34.3s。为保证动作达到要求，在部件设计方面，主电机应采用响应能力较强的交流变频电机，加强调速功能，同时在移动工作台夹紧顶起环节，应适当增加电机功率并调高液压泵的流量参数。

对换模过程中的各动作依次进行分解与优化，最终得到如图 8-6 所示的换模时序图。

LS4-2250(X1)＋J39-1000(X3)			
标识号	名　　称	时间/min	前序
60	J39-1000 单机 ADC(2 号压力机)	146	
61	本机 ADC 开始	0	
62	封闭高度增大	6	61
63	滑块下行到 BDC	2	62
64	上模夹紧器松开	5	63
65	上模夹紧器退出	5	64
66	上模夹紧器夹紧	5	65
67	滑块上行到 TDC	2	66
68	废料槽关盖	10	67
69	MB 安全门升起	15	67
70	MB 松开	15	67
71	数据交换	2	67
72	平衡器风压自动调节	90	71
73	滑块装模高度调节	75	71
74	MB 顶起	10	70
75	MB 开出	45	69、74、68
76	MB 开入	45	69、74
77	MB 安全门落下	15	75、76
78	MB 落下	13	76
79	MB 夹紧	13	78
80	废料槽开盖	10	76
81	滑块下行到 BDC	2	73、77、79、106
82	上模夹紧器松开	5	81

图 8-6　优化调整后的换模时序图

LS4-2250(X1)+J39-1000(X3)			
标识号	名　　称	时间/min	前序
83	上模夹紧器进入	5	82
84	上模夹紧器夹紧	5	83
85	滑块上行到 TDC	2	84
86	装模高度调整到封闭高度	5	85
87	工具车安全门升起	13	61
88	工具车开入	30	87
89	工具车定位销插入	2	88
90	交叉杆倾斜	4	67
91	交叉杆运动到辅助更换位置 1	3	90
92	交叉杆运动到交叉杆支撑架上方	1	91、89
93	交叉杆被放置到交叉杆支撑架上	1.5	92
94	交叉杆与送料臂脱开	4	93
95	送料臂慢速攀升脱开并检查	1.5	94
96	交叉杆运动到辅助更换位置 2	4	95
97	工具车定位销打开	2	95
98	工具车开出	30	97、96
99	工具车开入	30	97、96
100	工具车定位销插入	2	99
101	送料单元运动到辅助更换位置 1	4	99
102	送料臂到支架上取交叉杆	1.5	100、101
103	交叉杆与送料臂连接	4	102
104	送料臂带着交叉杆升起并检查	1.5	103
105	送料单元运动到辅助更换位置 1	1	104
106	送料单元运动到 HOME 位置并旋转	6	105
107	工具车定位销打开	2	104
108	新工具车开出	30	107、105
109	工具车安全门落下	13	108、98
110	检查点	1	72、109、86、80
111	本机 ADC 结束	0	110
112			
113	J39-1000 单机 ADC(3 号压力机)	146	
114	本机 ADC 开始	0	
115	ADC 耗时	146	114
116	ADC 结束	0	115
117			
118	J39-1000 单机 ADC(4 号压力机)	146	
119	本机 ADC 开始	0	
120	ADC 耗时	146	119
121	ADC 结束	0	120

图 8-6(续)

整线通信使用西门子 PROFINET 通信。PROFINET 是一种实时以太网,采用 TCP/IP 和 IT 标准,实现现场总线系统的无缝集成。通过 PROFINET,分布式现场设备(如现场 IO 设备)可直接连接到工业以太网,与 PLC 等设备通信,可以达到与现场总线相同或更优的响应时间,其典型的响应时间通常在 10ms 数量级,满足整线全自动换模需求。

进一步利用西门子 WINCC 组态软件确定全自动换模组态。WINCC 是集生产自动化和过程自动化于一体的软件,具有高效的智能组态工具,通过

PROFINET IO 实现实时操作。所确定的整线全自动换模组态图如图 8-7 所示。

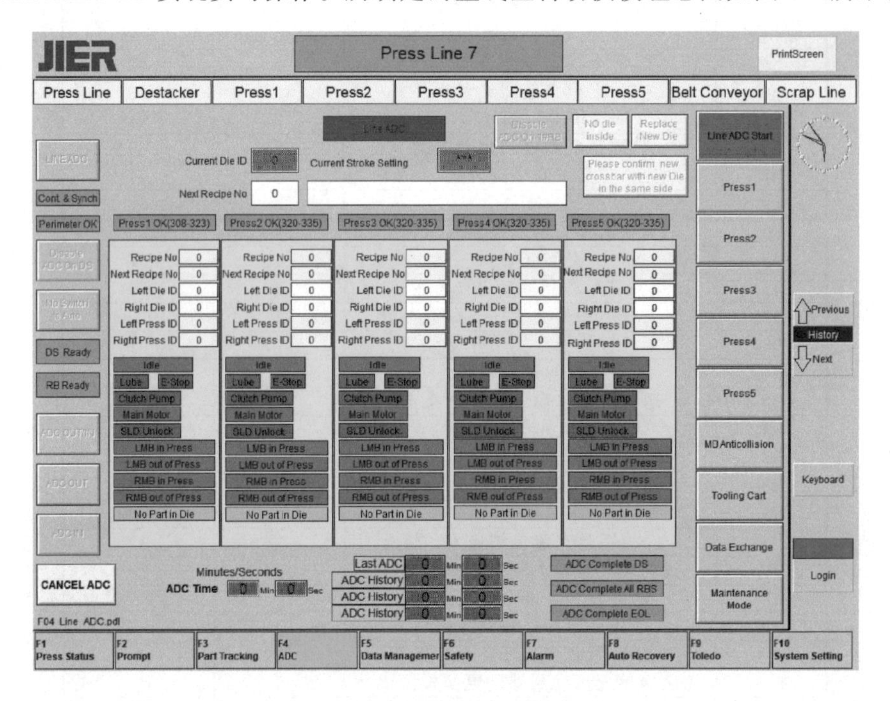

(a)

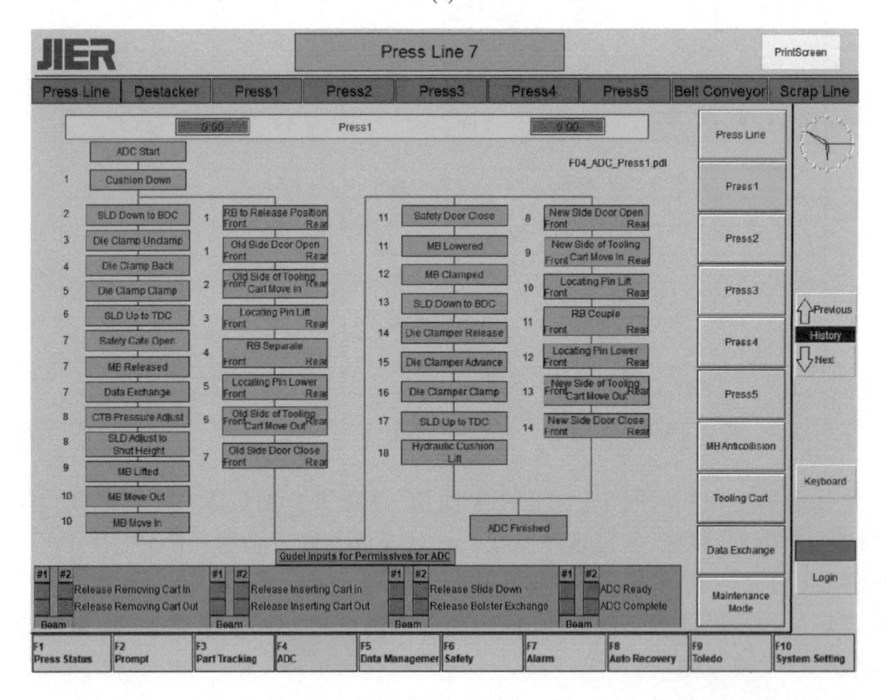

(b)

图 8-7　整线全自动换模组态图

在进行全自动换模控制时，基于西门子300系列319-3 PN/DP PLC，同时整线使用PROFINET通信，可有效降低传输时间，保证实时性，缩短整线全自动换模时间。图8-8所示为整线全自动换模控制框图。

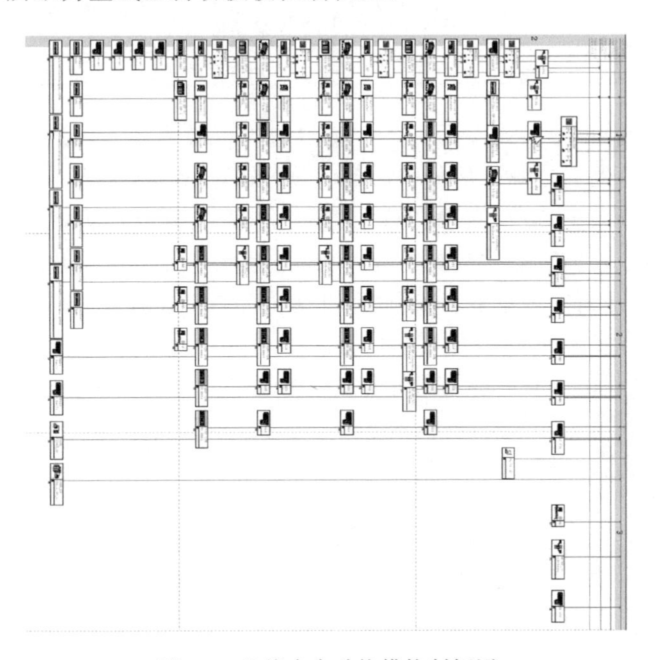

图8-8　整线全自动换模控制框图

经测试，利用所研发的智能化整线全自动换模技术，整线最终换模时间为2.3min，达到设计指标，全面提升了冲压生产效率，满足智能冲压生产线的要求。

8.2.4　智能化轴承失效在线检测技术

在冲压生产线长期运行过程中，压力机高速轴前后支承轴承、主电机轴承、小皮带轮轴承等关键零件易损坏、失效，造成设备故障或安全事故。因此，对于智能冲压生产线，需要对这些关键轴承进行在线检测，分析可能出现的问题和故障，及早发现轴承初期失效特征，进而避免因轴承损坏、失效造成的停机故障，减少相应经济损失。

压力机传动系统轴承状态测点分布方案与传感器类型如表8-1所示。

表8-1　轴承状态测点分布方案与传感器类型

检测对象	传感器布置位置	传感器类型	数量
高速轴	轴承座	冲击脉冲传感器	3
		振动传感器	3
中间轴	轴承座	冲击脉冲传感器	4

续表

检测对象	传感器布置位置	传感器类型	数量
小皮带轮轴	小皮带轮轴两端	冲击脉冲传感器	2
		振动传感器	2
主电机轴	轴承端盖部位	振动传感器	2

在线检测系统如图 8-9 所示,各传感器通过信号线接入多通道的 BNC 盒,进而将传感器获得的冲击脉冲信号和振动信号传输至数据采集器。通过数据采集器中的监测与诊断系统,可在变载、变速工况条件下,实现对压力机各关键轴承状态的检测与分析。目前主要的检测与分析功能包括:①轴承和齿轮冲击脉冲测试和冲击脉冲频谱,从而实现设备早期预警,并解决超低转速或超高转速条件下的诊断难题;②智能专家分析系统,能有效区分轴承和齿轮故障;③振动量的显示及其趋势图,解决对中平衡分析问题;④可实现征兆趋势分析的频谱。

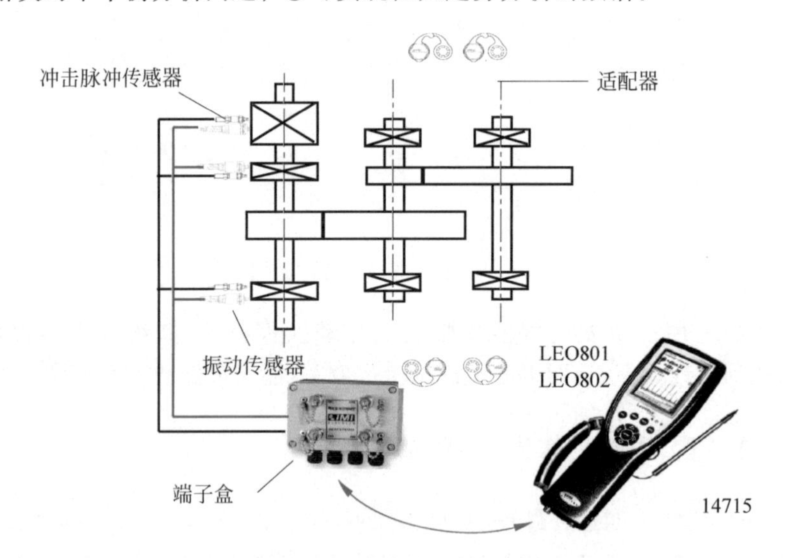

图 8-9 在线检测系统示意图

通过智能化轴承失效在线检测技术,可以实时监测轴承的实际工作状态,同时基于在线检测数据,可以及早地对轴承可能出现的故障进行分析与预警,提前发现轴承初期失效特征,避免因轴承失效造成的停机故障,满足智能冲压生产线的要求。

8.3 智能冲压生产线的运动规划

智能冲压生产线的运动规划,其本质是对整线各设备运动的调优。从整线角度上重新整合压力机的运动规划求解技术,不仅可以提升整线生产节拍并降低能耗,还可以显著地缩短试模时间和生产准备时间。

8.3.1 整线运行模式与运动优化问题

伺服冲压生产线运行动画.mp4

以全伺服冲压生产线为例，其常用的送料形式包括六轴工业机器人，以及单臂、双臂送料系统。采用工业机器人时，整线的节拍一般在15次/min以下，而采用单、双臂送料系统时，整线的最高生产节拍可达18次/min。

考虑到伺服驱动的特点，伺服压力机适合在连续模式下运行，这样有助于降低能耗、延长机械系统寿命和减小驱动系统的热负荷。当伺服压力机按连续模式运行时，整线一般处于同步连续模式，而送料装置可以连续或单次运行。

当整线处于同步模式时，对整线运动规划影响较大的是各压力机间的同步方式，即按固定相位差还是可变相位差。前者指冲压任何零件时，相邻压力机间的相位差均按设定值；后者指压力机间的相位差可根据冲压零件进行调整，以保证整线各设备运动平滑且配合协调。由于固定相位差对送料系统运动规划影响较大，将使整线运动规划变得极为复杂，且没有明显的益处，因此，后续将主要介绍可变相位差模式下的整线运动规划。

图8-10所示为典型的整线运动规划求解过程。从图中可以看到，整线运动优化需要经过多次交互、反复求解。为了减少实际试模时间，往往结合3D仿真技术，在离线情况下提前精确地调整送料曲线和伺服压力机运动曲线。此外，在整线运动优化过程中，对于设备的运动规划分为两类，即按设备能力的最高节拍规划与运动同步性约束条件下的综合优化。

8.3.2 整线运动优化算法及优化结果

1. 优化原理

伺服冲压生产线整线运动规划包括瓶颈工位的节拍优化，以及非瓶颈工位各设备的速度优化与曲线综合优化。瓶颈工位是指在该工位范围内，当满足最低限度安全距离后，各设备的运动速度发生微小变化，并影响整线节拍。在整线求解过程中，会出现一些特殊情况，包括：①整线没有瓶颈工位，此时若不考虑自动化送料因素，不存在优化死区，但在实际生产过程中，由于模具结构特点，对某个工位的送料时间或模具开合角度有一定的要求，进一步对送料手的送料时间与加减速时间产生了影响，一些设备受到自身速度特性限制，无法满足要求，进而产生了相应的瓶颈设备；②由于模具形状过于复杂，即使在连续模式的最低容许节拍下，仍至少有一个工位无法满足最低限度的安全距离要求。这些特殊情况必须通过整线优化算法进行合理解决。

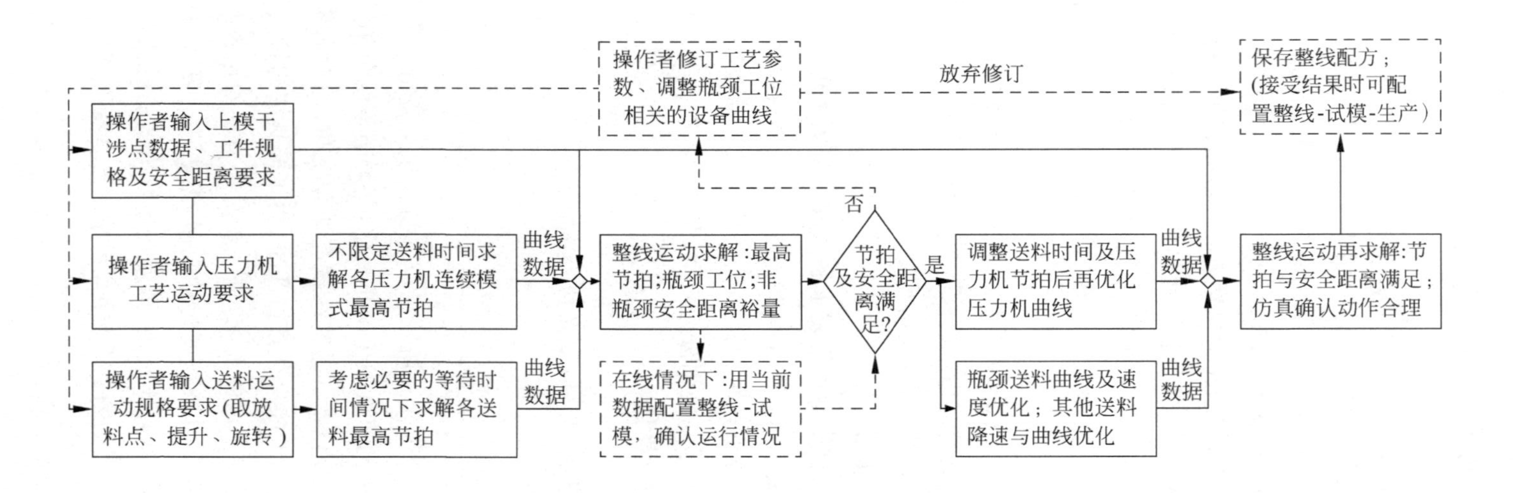

图 8-10 典型的整线运动规划求解过程

当存在瓶颈工位时，其运行周期如图 8-11 所示。该工作周期分为 4 部分，其中Ⅰ为从模区闭合到工作段以前的调整段，Ⅱ为工作段，Ⅲ为回程到模区打开前的过渡段，Ⅳ为模区打开的送料区段。送料区段又分为 3 部分，τ_{ULs} 为下料手单独处于瓶颈模区内的时间，τ_{LDs} 为上料手单独处于瓶颈模区内的时间，τ_{IntFd} 为两手共同处于瓶颈模区内的时间。对于瓶颈工位，关于最高整线节拍有以下等式成立：

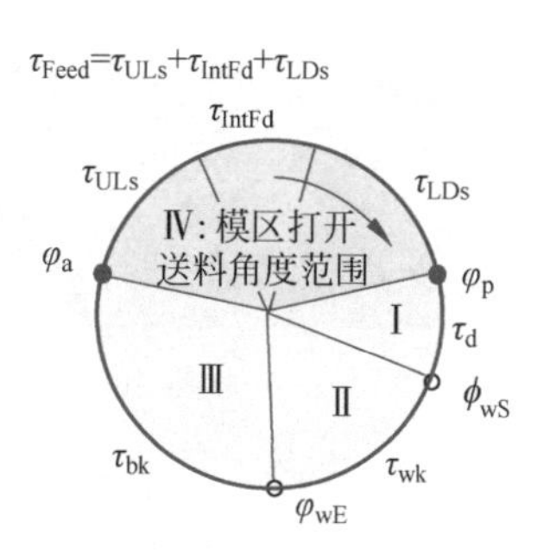

图 8-11　瓶颈工位压力机的工作周期示意图

$$n_{c,Line,max}=\frac{60}{(\tau_d+\tau_{wk}+\tau_{bk})+\tau_{ULs}+\tau_{IntFd}+\tau_{LDs}} \tag{8-1}$$

该式即表示各项时间已不可再压缩。

对于有瓶颈工位的情况，每一时刻至少有一个瓶颈设备。对应Ⅰ、Ⅱ、Ⅲ区段的瓶颈设备为压力机，对应 τ_{ULs} 区段的瓶颈设备为下料手，对应 τ_{LDs} 区段的瓶颈设备为上料手，对应 τ_{IntFd} 区段的瓶颈设备包括上、下料手。

对于有瓶颈工位的情况，冲压生产线整线运动优化达到最高节拍的理想情况可描述为：①瓶颈工位各送料手对上模的竖向安全距离达到容许最小值；②瓶颈工位各设备在其作为瓶颈设备的区段内运行其自身曲线的能力已达饱和；③上、下料手在 τ_{IntFd} 区段内的动作配合已达最优，即工件间的安全距离已达最小。上述 3 点是整线运动优化的目标及原则。

2. 干涉曲线与干涉评估

整线评估的基本方法是安全距离评估。评估送料对上模竖向安全距离的方法是干涉曲线法，即评估送料、横杆、端拾器、工件等运动系统相对上模坐标系的运动。图 8-12 所示为上模与送料 2D 干涉分析，图 8-13 所示为整线 2D 带件安全距离评估，均由济南二机床集团有限公司研发的规划软件 JAMP_V1.0 完成。

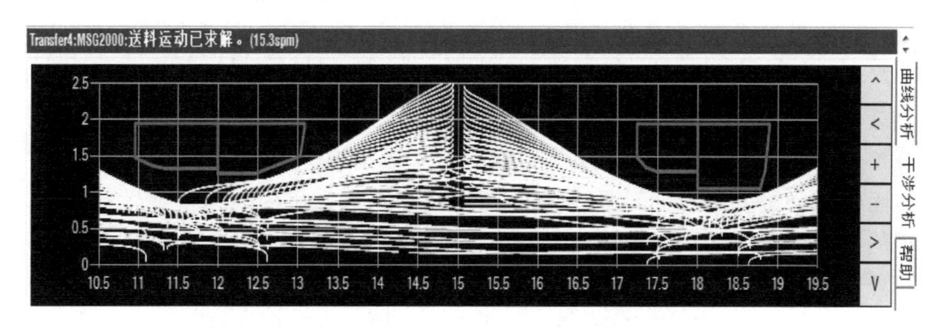

图 8-12　上模与送料 2D 干涉分析(spm 表示“次/min”)

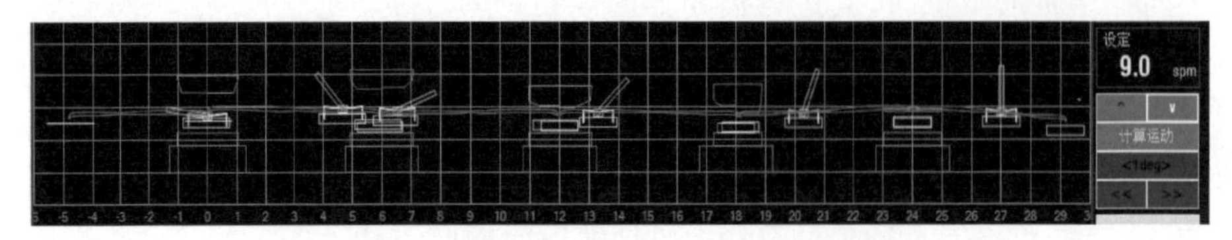

图 8-13　整线 2D 带件安全距离评估(spm 表示"次/min")

在进行干涉分析时，需要简化上模的 2D 干涉轮廓，如图 8-14 所示，一般可简化为 2D 干涉点组，而点的数量可以不限制。

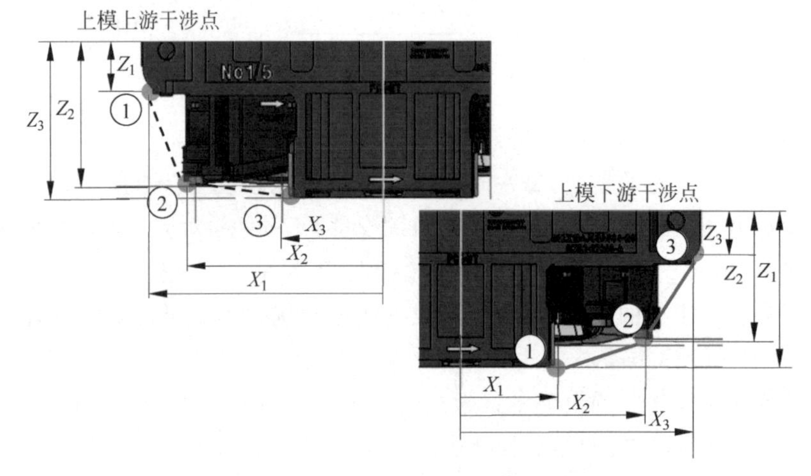

图 8-14　上模 2D 干涉轮廓简化示意图

3. 优化算法及结果

整线运动节拍优化求解流程如图 8-15 所示。整个过程是"估值-评估、再估值-再评估"的迭代过程，其中，送料间相位差只需优化一次。对于全伺服冲压生产线，压力机与下料手间的相位差也只用优化一次，而对于伺服-机械混合冲压生产线及全机械冲压生产线，压力机与下料手间的相位差优化在每次迭代时均需要重复。大量计算结果表明，当最小安全距离的容差在±5mm 内时，总迭代次数将不超过 10 次。

进一步基于所提出的整线运动规划算法，给出求解整线冲压汽车前围板时最高节拍的算例。所采用的压力机参数取自上海通用汽车有限公司订购的济南二机床集团有限公司生产的全伺服冲压生产线，送料系统则采用高速单臂送料系统，前围板的模具、工件、端拾器规格依据实际参数。

计算结果表明，整线冲压前围板时的最高节拍不低于 18 次/min，且各工位的安全距离相对最小值均有富余，如表 8-2 所示，即整线不存在瓶颈工位。

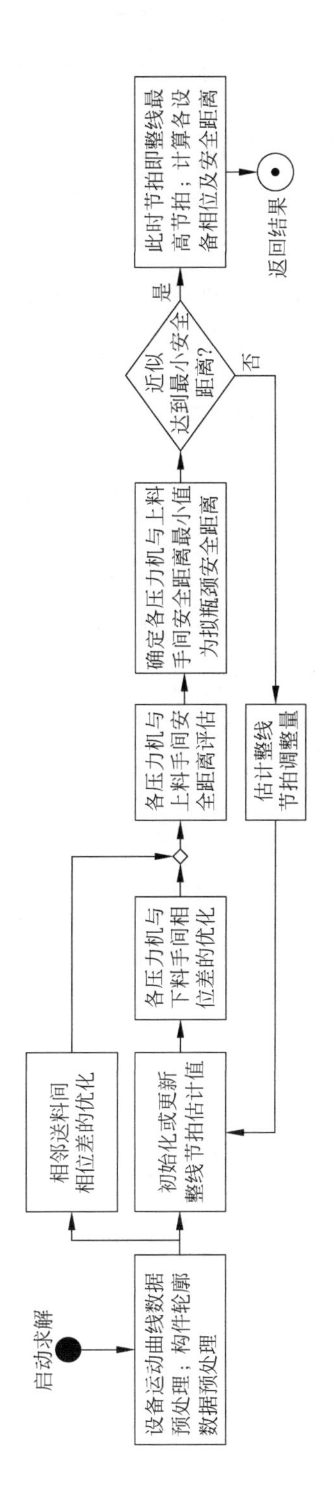

图 8-15　**整线运动节拍优化求解流程**

表 8-2　生产节拍为 18 次/min 时各工位的安全距离

安全距离参数	整线各工位的评估安全距离				
	OP10	OP20	OP30	OP40	OP50
上模上游竖向安全距离/mm	139.8	177.4	178.8	178.8	296.2
上模下游竖向安全距离/mm	99.7	101.0	101.0	101.0	98.7
模区内送料间带料水平向安全距离/mm	95.7	109.5	95.0	95.0	105.4

进一步给出整线优化求解后的压力机运行曲线，包括 20000kN 伺服压力机及 10000kN 伺服压力机，结果如图 8-16 和图 8-17 所示。与原有运行曲线对比后可知，整线优化求解后的压力机运行能耗更低。此外，图 8-18 中给出了单臂送料手在上模坐标系下的干涉情况，可以看到，整线优化求解后的上、下料机械手与压力机间的安全距离较为均衡。

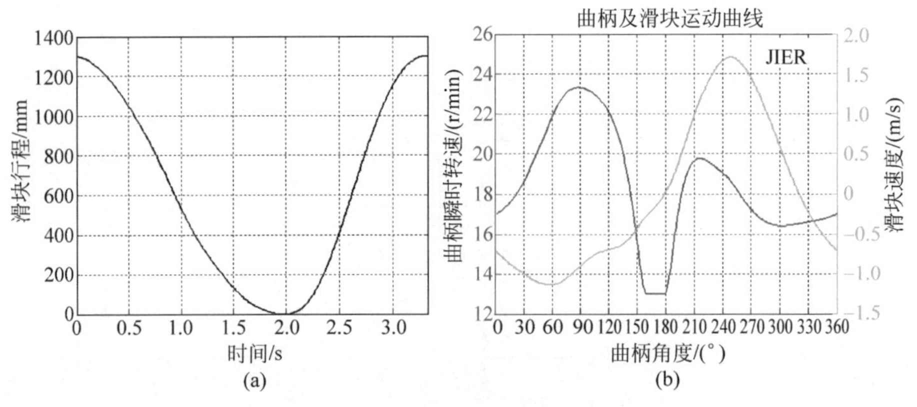

图 8-16　20000kN 伺服压力机的运行曲线

(a) 滑块行程曲线；(b) 曲柄及滑块运动曲线

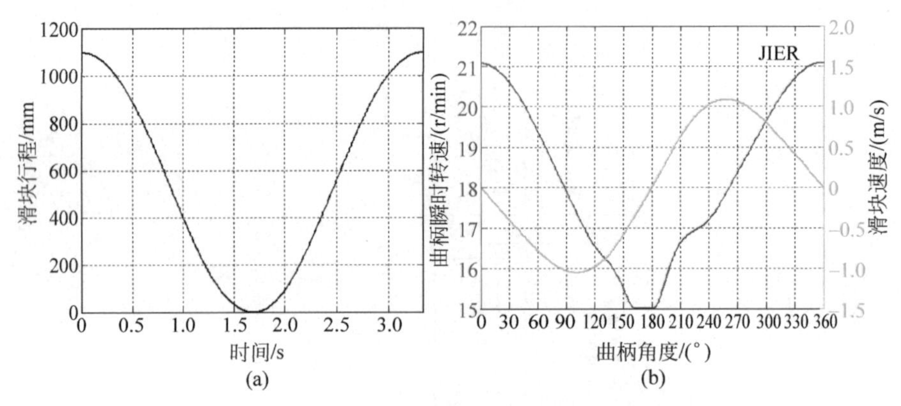

图 8-17　10000kN 伺服压力机的运行曲线

(a) 滑块行程曲线；(b) 曲柄及滑块运动曲线

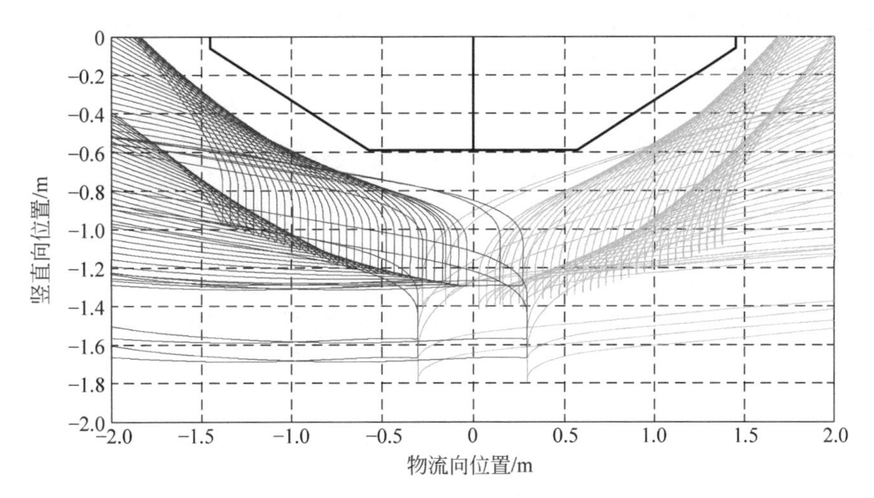

图 8-18　单臂送料手在上模坐标系下的干涉情况

8.3.3　整线下的伺服压力机运行优化

通常情况下，对于瓶颈工位的两个送料手，当其处于瓶颈模区时，必须以饱和的能力运行；而当其处于瓶颈模区外时，可以适当减小速度，实现扭矩优化并降低送料运行负荷。这种快/慢转换即为整线下的伺服压力机运行优化，一般可通过虚轴变换完成。

图 8-19 所示为送料手在投料区域的虚轴变换，图中曲线①为原始运动曲线，曲线②为虚轴变换后的运动曲线。通过虚轴变换，送料手在取料区的运动不变，而在投料区的运动变慢，有效降低了其在投料区的扭矩与能耗。因此，当投料区为非瓶颈工位时，虚轴变换就显得非常有意义。

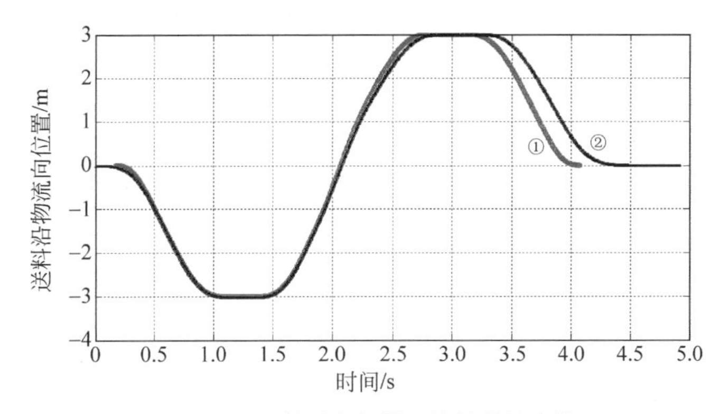

图 8-19　送料手在投料区域的虚轴变换

对于其他运行于非瓶颈工位的情况，由于安全距离需要留有相应的裕度，因此，可以利用这个裕度对伺服压力机和送料系统进行扭矩优化。优化思路如图 8-20

所示,图中左侧为按整线最高节拍求解得到的非瓶颈工位安全距离裕量,记为 $\Delta\tau_{DzSafe}$。这一裕量可以按照一定的原则,分配给压力机的闭合段,例如,增加Ⅰ、Ⅲ段的时间,从而减小加减速幅度,使得伺服电机扭矩及驱动系统的能耗均相应降低。对于上、下料手,则可增大三个送料区段的时间,降低送料手的有效速度,减小扭矩,达到节能的目的。

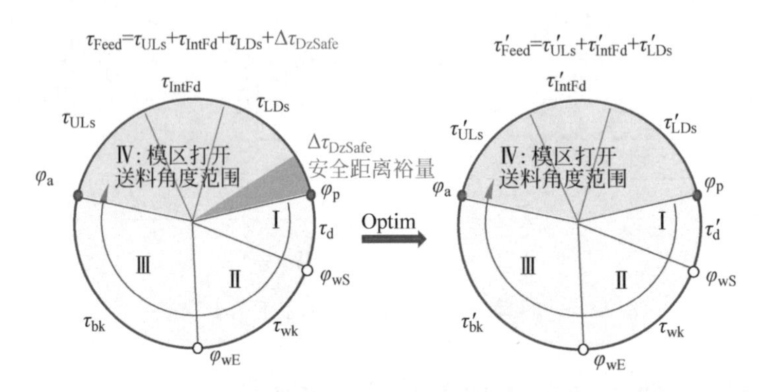

图 8-20 对非瓶颈工位安全距离裕量的再分配策略

对于 8.3.2 节的算例,由表 8-2 可知,当整线节拍为 18 次/min 时,各工位的安全距离均有余量,这意味着没有瓶颈工位。因此,可以利用各工位的安全距离裕量,进行整线下的伺服压力机运行优化,均衡考虑送料时间与送料节拍,以达到降低能耗的效果。

8.3.4 冲压生产线虚拟仿真系统

在整线运动规划方法的基础上,需要进一步建立冲压生产线虚拟仿真系统,为冲压仿真提供可靠的平台,为整线运动优化提供数据支持。

冲压生产线虚拟仿真系统的总体架构如图 8-21 所示。核心的业务层即对于送料设备及整线的规划,当用户或操作者输入整线参数、安全裕度及各种约束后,通过系统的规划模块即可求解。在进行扭矩等动力学检查之后,反解得到送料各个关节的运动曲线。进一步从整线的角度解算 CAM 和评估整线的节拍,再次进行动力学检查,检查各关节的发热是否在允许的范围之内。

在仿真模块,为了保证系统的集成性,对 PLS 仿真平台进行了二次开发。PLS 是由 Siemens PLM Software 推出的一款冲压自动化行业专用仿真平台软件[3-4],具有整线规划、模型建立、干涉检查、送料曲线分析等功能。在将规划模块的虚拟控制器直接集成到 PLS 中后,虚拟控制器生成的运动曲线直接可以加载到 PLS 仿真环境中,用于整线的运动仿真和干涉检查。虚拟环境与物理环境的一致性可以让操作者直观地确定优化的目标域,通过参数修改与重新规划轨迹,继续仿真调整。如此循环,直到调试出满足工程要求的运动配方。最后通过接口层与下位机

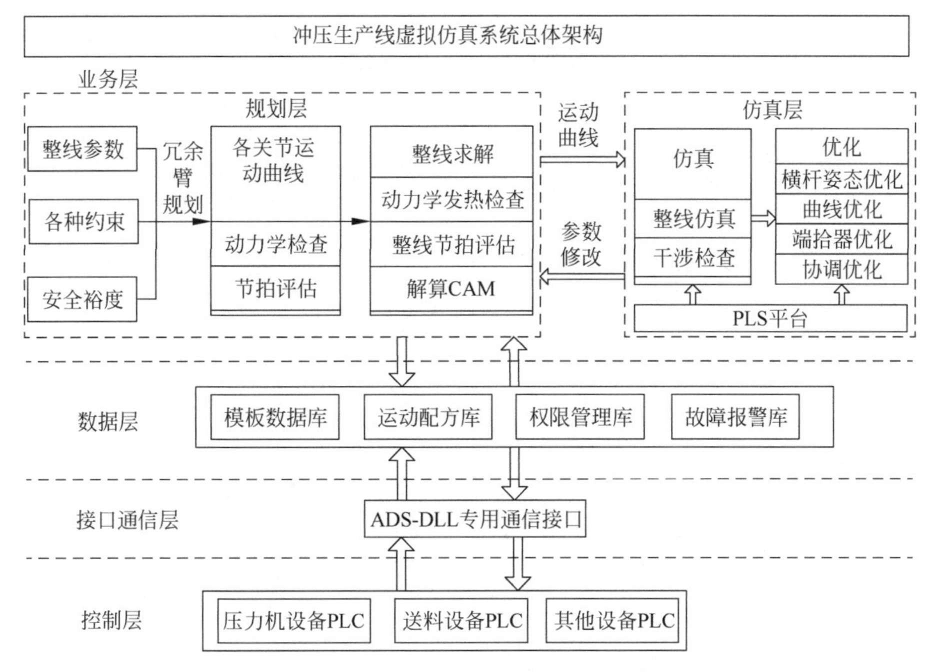

图 8-21　冲压生产线虚拟仿真系统的总体架构

通信，将运动配方下载到设备的控制器，用于冲压零件的实际生产。

规划层的技术实现难点在于混合编程的复杂度。由于 C# 语言在界面设计及面向对象方面的突出优越性，采用 C# 语言设计开发系统的设备描述、基本算法、数据库操作、下位机通信模块及系统的界面设计等。而对系统的核心规划算法，则采用 MATLAB 语言进行算法设计。当系统业务层需要运行复杂的优化规划算法时，C# 语言实时调用 MATLAB 生成 DLL 文件，通过 DLL 文件解算将结果呈现给 C# 界面。PLS 模块需要的运动曲线则由 C# 语言直接生成可由 PLS 读取的 CSV 文件。

此外，数据层主要用于运动配方、用户权限及故障报警等管理。主要采用 SqlServer 数据库和 xml 文件进行数据通信管理。由于 xml 文件流具有安全性高、表达数据结构复杂、轻量化等优点，系统采用 xml 文件流作为运动配方的载体进行通信。接口层采用 ADS-DLL 专用通信接口组件，实现上位机与下位机的数据通信与控制。

整线送料精确仿真的基本要求是虚拟环境与真实环境相一致，主要包括静态位置关系以及各种运动分析。对精确仿真目标的分解方案如图 8-22 所示。

如图 8-22 所示，仿真系统的虚拟控制器实际指的是对送料机构的轨迹规划，传统基于各种目标函数的优化耗时太长，这对于造价昂贵的冲压生产线来说并不可取，因此，需要一种高效且能满足工程应用的轨迹规划方法。

冲压生产线虚拟仿真系统应从轨迹规划、运动仿真、节拍优化、同步功能、系统

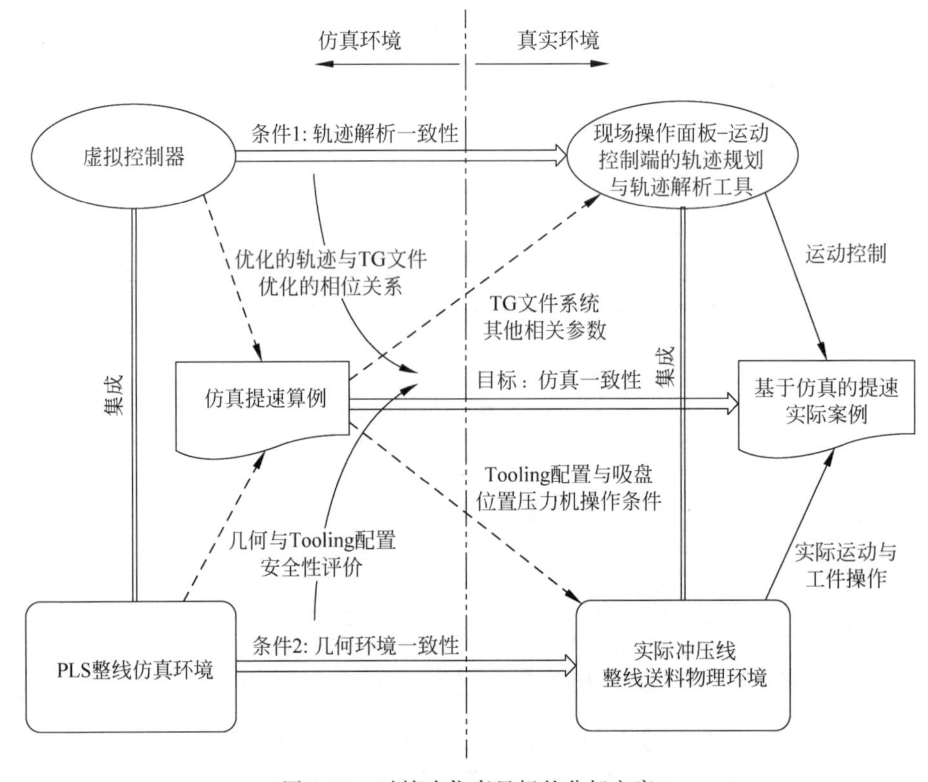

图 8-22　对精确仿真目标的分解方案

维护等五方面开展，并提供支持上述功能开发的关键技术及相应的支撑平台。在仿真环境中，虚拟控制器优化的轨迹与真实环境中的轨迹应具有解析一致性以及几何环境的一致性，而 TG 文件恰好具有该功能。

轨迹规划方法包括轨迹形状与横杆姿态的优化，送料手与压力机相位的优化等，在保证满足动力学边界条件的前提下可保证送料手在模区内的时间最短。

整线的节拍优化关键在于找到节拍提升的瓶颈点，其难点是瓶颈点可能在调整过程中发生变化，主要依靠提升关键工序的节拍，压力机相位之间的优化，并估算当前最高节拍。

冲压生产线虚拟仿真系统的二维整线运动仿真是指在实现定义好模具干涉点以后，程序会模拟整线的冲压过程，同时动态显示各个运动参数，并生成干涉检查结果。

整线送料仿真的安全性评定也是必要的，一方面指的是送料机构与上下模之间、相邻两个送料机构之间的安全距离，另一方面是指工件振动变形的安全性。整线的送料仿真通过模拟送料机构在模具内部的运动与干涉检查，从而能够指导模具的优化设计。

虚拟控制器与 PLS 平台的集成主要体现在虚拟控制器能够生成驱动 PLS 环境下送料机构和压力机运动的各种曲线，并直接导入 PLS 环境中，驱动模型实现整线动态仿真。需要指出的是，不论对机械压力机还是伺服压力机，由工作载荷及其他载荷导致的滑块及偏心轴运动位置偏离既定运动曲线的偏差都是很小的，故整线仿真一般选用不考虑各种载荷扰动的理论曲线。

整线送料仿真模块的关键技术问题是送料系统的模拟运动要与送料系统的真实运动相一致，模拟送料的物理界限约束要与真实送料系统的能力及参数设置值相一致。由于在仿真环境下送料装置的运动计算与物理界限报警都是通过调用虚拟控制器，这就要求虚拟控制器与实际运动控制在规划曲线与物理界限报警方面是完全等价的，这是对虚拟控制器研发的基本要求。

在用计算机求解的过程中，为了更加有效地反映客观过程，应当建立相应的对象去直接表现组成问题领域的事物和它们之间的关系。面向对象技术的基本原理是，按问题领域的基本事物实现自然分割，按人们通常的思维方式建立问题领域的模型，设计尽可能直接自然表现问题求解的软件系统。[5]

统一建模语言(UML)是系统的可视化建模语言，不仅可以用于面向对象软件系统的建模，也可以用于更多的领域中，如工作流程、业务领域等。UML 是一种可视化、可用于详细描述、构造和文档化的语言。[6]

面向对象技术的核心是用类来定义对象。面向对象的基本元素有对象(object)、类(class)、方法(method)和消息(message)等，主要特征包括抽象性、封装性、集成性和多态性。面向对象技术是运用面向对象的方法进行设计开发的技术，主要包括面向对象分析(OOA)、面向对象设计(OOD)和面向对象编程(OOP)，是一种运用对象、类、实例和继承等概念来构造软件系统的方法。

利用 O-O(Object-Oriented)方法分析冲压生产线问题，可以解决虚拟仿真系统通用性和实用性比较差的缺陷，便于系统的升级和维护，提高了虚拟仿真规划系统代码模块的可重用性。采用面向对象的技术可将冲压生产线虚拟仿真系统分为三大模块：运动配方模块、板料成形工艺模块及压力机整线模块，采用 UML 技术，建立三个对象包，其中核心包为压力机整线模块即 PressLine 包。

当需求基本确定后，需要分析建立物料管理系统的静态结构模型。系统的静态结构模型主要由对象类图和对象图表达。该系统的静态模型，如图 8-23 所示。现阶段的重点是根据系统功能需求和用例模型发现虚拟冲压线规划仿真系统中的问题与对象类，同时也找出这些类的基本属性和类之间的关系。显然，对于整线而言，压力机和送料机构属于整线的组成部分，是组合关系。而整线也必须继承压力机数据操作、送料数据操作及整线数据操作这三个接口。系统的静态结构模型反映了实现用例功能需要哪些类的参与，这些类之间的关系如何，从而奠定了系统的结构框架。

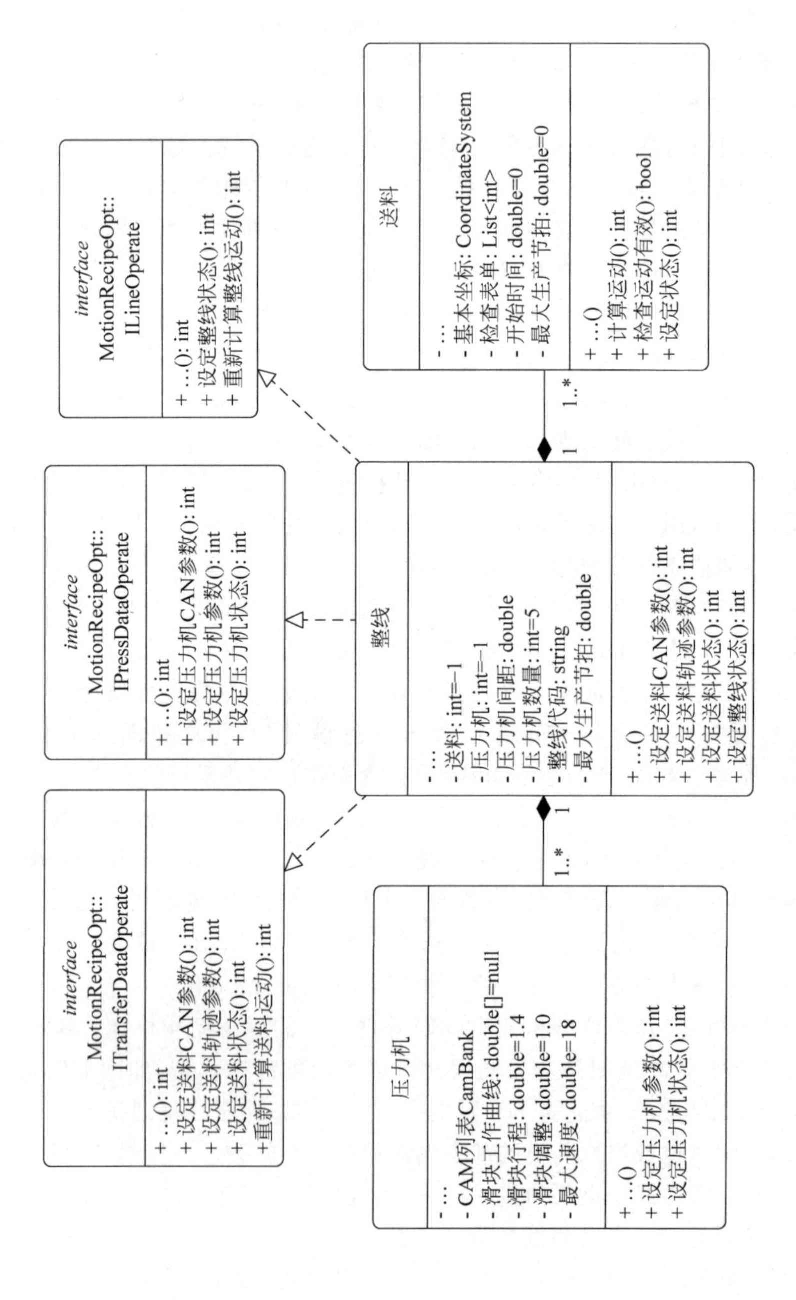

图 8-23　冲压生产线虚拟仿真系统部分静态模型

针对具体的类，需要采用面向对象的方法分别建立属于该类的对象和方法。作为整线类而言，显然它自身的信息包含送料机构、压力机、压力机的间距、压力机数量、最大生产节拍等属性；同时也具有自身的一些方法集，如设定送料的轨迹参数、设定整线状态、设定送料状态、设定送料 CAM 参数的方法。以整线类为例，建立 Tandemline 的类图如图 8-24 所示。由于系统建立的类种类繁多，仅以 Tandemline 类为例，列举属性集及方法集。其余如 Press 类、Transfer 类等不再一一赘述。

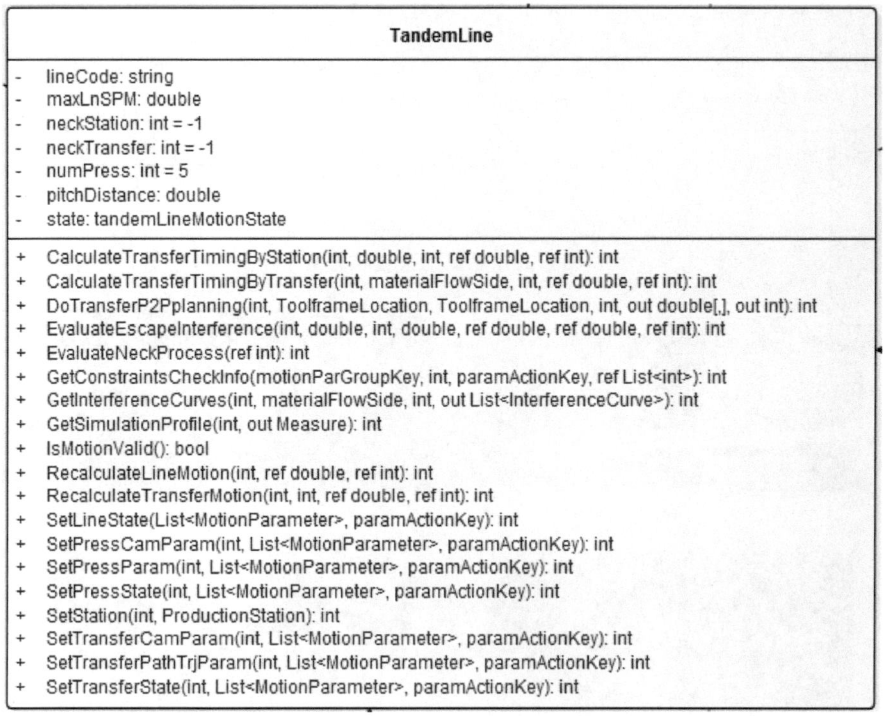

TandemLine

- lineCode: string
- maxLnSPM: double
- neckStation: int = -1
- neckTransfer: int = -1
- numPress: int = 5
- pitchDistance: double
- state: tandemLineMotionState

+ CalculateTransferTimingByStation(int, double, int, ref double, ref int): int
+ CalculateTransferTimingByTransfer(int, materialFlowSide, int, ref double, ref int): int
+ DoTransferP2Pplanning(int, ToolframeLocation, ToolframeLocation, int, out double[,], out int): int
+ EvaluateEscapeInterference(int, double, int, double, ref double, ref double, ref int): int
+ EvaluateNeckProcess(ref int): int
+ GetConstraintsCheckInfo(motionParGroupKey, int, paramActionKey, ref List<int>): int
+ GetInterferenceCurves(int, materialFlowSide, int, out List<InterferenceCurve>): int
+ GetSimulationProfile(int, out Measure): int
+ IsMotionValid(): bool
+ RecalculateLineMotion(int, ref double, ref int): int
+ RecalculateTransferMotion(int, int, ref double, ref int): int
+ SetLineState(List<MotionParameter>, paramActionKey): int
+ SetPressCamParam(int, List<MotionParameter>, paramActionKey): int
+ SetPressParam(int, List<MotionParameter>, paramActionKey): int
+ SetPressState(int, List<MotionParameter>, paramActionKey): int
+ SetStation(int, ProductionStation): int
+ SetTransferCamParam(int, List<MotionParameter>, paramActionKey): int
+ SetTransferPathTrjParam(int, List<MotionParameter>, paramActionKey): int
+ SetTransferState(int, List<MotionParameter>, paramActionKey): int

图 8-24　Tandemline 的类图

在面向对象的系统中，功能是由对象的相互作用实现的，对象类图仅能反映对象间的静态关系，而不能反映对象间的动态相互作用关系。在建立静态结构模型后需要进行动态行为建模，从而反映对象间的动态行为。动态行为模型可用顺序图、协作图、状态图、活动图等表示，各种图形都有其自身的特点，在建立模型时应根据具体情况进行选择，本系统选择了顺序图和状态图。

状态图是类图的一种补充描述，客观地展示此类对象所有可能的状态，以及某些事件发生时其状态的转移情况。图 8-25 列出了系统的关键状态图。用户如需修改参数，必须重新进行运动计算，检查设备运动和轮廓参数，并在通过整线检查后进行调试生产。

基于 PLS 仿真平台建立的送料机构的仿真模型如图 8-26 所示。

基于 PLS 软件平台，开发了 JWMP(JWS transfer system Motion Planning

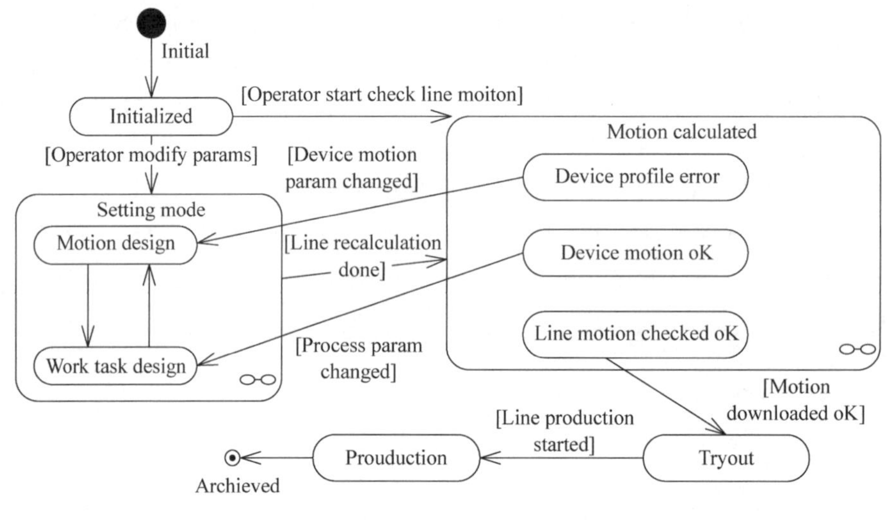

图 8-25　系统的关键状态图

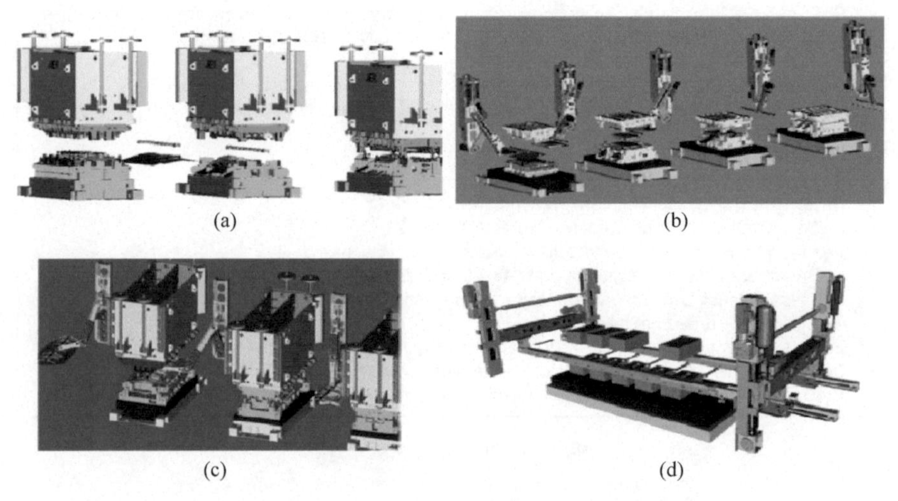

图 8-26　基于 PLS 平台的多种送料机构仿真模型

(a) 双臂同步线；(b) 济南二机床集团有限公司的 JW 高速单臂线；(c) 济南二机床集团有限公司的 JA 高速单臂线；(d) 三坐标送料系统

toolkit)曲线规划软件模块，软件界面如图 8-27 所示。JWMP 模块是用于 JWS 系统运动规划以及送料工艺优化的应用程序，可以在 MATLAB 环境下生成输入工艺参数的送料轨迹，并对其进行分析及优化。JWMP 的主要目的是检验和改进规划算法，通过支持物理样机实验和 PLS 虚拟环境下的带件模拟运行，检验规划方法的效率与有效性。

PLS 软件集成了 Press Creation(PLMAKER)、Press Administration、Simulation 三个模块，主要功能包括运动功能的实现、分析、模型结构与模型管理、Tooling 操作以及自动化等。[7]

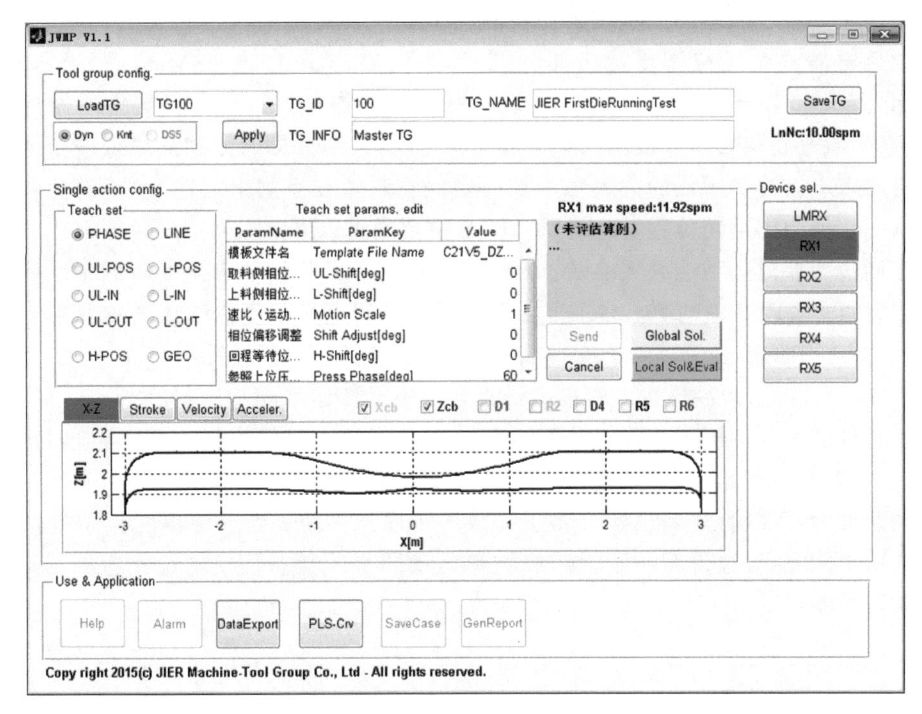

图 8-27　JWMP 软件界面

以单臂冲压生产线为例，其各机构的运动按照设备的工艺运动可以分为压力机滑块运动、压力机气垫运动、线首和线尾送料运动以及送料机构和横杆的运动；按照成形工艺运动可以分为物料流运动、模具内部运动以及其他辅助装置的运动。单臂冲压生产线各机构在 PLS 中的运动模式的定义如图 8-28 所示。其中，冲压线设备工艺运动在 Press Creation(PLMAKER)和 Press Administration 两个模块中定义，成形工艺运动在 Simulation 模块中定义。横杆和端拾器辅助运动既属于设备工艺运动，又属于成形工艺运动，需要同时在三个模块中进行相应的操作。

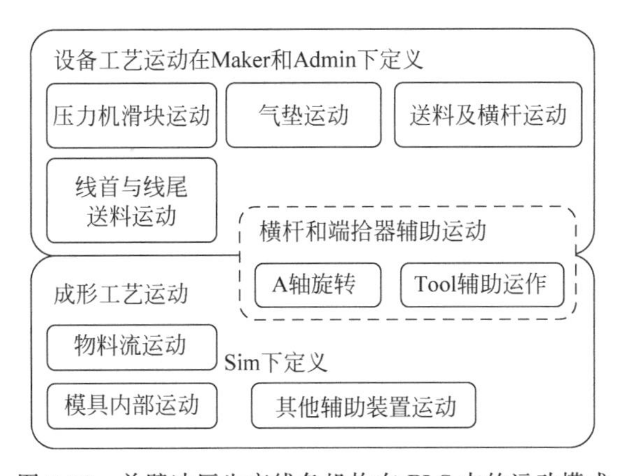

图 8-28　单臂冲压生产线各机构在 PLS 中的运动模式

冲压生产线的运动同步主要有两种方式：一种是不同机构之间的同步，如多工位送料的各个工位端拾器之间的同步运动，在 PLS 中通过 Maker 下 Station Logic 定义的 Common Object 来实现；另一种是物料与操作物料构件之间的同步，其实质是物料几何体被从一个运动子树末端移除，并即时添加到另外一个运动子树的末端。这种操作的关键在于如何确保物料流在空间上的连续性，避免在同步状态切换时的空间位置发生跳跃。PLS 主要通过以下三方面措施保证整线物料流在同步切换时运动连续无跳跃：①PLS 中的 Signal 机制要求角度对应于准确的取放料点；②PLS 中的 PickGet 坐标平滑顺接机制定义角度在该送料的取料点前 1°；③PLS 中的轨迹调整功能实现放料位姿与下序工位的顺接。

图 8-29 所示为冲压生产线虚拟仿真系统中工件运动同步控制的 Signal 机制，导入工件的不同冲压工艺状态属于其上位 Station。以某压力机为例，当虚轴角度为 356°时，初成形结束；当虚轴角度为 118°时，送料机构 2 抓起工件进行送料；当虚轴角度为 243°时，送料机构 2 将工件放入下序压力机；当虚轴角度为 43°时，下序冲压工艺完成，这说明冲压生产线物料运动同步的状态切换均由相应的 Signal 机制所控制。

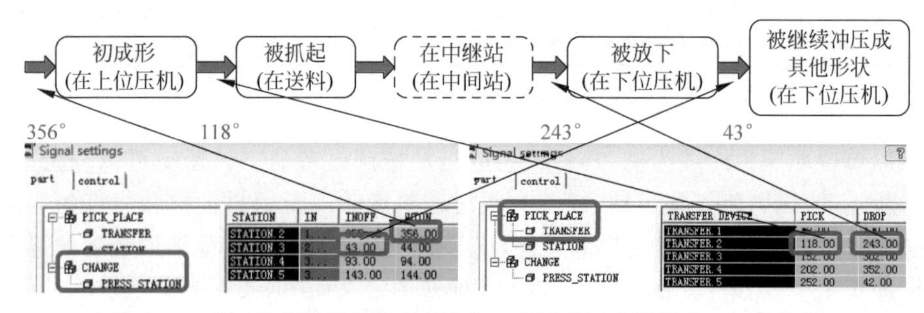

图 8-29　冲压生产线虚拟仿真系统中工件运动同步控制的 Signal 机制

在 PLS 中设置好运动对象、接口对象，导入几何模型后，便可进行运动仿真。运动仿真的结果主要通过以下两种方法进行验证：

(1) 轨迹分析法。选定横杆上中心的一点和下模中心上的一点，工具 Track Curve 可以根据导入的曲线数据画出送料的轨迹或干涉曲线，该方法形象直观，如图 8-30 所示。

(2) 状态分析法。PLS 仿真时，工件运动同步的切换常出现位置跳变，对位置跳变的分析可以结合状态分析法，如图 8-31 所示。

以单臂机械冲压生产线为例，给出其虚拟仿真实例。如图 8-32 所示为整线示意图，主要包括线首、送料机构、压力机、模具和线尾等设备。线首主要包括拆垛装置、清洗装置、涂油装置、视觉对中工位、送料台等，送料机构采用单臂送料机械手，线尾主要包括出料台及传送带等装置，该冲压生产线采用 4 台机械压力机完成汽车覆盖件的冲压工作。

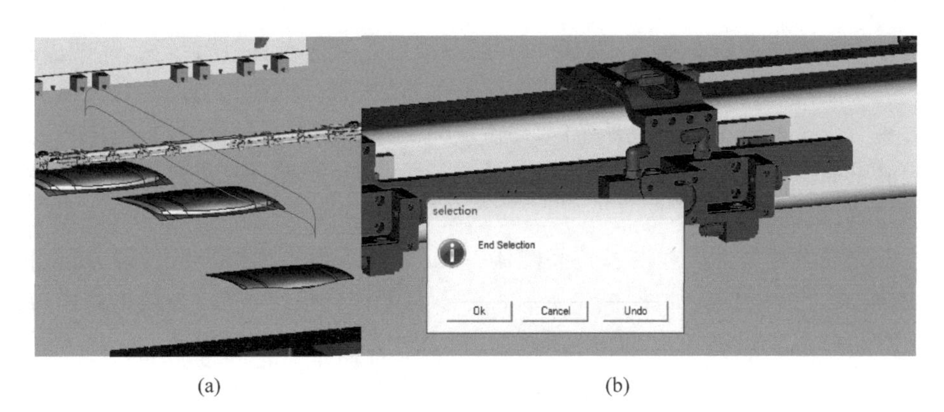

(a)　　　　　　　　　　(b)

图 8-30　轨迹分析法

(a) 选择分析点；(b) 生成送料轨迹

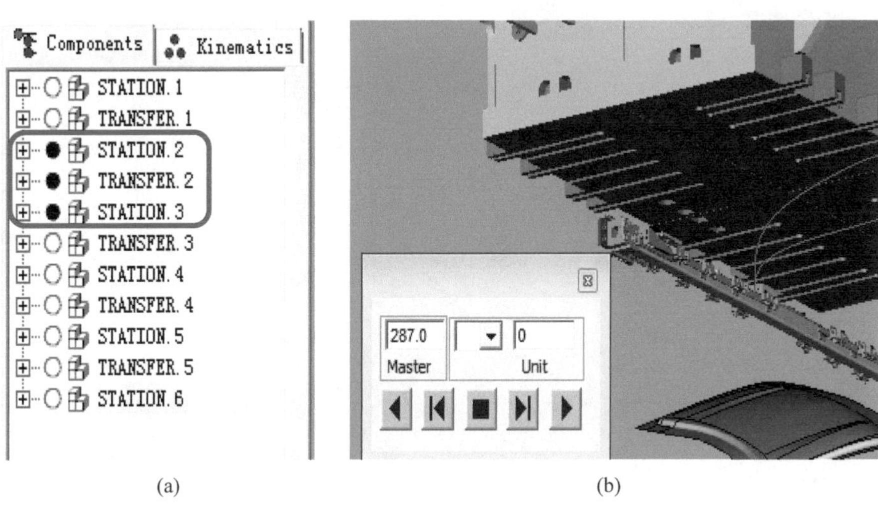

(a)　　　　　　　　　　(b)

图 8-31　状态分析法

(a) 选中相关设置；(b) 进行状态分析

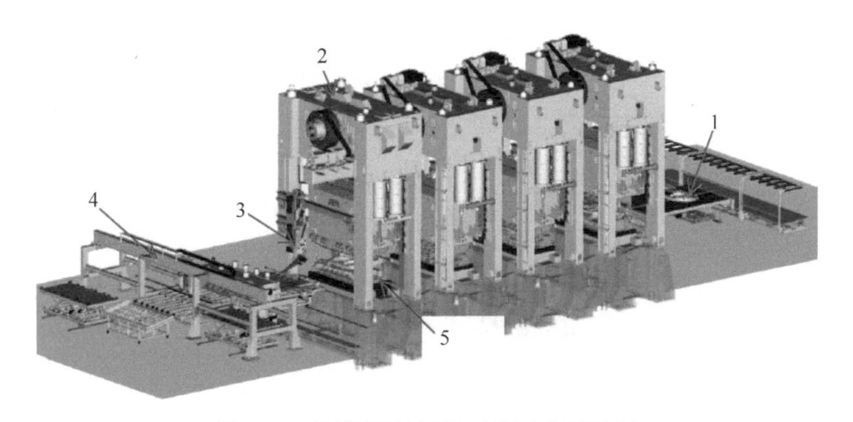

图 8-32　单臂机械冲压生产线整线示意图

1—线尾；2—压力机；3—送料机构；4—线首；5—模具

冲压生产线的整个操作流程可以简述为线首系统对制件进行清洗、涂油、视觉对中处理后，传送至送料台上送料机构取料的位置，送料机构将制件传送至第一台压力机完成第一道工艺—拉延操作，待滑块向上回程模区打开后，送料机构将制件从模具上取下传送至第二台压力机，如此进行后续的冲压工作，待最后一道工序完成后，送料机构将制件传送至出料台(传送带)上。

首先建立冲压生产线的各子装配体，主要包括送料机构(带端拾器)、压力机、滑块、模具、出料台等，如图 8-33 所示。各子装配体建模完成后，必须将格式转化为 JT 文件，以便后期导入 PLS 坐标空间中，用于后期整线运动仿真。

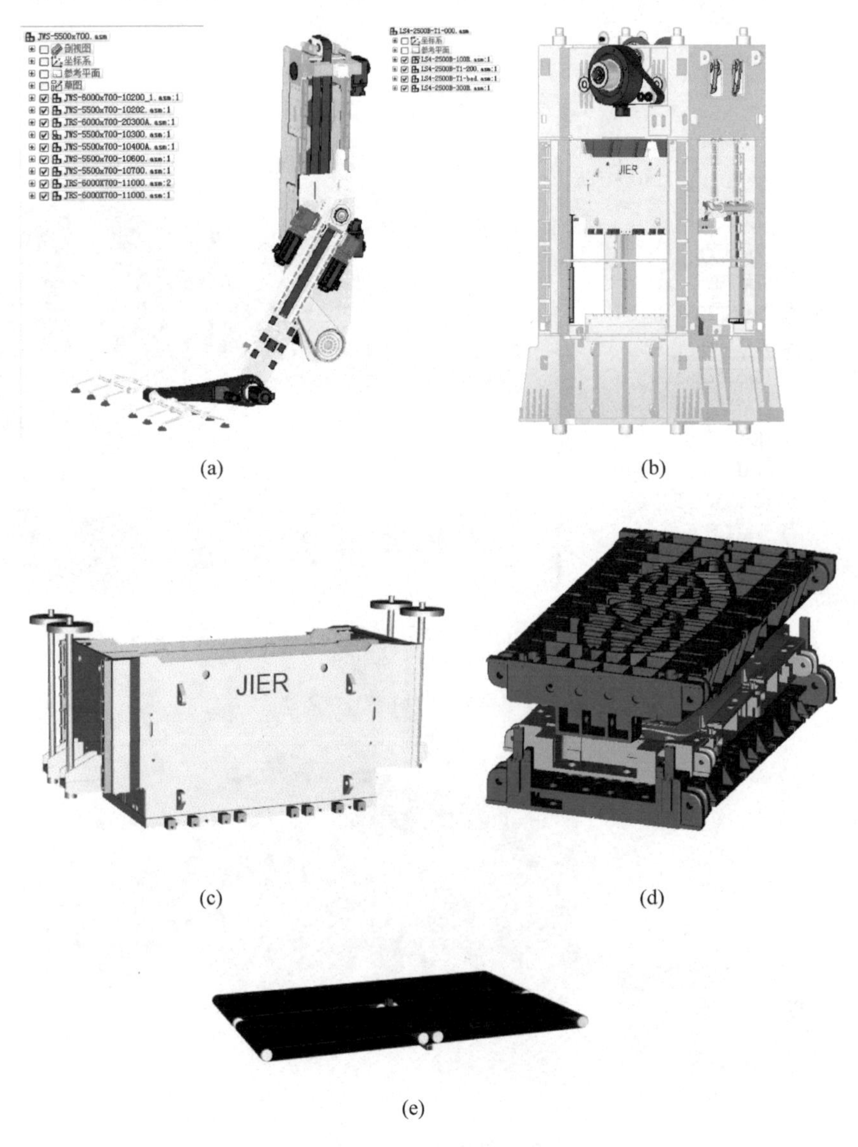

图 8-33　各子装配体模型

(a) 送料机构(带端拾器)；(b) 压力机；(c) 滑块；(d) 侧围 OP10 模具；(e) 出料台

进一步利用虚拟仿真系统进行干涉检查。[8]图 8-34 所示为用移动法检查上模轮廓与送料轨迹间的干涉。首先确定上模轮廓突出点与包络线无干涉且有合适的 Z 向安全距离，进而沿 RT 线（即横杆中心相对滑块坐标系的轨迹）移动横杆、端拾器及工件，检查它们与上模轮廓间有无干涉。

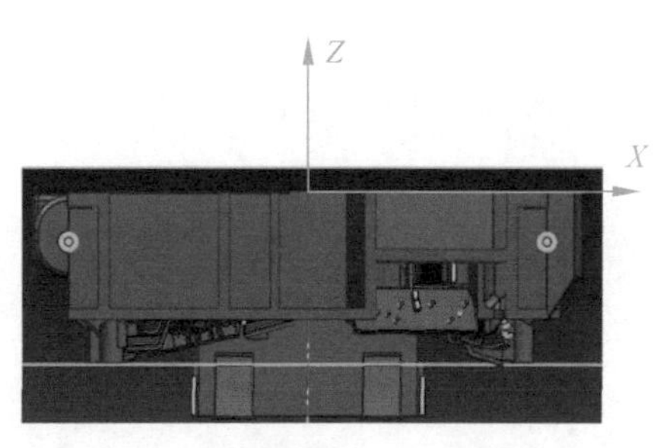

图 8-34　用移动法检查上模轮廓与送料轨迹间的干涉

图 8-35 所示为模具内部碰撞检查，用于检查模具不同构件间的干涉。通过 PLS 的工具命令 Collision Dialog 计算碰撞，自动聚焦碰撞区域的剖视图。

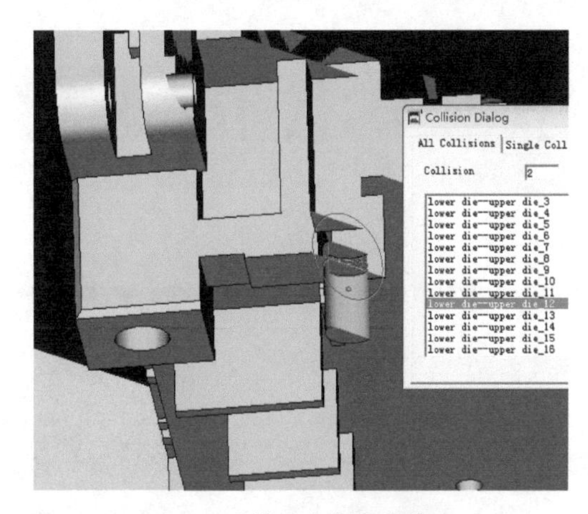

图 8-35　模具内部碰撞检查

图 8-36 所示为外部碰撞检查，用于检查模具与送料机构间的干涉。通过 PLS 中的工具命令 External Collision 计算模具与送料机构之间有无碰撞。

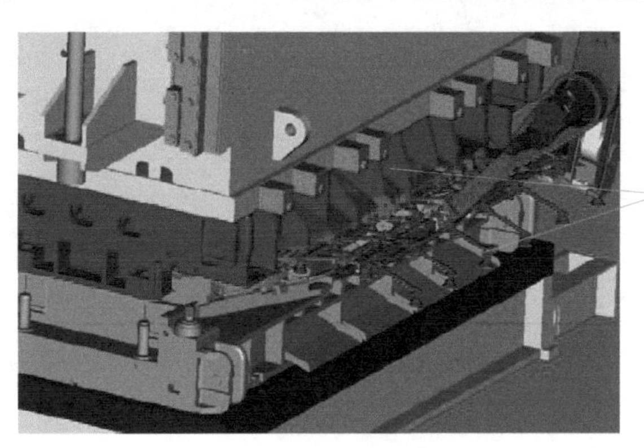

图 8-36　外部碰撞检查

在完成各项碰撞检查后，根据检查结果修正送料空间轨迹参数，重新生成运动轨迹曲线，最终调试出满足整线运行要求的送料臂运行曲线，如图 8-37 所示。

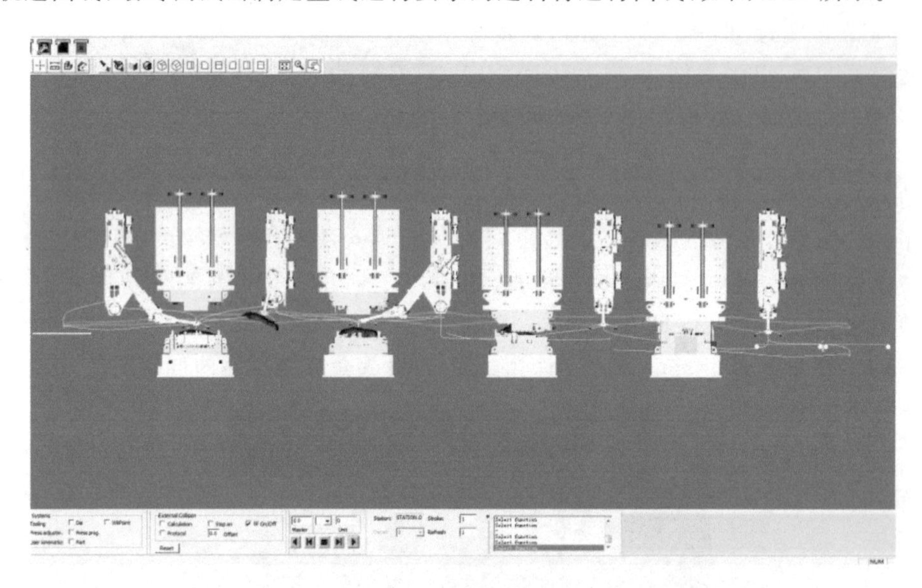

(a)

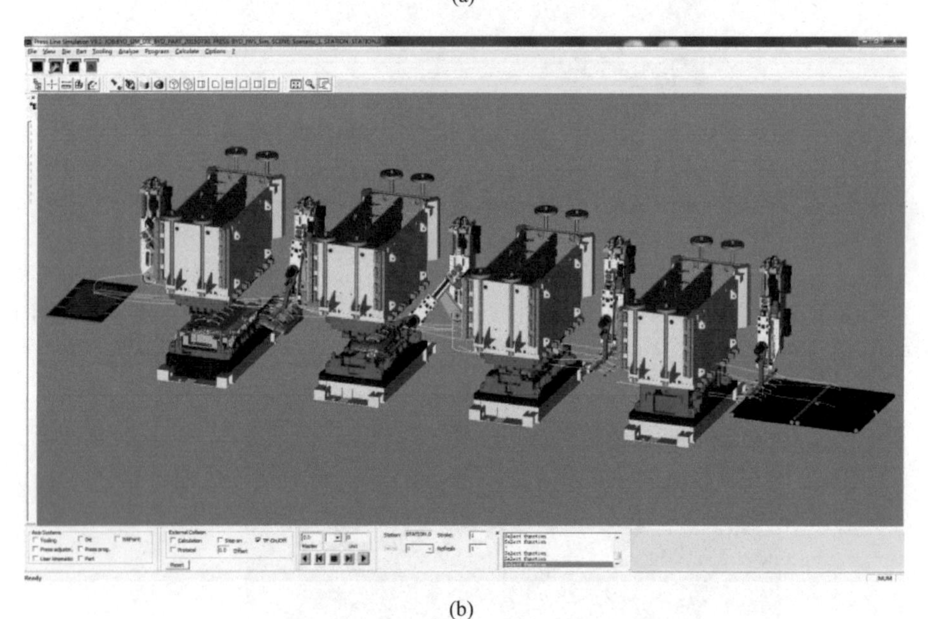

(b)

图 8-37　满足整线运行要求的送料臂运行曲线

(a) 2D 视图；(b) 3D 视图

8.4　冲压生产线管理的智能化

传统冲压生产线的管理模式已无法适应智能冲压生产的要求，因此，本节将进一步介绍冲压生产线管理的智能化技术。

8.4.1　冲压生产管理控制系统

冲压生产管理控制系统，即通过现场总线(PROFIBUS)、安全总线(SafetyBUS)、以太网(EtherNET)、实时以太网、SERCOS BUS、SSI 等通信方式，实现不同设备层、控制层、管理层之间的信息传递。

对系统进行描述。系统角色包括：

(1) Andon 管理员。录入停机原因、模具与制件号关联信息，设置出料容差时间信息，拥有全部操作权限。

(2) Andon 操作员，激活、录入、确认、提交现场生产信息，导入生产计划信息，同时监控停机信息，并上报停机原因。

(3) MES 计划员。负责下达生产线生产计划到本系统计划数据库，并接受本地提交的生产信息、停机信息。

生产管理业务流程如图 8-38 所示。

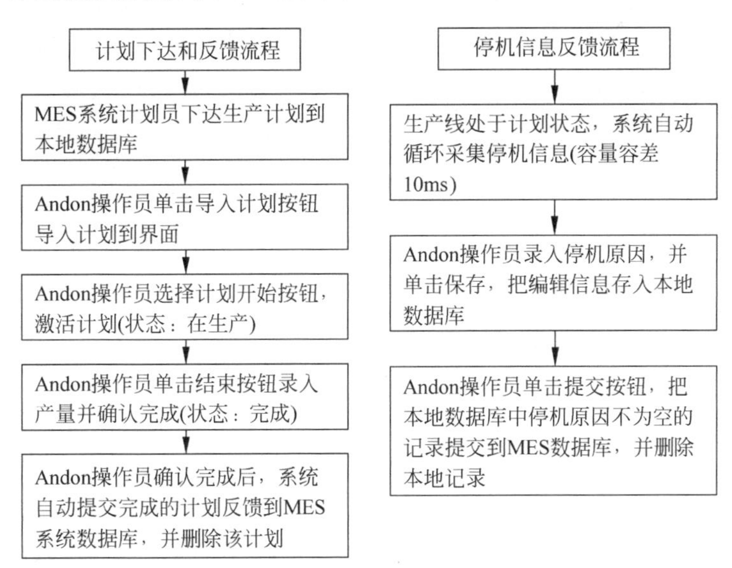

图 8-38　生产管理业务流程

图 8-39 所示为系统总体框架图，系统核心功能包括生产计划管理、停机信息管理与系统配置。生产计划管理主要对生产计划的各个环节进行处理，停机信息管理主要处理停机时的各项信息，而系统配置则设定出料容差并录入模具与制件。

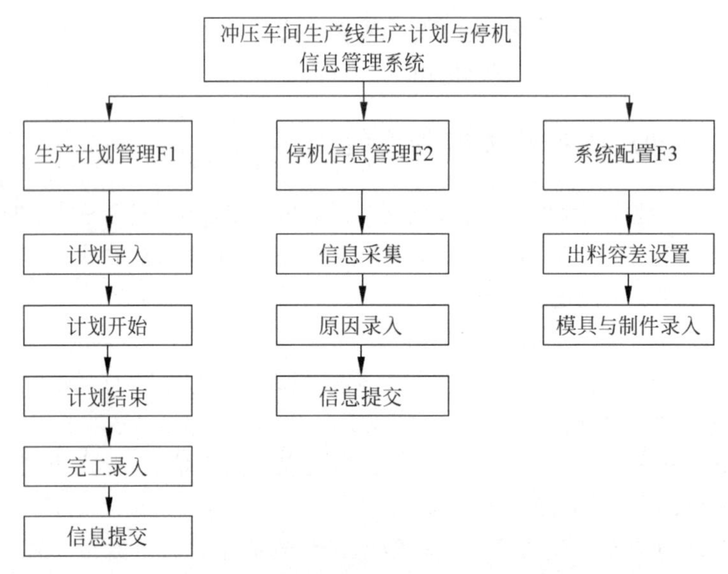

图 8-39　生产管理控制系统总体框架图

以清晰、操作便捷为主要目的，完成了各管理界面的设计，包括生产计划管理界面、停机信息管理界面、出料容差设置界面、模具和制件设置界面等。图 8-40 中给出了生产计划管理界面示意图。

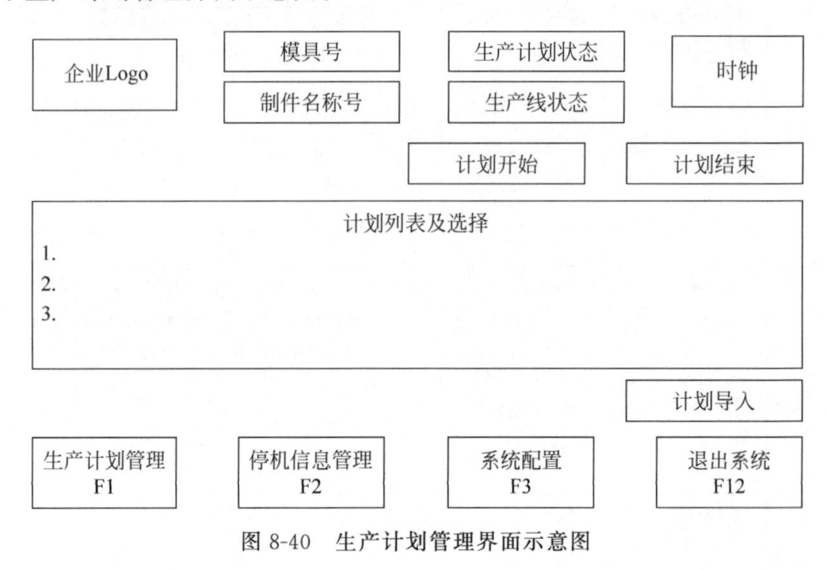

图 8-40　生产计划管理界面示意图

通过冲压生产管理控制系统的研发与应用，实现了对设备的实时监控，方便了解、查询各种设备的工作状态、生产信息、故障履历等，极大地缩短了生产不同冲压工件时的切换时间，提高了生产效率，而当出现异常情况时，可迅速查找原因并及时采取措施，保证了冲压生产的安全性。

8.4.2 远程诊断监控技术

远程诊断监控技术是指本地计算机通过网络系统对远端进行监视和控制，实现对分散控制网络的状态监控及对设备的诊断维护。通过采用现场总线技术，将分布于各个设备的传感器与监控设备连接起来，并基于局域网连接各个管理站点服务器，从而实现资源与信息共享。

当发生用户无法解决的故障时，启动远程诊断功能，通过网络读取生产线运行状态数据、设备数据及系统程序，结合视频监控信息，对设备进行远程操控，以修复故障问题。如无法进行远程修复，则对故障原因进行判断，为现场维修人员提供建议。此外，设备控制系统的程序升级与优化也可通过远程诊断功能完成。

图 8-41 所示为远程诊断系统框图，通过网络连接了制造商 PC 与现场 PLC。为保证通信安全，在制造商 PC 端设置了防火墙，在现场使用了 mGuard 工业防火墙。在使用过程中首先需要对 mGuard、PLC 及 PC 的 IP 进行合理分配，还需要对 VPN 进行设置，以实现制造商 PC 与现场的安全联通。

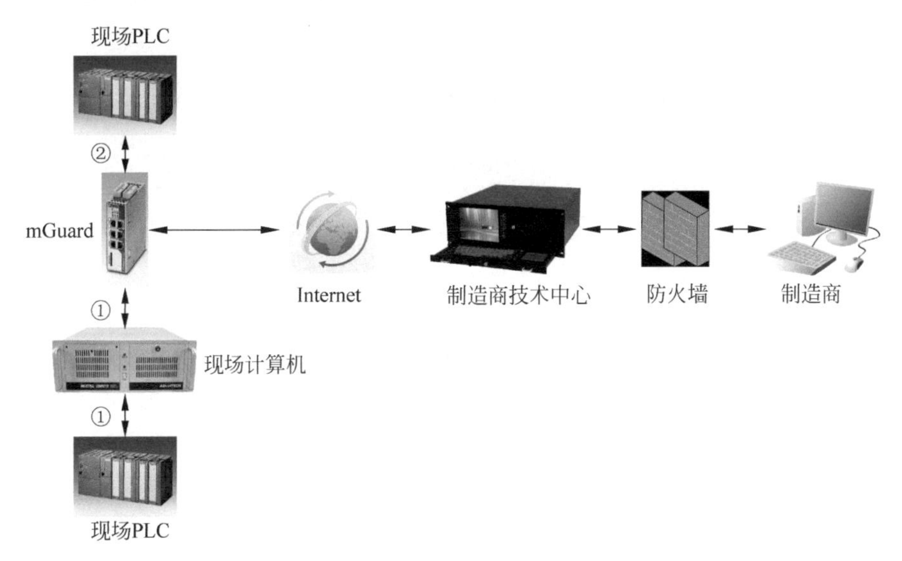

图 8-41 远程诊断系统框图

在进行远程诊断时，可以对现场 PC 进行监控，即图中的方式①，此时现场 PC 与 PLC 相连，制造商 PC 利用远程桌面获取相关信息，这种方式的优点是可以让现场调试工程师看到所有的程序修改过程与记录。除方式①外，也可以直接对现场

PLC 进行监控,即图中的方式②,此时制造商 PC 可直接修改 PLC 程序,但现场工程师无法看到程序修改过程。因此,方式①相对方式②是更优的。

远程诊断监控技术的意义在于,当冲压生产过程中发生客户无法自行解决的故障时,制造商可通过远程诊断监控技术快速、可靠、安全地读取各项运行状态数据,并判断故障原因,指导现场维修人员进行故障排除,这将大大减少故障停机时间。

8.4.3 智能一键恢复技术

在冲压生产过程中,经常会由于操作不当、设备故障、板料更换、质检调整等原因导致整线停止。图 8-42 所示即为因掉料造成的生产线停止。

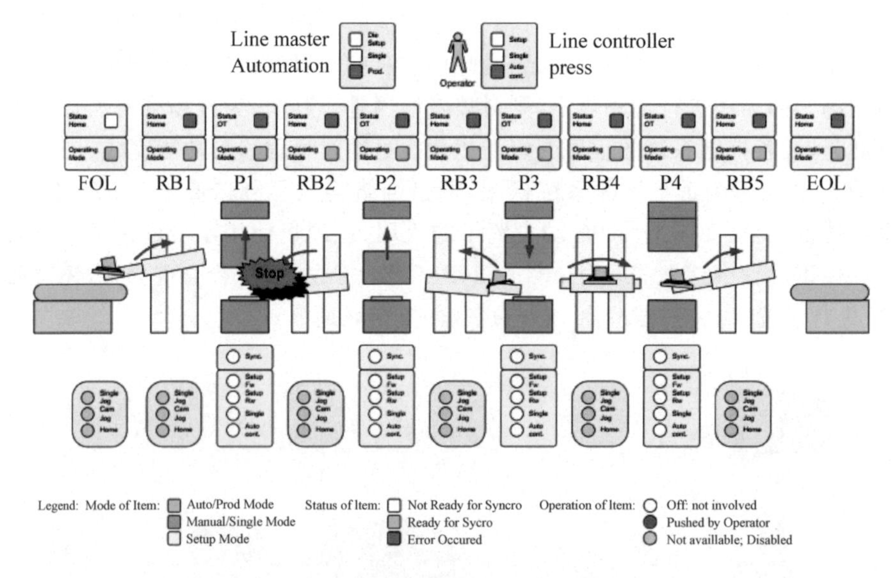

图 8-42 因掉料造成的生产线停止

如果对整线各压力机、送料臂及其他设备逐个进行恢复,效率低下,通常需要 30min 以上,且安全性差。因此,需要采用智能一键恢复技术,规划最优流程,使恢复时间大幅缩短,实现更高效、安全的生产线恢复。

选择西门子 319-3 PN/DP PLC 作为控制器,同时使用 PROFINET 通信,可有效降低传输时间,保证整线通信的实时性,从而最大限度地缩短一键恢复时间。对整线不同压力机停止位置和送料单元位置进行分析,根据不同的停机位置,合理规划恢复流程,设计最优的自动恢复动作时序。进一步根据相应的动作时序进行控制程序开发与逻辑编制,保证各恢复动作能够准确执行,从而实现不同停机位置的自动恢复。

采用智能一键恢复技术,将停机恢复时间由 30min 以上降低至 30s 以内,大大提高了冲压生产效率。此外,采用一键恢复,避免了人为恢复过程中的各种故障与安全问题，满足智能冲压生产线的需求。

智能冲压生产线全景.wmv

8.5 智能冲压生产线运行实例

本节以前述全伺服智能冲压生产线为例，进行某车型的左侧围外板、翼子板拉伸应用，并记录 20000kN 首序伺服压力机的电机扭矩、滑块运行曲线及热极限点的变化情况。

智能冲压生产过程.wmv

8.5.1 左侧围外板伺服拉伸成形

左侧围外板的拉伸成形工艺参数为：合模高度 892mm，开模高度 958mm，开始成形角度 100°(此时高度 262mm)，开始成形速度 271mm/s，结束成形角度 180°，结束成形速度 271mm/s。图 8-43 所示为利用所提出的运动规划方法得到的拉伸工艺曲线，包括滑块行程、速度及加速度。拉伸模具在图 8-44 中给出。

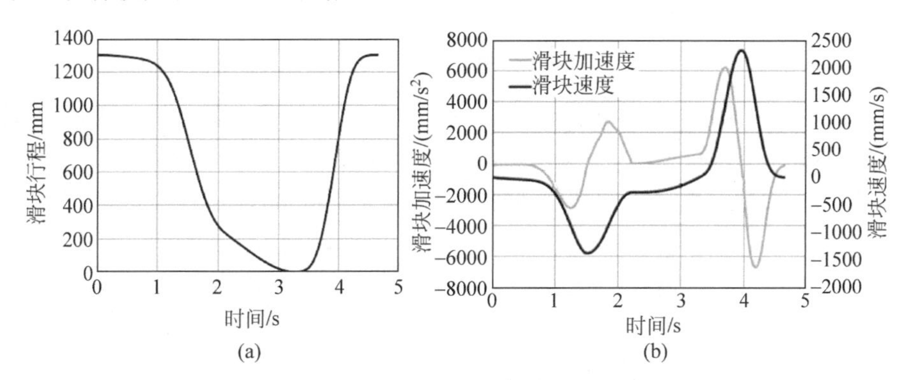

图 8-43　左侧围外板的拉伸工艺曲线

(a) 滑块行程曲线；(b) 滑块速度和加速度曲线

图 8-44　左侧围外板的拉伸模具

20000kN 伺服压力机在拉伸过程中运行平稳，其电机实测扭矩与理论计算值的对比情况如图 8-45 所示。从结果中可以看到，在拉伸开始时，伺服电机的实测扭矩与理论扭矩存在一定的偏差，这是因为在仿真计算中没有考虑模具与工件接触或分离时对伺服电机的冲击。总体上，实测扭矩与理论扭矩较为接近，且具有一致的变化趋势。

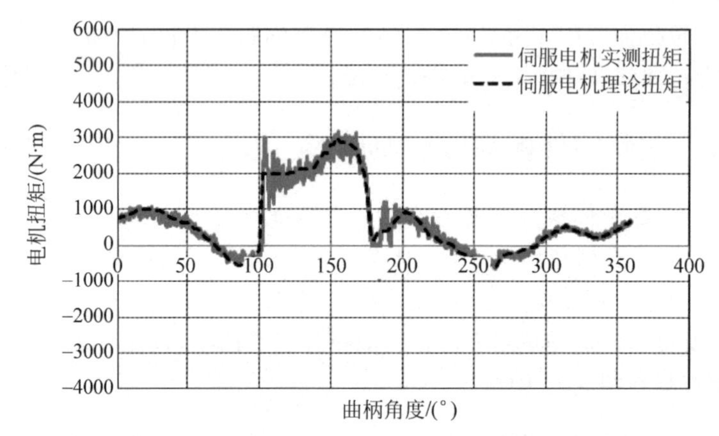

图 8-45　伺服电机实测扭矩与理论扭矩对比情况

进一步给出曲柄转速、滑块速度和加速度的实测值与理论值的对比情况，如图 8-46 所示。可以看到，上述变量的实测值曲线光滑且变化平缓，同时与理论值较为接近，表明模型建立准确且传动机构设计优化合理，滑块运行平稳。

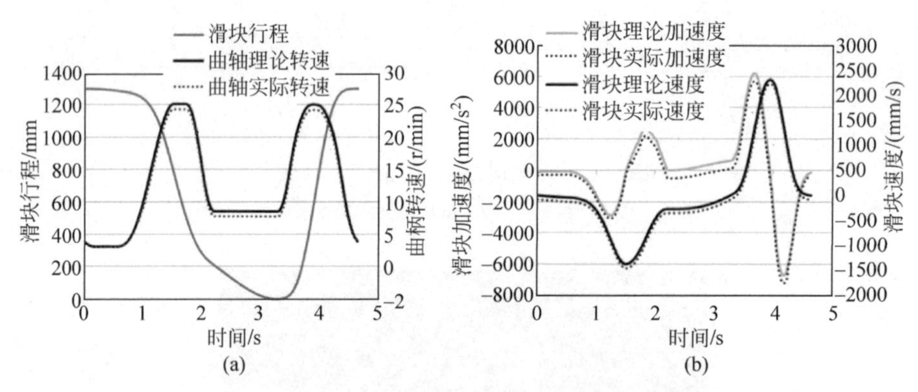

图 8-46　左侧围外板拉伸过程中运动参数对比情况

(a) 曲柄转速对比情况；(b) 滑块速度、加速度对比情况

单台伺服电机在一个运行周期内的扭矩与热极限校核情况如图 8-47 所示。从图中可以看到，实际扭矩曲线满足 10％安全裕度要求，同时实际热极限点也在理论范围内。

拉伸成形后的高质量左侧围外板如图 8-48 所示，满足用户需求。

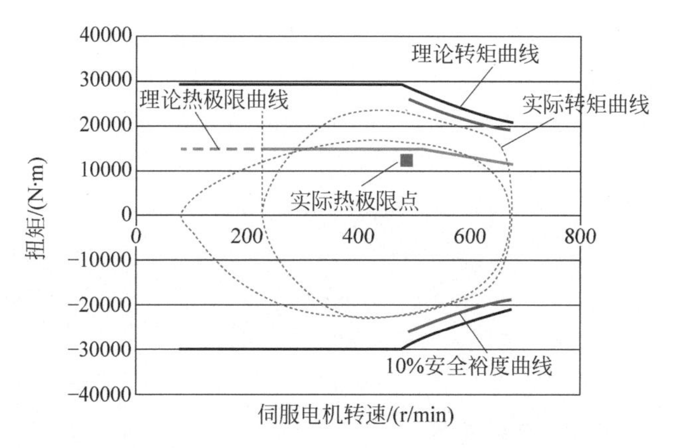

图 8-47　扭矩与热极限校核情况

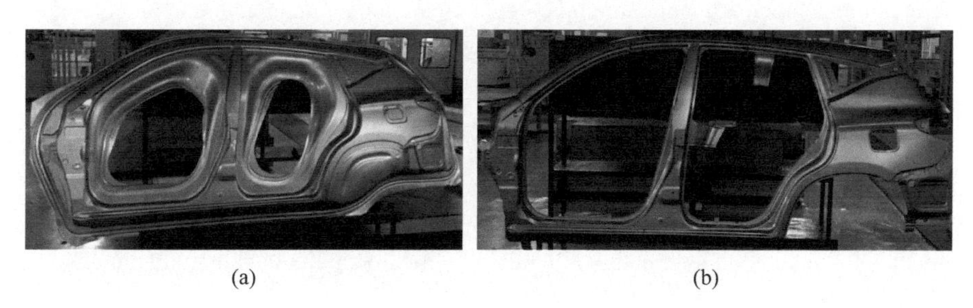

(a)　　(b)

图 8-48　拉伸成形后的左侧围外板

8.5.2　翼子板伺服拉伸成形

翼子板的拉伸成形工艺参数为：合模高度 742mm，开模高度 828mm，开始成形角度 120°(此时高度 176mm)，开始成形速度 271mm/s，结束成形角度 180°，结束成形速度 271mm/s。滑块运行平稳，拉伸成形后的高质量翼子板，如图 8-49 所示，满足用户需求。

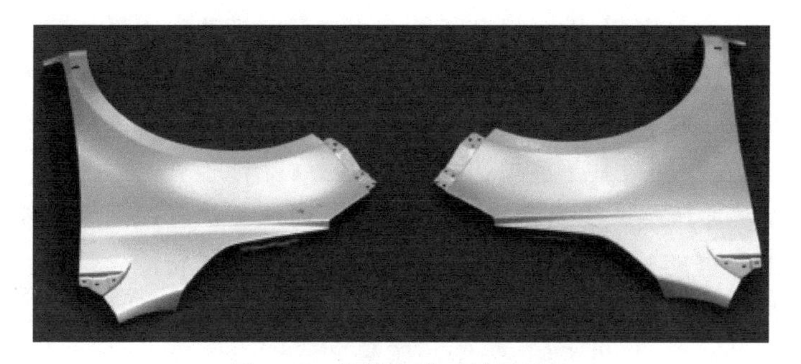

图 8-49　拉伸成形后的翼子板

在对左侧围外板及翼子板进行伺服拉伸的过程中，智能伺服压力机与智能伺服冲压生产线运行平稳，各项性能参数均在设计范围内，工件冲压质量高，有效地证明了智能伺服压力机与智能伺服冲压生产线具有优异的性能。

在实际的汽车大型覆盖件冲压生产过程中，智能全伺服冲压生产线的最高生产节拍为 18 次/min，如图 8-50 所示，达到世界领先水平。

图 8-50　智能全伺服冲压生产线的最高生产节拍

8.6　小结

本章系统地对智能冲压生产线进行了介绍，主要内容总结如下：

(1) 介绍了冲压生产线的智能化技术，包括智能化不间断拆垛技术、智能化板料视觉对中技术、智能化整线全自动换模技术及智能化轴承失效在线检测技术，通过这些技术的研发与应用，大大提升了冲压生产线的智能化水平。

(2) 提出了智能冲压生产线的运动规划方法，详细介绍了整线运动优化算法，并给出了相应的优化算例；此外，建立了冲压生产线虚拟仿真系统，介绍了系统组成与整体解决方案，同时基于虚拟仿真系统完成了干涉检查。

(3) 介绍了冲压生产线管理的智能化，包括冲压生产管理网络控制系统、远程诊断监控技术及智能一键恢复技术，实现了冲压生产线的智能化管理。

最终给出了智能冲压生产线运行实例，并完成了左侧围外板伺服拉伸成形与翼子板伺服拉伸成形，结果表明，智能冲压生产线性能优异，满足现代汽车工业的需求。

参考文献

[1] AZPILGAIN Z, ORTUBAY R, BLANCO A, et al. Servomechanical press: a new press concept for semisolid forging[J]. Solid State Phenomena, 2008, 141-143+261-266.

[2] DULGER L C T, UYAN S. Modelling, simulation and control of a four-bar mechanism with a brushless servo motor[J]. Mechatronics, 1997, 7(4): 369-383.

[3] 于明湖. 冲压运动仿真 PLS 在冲压整线仿真上的应用[J]. 锻压装备与制造技术, 2016, 51(2): 61-63.

[4] GROßMANN K, WIEMER H. Simulation of the Process Influencing Behaviour of Forming Machines[J]. Steel Research International, 2005, 76(2-3): 205-210.

[5] 陈世鸿, 彭蓉. 面向对象软件工程[M]. 北京: 电子工业出版社, 1999.

[6] 姜慧霖, 杨克领. 基于 UML 的图书管理系统设计[J]. 科技信息(学术研究), 2007(27): 209-210.

[7] HILL D R C. Theory of Modelling and Simulation: Integrating Discrete Event and Continuous Complex Dynamic Systems: Second Edition by B. P. Zeigler, H. Praehofer, T. G. Kim, Academic Press, San Diego, CA, 2000[J]. International Journal of Robust and Nonlinear Control, 2010, 12(1): 91-92.

[8] 陈川, 张双庆, 余明志. 干涉曲线在自动化冲压线模拟仿真中的应用[J]. 汽车工艺与材料, 2014, (7): 28-30+33.

附录A

文中部分缩略语中英文释义

缩　写	说　明
ADC	atomatic die change：自动换模
ADS	advanced design system：先进设计系统
AHP	analytic hierarchy process：层次分析法
API	application programming interface：应用程序编程接口
Bio MEMS	biology micro-electro-mechanical system：生物微机电系统
BNC	bayonet nut coector：同轴电缆连接器(工业中常用的一种接口)
BP	back propagation：反向传播
CAD	computer aided design：计算机辅助设计
CAE	computer aided engineering：计算机辅助工程
CAM	computer aided manufacturing：计算机辅助制造
CAPP	computer aided process planning：计算机辅助工艺过程设计
CCD	charge coupled device：电荷耦合器件
CNC	computer numerical control：计算机数字控制
Cp	process capability index：工序能力指数，又称过程能力指数
CRT	cathcde ray tube：阴极射线显像管
DDE	dynamic data exchange：动态数据交换
DFMEA	design failure mode and effects analysis：设计失效模式及效应分析
DLL	dynamic link library：动态链接库
DNC	distributed numerical control：分布式数控
DRV	Device driver：设备程序驱动
EDDL	electronic device description language：电子设备描述语言
EMC	electromagnetic compatibility：电磁兼容
EPC	electronic product code：电子产品代码
ERP	enterprise resource planning：企业资源计划
FC	functional control：功能控制
FDT	field device tool：现场设备工具
FMEA	failure mode and effects analysis：失效模式与影响分析
FMECA	failure mode effect and criticality analysis：故障模式影响及危害性分析
FMS	flexible manufacture system：柔性制造系统
FTA	fault tree analysis：故障树分析
HDF	human defined function：功能动作

续表

缩　写	说　明
HMI	human machine interface：人机界面
HRV	high response vector：高响应矢量
I/O	input/output：输入/输出
Iaas	infrastructure as a service：基础设施即服务
IEC	International Electrotechnical Commission：国际电工委员会
IIC	Industrial Internet Consortium：工业互联网联盟
IoT	internet of things：物联网
IP	Internet Protocol：网际互联协议
IPC	Inter-process communiction：进程间通信
JSP	job-shop scheduling problem：车间作业调度问题
kNN	k-nearest neighbor：k 最邻近分类算法
LAD	ladcler logic programming language：梯形逻辑图编程
MB	moving bolster：移动工作台
MBOM	manufacture bill of material：制造物料清单
MDC	manufacturing data collection & status mariagement：制造数据采集及状态管理
MDI	manual data input：手动输入程序控制模式
MES	manufacturing execution system：制造执行系统
MTBF	mean time between failures：平均故障间隔时间
NCU	numerical control unit：数字控制单元
NLP	non-linear programming：非线性规划
OA	office automation：办公自动化
OEM	original equipment manufacturer：原始设备制造商
OF	output function：功能输出
OOA	object-oriented analysis：面向对象分析
OOD	object-oriented design：面向对象设计
OOP	object-oriented programming：面向对象编程
OPC UA	OPC unified architecture：OPC 统一架构
PaaS	platform as a service：平台即服务
PC	personal computer：个人计算机
PCS	process control systems：过程控制系统
PDM	product data management：产品数据管理
pH	pondus hydrogenii：酸碱度
PID	proportional-integral-derivative：比例-积分-微分
PLC	programmable logic controller：可编程逻辑控制器
PLM	product lifecycle management：产品生命周期管理
PLS	press line simulation：冲压线仿真
PMC	programmable machine controller：可编程机器控制器
QP	quadratic Program：二次规划
RF	requirement function：功能需求

续表

缩　写	说　明
RFID	radio frequency identification：射频识别
RGV	rail guided vehicle：有轨制导车辆
RTCP	rotation tool center point：旋转刀具中心点
RTX	real time eXchange：实时通信平台
SaaS	software as a service：软件即服务
SADT	structured analysis and design technique：结构化分析和设计技术
SCADA	supervisory control and data acquisition：数据采集与监测控制
SERCOS	serial real time communication specification：串行实时通信协议
SGS	strain gauge sensor：应变片式传感器
SPM	strokes per minute：每分钟冲程次数
SQL	structured query language：结构化查询语言
SQP	sequence quadratic program：序列二次规划法
SSI	server side include：服务器端嵌入
TCMD	torque command：转矩指令
UDP	user datagram protocol：用户数据报协议
UML	unified modeling language：统一建模语言
VB	visual basic：一种通用的基于对象的程序设计语言
VPN	virtual private network：虚拟专用网络
WPP	weibull plotting paper：威布尔概率纸图
XML	eXtensible markup language：可扩展标记语言